ISBN 978-0-364-59119-2
PIBN 11040522

DIE FUNCTIONEN

DES

CENTRALNERVENSYSTEMS

UND IHRE

PHYLOGENESE.

ERSTE ABTHEILUNG.

Holzstiche
aus dem xylographischen Atelier
von Friedrich Vieweg und Sohn
in Braunschweig.

Papier
aus der mechanischen Papier-Fabrik
der Gebrüder Vieweg zu Wendhausen
bei Braunschweig.

DES

CENTRALNERVENSYSTEMS

UND IHRE

PHYLOGENESE

VON

DR. J. STEINER,

a. o. Professor der Physiologie in Heidelberg.

ERSTE ABTHEILUNG:

UNTERSUCHUNGEN ÜBER DIE PHYSIOLOGIE DES FROSCHHIRNS.

MIT 32 EINGEDRUCKTEN HOLZSTICHEN.

BRAUNSCHWEIG,

DRUCK UND VERLAG VON FRIEDRICH VIEWEG UND SOHN.

1885.

INHALT.

Seite

Einleitung 1

Erstes Capitel.

Die normalen oder geradlinigen Bewegungen.

§. 1. Abtragung des Grosshirns 8
§. 2. Analyse der Versuche 17
§. 3. Abtragung des Grosshirns und der Sehhügel 29
§. 4. Analyse der Versuche 33
§. 5. Abtragung der hinter den Sehhügeln gelegenen Theile inclusive der vordersten Abtheilung des verlängerten Markes 35
A. Abtragung der Zweihügel (Mittelhirn) 35
B. Abtragung des Kleinhirns 40
C. Abtragung des vordersten Theiles des verlängerten Markes (Nackenmark) 42
D. Alleinige Abtragung des Kleinhirns 44
E. Combinirte Abtragung der Sehhügel und des Kleinhirns . 46
§. 6. Analyse der Versuche im fünften Paragraphen 46
§. 7. Analyse der Versuche über das Kleinhirn 56
§. 8. Weitere experimentelle Untersuchung der Mittelhirnbasis 57
§. 9. Analysirende Bemerkungen zu diesen Thatsachen 60
§. 10. Die Physiologie des Hirncentrums 61
Anhang. Die Ursache der Schwimmbewegungen des Frosches 72

Zweites Capitel.

Die krummlinigen Bewegungen oder Zwangsbewegungen.

Erster Theil: Die Versuche über Zwangsbewegungen 81
§. 1. Einseitige Abtragung des Grosshirns 83
§. 2. Einseitige Abtragung der Sehhügel 83
§. 3. Einseitige Abtragung der Decke des Zweihügels 84
§. 4. Einseitige Abtragung der Basis der Zweihügel 84
§. 5. Einseitige Abtragung des Kleinhirns 87

Seite
§. 6. Einseitige Schnitte in das Nackenmark 87
§. 7. Einige Schlüsse aus den bisherigen Versuchen 89
§. 8. Fortsetzung der Experimente 90
§. 9. Einseitige Verletzungen verschiedener Hirntheile durch Schnitt 92
A. Schnitte im Bereiche der Sehhügel 92
B. Schnitte im Bereiche der Zweihügel 93
C. Schnitte im Bereiche des Nackenmarkes 95
§. 10. Folgerungen aus den letzten Versuchen 98
§. 11. Man combinirt einen asymmetrischen Schnitt mit einer symmetrischen Abtragung von Theilen, welche vor jenem Schnitte liegen 101
Zweiter Theil: Die Theorie der Zwangsbewegungen 104
§. 1. Die Manègebewegung 104
§. 2. Die Rollbewegung 115
§. 3. Die Uhrzeigerbewegung 120

Drittes Capitel.

Die Beobachtungen auf der horizontalen Centrifugalscheibe.

§. 1. Die Versuche 125
§. 2. Analyse der Versuche 132
Nachträge 140

EINLEITUNG.

Die Untersuchungen, welche ich hiermit der Oeffentlichkeit übergebe, schliessen sich, wenn auch nicht äusserlich erkennbar, doch ihrem inneren Zusammenhange nach dem zweiten Theile meiner Arbeit über „Athmungscentrum und Schluckcentrum“ an[1], in welchem die Verbindungen discutirt worden sind, in denen gewisse Centren im verlängerten Marke unter einander stehen. Die dortigen Befunde forderten zu weiterem Studium derselben Beziehungen im Gehirn selbst auf, wofür man in der Regel, als relativ einfaches Object, das Froschhirn wählen wird. Was ich aber hier fand, erschien an sich so interessant, dass ich den alten Versuchsplan aufgab und mich dem Studium der Functionen des Froschhirns zuwandte.

Es ist bekannt, dass dieses Gebiet vielfach und theilweise mit ausgezeichnetem Erfolge bearbeitet worden ist. Nichtsdestoweniger sind wir im Besitze völlig sicherer Thatsachen nur soweit, als es sich um die Folgen der Abtragung des Grosshirns und etwa der Oberfläche der Zweihügel handelt; darüber hinaus aber herrscht die grösste Unsicherheit, so dass, selbst jeder Versuch einer Physiologie in erster Linie des Mittelhirns, so lange ausgeschlossen bleibt, als hier nicht neues thatsächliches Material herbeigeschafft wird. Die Aussichten, dasselbe gewinnen zu können, haben sich durch mancherlei neue Erfahrungen, insbesondere in der Technik ähnlicher Versuche bei den Säugethieren bedeutend verbessert.

---

[1]) J. Steiner, Ueber Schluckcentrum und Athmungscentrum. Du Bois-Reymond's Archiv f. Physiologie 1883.

Es unterliegt wohl keinem Zweifel, dass die wesentlichen Fortschritte, welche im letzten Jahrzehnt im Gebiete des Centralnervensystems der höheren Wirbelthiere gemacht wurden, unter Anderem der Erkenntniss zu danken sind, dass man den operirten Thieren Zeit zur Erholung von der Operation lassen möge und noch mehr, dass man für ein definitives Urtheil den Tag abwarten muss, an welchem die Wunde geheilt ist und alle jene Wirkungen verschwunden sind, welche als Reaction der Verwundung und nicht als Folgen des operativen Eingriffes selbst gedeutet werden können.

Dem Frosche glaubte man, nach den landläufigen Erfahrungen an Nerven und Muskeln, diese Rücksicht nicht schuldig zu sein und man stellte hier den Anspruch, den Erfolg einer Operation auch im Gebiete des Centralnervensystems sofort danach beurtheilen zu können und achtete im Allgemeinen nicht viel auf die längere Erhaltung dieser Thiere. Das war offenbar der Punkt, an dem ich einzusetzen hatte, d. h. also, man musste mit aller Sorgfalt die operirten Thiere möglichst lange am Leben zu erhalten suchen, damit nur die Functionen gestört blieben, welche von dem zerstörten Nervengebiete abhängen, während alle übrigen Functionen, wenn sie gestört waren, sich wieder herstellen können. Die Erfahrung hat genau, wie bei den Säugethieren, auch für die Frösche gelehrt, dass man unmittelbar nach der Operation überhaupt nicht untersucht, sondern die Thiere völliger Ruhe überlässt und in den Fällen schwerer Eingriffe ist die Regel absolutes Gesetz, weil meist leicht durch heftige Bewegungen Nachblutungen und andere irreparable Unglücksfälle eintreten; man wird sogar am besten thun, die Frösche einzeln in je ein Gefäss zu setzen, damit sie sich nicht durch Berührung gegenseitig zu Bewegungen anregen.

In enger Beziehung zu diesen Bemerkungen steht das Bestreben, die Technik der Operationsmethoden so zu verbessern, dass auch von dieser Seite her auf bessere Resultate gehofft werden konnte, denn die bisherige Praxis auf diesem Gebiete war ebenso einfach als unzulänglich. Es liegt ja auf der Hand, dass durch ein schonendes und zweckmässiges Operationsverfahren die Resultate mit Rücksicht auf Erhaltung des Lebens wie auf Erhaltung der Function sich werden verbessern müssen. In welcher Weise diesem Bestreben hier Rechnung getragen worden ist, wird an den betreffenden Stellen aus einander gesetzt werden.

Endlich die Beobachtungen nach der Operation: Die Autoren hatten bisher ihre Beobachtungen meistens wesentlich auf dem Lande oder im Wasser gemacht. Ich war darauf bedacht, systematisch alle Beobachtungen auf dem Lande und im Wasser auszuführen, in welch' letzterem sehr ausgiebige Bewegungen ausgeführt werden, so dass gewisse Störungen, wie sich zeigen wird, viel leichter und häufig ganz allein nur dort zur Anschauung kommen.

Als während der Arbeit das Material sich zusehends vermehrte, erweiterte sich demgemäss auch die anfangs gestellte Aufgabe: es galt nicht mehr allein, eine Anzahl neuer Versuche zu machen und neue Thatsachen zu sammeln, sondern dieselben auch durch den formenden Gedanken zu einem Ganzen zu bilden und den Zusammenhang der Dinge zu erklären, was ja immer das Ziel ist, auf das alle unsere Arbeit in letzter Instanz hinweist. Es galt nichts mehr und nichts weniger, als den Spuren des Planes zu folgen, nach welchem das Gehirn functionirt, der, wenn überhaupt auffindbar, vor Allem da gesucht werden muss, wo er noch relativ einfach sein wird, bei den niederen Wirbelthieren, niemals bei den Säugethieren oder gar dem Menschen, dessen Gehirn die grösste functionale Complicirtheit besitzen muss. Würde unsere Wissenschaft sich methodisch und nicht empirisch entwickelt haben, so würde sie niemals darauf verfallen sein, das Studium der Hirnfunctionen beim Menschen zu beginnen, wie es thatsächlich geschehen ist, sondern würde es beim Hirn der Fische und Amphibien versucht haben. Soviel mir bekannt, wird dieses der erste derartige Versuch sein; es kann nicht fehlen, dass dieses überaus schwierige Unternehmen mit allen Mängeln eines ersten Versuches behaftet sein wird, aber es kommt vorläufig nicht darauf an, dass es vollkommen sei; es ist viel gewonnen, wenn es der Entwickelung fähig ist und Anregung zu weiteren Untersuchungen bieten wird. Ich habe dabei zunächst diejenigen Functionen des Gehirns im Auge gehabt, welche sich auf das Stehen und Gehen beziehen und andere Functionen nur nebenbei behandelt.

Nothwendigerweise mussten deshalb auch alle Versuche über das Grosshirn wiederholt werden, wozu an und für sich keine Veranlassung vorläge, da die vorhandenen Beobachtungen den gestellten

Ansprüchen genügen. Ich muss den Leser daher im Voraus um Entschuldigung bitten, wenn er in dem betreffenden Paragraphen neben Neuem auch Altes und Bekanntes finden wird, aber die Wiederholung war im Rahmen der ganzen Darstellung unvermeidlich.

Die Versuche sind mit verschiedenen durch äussere und innere Verhältnisse gebotenen Unterbrechungen in den letzten vier Jahren zu allen Jahreszeiten angestellt worden; am besten eignen sich die Monate September und October, obgleich auch die Monate Juni und Juli trotz der hohen Temperatur ihre Vorzüge besitzen. Die einzelnen Versuche sind ausserordentlich häufig wiederholt worden, so dass die Resultate eine grosse Sicherheit in Anspruch nehmen können. Die Beschreibung der angebrachten Verletzungen ist eine sehr genaue und nach den von Eckhard jüngst angegebenen Principien durchgeführt[1]); dieselbe wird unterstützt durch Abbildungen, welche nach den in Alkohol erhärteten Objecten ausgeführt worden sind[2]). Dieselben sind, um in jedem Augenblick vergleichen zu können, so angeordnet, dass überall das ganze Gehirn abgebildet ist; was abgetragen wurde, ist in gestrichelter Linie, was stehen geblieben ist, in ausgezogener Linie dargestellt worden.

Bei der Darstellung und Verwerthung der Versuchsresultate habe ich mich von einem besonderen Gesichtspunkte leiten lassen. Nicht wenig Schuld nämlich an der Unklarheit der über das Gehirn vorhandenen Daten trägt der Umstand, dass man Thatsachen und Hypothesen nicht genau genug von einander getrennt gehalten hat. Ich habe deshalb, selbst auf die Gefahr einer gewissen Monotonie in der Darstellung hin, zuerst die Thatsachen beschrieben und, streng davon geschieden, eine Analyse derselben folgen lassen, in welcher wiederum Schlüsse und Hypothesen besonders hervorgehoben werden, um jener schädlichen Verwechselung von Thatsachen und Hypothesen vorzubeugen. Eine weitere Quelle vielfacher Irrthümer bildet die verschiedene Bezeichnung derselben Hirntheile. Es wäre offenbar am rich-

---

[1]) Eckhard, Artikel: „Gehirn und Rückenmark" in Hermann's Handbuch der Physiologie. Bd. II, 1879.

[2]) Ich verdanke dieselben grösstentheils der Freundlichkeit des Herrn Dr. Blochmann, Assistenten des zoolog. Instituts, dem ich hier meinen verbindlichsten Dank ausspreche.

tigsten, die Namen zu wählen, welche die vergleichende Anatomie eingeführt hat und die überdies auch auf der Entwickelung des Gehirns beruhen. Diese Benennung setzt aber voraus, dass sie durch die ganze Wirbelthierreihe durchführbar sei; eine Forderung, welche die vergleichende Anatomie bisher mit wünschenswerther Sicherheit noch nicht hat erfüllen können. Daher werden wir die Nomenclatur immer noch nach beiden Seiten anlehnen müssen und Namen brauchen wie es Fig. 1 zeigt:

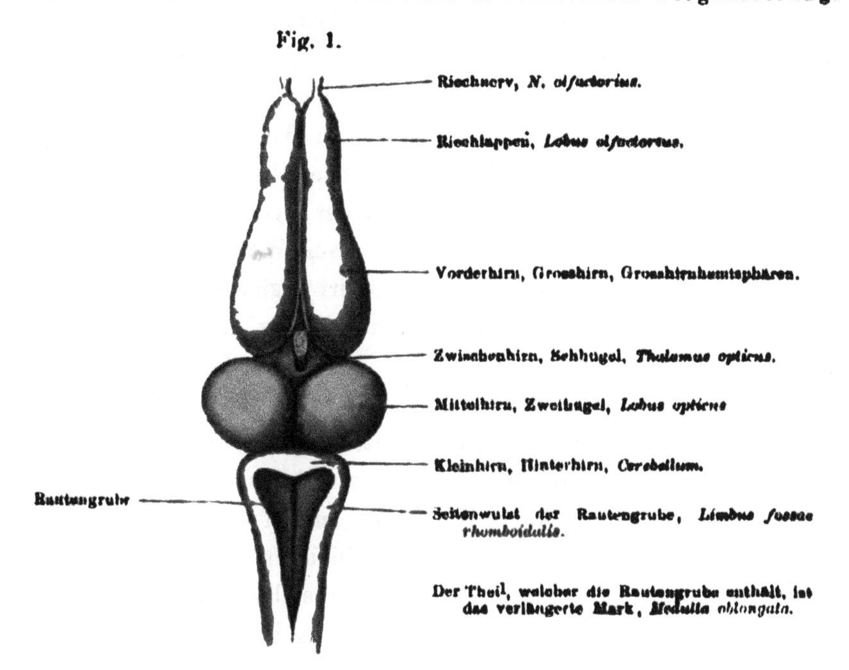

Gehirn von *Rana esculenta* von oben in sechsfacher Vergrösserung.

Fig. 1.

Die Literatur ist, soweit sie sich auf den Frosch bezieht, möglichst berücksichtigt worden; eine Geschichte der Froschhirnphysiologie zu schreiben, lag niemals in meiner Absicht und wäre um so mehr überflüssig gewesen, als diese Arbeit in dankenswerthester Weise schon durch den auf diesem Gebiete berufensten Autor geleistet worden ist[1].

Da die Versuche, wie schon oben erwähnt, sich über einige Jahre erstrecken, ohne dass ich darüber etwas Nennenswerthes (abgesehen

[1] Vergl. C. Eckhard in seinen Beiträgen, Bd. X, 1883, S. 67, „Geschichte der Experimentalphysiologie des Froschhirns".

von den Vorträgen im hiesigen naturhistor.-med. Verein) veröffentlicht hatte, so konnte es nicht fehlen, dass mittlerweile von anderen Seiten einige Fragen dieses Gebietes bearbeitet und deren Resultate publicirt worden sind zu einer Zeit, wo mir diese Thatsachen vollkommen bekannt waren. Ich werde an den betreffenden Stellen darauf hinweisen. Trotzdem konnten mich diese Vorkommnisse nicht zu Publicationen bestimmen, weil ich von vornherein die Absicht hatte, das ganze Gebiet auszuarbeiten und nur eine zusammenhängende Arbeit zu publiciren.

Bevor ich zu der Darstellung der Versuche übergehe, mögen einige Benennungen festgesetzt werden. Bekanntlich hat Goltz die functionellen Störungen, welche man nach vollkommener Heilung der Operationswunde beobachtet, „Ausfallserscheinungen" genannt, eine Bezeichnung, die in Folge ihrer glücklichen Wahl auch rasch in die physiologische Terminologie Eingang gefunden hat. Zur Bezeichnung der Erscheinungen, die unmittelbar nach der Operation auftreten und weiterhin verschwinden, hat er jüngst den von Wernicke vorgeschlagenen Namen der „Nebenwirkungen" adoptirt[1], gleichzeitig aber hinzugefügt, dass, da die Nebenwirkungen offenbar ebenfalls gewissen Gesetzen folgen müssen, eines Tages die Nebenwirkungen auch zu Hauptwirkungen werden könnten. Schon bevor Goltz diese Bemerkungen konnte geschrieben haben, hatte ich den von ihm vorausgesehenen Fall gefunden, in welchem thatsächlich eine solche Nebenwirkung gesetzmässig als Hauptwirkung auftrat — somit muss die Bezeichnung Nebenwirkung in dieser Verbindung aufgegeben werden. Ich schlage vor, alles das, was nicht Ausfallserscheinung ist, als „Reizungserscheinung" zu bezeichnen, wie es hier für die Folge geschehen soll.

Die Operation wurde im Allgemeinen in folgender Weise ausgeführt: Der in ein Handtuch zweckmässig eingewickelte Frosch wird in der linken Hand gehalten, während die rechte operirt; man beginnt mit einem Kreuzschnitt durch die Kopfhaut, schlägt die beiden Hautlappen zurück und trägt mit einer passenden Knochenzange die Schädeldecke, soweit als im speciellen Falle nothwendig ist, ab. Blutungen

---

[1]) Fr. Goltz, Ueber die Verrichtungen des Grosshirns. Fünfte Abhandlung. Pflüger's Archiv für Physiologie, Bd. 34, 1884.

werden niemals gestillt, aber das Blut mit in 3/4 proc. Kochsalzlösung getauchten feinen Schwämmchen so lange weggetupft, bis die Oberfläche des Gehirns völlig klar zu Tage tritt, so dass man immer im Reinen operirt und ganz genau auch die Schnitte ausführen kann, die man auszuführen beabsichtigt. Man führe die Schnitte niemals in unreinem und daher nicht controlirbarem Operationsfelde! Die Schnitte werden mit passenden Messerchen im Allgemeinen entlang den vorgeschriebenen anatomischen Linien bis auf den Schädelgrund geführt; wo von dieser Regel abgewichen worden ist, wird es allemal speciell vermerkt werden. Blutstillung nach erfolgter Operation wird niemals versucht, sondern die Hautlappen werden über die Wunde geklappt und der Frosch möglichst sich selbst überlassen; das ist die beste Methode der Blutstillung, denn die Blutung steht in der Regel sehr bald und nur äusserst selten habe ich den Tod durch Verblutung eintreten sehen. Man setzt die operirten Frösche in die bekannten Töpfe zu zweien, wenn es sich um leichtere Operationen (z. B. Abtragung des Grosshirns oder der *Thalami optici*) handelt; einzeln, wenn sie schwerere Operationen zu ertragen hatten und überlässt sie hier wenigstens 24 Stunden absoluter Ruhe. Wenn man im Anfange solcher Versuchsreihen seiner spannenden Neugier nachgebend kurz nach vollendeter Operation zu einigen vorläufigen Untersuchungen übergeht, so hat man das regelmässig zu bereuen und lernt bald sich für die nächsten 24 Stunden in Geduld zu fassen; die Belohnung pflegt nicht auszubleiben. Doch versäume man die Beobachtung unmittelbar nach der Operation nicht, um die vielfach eintretenden Reizungserscheinungen nicht zu verlieren.

Die benutzten Schneideinstrumente werden an den betreffenden Stellen abgebildet werden; dieselben sind von dem hiesigen Instrumentenmacher Herrn W. Walb nach meinen Angaben angefertigt und daselbst vorräthig.

Erstes Capitel.

Die normalen oder geradlinigen Bewegungen.

§. I.

Abtragung des Grosshirns.

Wenn man bei einem Frosche entsprechend den vorgeschriebenen anatomischen Linien, wie es in der Fig. 2 gezeichnet ist, die Grosshirnhemisphären abträgt, so beobachtet man eine Reihe von Erscheinungen, welche in übereinstimmender Weise von mehreren Autoren beschrieben worden sind. Aus den oben angegebenen Gründen werde ich sie theilweise zu wiederholen haben und Bekanntes durch Neues ergänzen [1]).

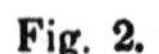

Fig. 2.

Setzt man einen solchen Frosch auf den Tisch, so bleibt er auf dem ihm angewiesenen Platze stundenlang unverrückt sitzen. Man merkt hierbei, dass seine Körperhaltung sich in nichts

[1]) Die Autoren, auf deren Angaben ich mich wiederholt beziehen werde, sind folgende: A. Desmoulins, Anatomie des systèmes nerveux. Paris 1825, p. 626. Flourens, Recherches expériment. etc. 2 Edit. Paris 1842, p. 35 et 51. Schiff, Lehrbuch der Muskel- und Nervenphysiologie. Lahr 1858—59. Renzi, Saggio di fisiologia sperimentale sui centri nervosi della vita psichica nelle quattro classi degli animali vertebrati. Parte sec. Fisiologia sperimentale dell' encefalo dei rettili. Annali universali di medicina etc. Vol. 186, p. 146. Vulpian, Leçons s. l. physiologie géner. et comp. du système nerveux. Paris 1866, p. 681. Cayrade, Sur la localisation des mouvements réflexes. Robin's Journal etc. 1868, p. 346. Goltz, Beiträge zur Lehre von den Functionen der Nervencentren des Frosches. Berlin 1869, S. 52 u. f. Onimus, Recherches expérimentales s. les phénomènes consécutifs

von der eines normalen Frosches unterscheidet: wie er seinen Kopf trägt, wie er seine Extremitäten lagert, treffen wir in derselben Weise bei dem unversehrten Thiere. Wenn man ihn mechanisch reizt, am besten an einer der Hinterextremitäten, so setzt er sich in gerader Linie in Bewegung und macht einen oder mehrere Sprünge, nach deren Vollendung er wieder in völlige Unbeweglichkeit versinkt. An diesen Sprüngen kann man keinen Unterschied gegen den gesunden Frosch wahrnehmen, weder nach ihrer Qualität noch an ihrer Quantität; sie lassen an Gewandtheit und an Leichtigkeit durchaus nichts vermissen. Wenn man vor seinen Augen in drohender Weise die Hände bewegt, um ihn zur Flucht zu bewegen, so rührt er sich nicht (dasselbe beobachtet man übrigens häufig genug auch bei dem unverletzten Frosche!); wenn er aber dabei etwa durch Anstossen in Bewegung gekommen ist, so sucht er zu flüchten und ist bemüht, nach rechts und nach links auszuweichen, wenn man ihn ergreifen will. Diesen Frosch einzufangen, verursachte öfters nicht weniger Mühe als das Ergreifen eines unversehrten Exemplars.

Diese Bemerkungen führen auf die interessante von Desmoulins und Magendie, Renzi, Vulpian, Goltz, Blaschko gemachte Beobachtung, dass ein grosshirnloser Frosch, wenn man ihm ein Hinderniss in den Weg setzt und ihn mechanisch reizt, dasselbe jedesmal mit Erfolg zu umgehen im Stande ist. Dieser Versuch ist ebenso einfach anzustellen als leicht zu bestätigen und bedarf deshalb keiner weiteren Schilderung.

Um die Zeit, als diese Versuche angestellt wurden, war mir nur die Arbeit von Goltz bekannt, der gelegentlich auch beobachtet hatte, dass sein Frosch bisweilen, statt das Hinderniss zu umgehen, über dasselbe hinwegspringt; eine Erscheinung, die ich näher studirt habe.

Die bisher beschriebenen Versuche waren in einem Zimmer angestellt worden, welches durch ein gewöhnliches, seitlich angebrachtes Fenster Licht erhielt. Das Buch, welches das Hinderniss vorstellte, wurde, wie bei Goltz, gegen das Licht gestellt und der Frosch wich bei seinen Bewegungen demselben regelmässig aus, indem er rechts

---

à l'ablation du cerveau et sur les mouvements de rotation. Robin's Journal etc. 1870—71, p. 633. Eckhard, s. S. 4. Blaschko, Das Sehcentrum der Frösche. Dissertation. Berlin 1880.

oder links abschwenkte. Zur Controlle setzte ich an die Stelle des Buches eine stehende Glasscheibe, welche der Frosch als solche nicht unterscheidet, sondern für das seinen Bewegungen nicht hinderliche Wasser hält: in der That springt er gegen dieses Hinderniss ausnahmslos an. Nun gab ich dieses Zimmer auf und siedelte in den Nachbarraum über, der durch ein grosses Oberlichtfenster beleuchtet wird. Die Sonne schien sehr intensiv und jetzt fing derselbe Frosch an mit einer gewissen Regelmässigkeit, statt rechts oder links das Hinderniss zu umgehen, mit einem wohlgezielten Satze über das Buch hinwegzuspringen.

Es ist gleichgültig, ob das Hinderniss schwarz oder weiss ist; aber es war nicht gleichgültig, ob die Sonne schien oder ob sie hinter Wolken stand; in letzterem Falle erfolgte das Ueberspringen viel seltener, als bei hellem Sonnenschein. Es ist weiterhin interessant, zu beobachten, wie man unter den gegebenen Bedingungen jedesmal mit grösster Sicherheit voraussagen kann, ob der Sprung erfolgen wird oder nicht. Beginnt man nämlich die Reizung durch Berührung der Haut des Oberschenkels, wie es Goltz gelehrt hat, am besten mit dem Kiel einer Gänsefeder, so erfolgt plötzlich aus der normalen Stellung heraus eine Erhebung des Kopfes und Vorderkörpers durch senkrechte Streckung der Vorderpfoten, auf welchen Kopf und Vorderkörper, wie auf zwei Stützen ruhen; sobald diese Bewegung eintritt, folgt ausnahmslos bei dem nächsten Reize auch der Sprung über das Hinderniss. So lange dieses Erheben des Vorderkörpers, wobei deutlich die Augen nach oben gegen das Hinderniss gerichtet werden, nicht zu bemerken ist, springt der Frosch niemals über die Barrière. (Ich werde weiter unten Gelegenheit haben, zu berichten, dass dieses Erheben des Vorderkörpers auch für den normalen Frosch die unerlässliche Vorbedingung bildet für einen Sprung über irgend ein Hinderniss.) Diese Erhebung des Vorderkörpers als nothwendige Vorbedingung des Ueberspringens einer Barrière leistet diesen Dienst auch dann, wenn man sie passiv erzeugt, wenn man den Vorderkörper durch vorsichtiges Erheben der Halsbrustgegend mit der Hand in die Höhe richtet. Hat man z. B. einen enthirnten Frosch der sich nicht recht zum Ueberspringen anschickt, so erhebe man in der angegebenen Weise seinen Vorderkörper — hierfür eignen sich namentlich grössere Frösche — um ihn etwa bei dem nächsten Reize das Hinderniss überspringen zu sehen.

Es giebt aber nooh ein weiteres Mittel, um jenen Sprung über ein Hinderniss hervorzurufen, welches darin besteht, dass man statt eines Buches (oder Brettchens) noch weitere zwei Brettchen unter rechtem Winkel an das erste ansetzt und den Frosch nun von der offenen Seite dieses Vierecks her mit dem Gesicht gegen das gegenüberliegende Brettchen aufstellt. So von drei Seiten eingeschlossen, springt er höchst regelmässig und ohne Schwierigkeit über das Hinderniss, entweder in gerader, öfters auch in schiefer Richtung nach der einen oder der anderen Seite. Bisher hatte ich, wie es Goltz gelehrt hat, den Reiz immer am Oberschenkel angebracht; dazwischen habe ich öfters mit dem Orte der Reizung gewechselt und dabei gefunden, dass ein Reiz, welcher an der Haut der Fusswurzel angesetzt wird, ganz besonders geeignet erscheint, um den enthirnten Frosch zu dem Ueberspringen zu bewegen.

Eine besondere Beobachtungsreihe habe ich noch zur Ausmittelung eines Factors angestellt, welcher in der Höhe des zu überspringenden Hindernisses gegeben ist. A priori liess sich erwarten, dass unser Frosch jedes beliebig hohe Hinderniss, wenn auch nicht überspringen — denn dafür wird es bald ein Maximum geben — so doch jedenfalls anspringen wird. Diese Voraussetzung wird aber aufs Bestimmteste widerlegt. Bringt man den Frosch in das offene Viereck, erhöht das ihm gegenüberliegende Brettchen auf das Doppelte, und reizt ihn zum Sprunge, so habe ich ihn unter keiner Bedingung gegen das doppelte Hinderniss anspringen sehen. Entweder setzt er überhaupt nicht zum Sprunge an, oder er setzt seitlich über die niedrige Barrière hinweg, oder er wendet sich sogar nach rückwärts um. Uebrigens findet man ganz ähnliche Angaben über den Frosch schon bei Renzi, die ich selbst erst viel später kennen lernte und die ich, ihrer merkwürdigen Uebereinstimmung mit meiner Beschreibung wegen, originaliter hier einflechten will. Derselbe schreibt l. c. p. 146: „La persistenza della percezione sensitiva della vista vi è altresi dimostrata nel modo il più manifesto. Era bello diffatti e soddisfacente vedere le rane rizzarsi (sich aufrichten) sotto le eccitazioni davanti ad un oggetto a loro opposto e saltarlo in cosi elegante maniera come se sane fossero e passarvi al disotto se ivi esisteva uno spazio vuoto sufficcente al compimento di questa traslocazione o saltare di fianco all' oggetto stesso, se questo era troppo alto e sproporzionato alle forze musculari necessarie per saltarlo.“

Endlich findet man unter den enthirnten Fröschen eine kleine Zahl, welche vor ein Hinderniss gebracht und zur Bewegung veranlasst, das Hinderniss zwar umgehen, aber niemals über dasselbe wegspringen. Ich habe auch hier die Bedingungen ermittelt, unter welchen dieses negative Resultat zur Beobachtung kommt; ich werde weiter unten ausführlich davon sprechen, kann aber hier im Voraus bemerken, dass es sich um kleine Verletzungen der hinter dem Grosshirn gelegenen Partien handelt, welche bei genügender Uebung in der Ausführung der Operation immer seltener werden.

Ein interessantes Experiment, das wir Goltz verdanken, ist jener Versuch, den ich kurzweg als Balancirversuch bezeichnen werde und der bekanntlich darin besteht, dass ein grosshirnloser Frosch auf ein Brettchen gesetzt, sofort in die Höhe zu steigen beginnt, wenn dasselbe gegen die Horizontale erhoben wird. Er klimmt das Brettchen in die Höhe und kommt nicht früher zur Ruhe als bis er mit ausgesuchter Geschicklichkeit die Kante des jetzt senkrecht gestellten Brettchens erreicht hat. Wird das Brettchen nun weiter wieder gegen die Horizontale geneigt, indem man die Bewegung in demselben Sinne fortsetzt, so kriecht er die andere Seite hinunter. Auch dieser Versuch ist leicht zu bestätigen und ich habe nur das hinzuzufügen, dass jener Frosch, welcher das Hinderniss überspringt, auch jedesmal den Balancirversuch auf das Prompteste ausführt und umgekehrt; aber auch hier findet man unter den enthirnten Fröschen einige, welche nicht balanciren.

Von den beiden Sinnen, dem Gesichts- und Tastsinn, ist, wie Goltz schon gesagt hat, der erstere für den Balancirversuch durchaus entbehrlich, denn Zerstörung des Auges oder Durchschneidung der *Nn. optici* beeinträchtigt den Erfolg nicht. Dagegen scheint der Tastsinn unerlässlich zu sein und jener Versuch kam nicht mehr zu Stande, wenn Goltz dem Frosche die Haut der hinteren Extremitäten abgezogen hatte. Dieser Versuch ist gerade in den Händen von Goltz nicht eindeutig, da er selbst gezeigt hat, wie hemmend sensible

Erregungen auf den Ablauf irgend eines centralen Vorganges einwirken können. Ohne indess an dem endlichen Goltz'schen Resultate zu zweifeln, habe ich dem Versuche eine einwurfsfreiere Form gegeben dadurch, dass der so operirte Frosch in eine 0,6 proc. Kochsalzlösung gesetzt und erst nach einigen Stunden, wenn er sich von der Operation erholt hatte, der Prüfung unterzogen wurde. War die Oberschenkelhaut in Breite von einem Centimeter noch stehen geblieben, so fing der Frosch, wie gewöhnlich zu steigen an, aber auf der Kante war das Balancement etwas mangelhaft. Auch wenn die Schenkelhaut vollkommen entfernt war, begann er wohl zu steigen, hörte aber nach einiger Zeit, ohne die Kante erreicht zu haben, wieder auf. Kurz man findet auch unter diesen günstigeren Bedingungen sehr bald eine Grenze, über welche hinaus ohne Schädigung des positiven Resultates eine Enthäutung des Frosches nicht vorgenommen werden darf. Das Goltz'sche Resultat ist also im Princip richtig, nur möchte ich demselben die Fassung geben, „dass einzelne Hautpartien in mässiger Ausdehnung entfernt werden können, ohne das Resultat wesentlich zu beeinträchtigen".

Hat der Frosch wieder auf seinem Brettchen die Horizontalebene erreicht und senkt man dasselbe nun gegen die Horizontale, so geht der Frosch rückwärts in die Höhe.

Bemerkenswerth bei diesen Versuchen ist endlich die Thatsache, dass unabhängig von den Bewegungen des Gesammtkörpers der Kopf selbständige Bewegungen ausführt; beim Erheben des Brettchens senkt er nämlich den Kopf und nähert ihn möglichst der Unterlage, beim Senken des Brettchens erhebt er den Kopf und entfernt ihn möglichst von der Unterlage.

Erhebt man das Brettchen zu langsam oder zu rasch, so pflegt der Frosch nicht zu klettern, aber es giebt für beide Fälle eine Geschwindigkeit, bei welcher der Frosch zwar nicht in die Höhe steigt, indess der Kopf noch die angegebenen Bewegungen macht.

Legt man den enthirnten Frosch auf den Rücken, so dreht er sich wieder in die normale Lage zurück; eine von allen Autoren übereinstimmend gemachte Beobachtung.

Der Gesichtssinn ist auch bei diesem Versuche entbehrlich.

Ein hervorragendes Interesse beanspruchen die Beobachtungen, welche man an enthirnten Fröschen macht, wenn dieselben ins Wasser gebracht werden; Beobachtungen, wie sie zuerst von Vulpian, Cayrade und Onimus beschrieben worden sind.

Zu meinen Versuchen diente ein viereckiges Bassin, welches eine senkrechte Sandsteineinfassung hat und das durch ein in seinem Grunde verstellbar angebrachtes Ueberfallsrohr beliebig hoch gefüllt werden kann. Der Wasserstand wurde für die folgenden Versuche so eingerichtet, dass ein circa 15 cm hohes vollkommen senkrechtes Ufer frei blieb, welches auf seiner Höhe so breit war, dass ein Frosch sehr bequem darauf Platz finden konnte. Das Bassin befindet sich in einem Zimmer, das mit Oberlicht versehen ist. Wird nun ein enthirnter Frosch in das Bassin gesetzt, sei es behutsam oder mit raschem Wurf, so setzt er sich sofort in Bewegung und schwimmt, wie jene drei Forscher schon angaben, wie ein normaler Frosch; kommt er an die Wand des Bassins, so läuft er — so muss ich mich ausdrücken, denn die normale Schwimmbewegung hat aufgehört — an derselben entlang, wie es auch normale Frösche unter denselben Bedingungen thun, bis zur nächsten Ecke, wo er mit ausgebreiteten Extremitäten auf der Oberfläche des Wassers liegt und seine Augen, was man aufs Deutlichste beobachten .kann, nach oben richtet, gleichsam die Höhe der steilen Wand betrachtend. Plötzlich erhebt sich der Vorderkörper und nun springt der Frosch gegen die Wand, deren freien Rand er mit den Vorderpfoten erreicht und festhält, um den Hinterkörper gewandt nachzuziehen und, wenn er oben unter sich Land hat, in seine gewohnte Ruhe zu versinken; oder aber der Sprung ist gleich so abgemessen, dass er oben direct auf dem Plateau ankommt. Die drei oben citirten Autoren, voran Vulpian, haben ebenfalls gesehen, dass ihre Frösche mit Erfolg das Ufer zu erreichen versucht haben, aber es handelte sich immer um ein geneigtes Ufer „le bord du vase est incliné“ und das senkrechte Ufer ist nach Onimus direct davon ausgeschlossen: „Si l'obstacle, le bord du vase .... est perpendiculaire et à pic, la grenouille s'arrête brusquement, et reste étendue immobile à la surface de l'eau.“ Ebensowenig zutreffend finde ich die Beobachtung desselben Autors, wonach Frösche ohne Grosshirn nur auf der Oberfläche schwimmen. Wenn man viel sieht, worauf eben alles ankommt, so beobachtet man oft genug, dass solche Frösche, wie normale, in allen Ebenen zu schwimmen vermögen.

Es sind das aber nicht alle enthirnten Frösche, welche das steile Ufer des Bassins hinauf springen; selbst nicht einmal alle diejenigen, welche auf dem Lande den Sprung über das Hinderniss machen, und es wechselt die Fähigkeit zum Sprunge auch bei demselben Frosche an verschiedenen Tagen. Aus meinen zahlreichen Beobachtungen hierüber habe ich den Eindruck mitgenommen, dass auch hier die Intensität der Beleuchtung von Einfluss ist, dass der Sprung häufiger gemacht wird, wenn die Sonne scheint und umgekehrt. Auch die Temperatur mag von Einfluss sein, insofern als die Wärme die Amphibien in wirksamster Weise belebt. Deshalb gelingen alle diese Versuche in der angegebenen Weise am besten in den Sommermonaten, wenn auch andere Zeiten nicht ausgeschlossen sind.

Schon oben sollte erwähnt werden, dass ich die Bedingungen aufgefunden habe, unter welchen auch normale Frösche den Balancirversuch ausführen in gleicher Weise wie solche ohne Grosshirn. Bringt man nämlich ein Brettchen etwa in die Mitte des Bassins, setzt einen normalen Frosch so behutsam auf dasselbe, dass er den Experimentator nicht sehen kann und erhebt nun von hinter dem Frosch her das Brettchen gegen die Horizontale, so setzt er sich sofort in Bewegung und vollführt das beschriebene Balancement. Unter den angegebenen Bedingungen macht der normale Frosch auch die Drehbewegungen (siehe weiter unten), wenn man von der Seite her das Brettchen in Drehung versetzt. Richtet man den Wasserstrahl einer gewöhnlichen, nicht zu grossen Spritze gegen den Frosch, so kann er lange Zeit unbewegt bleiben; endlich aber erhebt er plötzlich den Vorderkörper und im nächsten Augenblicke setzt er mit grossem Sprunge über das Wasser an das Ufer. Auf diese Weise lassen sich diese Versuche auch an unversehrten Fröschen ausführen, während sie bisher nur an enthirnten Fröschen angestellt werden konnten. Es ist geradezu merkwürdig, welch' zwingenden Einfluss das umgebende Wasser auf den Inselbewohner ausübt, von dem wir sonst anzunehmen geneigt sind, dass ihm dieses Element angenehm und befreundet sein müsste.

Ich habe oben beabsichtigt von den Gründen zu sprechen, weshalb unter den enthirnten Fröschen stets einige gefunden werden, welche weder über die Barrière setzen, noch den Balancirversuch ausführen oder aus dem Wasser auf das steile Ufer springen. Zunächst bemerkt man, dass bei fortgesetzter Übung in der Technik der Operation solche Frösche immer seltener werden, was offenbar darauf hindeutet, dass die Hand des Ungeübten Nebenverletzungen der dahinter gelegenen Theile, also der *Thalami optici* in den Versuch bringt, die den Erfolg trüben. Um nur eine Vorstellung zu bilden von der Grösse der unbeabsichtigten Verletzung, welche genügend ist, um das angestrebte Resultat zu beeinträchtigen, streiche ich leicht mit einer glühenden Nadel über die vorderste Partie der *Thalami* — dieser Frosch springt nicht mehr über die Barriere etc. Man muss sich deshalb bei der Grosshirnexstirpation genau an den vorgeschriebenen anatomischen Linien halten, um die benachbarten *Thalami optici* nicht zu lädiren. Aber auch dann ist man des Erfolges nicht immer sicher, denn es bleibt noch die Bedingung zu erfüllen, dass das operirende Messer wirklich bloss schneidet und nicht zugleich zerrt oder drückt: man geht am sichersten, wenn man ein Messer führt, scharf wie ein Rasirmesser. Nach diesen Regeln erreicht man die höchste Zahl gelungener Experimente.

Fig. 3.

Dass unsere enthirnten männlichen Frösche energisch quacken, wenn man ihre Rückenhaut reizt, sei nur der Vollständigkeit wegen erwähnt. Doch möchte ich hier der neuen Entdeckung von Langendorff entgegentreten, dass der sogenannte Quackversuch ausschliesslich Folge doppelseitiger Opticusdurchschneidung sei [1], womit in den bekannten Goltz'schen Versuchen die Exstirpation des Grosshirns jedesmal verbunden gewesen sein sollte. Das ist ein Irrthum, von dem man sich leicht überzeugen kann, wenn man die Grosshirnabtragung in der angegebenen Weise macht: bei der Section findet man die *Nn. optici* vollkommen unverletzt. Dieselbe Correctur hat die Langendorff'sche Behauptung auch jüngst durch Schlösser erfahren [2].

Die Abtragung des Grosshirns empfehle ich mit einem Messerchen zu machen, wie es die Fig. 3 in natürlicher Grösse zeigt und zwar pflege ich in der Mittellinie beginnend nach links und rechts bis zum Rande hin (immer in den anatomischen Grenzen) das Messer zu führen.

[1] Die Beziehungen des Sehorgans zu den reflexhemmenden Mechanismen des Frosches. Du Bois-Reymond's Archiv für Physiologie 1877.

[2] Untersuchungen über die Hemmung von Reflexen. Ebenda 1880.

§. 2.

Analyse der Versuche.

Was an den Fröschen ohne Grosshirn sofort am meisten auffällt, ist die Thatsache, dass sie ohne äussere Anregung zu keiner Bewegung übergehen. Die Form, welche Goltz diesem Versuche gegeben hat, dass er seinen Frosch auf ein mit Kreide gezogenes Kreuz setzt und ihn dort nach Stunden und Tagen unverrückt wieder findet, kann den Ansprüchen vollkommen genügen. Nichtsdestoweniger ist nicht in Abrede zu stellen, dass man trotz Fernhaltens aller äusseren Reize, anscheinend spontane Bewegungen, wenn auch nicht sehr ausgiebige, beobachten kann. Diese letzteren können aber eine doppelte Ursache haben, nämlich einerseits hervorgerufen sein durch Reize, welche von der Hirnwunde selbst ausgehen, zu deren Entstehung der Heilungsprocess begreiflicherweise Veranlassung geben kann. In der That sieht man diese kleineren Bewegungen auch mehr in den ersten Tagen nach der Operation, als später, wenn der Heilungsprocess abgelaufen ist. Andererseits ist nicht zu leugnen, dass durch sogenannte innere Reize, welche z. B. vom Gefäss- und Verdauungssysteme auf das Bewegungscentrum ausgeübt werden, Bewegungen des Frosches entstehen können — aber sie sind die Ausnahme und dazu noch in der angegebenen Weise erklärbar. Nach der allgemeinen Methode unserer Beobachtungen müssen wir bekennen, dass ein des Grosshirns beraubter Frosch spontan nicht mehr in Bewegung kommt. Die meisten Autoren haben daraus geschlossen, dass das Grosshirn diejenigen Elemente besitzt, welche die willkürlichen Bewegungen einleiten und insofern dieselben der Ausfluss derjenigen Potenz sind, die man den Willen nennt, hat man in das Grosshirn den Sitz des Willens verlegt. Da der Wille durchaus „bewusst" gedacht werden muss, so hat man weiter in das Grosshirn das Bewusstsein verlegt und alle Empfindungen demgemäss als bewusste Empfindungen in dem Grosshirn entstehen lassen.

Diese ganze Reihe von Schlüssen droht aber umzustürzen, wenn man ihnen durch Betrachtung der sofort beginnenden Schwimmbewegungen des ins Wasser gesetzten grosshirnlosen Frosches ihre Basis entzieht

Auf diesem Wege haben in der That Desmoulins und Magendie[1]) dem Grosshirn die Spontaneïtät der Bewegungen abgesprochen. Aber wenn man sieht, dass derselbe Frosch, wenn er das Ufer erreicht hat, sofort jede Spontaneïtät einbüsst und man folgerichtig nunmehr schliessen müsste, dass für den Frosch auf dem Lande die Spontaneïtät der Bewegungen vom Grosshirn, für jenen im Wasser nicht davon, sondern von dahinter gelegenen Hirntheilen abhängen müsste, so läge das Unhaltbare dieses Schlusses wohl auf der Hand. Man muss ihn deshalb aufgeben und festhalten, dass die Spontaneïtät der Bewegungen an das Grosshirn gebunden ist. Hingegen stehen wir nunmehr vor der Aufgabe zu erklären, weshalb der enthirnte Frosch, wenn er ins Wasser gesetzt wird, anscheinend spontane Bewegungen ausführt.

Diese Aufgabe fällt zusammen mit der Frage nach der Ursache der Schwimmbewegungen, die wir später ausführlich untersuchen werden. Hier wollen wir vorläufig auf Grund der directen Beobachtung in Uebereinstimmung mit Vulpian annehmen, dass der Contact der Körperoberfläche mit dem Wasser den Reiz darstellt, durch welchen die Schwimmbewegungen hervorgerufen werden. Vulpian's eigene Worte lauten (l. c. p. 682): „Il se produit alors (nach Abtragung des Grosshirns) évidement une excitation particulière de toute la surface du corps en contact avec l'eau."

Wir wenden uns jetzt zu der Frage, weshalb der enthirnte Frosch die schiefe Ebene hinaufklettert. Erwägt man, dass die Bewegung des Brettchens für den darauf sitzenden Frosch relativ keine Bewegung bedeutet, da die Lage seines Körpers gegen die Unterlage keinerlei Veränderung erfährt, so ist der einfache Hinweis auf die Hautempfindungen, namentlich etwa auf das Tastvermögen der Haut, ungenügend, weil entsprechende Verschiebungen der Haut gegen die Unterlage gar nicht stattgefunden haben. Betrachten wir den Frosch in dieser Situation auf dem Versuchsbrettchen in horizontaler Lage, entsprechend der Ebene in AB (Fig. 4), so wird er durch die Schwerkraft angezogen mit einem Werthe:

$$g = \frac{P}{m},$$

---

[1]) A. a. O. S. 626.

wenn g die Schwerkraft, P das Gewicht und m die Masse des Frosches bezeichnen. Diese Kraft presst ihn gegen die Unterlage und nach dem Gesetze von der Action und der Reaction wird derselbe Druck von der Unterlage gegen die Unterstützungsfläche des Frosches ausgeübt. Der Druck der Unterlage, den einerseits die Haut, andererseits die Muskeln als Gegendruck empfinden, würde unter anderen Verhältnissen einen Reiz mit nach aussen wahrnehmbarem Effecte auf das Thier ausüben. Dass dies hier nicht der Fall ist, kommt offenbar daher, weil dieser Factor continuirlich wirksam ist und dadurch den Werth eines Reizes verliert. Wenn nun das Brettchen mit dem Frosche erhoben wird, etwa bis zu AC um den Winkel α, so wird die Schwerkraft nicht

Fig. 4.

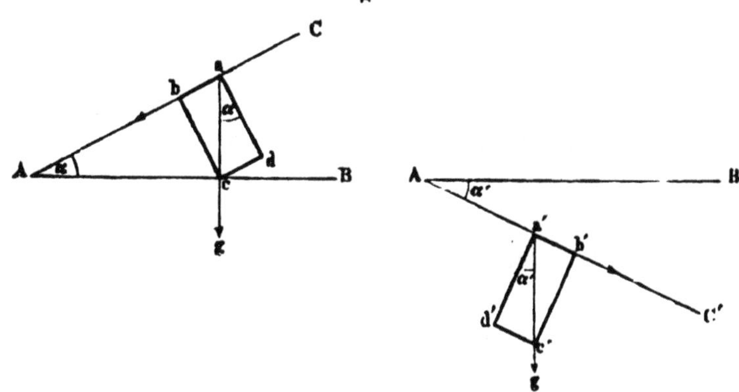

mehr in ihrer vollen Grösse den Frosch gegen die Unterlage pressen, sondern nur mit einem gewissen Bruchtheile, der sich berechnen lässt. Ist nämlich a der Schwerpunkt des Frosches, in welchem die ganze Wirkung der Schwerkraft concentrirt gedacht werden kann, ist $ac = g$, senkrecht zur Horizontale AB die Richtung der Schwerkraft, so können wir dieselbe in zwei Componenten, nämlich ab parallel der schiefen Ebene AC und ad senkrecht darauf zerlegen. Diese letztere stellt den Antheil der Schwere dar, welche jetzt den Frosch gegen die Unterlage presst; dieselbe ausgewerthet ist

$$ad = g \cdot \cos \alpha.$$

Der Werth ad hängt nunmehr von dem Werthe des Cosinus des Neigungswinkels ab (wie leicht zu übersehen ist $\angle CAB = \angle cad = \alpha$); da der Cosinus für unsere Verhältnisse zwischen 1 und 0 liegt, so muss sein Werth gleich einem echten Bruche und sonach $ad < g$ sein. Da im Balancirversuche das Brettchen aus seiner horizontalen Lage allmälig bis in die verticale Stellung bewegt wird, so dass der Winkel α alle Werthe von 0 bis 90° durchläuft, so wird ad innerhalb der Grenzen fortwährend abnehmen und zwar wird:

$$\text{für } \alpha = 0^0,\ ad = g,$$
$$\text{„ } \alpha = 90^0,\ ad = 0,$$

d. h. der Druck auf die Unterlage oder der Gegendruck nimmt mit zunehmendem Neigungswinkel von g bis 0 stetig ab.

Die andere Kraftcomponente ist:

$$ab = g \sin \alpha,$$

auch sie muss kleiner als g sein, weil der Sinus sich ebenfalls nur zwischen den Werthen 0 und 1 bewegt, aber da der Sinus von 0 bis 1 wächst, so wird auch ab von $ab = 0$ bis $ab = g$ fortwährend zunehmen, d. h. die Kraft, welche den Frosch die schiefe Ebene herunterzieht, wird von 0 bis g resp. ihrem Maximum fortwährend wachsen.

Betrachten wir nunmehr die andere Form des Versuches, nämlich die, dass wir die Unterstützungsebene, auf der sich unser Frosch befindet, nicht erheben, sondern senken, etwa bis AC' um den Winkel α'. Wenn wir hier ebenso wie oben die Schwerkraft in die zwei Componenten $a'b'$ und $a'd'$ zerlegen, so erhalten wir wieder:

$$a'd' = g \cos \alpha'$$
$$a'b' = g \, . \sin \alpha',$$

d. h. wie oben nimmt mit zunehmendem Neigungswinkel der Druck gegen die Unterlage ab, während die Kraft, welche den Frosch die schiefe Ebene herunterzieht, fortwährend wächst. Diese beiden Kräfte werden nunmehr, da sie stetige Schwankungen sind, als Reize wirken und den Frosch zur Bewegung anregen, was näher zu untersuchen ist. Die eine Kraft, welche durch den Druck repräsentirt ist, den die Unterlage gegen den Frosch ausübt, müsste ihn zu einer Bewegung in der Richtung der Normalen der schiefen Ebene führen, d. h. er würde von der Unterlage abgehoben werden; das kann aber niemals eintreten, weil ein gleich grosser Druck in entgegengesetzter Richtung den Frosch auf die Unterlage presst. Diese Kraftentfaltung kann daher niemals Ursache einer Locomotion sein. Bleibt also nur noch die andere Kraft, welche den Frosch die schiefe Ebene herunterzuziehen bestrebt ist.

Denken wir uns dieselbe durch ein entsprechend schweres Gewicht repräsentirt, das bei der ersten Form des Balancirversuches am Beckenende, in der anderen Form am Kopfende des Frosches einen Zug ausüben würde. Der Frosch reagirt erfahrungsgemäss auf einen Reiz so, dass er dem Reize zu entfliehen oder auch die Ursache des Reizes zu entfernen resp. aufzuheben sucht, oder auch beides zugleich. Er wird diesen Zweck in beiden Fällen hier am einfachsten so erreichen, dass er einen der Richtung des Zuges entgegengesetzten Weg einschlägt; dies führt ihn beide Male die schiefe Ebene hinauf, aber das eine Mal im Vorwärtsgang, das andere Mal im Rückwärtsgang. Mit dem Beginne der Bewegung wird aber auch wieder angefangen dem Reize zu genügen resp. die Ursache des Reizes aufzuheben, indem die für das Aufklimmen nothwendige Muskelanstrengung und die Ortsveränderung eine Zunahme der Muskel- und Hautempfindungen hervorbringt. Trotzdem hört der Reiz zu wirken nicht auf, weil durch die zunehmende Neigung der schiefen Ebene jener Factor immer wieder von Neuem sich erzeugt. Erst wenn das Brettchen die verticale Stellung und der Frosch die hohe Kante erreicht hat, verschwindet jede Bewegungsursache, weil die Schwerkraft wieder in normaler Grösse auf den Frosch einzuwirken im Stande ist. Was die in Anspruch genommenen Empfindungen der Muskeln und der Haut anbetrifft, so handelt es sich nach der ganzen Art der Entwickelung vorzugsweise um Druckempfindungen. Es ist aber wohl zweifellos, dass im Augenblick, wo der Frosch sich zu bewegen beginnt und seine bisherige relative Ruhe in eine Bewegung umwandelt, auch die anderen Empfindungen der Haut, ich meine die Tastempfindungen, an der Fortführung dieser Bewegungen Antheil haben werden.

Das physiologische Princip, das eben zur Anwendung gekommen ist, bedarf, da es der Erfahrung entspricht, keines Beweises, um so weniger, als die Physiologie des Rückenmarkes davon schon lange Gebrauch gemacht hat. Die hier behandelte Bewegung lehnt sich, ohne mit jener identisch sein zu wollen, direct an die dort geläufigen Reflexbewegungen an und der Vortheil, der uns aus dieser Art der Betrachtung erwächst, liegt darin, diese Bewegung auf jene uns soweit vollkommen geläufigen Bewegungen zurückgeführt zu haben. Es kann keinen Unterschied machen, dass die Balancirbewegung noch complicirter ist, als die vom Rückenmark ausgehenden zweckmässigen Bewegungen, und wenn wir einmal dort die Mechanik der Bewegungen gefunden haben werden, so wird sie direct auf unsere Bewegung Anwendung finden müssen.

Warum unser Frosch den Kopf das eine Mal anders trägt, als das andere Mal, kann erst später erörtert werden.

Der Balancirversuch, nach den angegebenen Gesichtspunkten behandelt, verzichtet auf besondere Gleichgewichtsbestrebungen, die den Frosch bewusst oder unbewusst zu bestimmten Bewegungen anregen. Denn, was der Frosch empfindet, wissen wir nicht und können wir auch nicht erfahren; wenn wir aber davon reden, wie es bisher zu geschehen pflegt, dass er das Bestreben hat, sein Gleichgewicht zu erhalten, so urtheilen wir damit über sein Wollen und Empfinden, d. h. diese Darstellung ist subjectiv. Solche Auffassung muss aber aus Mangel jeder subjectiven Erkenntniss verlassen und unsere Darstellung auf objective Erkenntniss basirt werden, denn davon wissen wir etwas und können noch mehr erfahren. Diese Bemerkungen mögen auch zur Erklärung dienen für die hier gewählte, manchem Leser vielleicht etwas auffallende Form der Darstellung.

Wir schreiten nunmehr zur Analyse des Falles, dass der enthirnte Frosch, wenn man ihn auf den Rücken legt, immer wieder in die Bauchlage zurückkehrt.

Obgleich dieser Versuch nicht charakteristisch ist für diesen Abschnitt des Gehirns, weil dieselbe Erscheinung wiederkehrt auch nach Abtragung von noch mehr Hirn, so muss er doch hier discutirt werden, weil er uns zu einem ganz besonderen Principe führen wird.

Dass es die Empfindungen der Rückenhaut sind, welche den Frosch in die Bauchlage zurückführen, liegt so sehr auf der Hand, dass es einer Bestätigung durch den leicht anzustellenden Versuch kaum bedürfen sollte. Dieser Ueberlegung würde ich, wie Jedermann, gefolgt sein, wenn nicht Erfahrungen an anderer Stelle mich gemahnt hätten, diese Erklärung durch das läuternde Feuer des Experimentes zu führen. Wenn man einem enthirnten Frosche die Rückenhaut abzieht und ihn auf den Rücken legt, so dreht er sich doch wieder in seine normale Lage zurück; selbst dann, wenn man dazu auch die Haut des Kopfes entfernt. Daraus folgt doch zweifellos, dass die dorsalen Hautempfindungen zum wenigsten nicht die einzige Ursache der Retrosubversion[1]) sein können, dass man dafür nach Gründen noch anderer Art zu suchen haben wird.

Um diese finden zu können, ist es nöthig auf folgende Betrachtung einzugehen: Wir sprechen von der Erhaltung des Gleichgewichts, sowohl bei den leblosen, wie bei den lebenden Objecten, was doch nichts Anderes heisst, als dass alle diese Objecte sich im Gleichgewicht befinden, wenn ihr Schwerpunkt genügend unterstützt ist. Diese Ausdrucksweise ist vollkommen streng für die unbelebten Objecte, ist es aber nicht mehr für die belebten Objecte der Natur, deren Schwerpunkt in sehr verschiedener Weise ausreichend unterstützt sein kann, ohne dass sie in der gegebenen Lage bleiben, vielmehr erneute Anstrengungen machen, um in ihre ursprüngliche Lage zurückzukehren. Ich denke hierbei z. B. an die Bewegungen des Seesternes, die ich vor Jahren beschrieben habe: Legt man einen normalen Seestern auf den Rücken, so dreht er sich mit ausserordentlicher Gewandtheit immer wieder auf die Bauchseite zurück. Das Alles obgleich doch der Schwerpunkt des Körpers auch in der Rückenlage ausreichend unterstützt ist! Ich habe das Beispiel von so weit hergeholt, um das Wesen der Sache an einem Thiere zu zeigen, dessen vitale Bestrebungen doch auf relativ niedriger Stufe stehen. Viel näher liegt uns die directe Beobachtung beim Frosche und zwar in Gestalt jenes Versuches, den wir oben zu analysiren hatten und bei dem wir uns überzeugen konnten, dass die Empfindungen des Rückens für die Erklärung nicht ausreichen können. Aus den Beobachtungen und Ueberlegungen folgt, dass, um im Gleichgewichte zu sein, bei den lebendigen Objecten nicht allein die Unterstützung des Schwerpunktes ausreicht, sondern dass eine ganz bestimmte Orientirung der Theile vorhanden sein muss, die sich nicht nach dem umgebenden Raume bestimmen lässt, sondern es handelt sich um die Festhaltung einer ganz bestimmten Lage. Die Gleichgewichtslage der lebendigen Objecte ist demnach bestimmt durch das **Gleichgewicht des Schwerpunktes** und durch das **Gleichgewicht der Lage.**

Das Gleichgewicht des Schwerpunktes ist gegeben, wenn der Schwerpunkt des Thieres ausreichend unterstützt ist; Störungen im Gleich-

---

[1]) Dies sei ein kurzer Ausdruck für das Bestreben des Frosches aus der ihm aufgezwungenen Rückenlage in die Bauchlage, als Normallage, zurückzukehren.

gewichte dieses Bereiches werden durch zweckmässige Bewegungen corrigirt, die so lange anhalten, bis der Schwerpunkt auf irgend eine Weise wieder genügend gestützt ist. Dass das Gleichgewicht des Schwerpunktes aber gefährdet ist, darüber wird das Thier durch die Abnahme der Druckempfindungen in Haut und Muskeln unterrichtet. Das Gleichgewicht der Lage ist gegeben, wenn das Thier seine normale Lage inne hat; jede Verrückung aus derselben leitet Bewegungen ein, die darauf abzielen, die alte Lage wieder einzunehmen. Welches aber die Mittel sind, die das Thier über die veränderte Lage unterrichten, liegt hier nicht so ohne Weiteres auf der Hand und muss daher besonders untersucht werden. Vorher mag noch bemerkt werden, dass Vulpian, dem, wie ich später fand, der Grundversuch sowie die Modification desselben mit Abziehen der Rückenhaut bekannt waren, annähernd ähnliche Gedanken ausgesprochen, aber nicht weiter verfolgt hat; er sagt (l. c. p. 539): „Il s'agit bien dans ce cas d'une sorte d'action réflexe, comme je l'ai dit, et d'une action déterminée, non pas par le contact de la peau de la région dorsale avec le sol ou la table d'expériences mais par la simple subversion de l'attitude normale. Cette subversion produit une excitation qui provoque l'ensemble des mouvements nécessaires au retour à cette attitude etc."

Scheinbar zu ähnlicher Betrachtung ist auf Grund von Versuchen an Fischen L. Chabry[1]) gekommen; wenigstens unterscheidet er ebenfalls „l'équilibre de poids et l'équilibre de position", was genau die Uebersetzung meiner Bezeichnung ist, aber sein „équilibre de position" hat einen völlig anderen Sinn und entspricht in keiner Weise dem „Gleichgewicht der Lage".

Wir werden nunmehr zu untersuchen haben, durch welche Mittel das Thier über die veränderte Lage seines Körpers so unterrichtet wird, dass es im gegebenen Falle diese Aenderung corrigiren kann.

Wir wollen den Froschkörper für den vorliegenden Zweck aus mehreren, sagen wir z. B. aus zwei beweglichen Theilen zusammengesetzt denken, nämlich einerseits aus dem Rumpf und den Extremitäten und andererseits aus dem Kopfe, die beide mit einander unbeweglich

---

[1]) L. Chabry, Sur l'équilibre des poissons. Robin's Journal f. Anatomie etc. 1884.

verbunden gedacht werden mögen. Jeder dieser Theile hat einen eigenen Schwerpunkt, der irgendwo liegen möge, was nicht weiter interessirt; aber soviel ist sicher, dass das ganze System sich im Gleichgewichte befinden wird, wenn der gemeinsame Schwerpunkt beider Theile genügend unterstützt ist, der jedoch in einen dieser Theile, z. B. in den Rumpf, fallen kann. Wird aber die Verbindung zwischen Rumpf und Kopf durch ein Gelenk mit entsprechendem Bandapparat so beweglich gemacht, dass der Kopf Bewegungen gegen den Rumpf in einer oder mehreren Ebenen ausführen kann, so wird das ganze System in einer gewissen gegenseitigen Lage zwar noch immer denselben Gleichgewichtsbedingungen unterliegen, aber der Schwerpunkt des Kopfes wird jetzt seinerseits die Stellung des ganzen Systems insofern beeinflussen, als durch die Bewegungen desselben der gemeinsame Schwerpunkt des Systems mit jenen verschoben werden kann, d. h. dass es in Folge der Kopfbewegungen sehr viele Lagen geben wird, in denen das ganze System sich im Gleichgewichte befindet. Wenn man aber festsetzt, dass trotz der Beweglichkeit des Kopfes der letztere immer eine bestimmte Lage gegen den Rumpf haben soll, um das ganze System im Gleichgewichte zu halten, wobei die Bänder des Gelenkes eine ganz bestimmte Spannung haben sollen, welche als die Ruhelage der Spannung bezeichnet werden möge, so wird bei jeder anderen Lage resp. Haltung des Kopfes eine positive oder negative Spannung dort auftreten, welche in dem Sinne wirken wird, die Ruhelage des Kopfes wieder herzustellen. Mechanisch würde diese Einrichtung der vorgelegten Aufgabe genügen, physiologisch können wir die Empfindlichkeit dieser Einrichtung noch steigern, wenn wir den Kopf nicht allein durch elastische Bänder, sondern auch durch quergestreifte Muskeln tragen lassen oder mit anderen Worten, *das Gleichgewicht der Lage wird durch die Zunahme oder Abnahme der Spannung erhalten, welche bei jeder Lageveränderung im Kopfgelenke, seinen Bändern und den zugehörigen Muskeln auftritt.* Alle drei Theile sind mit Nerven versehen, welche durch die geänderte Spannung gereizt werden; diese Erregungen werden zum Gehirn geleitet, wo sie die corrigirenden Bewegungen auslösen. Wenn man bei einem Frosche sämmtliche Muskeln durchschneidet, welche vom Kopfe zum Rumpfe treten, so hört die Fähigkeit, das

Gleichgewicht der Lage festzuhalten, nicht auf, weil die Empfindungen des Gelenkes die Function jetzt allein vertreten.

Da die Spannung in dem Kopfgelenke durch die Bewegungen des Kopfes bestimmt wird, durch welche das Gleichgewicht des Schwerpunktes des Kopfes und mittelbar auch jenes des Schwerpunktes des Gesammtkörpers verschoben werden kann, so ist das Gleichgewicht der Lage von dem Gleichgewicht des Schwerpunktes des Kopfes abhängig. Wir werden daher in Zukunft uns stets zu erinnern haben, dass bei allen Gleichgewichtsbetrachtungen die Schwerpunktsverhältnisse des Rumpfes und des Kopfes gemeinsam und gesondert anzustellen sind.

Diese Hypothese muss, wie auf der Hand liegt, Geltung haben für sämmtliche Wirbelthiere; dagegen ist sie, obgleich ich oben aus dem Reiche der Wirbellosen den Seestern angeführt habe, auf dieses Reich nicht ohne Weiteres anzuwenden. Eine wesentliche Stütze findet sie in der Thatsache, die ich hier schon vorweg nehmen will, dass das Gleichgewicht der Lage beim Frosche bei zunehmenden Hirnabtragungen gerade so lange vorhanden ist, als das eindeutig für die Kopfbewegungen aufgefundene Kopfcentrum noch erhalten bleibt, dass es mit jenem steht und fällt.

Legt man den enthirnten Frosch auf den Rücken, so ist das Gleichgewicht des Schwerpunktes auch bei dieser Lage gegeben, aber das Gleichgewicht der Lage ist gestört und die Reizung zur Correctur derselben geht von der negativen Spannung innerhalb der Organe aus, welche den Kopf tragen, der jetzt durch die Unterlage gestützt wird. Man sieht daher nicht selten, dass der Frosch die Rückenlage duldet, wenn der Kopf nicht auf der Unterlage ruht, sondern von derselben absteht, so dass die Kopfhalter ihre natürliche Spannung behalten. Sowie man den Kopf auf die Unterlage sanft niederdrückt, beginnen sogleich die Bestrebungen, um die normale Bauchlage zu gewinnen.

Aus den Betrachtungen auf der letzten Seite fliesst ganz direct die oben ausgesetzte Erklärung für die Thatsache, dass im Balancirversuch der Frosch neben den Bewegungen des Gesammtkörpers noch besondere Bewegungen des Kopfes macht und zwar so, dass er beim Erheben des Brettchens den Kopf senkt, beim Senken des Brettchens den Kopf erhebt. Dass der Kopf unter den gegebenen Bedingungen selbständige Bewegungen macht, folgt direct aus der obigen Ableitung, wonach jede Veränderung im Gleichgewicht des Schwerpunktes das Gleichgewicht der Lage verändern muss, ein Vorgang, der seinen Ausdruck findet in der Bewegung des Kopfes. Erhebt man das Brettchen, so wird in dem Kopfgelenke der Druck zu- und die Muskelspannung abnehmen; diese Aenderung leitet nach dem oben angeführten allgemeinen Principe eine Bewegung ein, welche diesen Reiz entfernen soll, also diese beiden Druckgrössen wieder normal machen soll, worauf der Kopf sich senkt. Wenn man das Brettchen senkt, so zieht das oben supponirte Gewicht nicht allein am Gesammtkörper, sondern auch allein am Kopfe, wodurch derselbe vom Rumpfe entfernt werden soll. Das giebt in dem Gelenk selbst Abnahme und in den Muskeln Zunahme des Druckes, d. h. das Umgekehrte, wie oben, worauf auch die umgekehrte Bewegung, d. h. die Hebung des Kopfes folgen muss.

Wir kommen jetzt zur Analyse der Versuche, welche zu der Frage leiten, ob ein grosshirnloser Frosch sehend oder blind ist. Diese Frage gehört zu den wenigen im Gebiete der Hirnphysiologie, welche schon seit längerer Zeit von allen Autoren, die sich darüber zu äussern Veranlassung hatten, übereinstimmend im bejahenden Sinne beantwortet worden ist. Die letzte Untersuchung auf diesem Gebiete, welche von Blaschko unter H. Munk's Leitung gemacht worden ist, führte zu folgendem Schlusse: „Der grosshirnlose Frosch hat Gesichtswahrnehmungen, die er im Gedächtniss zu behalten und für seine Bewegungen zu verwerthen weiss. Das ist aber das Höchste, was ein Frosch überhaupt mittelst seiner Sehwerkzeuge zu leisten vermag, besser sieht ein gesunder Frosch auch nicht.“ Ich habe nach meinen eigenen Erfahrungen dem nichts weiter hinzuzufügen, als dass ich diese Folgerung in ihrem ganzen Umfange bestätigen kann; ich möchte nur noch bemerken, dass, wenn das geschickte Umgehen eines Hindernisses schon für die Erhaltung des Sehens spricht, das in ganz ausserordentlichem Falle von der Beobachtung gilt, welche oben beschrieben worden ist, die darin besteht, dass der ins Wasser gesetzte Frosch ganz deutlich die Augen nach oben wendet und die Blickebene erhebt, gleichsam um die zu überwindende Höhe zu taxiren. Der Eindruck, den man von diesem leicht mit Musse zu beobachtenden Vorgange erhält, ist so überzeugend, dass er allein ausreichen würde, um die Fähigkeit des Sehens darzuthun.

Hierbei möchte ich auf einige Thatsachen hinweisen, welche uns einen Fingerzeig geben, wie der Wille auf die Bewegungen einwirkt. Wenn man einen völlig normalen Frosch vor ein Hinderniss setzt, so giebt das Netzhautbild desselben allein noch nicht die Ursache, um das Hinderniss zu umgehen oder zu überspringen. Wenn dieser Vorgang stattfinden soll, so muss der Wille des Frosches die Anregung dazu geben, worauf der Sprung unter Verwerthung des Netzhautbildes erfolgt. Der grosshirnlose Frosch, vor ein Hinderniss gestellt, erhält davon ebenfalls ein Netzhautbild, das allein aber ebenfalls ihn noch lange nicht zum Sprunge anregt. Da ihm der Wille fehlt, so tritt dafür der periphere Reiz und darauf ein Sprung ein, den wir als einen Reflexvorgang im weitesten Sinne auffassen können. Diese Betrachtung wird durch folgende Beobachtung noch illustrirt: Wenn man den grosshirnlosen Frosch so ins Wasser setzt, dass er unbeweglich auf der Oberfläche sitzen bleibt — die Mittel dazu werden später angegeben werden —, so macht der Frosch keinen Versuch ans Land zu springen. Ein besonderes Interesse haben diese kleinen Züge durch den Schluss, den man daraus ziehen kann, dass nämlich das Locomotionscentrum, auf welches der Wille wirkt, identisch sein kann mit jenem, auf das der periphere Reiz einwirkt. Man kann den Willensimpuls damit in seiner einfachsten Form als eine Erregungsquelle auffassen, wie irgend einen uns gut bekannten peripheren Reiz, so dass die Abtragung des Grosshirns in dieser Richtung dasselbe leistet, wie die Durchschneidung eines centripetalen Nerven.

Wenn der Frosch das eine Mal das Hinderniss umgeht, das andere Mal dasselbe überspringt, so sind das nur quantitative Unterschiede; das Wesen der Erscheinung ist dasselbe: zweckmässige Verwerthung seiner Gesichtseindrücke; dasselbe gilt für den Sprung aus dem Wasser auf das steile Ufer. Der eigentlich entscheidende Factor nach dieser Richtung scheint mir die Beleuchtung zu sein, die Intensität der Erregung, welche die Netzhaut trifft; denn zweifellos gehen alle diese Versuche am besten und vielleicht nur bei hellem Sonnenschein. Daher gelingen sie am häufigsten im Sommer, in dem auch noch ein anderes wesentliches Moment hinzukommt, nämlich die Lebhaftigkeit der Thiere (ausgenommen ist die Zeit der höchsten Temperatur; bei welcher die Frösche wieder leiden).

Die letzten Versuche, welche über das Sehen des grosshirnlosen Frosches entschieden haben, regen in eindringlicher Weise die Frage an, ob diese Bewegungen, wie das Ueberspringen der Hindernisse und namentlich die Hoffnungslosigkeit eines jeden Versuches gegenüber zu hohen Hindernissen, bewusste Handlungen oder ob sie in die Kategorie der Reflexbewegungen im weitesten Sinne zu rechnen sind. Das ist dieselbe Frage, welche vor fast einem Menschenalter für die Reflexbewegungen des Rückenmarkes gestellt und dort nicht erschöpfend beantwortet worden ist. Aber die heissen Kämpfe, welche seiner Zeit um diese Frage geführt worden sind, haben doch die Erkenntniss angebahnt, dass einmal die Zweckmässigkeit einer Bewegung, welche zu Gunsten der bewussten Handlung in die Discussion geworfen worden war, nicht ausschlaggebend sein kann und dass wir andererseits keine wissenschaftliche Methode besitzen, um bei Thieren diese und ähnliche Fragen zu entscheiden.

§. 3.

Abtragung des Grosshirns und der Sehhügel.

Die in der Ueberschrift angegebene Operation ist merkwürdigerweise von keinem der Experimentatoren, welche sich eingehend mit dem Studium des Froschhirns beschäftigt haben, ausgeführt worden. Nur bei Eckhard, der auf diese Lücke aufmerksam macht, findet sich eine auf gelegentlicher Erfahrung fussende Bemerkung, dass nach Abtragung der Sehhügel „ein Vorwalten mehr kriechender als springender Bewegungen und nur unvollkommene Aequilibrirungsversuche auf der schiefen Ebene“ bemerkt wurden.

Fig. 5.

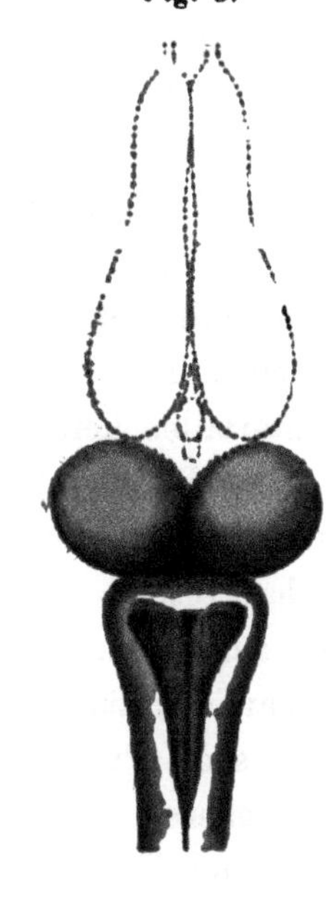

Geschieht die Trennung in den schrägen Linien, welche die Sehhügel von den Vierhügeln trennt und führt man den Schnitt bis auf den Boden der Schädelbasis, wobei stets die *Nn. optici* durchschnitten werden (siehe die nebenstehende Fig. 5), so findet man ausnahmslos etwa nach zwei Stunden eine Farbenveränderung der Haut, durch welche selbst das hellste Grün in Dunkelbraun übergeführt wird. Die Verfärbung verschwindet erst mit dem Tode des Thieres, wie lange dasselbe auch leben möge.

Wenn man diesen Frosch mechanisch, z. B. an der Hinterpfote, wiederholt reizt, so führt er einen anscheinend normalen Sprung aus, der allenfalls etwas plump ausfällt, doch ist es im Allgemeinen schwierig, die Grösse der Abweichung vom Normalen anzugeben, denn viel ist es sicherlich nicht und bedarf zur Constatirung grosser Aufmerksamkeit und Erfahrung. Sowie der ausgeführte Sprung beendet ist, sieht man, dass die Hinterpfoten nicht sogleich in ihre normale Lage gebracht werden, sondern erst gegen den Rücken hinaufgezogen werden in einer sehr eigenthümlichen Weise, die an das entsprechende Phänomen bei der Nicotinvergiftung derselben Thiere erinnert. Im Ganzen findet der Sprung keinen momentanen, sondern nur allmäligen Abschluss, wie auch Eckhard schon gesehen hat. Was die Vorderpfoten anbetrifft, so werden dieselben häufig mit der Dorsal- statt der Volarfläche aufgesetzt, doch kann ich diesem Symptome nicht so viel Bedeutung beilegen, als es von den Autoren sonst geschieht, weil auch normale Frösche es damit nicht immer so genau nehmen.

Was die kriechenden Bewegungen betrifft, deren Eckhard Erwähnung thut, so habe ich sie ebenfalls beobachtet, aber nur kurz nach der Operation; nach 24 Stunden sind sie stets verschwunden und erschienen niemals wieder, wesshalb diese Erscheinung ohne wesentliche Bedeutung ist.

Bringt man den Frosch auf die schiefe Ebene und erhebt dieselbe, so senkt er zwar den Kopf gegen die Unterlage, macht aber niemals auch nur den leisesten Versuch in die Höhe zu steigen, fällt vielmehr bei fortgesetzter Neigung wie leblos herunter. Ich mache diese Versuche stets über Wasser, weil der Frosch beim Herunterfallen keinen Schaden nimmt, während das Herabfallen auf die Tischplatte nicht ohne nachtheilige Folgen ist. Senkt man das Brettchen gegen die Horizontale, so erhebt er den Kopf. Ich habe solche Frösche über vier Wochen am Leben erhalten und beobachtet, dass der sogenannte Balancirversuch definitiv ausfällt. Legt man den Frosch auf den Rücken, so dreht er sich wieder auf die Bauchseite zurück. Was die Prüfung der Sehfunctionen anbetrifft, so war eine solche von vornherein ausgeschlossen, weil unser Operationsverfahren die Zerstörung der *Nn. optici* einschliesst. Da ich aber ein wesentliches Interesse daran hatte, zu erfahren, ob und welchen Einfluss die Sehhügel bei jenen durch Reizung des Gesichtssinnes hervorgerufenen Bewegungen besitzen, so habe ich die Sehhügel von oben her mit einer glühenden Nadel bis zu genügender Tiefe zerstört und dabei die *Optici*, welche am Grunde der Sehhügel einherziehen, geschont. Wie ich nach meinen früheren Versuchen voraussetzen konnte, genügte diese Verletzung, um den Balancirversuch unmöglich zu machen, ebensowenig springt der Frosch über ein Hinderniss, aber vor dasselbe gesetzt und mechanisch gereizt, weiss er demselben auszuweichen. Diese letzte Thatsache hat auch Blaschko fast in derselben Weise mitgetheilt.

Die bisher mitgetheilten Merkmale waren wesentlich Ausfälle, also negative Merkmale; wir finden indess auch ein positives Merkmal für unseren Frosch, wenn wir nämlich sein Verhalten im Wasser untersuchen. Hierbei erinnere man sich aber genau des Verhaltens eines nur enthirnten Frosches, welcher, ins Wasser gesetzt, sogleich zu schwimmen beginnt. Unser jetziger Frosch, ins Wasser gesetzt, zögert ein wenig, macht aber nach kurzer Zeit eine Reihe vollkommen normaler Schwimmbewegungen.

Hierbei empfiehlt es sich im Interesse eines gesicherten Verständnisses, einige wesentliche Bemerkungen über das Schwimmen des normalen Frosches einzuflechten, welche zur Beurtheilung des Kommenden durchaus nothwendig sind. Der normale Frosch vermag sich nämlich in zwei ganz verschiedenen Formen im Wasser fortzubewegen. Die eine Form ist die, dass er, wie auf dem Lande, die Vorderpfoten vor sich hinsetzt, während die Hinterpfoten leichte Ruderbewegungen machen und niemals in vollkommene Streckung übergehen. Diese Manier wird immer nur für langsame Bewegungen verwendet, um sich in einem kleinen Umkreise zu bewegen. Wenn er aber flieht, wenn seine Bewegungen sehr rasch werden wollen, dann legt er die beiden Vorderpfoten flach an den Leib parallel mit der Längsaxe desselben, die Hinterpfoten machen periodische kräftige Stossbewegungen, wobei sie jedesmal in volle Streckung übergehen; auch der Rumpf scheint in ganz bestimmter Weise sich den Verhältnissen activ anzuschliessen, so dass nunmehr der Frosch, seinem Aussehen nach, wie ein Pfeil durch die Fluth schiesst. Diese Art ist offenbar die charakteristische Form des Schwimmens für den Frosch und nur diese werde ich künftig als „normales“ oder „coordinirtes Schwimmen“ bezeichnen. Alle übrigen Formen von Locomotionen im Wasser werden künftig allgemein als „Schwimmen“ bezeichnet werden, wovon aber ausgeschlossen bleiben muss das einfache Sichüberwasserhalten ohne jede Muskelthätigkeit, obgleich dieser Vorgang von einigen Autoren als Zeichen von Schwimmvermögen genommen worden ist. Der Ausdruck ist aber unrichtig und führt zu falschen Vorstellungen, weil, wie später noch bewiesen werden wird, allein durch einen bestimmten Luftgehalt der Lungen dem Frosche ein solches Sichüberwasserhalten möglich ist.

Unser Frosch ohne Sehhügel hat also die Fähigkeit des normalen Schwimmens behalten; wenn er auch später anfängt und früher aufhört als sein Gefährte mit erhaltenen Sehhügeln, so ist das zunächst ohne Belang; die Hauptsache ist die, dass er diese Fähigkeit überhaupt behalten hat. Eine andere Erscheinung besteht darin, dass dieser Frosch, kurz nachdem er ins Wasser gekommen ist, aus seinen Lungen beträchtliche Mengen von Luft aufsteigen lässt und nunmehr sehr bald auf den Boden des Gefässes sinkt, um nach einigen Bewegungen sich völlig ruhig zu verhalten. Diesen Frosch habe ich niemals wieder spontan an die Oberfläche kommen sehen, vielmehr findet man ihn nach einiger Zeit todt, er ist erstickt; schon ihm fehlt also, wie es Goltz für den Frosch ohne *Lob. optici* gezeigt hat, das Gefühl des Luftbedürfnisses.

Dass ein solcher Frosch nicht das Bestreben zeigt, aus dem Bassin herauszuspringen, bedarf wohl kaum der Erwähnung.

Was die Prüfung des sogenannten Quackversuches betrifft, so ist es mir angenehm, die Lücke, welche in unserer Kenntniss über jenes Centrum vorhanden ist, ausfüllen zu können. Goltz verlegt dasselbe bekanntlich in die Zweihügel, aber wie Eckhard bemerkt, mit wenig Recht, da er nur nach gemeinschaftlicher Zerstörung von Seh- und Vierhügel das Quacken vermisst. Hierbei hat Goltz das Richtige getroffen, denn unsere Frösche ohne Sehhügel quacken vortrefflich, wenn man ihre Rückenhaut streicht, oder wenn man sie einfach unter den Armen in die Höhe hält, wie es jüngst Schlösser empfahl und wie mir schon vorher bekannt war.

§. 4.

Analyse der Versuche.

Wenn unser Frosch nicht mehr fähig ist, den Balancirversuch auf der schiefen Ebene auszuführen, wenn er ebenso unfähig ist über ein Hinderniss hinwegzusetzen, so können es motorische oder sensible Elemente sein, deren Zerstörung diesen Ausfall bestimmt. Da derselbe Frosch aber im Wasser normal schwimmen kann, bei welchem Acte nach unserer obigen Beobachtung Kopf-, Rumpf- und Extremitätenmuskeln in ausgiebiger Weise betheiligt sein müssen, Muskeln, welche auch beim Balanciren und Ueberspringen, vielfach ähnlich wie dort combinirt werden, so ist mit vieler Sicherheit zu schliessen, dass durch die Zerstörung der Sehhügel ausschliesslich sensible Elemente zerstört worden sind. Forscht man weiter nach der Natur dieser sensiblen Elemente, so können es die centralen Heerde der Haut- und Muskelempfindungen sein, da wir oben nachgewiesen haben, dass die Anregung zum Balancement auf Elemente dieser Art einwirkt. Von dieser Zerstörung können ausgeschlossen sein die analogen Elemente des Kopfes, da wir auf der schiefen Ebene noch Bewegungen des Kopfes haben auftreten sehen, welche die gleichen waren, die der Frosch gemacht hatte, als er sich noch im Besitze der Sehhügel befand. Es bleiben also als der Zerstörung anheim gefallen die Elemente des Rumpfes und der Extremitäten. Dass übrigens in den Sehhügeln sensible Elemente zu suchen sind, geht mit voller Sicherheit auch aus dem Schwimmversuch hervor: der Frosch schwimmt wohl, sogar coordinirt, aber zögernd und niemals andauernd, man hat durchaus den Eindruck, dass ein Ausfall von Anregung zur Bewegung eingetreten sein muss. Nach der Natur der Verhältnisse können es nur die centralen Enden der centripetalen Elemente sein, welche den Verkehr mit dem umgebenden Medium, dem Wasser, bisher vermittelt haben.

Ob aber die Empfindungsnerven für den ganzen Rumpf und alle vier Extremitäten in den Sehhügeln liegen, ist nicht ausgemacht; ebensowenig lässt sich eruiren, ob vielleicht nur die Empfindungsnerven der

Muskeln und Gelenke oder die Sinnesnerven der Haut dort enden. Directe Versuche über die Empfindung der Haut anzustellen, hat, wie leicht verständlich, beim Frosche grosse Schwierigkeiten. Es giebt aber eine Versuchsform, welche wenigtens Aussicht auf ein Resultat eröffnet; dieselbe besteht darin, dass man nach einseitiger Abtragung eines Sehhügels die Hautempfindungen beider Seiten mit einander vergleicht mit Hülfe einer sehr verdünnten Säure oder durch mechanische Reizung. Das Nähere über die Ausführung dieser Methode wird weiterhin bei dem Mittelhirn mitgetheilt werden; hier sei bemerkt, dass Erregbarkeitsunterschiede der beiden Seiten nach einseitiger Abtragung der Sehhügel bisher nicht gefunden werden konnten, weder bei chemischer noch bei mechanischer Reizung. Dieses Resultat legt die Vermuthung nahe, dass in die Sehhügel eine Centralstation mehr für Muskel- und Gelenkempfindungen, als für Hautempfindungen zu verlegen ist. Diese Vermuthung kann aber nur unter der Voraussetzung zugelassen werden, dass allein schon der Ausfall der Muskelempfindungen den Balancirversuch stört, denn die Druckempfindungen (wohl auch Tastempfindungen) der Haut müssen ja in jenem Versuche ebenfalls in Anspruch genommen sein. Daher könnte, wie es auch hier scheint, stets die eine Nervenart erhalten sein, ohne dass damit der Balancirversuch erhalten bliebe. Weiteres lässt sich aus unseren Versuchen nicht ableiten.

Was das Verhältniss der Sehhügel zu dem Sehen betrifft, so ist keine Thatsache bekannt, welche eine Beziehung dieses Organs zu jenem Acte erweisen würde, wie Blaschko ebenfalls schon aus seinen Versuchen gefolgert hatte. Daher würde dieser Hirntheil seinen Namen mit Unrecht führen.

Endlich muss in den Sehhügeln eine Station gesucht werden, von der aus eine energische Beeinflussung der Pigmentzellen der Haut in Scene gesetzt werden kann.

§. 5.

Abtragung der hinter den Sehhügeln gelegenen Theile incl. der vordersten Abtheilung des verlängerten Markes.

A. Abtragung der Zweihügel (Mittelhirn).

Bisher hatte es keine Schwierigkeiten, die gewünschten Abtragungen der betreffenden Hirntheile auszuführen und brauchbare Resultate zu sammeln. Aber beim Eintritt in das Mittelhirn befinden wir uns gegenüber den grössten Schwierigkeiten. Wenn es auch gelingt, die Abtragung an dieser Stelle ganz legal auszuführen, so ist damit noch nicht viel erreicht, denn die Abtragung muss so geleitet werden, dass die Frösche die Operation um Tage und Wochen überleben und dass sie vor Allem frei von Zwangsbewegungen sind, welche beim Studium der geradlinigen Bewegungen zu Irrthümern Veranlassung gehen müssen. Es liegt auf der Hand, dass bei dem bilateral-symmetrischen Bau des Körpers symmetrische Verletzungen im Gehirn niemals Zwangsbewegungen geben dürfen, dass man also unter keiner Bedingung sich hier mit Resultaten zufrieden geben darf, in denen Zwangsbewegungen erscheinen. Dass diese Gesichtspunkte, so einfach und selbstverständlich sie auch sein mögen, nicht immer maassgebend waren, folgt aus einer Beschreibung seiner Frösche bei Cayrade, denen die Zweihügel abgetragen waren; er schildert sie folgendermaassen: „Si nous les jetons dans l'eau, elles (les grenouilles) opèrent des mouvements de natation, mais sans direction, sans équilibre, elles roulent en tous sens au milieu de l'eau [1].“ Diese Frösche haben also vollkommene Rollbewegungen gemacht und diese Beobachtung zur Grundlage eines Urtheils über Erhaltung des Gleichgewichtes zu machen, das ist ein vollständiges Verkennen der gestellten Aufgabe! Aehnliche Monstrositäten findet man bei manchem anderen Autor ebenfalls wieder.

Wenn man mit dem bisher gebrauchten Messerchen die Zweihügel so abträgt, dass man sie durch einen Schnitt von einer Seite zur anderen in der gegebenen Linie einfach abschneidet oder wenn

[1]) L. c. p. 351.

man die Messerspitze in die Mitte des hinteren Randes der Zweihügel einsetzt und durch Schnitte nach links und rechts (immer bis auf die Basis!) abträgt, so pflegt das Resultat ein sehr ungünstiges zu sein, indem ein Theil der Operirten kurze Zeit nach der Operation zu Grunde geht oder, wenn lebend, doch in so desolatem Zustande sich befindet, dass die nachfolgende Untersuchung der Function nur wenig Vertrauen einflösst. Der Grund dieses Misserfolges lag offenbar darin, dass die Frösche nach der Operation in den häufigsten Fällen in heftige Zwangsbewegungen geriethen, wobei sie Blutungen bekamen oder sich völlig erschöpften. Die Resultate fielen noch relativ am besten aus, wenn nach der Operation möglichst wenig Bewegungen von Seiten des Thieres gemacht wurden, weshalb man sie, wie in der Einleitung gesagt worden ist, durchaus nicht reizen darf, sogar die einzelnen Thiere isoliren muss, damit sie sich durch gegenseitiges Anstossen nicht zur Bewegung bringen. Da Zwangsbewegungen durch asymmetrische Verletzungen des Gehirns entstehen und da trotz vieler Uebung die Resultate unbefriedigend geblieben waren, so kam ich schliesslich zu der Ansicht, dass nicht allein asymmetrische, sondern selbst ungleichzeitige Verletzung des Gehirns Zwangsbewegungen erzeugt. Deshalb musste das bisherige Operationsverfahren aufgegeben und an seine Stelle ein neues gesetzt werden, in welchem der betreffende Hirntheil nicht allein symmetrisch, sondern auch auf beiden Seiten gleichzeitig abgetragen werden konnte. Ich liess mir das in der Fig. 6 gezeichnete Messerchen anfertigen nach einem Gypsabguss von der hinteren Gegend der Zweihügel bei einem mittelgrossen Frosche; es ist daher für die meisten Frösche, wenn sie nicht zu gross oder zu klein sind, brauchbar; es ist vom besten Stahl gefertigt und muss scharf wie ein Rasirmesser sein, damit die Schnittfläche vollkommen glatt ist.

Fig. 6.

Die Operation selbst wird so ausgeführt, dass nach Reinlegung des Operationsfeldes mit einem kleinen Schwämmchen das Messer an dem hinteren Rande der Zweihügel eingesetzt und senkrecht mit einem sicheren Druck durch die Hirnmasse bis auf den Boden versenkt wird; das abgeschnittene Hirn kann durch Vorwärtsbewegung des Messers leicht entfernt werden; jede Blutstillung unterbleibt, die Hautlappen werden über die Wunde geklappt und der Frosch in den Topf gesetzt, um ihn völliger Ruhe zu überlassen. Selbst wenn er noch einige Bewegungen macht, so sind sie nicht so ungestüm und in der Regel unschädlich. Das Resultat dieses Operationsverfahrens ist ein sehr günstiges, denn die meisten Operirten bleiben am Leben, bis zu drei Wochen habe ich sie erhalten können und die Beobachtung liefert hinreichend deutliche Bilder von den restirenden Fähigkeiten des verstümmelten Thieres. Zwangsbewegungen kommen wenig und in geringerer Intensität vor. Will man sich von ihrer vollständigen Abwesenheit überzeugen, so bringt man den Frosch ins Wasser; da kommt es nicht selten vor, dass ein auf dem Lande sich geradlinig bewegender Frosch doch leichte Neigungen zu Zwangsbewegungen zeigt. Die folgende Beschreibung der dem Frosche verbliebenen Functionen bezieht sich auf viele Exemplare, welche selbst bei dieser scharfen Prüfung geradlinige Bewegungen ausführen. Was von Hirnmasse im Schädel verblieben ist, zeigt die Fig. 7.

Fig. 7.

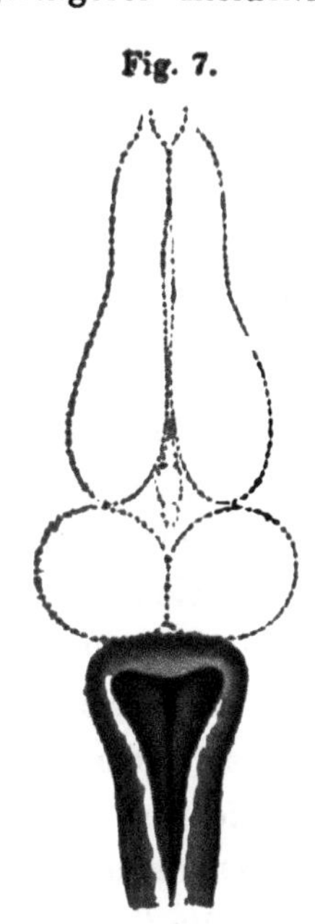

Vierundzwanzig Stunden nach der Operation findet man den Frosch in einer Haltung, die im Allgemeinen sich nicht deutlich von der normalen unterscheidet; allenfalls pflegt der Kopf ein wenig herabzuhängen und mit der Wirbelaxe einen stark stumpfen Winkel zu bilden. Die Hautfarbe kann hell geblieben sein, findet sich öfter auch gedunkelt. Wenn man diesen Frosch mechanisch reizt, z. B. am Hinterleibe oder den hinteren Extremitäten, so erfolgt eine Ortsbewegung, eine Locomotion, in Gestalt eines regelmässigen Sprunges; die Erhaltung dieser Function ist als die fundamentalste Erscheinung des ganzen Gebietes zu betrachten.

Was diesen Sprung weiter betrifft, so ist es selbstverständlich, dass er etwas plumper ausfällt als bei dem Frosch mit erhaltenen Zweihügeln; seine Weite kann variiren von normaler Grösse bis zu ganz kleiner Entfernung und selbst bis zu kriechender Bewegung, indess ist letztere doch sehr selten. Bei der Reizung zum Sprunge beobachtet man eine grosse Differenz in der Erregbarkeit bei verschiedenen Individuen und zu verschiedenen Zeiten; häufig ist die Erregbarkeit so herabgesetzt, dass man mehrere Male reizen muss, um den Sprung auszulösen, öfter erscheint sie auch normal, endlich ist sie variabel zwischen diesen Grenzen. Am günstigsten erweist sich noch die Reizung der Zehenspitzen. Nicht selten beobachtet man statt des Sprunges nach vorwärts, dass der Frosch nach rückwärts geht, aber diese Erscheinung ist hier nicht constant; wir werden später den Ort angeben, von dem aus regelmässig Rückwärtsgang eingeleitet werden kann. Lässt man den Frosch gegen ein Hinderniss springen, so springt er es regelmässig an, er ist offenbar blind; legt man ihn auf den Rücken, so dreht er sich wieder in die Normallage zurück. Den Balancirversuch auf der schiefen Ebene führt unser Frosch nicht mehr aus, aber die Kopfbewegungen sind noch unterscheidbar vorhanden. Die Fähigkeit des Quackens hat er im Sinne des Paton-Goltz'schen Quackversuches eingebüsst.

Bevor wir unseren Frosch ins Wasser bringen, um dort weitere Aufschlüsse über die Functionen der Zweihügel zu erhalten, mag hier gleich ein Gegenstand von Wichtigkeit erledigt werden. Die zwei rundlich ovalen Körper, die man gemeinhin als Zweihügel bezeichnet, umschliessen eine Höhle, welche man den Ventrikel des *Lobus opticus* nennt. Der Boden dieser Höhle wird durch Theile gebildet, welche sich als die directe Fortsetzung des verlängerten Markes zum Gehirn erkennen lassen; man nennt sie deshalb Grosshirnschenkel oder *Pars peduncularis*. Die Decke der Höhle entspricht hingegen dem eigentlichen *Lobus opticus* der Autoren. Beide Theile gehen beiderseits in einander über. Mit wünschenswerther Deutlichkeit treten diese Verhältnisse in der Fig. 8 hervor, welche der Arbeit von Stieda[1]) entnommen ist und in welcher bezeichnet:

Fig. 8.

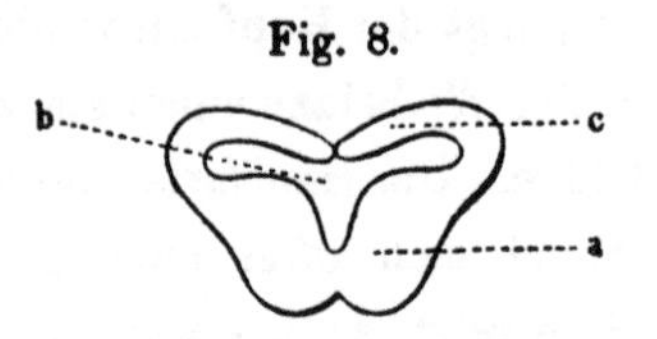

a die *Pars peduncularis*,
b die Höhle des *Lobus opticus*,
c die Decke der Höhle.

---

1) Zeitschrift f. wissenschaftliche Zoologie. Bd. XX, 1870.

Es wäre richtiger, diese ganze Gegend mit den Embryologen einfach als Mittelhirn zu bezeichnen und den Ausdruck *Lobi optici* auf die Decke zu beschränken. Um indess keine Verwirrung anzurichten, werde ich, wie bisher, Mittelhirn und Zweihügel (resp. *Lob. optici*) synonym gebrauchen und daran die Decke sowie die Basis jedesmal besonders unterscheiden.

Es fragt sich nun, ob diese beiden Theile des Mittelhirns, die Decke und die Basis, gesonderten Functionen vorstehen, oder ob das nicht der Fall ist. Wenn man bei einem normalen oder grosshirnlosen Frosche die Decke abträgt, am besten mit der Bajonettscheere, die an späterer Stelle abgebildet werden wird, so findet man alle Bewegungen ungestört; er springt normal, er schwimmt normal und noch mehr, er leistet sogar den Balancirversuch auf der schiefen Ebene, aber er ist blind; Decke und Basis des Mittelhirns haben sonach getrennte Functionen.

Dass die Decke des Mittelhirns auf die Bewegungen ohne Einfluss ist, haben Renzi, Eckhard und Blaschko schon angegeben; letzterer noch ausführlich hinzugefügt, dass dieser Theil dem Gesichtssinne dient. Doch fanden die angegebenen Autoren begründete Schwierigkeiten bei der technischen Ausführung dieser Operation, die nunmehr so beseitigt sind, dass die Resultate namentlich quoad locomotionem vervollkommnet erscheinen.

Bringt man unseren Frosch, dem alles Hirn bis zum verlängerten Marke abgetragen ist, ins Wasser, so pflegt er in der Regel sogleich zum Schwimmen überzugehen, wobei besonders der Hinterkörper regelmässig etwas tiefer im Wasser steht, als bei dem normalen Frosche. Abgesehen hiervon (worauf, wie später bewiesen werden wird, nicht viel Gewicht zu legen ist) ist sein Schwimmen dadurch charakterisirt, dass es uncoordinirt ist zu verstehen in dem oben (S. 31 u. 32) entwickelten Sinne, d. h. er vermag niemals mit an den Leib gelegten Vorderextremitäten die hinteren Extremitäten zu kräftigen periodischen Streckungen zu verwenden. Er schwimmt also mit nach vorn gestellten Armen und vollführt in den Hinterextremitäten periodische leichte Streckungen, die ihn fortbewegen. Am meisten fällt dabei die Unfähigkeit auf, die Vorderextremitäten flach an den Leib zu legen, wodurch man wohl auf den Gedanken kommen könnte, dass diese Bewegung dem Frosche überhaupt unmöglich geworden ist. Wenn man die Hand aber mit verdünnter

Essigsäure betupft, so bringt er den Arm, um Wischbewegungen zu machen, in dieselbe Lage, wie bei dem normalen Schwimmen. Die Fähigkeit, diese Bewegung isolirt auszuführen, ist also erhalten, folglich handelt es sich um eine coordinatorische Störung.

Ich muss auf den Unterschied, der im Schwimmen besteht zwischen einem Frosche, dessen Zweihügel erhalten sind und einem solchen, dem sie fehlen, ganz besonders aufmerksam machen, weil derselbe bisher noch von keinem Autor beobachtet worden ist und weil diese Beobachtung die wichtigste Ausfallserscheinung für diesen Hirntheil im Bereiche der Locomotion darstellt; ja noch mehr, sie bildet in rein locomotorischer Beziehung die einzige greifbare und wesentliche Differenz beim Vergleiche von Fröschen mit und ohne Mittelhirn [1]).

Endlich sei erwähnt, dass nach Abtragung des ganzen Mittelhirns, nicht nach alleiniger Abtragung der Decke, der Quackversuch ausfällt [2]). Bechterew (Pflüger's Archiv, Bd. 33) macht dieselbe Angabe.

B. Abtragung des Kleinhirns.

Bevor wir diese Operation ausführen, ist es nöthig, auseinander zu setzen, was wir unter Kleinhirn verstehen, denn es ist gewiss, dass die Autoren darüber verschiedener Meinung gewesen sind.

Das Kleinhirn des Frosches ist weiter nichts, als jene schmale quere Leiste, welche den vordersten Theil der Rautengrube überbrückt. Diese Leiste liegt in der Mitte hohl auf und ist zu beiden Seiten an den

---

[1]) Anmerkungsweise sei der Vollständigkeit halber noch folgende Beobachtung erwähnt: Wenn man diesen Frosch, wie es die Regel ist, in seinem Topfe bis an die Brust im Wasser sitzen lässt, so findet man ihn 24 Stunden nach der Operation an Leibesumfang ganz bedeutend zugenommen; nimmt man ihn in die Hand, so entquillt der Harnblase ein Flüssigkeitsstrom, dessen Menge circa 20 ccm betragen kann. Die Flüssigkeit ist neutral oder schwach sauer, hat ein specifisches Gewicht von 1001 und enthält 0,1 Proc. fester Bestandtheile; sie ist frei von Eiweiss, Zucker, Harnstoff und Chlor, erscheint also von Wasser wenig verschieden, wie wenn der Frosch Hydrurie bekommen hätte. Hatte man den Frosch nach der Operation in einen trockenen Topf gesetzt, so ist von jener Wasseransammlung in der Blase nichts zu sehen. Die Thatsache, welche völlig constant ist, hat mich nicht weiter beschäftigt.

[2]) Diese Beobachtungen über das Quackcentrum sind nur nebenher gemacht worden; bei der Redaction der Arbeit finde ich es wünschenswerth, diesen Versuchen noch eine weitere Ausdehnung zu geben.

Wülsten befestigt, in welche sich die seitlichen Wände der Rautengrube erheben (*Limbus fossae rhomboidalis*). Jene wird von den Zweihügeln regelmässig nach hinten gegen die Rautengrube gedrängt und lässt sich bequem dadurch aufrichten, dass man nach Entfernung des auf der Rautengrube liegenden Adergeflechtes mit einem kleinen zarten Schwämmchen von hinten nach vorn streicht. Onimus und Goltz haben, wie die Resultate ihrer Versuche zweifellos erkennen lassen, noch mehr als diese Leiste abgetragen; eine Differenz, welche Herr Goltz auf eine entsprechende Anfrage bereitwillig anerkannt hat. Es ist wichtig, derlei Differenzen aufzudecken, weil die Resultate solcher Versuche, obgleich sie dieselbe Ueberschrift führen, nothwendiger Weise ungleich ausfallen müssen.

Dass unsere Auffassung von dem, was man unter Kleinhirn zu verstehen hat, die richtige ist, zeigt die Darstellung von Ecker, die ich hier wörtlich anführen will [1]): „Die *Fossa rhomboidalis* wird demnach in ihrer ganzen Ausdehnung erst dann sichtbar, wenn man jene Membran (das Adergeflecht) entfernt und ist dies geschehen, so sieht man die Ränder der Bucht umsäumt von wulstigen Lippen. Diese nehmen ihre Richtung anfangs von hinten und innen nach vorn und aussen, um hierauf, fast unmittelbar am hinteren Umfange des Mittelhirns, medianwärts in eine querliegende und zugleich senkrecht stehende Markplatte umzubiegen. Letztere entsteht von dem stark entwickelten Mittelhirn nach hinten leicht umgebogen und ragt mit wulstigem Hinterrande in den *Sinus rhomboidalis* herein.

Wir haben in dieser Bildung einen dem Cerebellum der übrigen Wirbelthiere homologen Gehirntheil zu erkennen."

Wenn man, wie es hier zu geschehen hat, das Kleinhirn nach Entfernung der Zweihügel abträgt, so gelingt das ohne Schwierigkeit. Nachdem man jenes Aderhautgeflecht der Rautengrube entfernt und das Operationsfeld mit einem kleinen Schwämmchen gesäubert hat, führt man mit Schonung der darunter gelegenen Theile eine kleine Scheere unter das Kleinhirn und trennt durch entsprechende Schnitte seine Verbindung mit den beiden seitlichen die Rautengrube umsäumenden Wülsten.

---

[1]) Ecker, Die Anatomie des Frosches. Zweite Abth. Nerven- und Gefässlehre. 1881. S. 7.

Der Erfolg dieser Operation ist ein durchaus negativer; man sieht keine anderen Bewegungserscheinungen, als wir sie vor der Abtragung des Kleinhirns beobachtet hatten.

Nichtsdestoweniger kann daraus nicht gefolgert werden, dass das Kleinhirn des Frosches keine functionelle Bedeutung hat, denn es ist leicht möglich, dass etwaige Ausfälle, die man dem Fehlen des Kleinhirns zuschreiben könnte, bei einem so weit verstümmelten Thiere sich nicht mehr markiren können. Wir werden deshalb nochmals auf die Untersuchung des Kleinhirns zurückzukommen haben, wo wir es unter günstigeren Bedingungen antreffen werden.

C. Abtragung des vordersten Theiles des verlängerten Markes [Nackenmark][1]).

Der Theil, der nunmehr abgetragen werden soll, besitzt keine natürliche anatomische Begrenzung; ein eigens dafür angefertigtes Messerchen wird am hinteren Rande des Kleinhirns bis auf den Boden eingesenkt und so derjenige Theil des Nackenmarkes, welcher unter dem Kleinhirn liegt, mit dem übrigen davorgelegenen Hirn abgetrennt und aus dem Schädel entfernt. Diesen Theil nennt Stieda die *Pars commissuralis*. Der Schnitt muss ohne wesentliche Zerrung des Markes glatt durchgehen, damit die Athmung, welche alterirt ist, nicht gänzlich vernichtet werde. Was an Nervenmasse nunmehr noch zurückgeblieben ist, zeigt die Fig. 9.

Fig. 9.

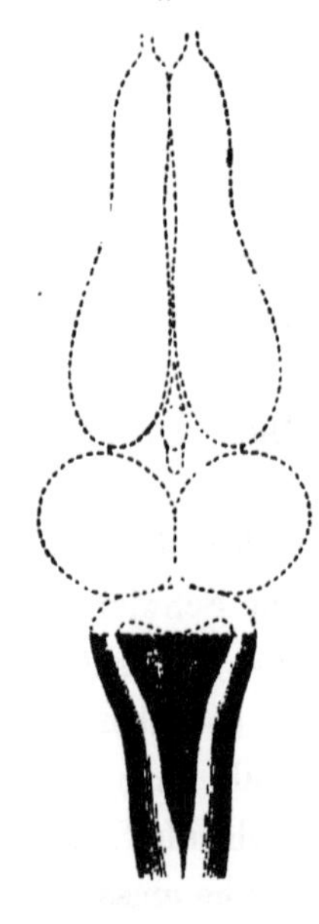

Nach 24 Stunden findet man den Frosch schwach athmend, aber nicht mehr in normaler Haltung, sondern platt auf dem Bauche liegen. Wenn man ihn auf den Rücken legt, bleibt er dort liegen; wenn man ihn an der Hinterextremität reizt, so macht er mit derselben eine Abwehr-

[1]) Wenn man das verlängerte Mark öfter zu nennen hat, so findet man diese Bezeichnung sehr schleppend und unbequem. Deshalb hat Goltz jüngst dafür den

bewegung, ebenso reagirt die Vorderextremität auf einen dort angebrachten Reiz, aber eine Locomotion mit Hülfe coordinatorischer Thätigkeit der vier Extremitäten kommt nicht mehr zu Stande. Nicht zu verwechseln sind damit Verschiebungen des ganzen Thieres, welche dadurch entstehen, dass die gereizte Extremität sich gegen die Unterlage stemmt und den Rumpf weghebelt oder sogar grosse Sprünge, wie sie auch schon Schiff beschrieben hat, welche selbst ein frisches galvanisches Präparat zu machen im Stande ist und die ihr Zustandekommen dem Umstande zu verdanken haben, dass beide Hinterbeine gelegentlich durch denselben Reiz plötzlich mit grosser Kraft gestreckt werden.

Das Charakteristische dieser Abtragung ist das Aufhören einer wirklichen Locomotion.

Diese Function kehrt auch nicht wieder, obgleich solche Frösche bis zu einer Woche am Leben erhalten und beobachtet werden konnten. Uebrig geblieben waren nur die Functionen des Rückenmarkes und jene des Athemcentrums. Im Wasser machen diese Frösche keinerlei Bewegungen, sondern hängen in demselben senkrecht in verschiedener Höhe oder sinken sogleich auf den Boden [1]).

Namen Kopfmark vorgeschlagen, den ich aber nicht passend finde, weil man leicht an ganz andere Hirntheile denkt. Ich schlage die Bezeichnung „Nackenmark" vor und werde davon zunächst Gebrauch machen.

[1]) Ich möchte bei dieser Gelegenheit auf einen Irrthum von Vulpian aufmerksam machen, der durch meine Angaben schon richtig gestellt ist. Derselbe betrifft die Lage des Athmungscentrums, welches nach Vulpian ganz wo anders zu suchen wäre, als bei den Säugethieren. Er sagt (l. c. p. 853): „Le point vital n'est pas placé exactement au même endroit chez les Batraciens que chez les Mammifères; il est situé assez en avant de l'angle du calamus scriptorius au niveau du bord postérieur du cervelet. Si l'on coupe transversalment le bulbe rachidien à ce niveau, immédiatement tous les mouvements sont abolis; l'animal demeure immobile; la respiration hyoidienne est elle-même arrêté. Seuls les mouvements du coeur persistent etc." Diese Angabe ist also zu berichtigen.

Ich kann sogar noch mehr über das Athmungscentrum des Frosches aussagen: Wenn man die Spitze des *Calamus scriptorius* mit einer Nadel sticht, so macht der Frosch tiefe Inspirationen. Diese Beobachtung ist insofern von Interesse, als es meines Wissens bisher kaum geglückt war, durch mechanische Reizung des Athmungscentrums Athembewegungen zu erzeugen.

D. Alleinige Abtragung des Kleinhirns.

Die isolirte Abtragung des Kleinhirns gehört zu den difficilsten Operationen dieses Gebietes, welche ich erst nach vielfachem Ausprobiren mit Erfolg zu überwinden gelernt habe. Die Schwierigkeit liegt eben darin, dieses kleine zwischen sehr wichtigen Hirntheilen eingebettete und mit ihnen eng verbundene Bändchen auszulösen, ohne die Nachbarschaft zu verletzen. Ich kann die folgende Methode als geeignet empfehlen: Man trägt die Schädeldecke so weit ab, dass die ganze Rautengrube sichtbar wird; das Aderhautgeflecht wird nunmehr mit einer feinen und sicheren Pincette entfernt, mit einem kleinen Schwämmchen das Operationsfeld gereinigt, wobei man gleichzeitig das Schwämmchen so führt, dass das nach hinten umgeklappte Kleinhirn sich senkrecht aufstellt. Durch letztere Manipulation eröffnet man den Canal, der unter dem Kleinhirn verlaufend den vierten Ventrikel mit dem *Aequaeductus Sylvi* verbindet. In diesen Canal legt man die geöffnete Bajonettscheere ein, rückt mit derselben bis an die Ecken vor, wo das Kleinhirn aus den Seitenwänden der Rautengrube entspringt und durchschneidet vorsichtig mit Schonung der Nachbarschaft in der Flucht des Wulstes. Das Kleinhirn zu entfernen ist überflüssig, da es nach sehr kurzer Zeit von selbst herausquillt; ein Vortheil, welcher der ohnehin empfindlichen Gegend sehr zu Gute kommt. Die weitere Behandlung ist die frühere. Macht der Frosch nach der Operation irgend welche abnorme Bewegungen, so pflegt eine Verletzung der Nachbarschaft vorzuliegen und der Versuch ist unbrauchbar. Immerhin verlangt die Abtragung des Kleinhirns ausreichende Uebung. Um den Frosch für die Untersuchung gefügiger zu haben, pflege ich auf jene Operation noch die Abtragung des Grosshirns folgen zu lassen. Das Aussehen des Hirns nach Abtragung des Kleinhirns zeigt Fig. 10. Die Bajonettscheere ist speciell für die Abtragung des Kleinhirns ange-

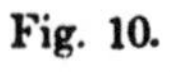
Fig. 10.

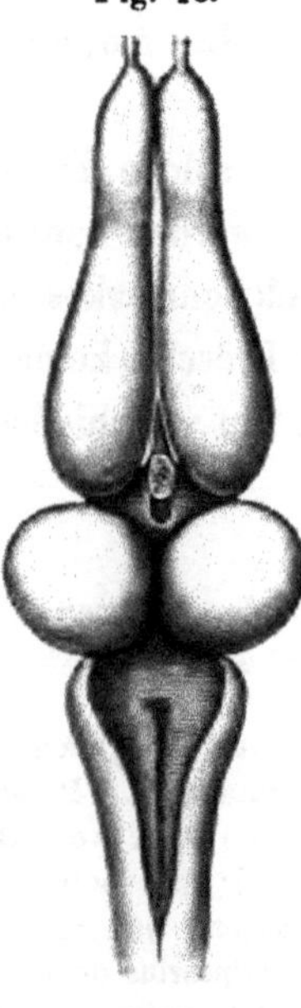

fertigt worden; sie kann aber mit Vortheil noch anderweitig Verwendung finden, wie es oben bei der Abtragung der Decke des Mittelhirns geschehen ist. Sie ist ein sehr brauchbares Instrument; ihre Form zeigt die Fig. 11.

Haltung und Sprung dieses Frosches unterscheiden sich in nichts von dem des normalen Frosches. Setzt man ihn auf das Balancirbrettchen, so fängt er beim Erheben desselben an, die schiefe Ebene hinauf zu steigen; wenn aber in Folge der Zunahme der Winkelneigung grössere Ansprüche an die Muskeln gestellt werden, so bemerkt man bei genügender Aufmerksamkeit ein leichtes Zittern in den Gliedern, welches am deutlichsten wird, wenn er die Kante des Brettchens ersteigen soll. Ueber die Kante weg pflegt er seltener zu kommen, als der nur enthirnte Frosch; in vielen Fällen vermag er sie unter fortdauerndem leichten Zittern zu überwinden, häufig aber fällt er herunter, während gut steigende normale Frösche die Kante viel sicherer übersteigen. Weitere Ausfälle sind auf dem Lande nicht zu sehen.

Fig. 11.

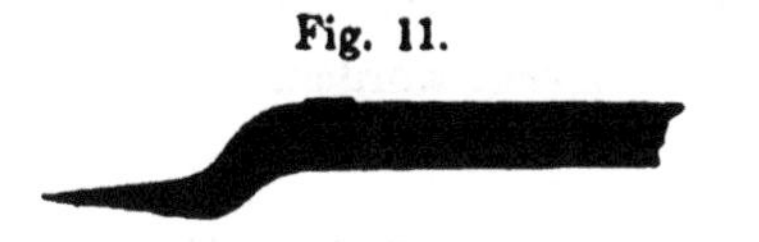

Bringt man den Frosch in's Wasser, so verhält er sich wie ein normaler Frosch und schwimmt vollkommen coordinirt. Wenn er aber auf den Rand des Bassins springt, so bemerkt man, dass er häufig zu kurz oder zu lang springt, also den Rand entweder nicht erreicht oder über denselben hinweg in's Zimmer springt. Namentlich das letztere habe ich bei den nur enthirnten Fröschen niemals gesehen, welche regelmässig mit gut gemessenem Sprunge das Ufer erreichen. Wenn er weiterhin durch einen Sprung das Ufer erreicht hat, so lässt er häufig einen grösseren oder kleineren Theil des Hinterkörpers frei über den Rand hinaus schweben, während ein normaler Frosch auf dem Rande nicht früher zur Ruhe kommt, als bis er unter allen seinen Körpertheilen feste Unterlage hat.

Das ist Alles, was ich über die Folgen der isolirten Kleinhirnabtragung zu berichten habe: es sind also Symptome vorhanden, aber man muss gestehen, dass sie sehr wenig auffallend und nur sehr aufmerksamer Prüfung zugänglich sind.

Aehnliche Erfahrungen am Kleinhirn hat Renzi gemacht und Vulpian schildert die seinigen in folgender Weise: „On peut, en effet, enlever le cervelet sur de grenouilles, sans produire le moindre trouble de la locomotion [1]", was ja vollkommen richtig ist, soweit ihm eine Prüfung möglich war. Im Gegensatze dazu steht Goltz, welcher angiebt, dass jener Frosch unfähig wäre zum Kriechen und zum Springen [2]), und ebenso Onimus: „Dès qu'il est l'ésé ou détruit (le cervelet), les animaux restent indifférement sur un côté ou sur l'autre et ils ne cherchent plus à reprendre leur équilibre dès qu'on l'a rompu. Dans certains cas même l'équilibre devient impossible, car il y a une tendance à tomber sur un des côtés [3])." Dass diese Angaben auf Verletzungen basiren, welche nicht nur das Kleinhirn, sondern auch solche der Nachbarschaft involviren, ist oben schon bemerkt worden.

E. Combinirte Abtragung der Sehhügel und des Kleinhirns.

Gewisse theoretische Betrachtungen hatten zur operativen Herstellung jener Combination geführt. Auf dem Lande ist dieser Frosch in nichts von demjenigen zu unterscheiden, dem seiner Zeit nur die Sehhügel abgetragen worden waren (vergl. oben). Wenn man ihn in's Wasser brachte, so schien es anfänglich, wie wenn er sein normales coordinirtes Schwimmen eingebüsst hätte. Das war aber nur so lange der Fall, als meine Methode der Kleinhirnabtragung noch sehr unvollkommen war und mit derselben auch die so überaus wichtige Nachbarschaft wenn auch wenig, so doch hinreichend für den vorliegenden Fall geschädigt worden war. Als die Methode durch Einführung der Bajonettscheere sich vervollkommnet hatte, fand sich für diesen Frosch auch das coordinirte Schwimmen wieder, so dass der Frosch mit dieser combinirten Abtragung auch im Wasser sich nicht von dem Frosche ohne Sehhügel unterscheidet.

§. 6.

Analyse der Versuche im fünften Paragraphen.

Wir werden an einer späteren Stelle ausführlich über die Bewegungen berichten, welche ein Frosch macht, wenn man ihn auf eine

---

[1]) L. c. p. 639. — [2]) L. c. p. 76. — [3]) L. c. p. 652.

rotirende Scheibe setzt. Von denselben sei vorläufig nur die eine hervorgehoben, dass der Frosch ohne Mittelhirn mit Beginn der Rotation der Scheibe seinen Kopf gegen die Richtung der Rotation bewegt. Welche Bedeutung diese Versuche auf der rotirenden Scheibe auch erhalten mögen, so bleibt die eben angeführte Thatsache insofern von grösster Bedeutung, als sie direct beweist, dass in den vordersten Theil des Nackenmarkes das Centrum für die Kopfbewegungen zu verlegen ist, d. h. derjenige Punkt, in welchem die Muskeln des Kopfes zu gemeinsamer Thätigkeit zusammengefasst werden. Dieser Schluss ist streng für jede Vorstellung, welche man sich über die Ursache der drehenden Bewegung bilden mag, also davon völlig unabhängig. Nicht minder bedeutungsvoll ist der Schluss, der aus der Thatsache fliesst, dass der des Mittelhirns beraubte Frosch ausgiebige locomotorische Fähigkeiten besitzt. Es ist damit nämlich erwiesen, dass an der gleichen Stelle, also im vordersten Theile des Nackenmarkes, das Centrum für die coordinatorische Thätigkeit der vier Extremitäten zu suchen ist, wobei nur vorausgesetzt wird, dass bei den günstigen Schwerpunktsverhältnissen des Frosches die coordinatorische Thätigkeit der vier Extremitäten allein schon genügt, um den Körper zu tragen und fortzubewegen.

Es ist weiter die Frage zu erörtern, ob an derselben Stelle vielleicht auch die Rumpfmuskeln in einem Centrum zusammengefasst sind, oder ob dieses Centrum an eine andere Stelle verlegt ist. Man kann beweisen, dass an derselben Stelle auch das Centrum für die Muskeln des Rumpfes liegen muss und zwar lässt sich dieser Beweis durch Reizversuche führen. Von dem elektrischen Reize ist hierbei abzusehen, denn reizt man mit einem schwachen Strome und fehlt der erwartete Effect, so kann man den Ausfall stets der ungenügenden Stromdichte zuschreiben; verstärkt man den Strom und erhält ein positives Resultat, so ist es niemals eindeutig, weil uncontrolirbare Stromschleifen dasselbe erzeugt haben können [1]. Was man also mit

[1]) Ich möchte hier einige Bemerkungen über die Reizung des Gehirns anhängen, wesentlich aus dem Grunde, damit der Leser keine Lücke empfindet; denn es ist um Reizversuche an der Oberfläche des Gehirns eine sehr missliche Sache. Nach dem oben Gesagten kann es sich nur um chemische oder mechanische

dem elektrischen Strome im Gebiete des centralen Nervensystems als Erregungsquelle unternehmen mag, ist niemals eindeutig: man lässt ihn also lieber ganz fort. Hat man einen Frosch ohne Mittelhirn, lässt ihm 1 bis 2 Tage zur Erholung, legt dann mit Vorsicht die Schnittstelle des Nackenmarkes frei und bringt an dieselbe einen grösseren Kochsalzkrystall, so beginnen sogleich clonische Krämpfe, die bald in allgemeinen und stetigen Streckkrampf übergehen, an dem nicht allein die Muskeln der Extremitäten, sondern auch alle Muskeln des Rumpfes bis an die Hüften nachweisbar betheiligt sind. Wenn man in einem anderen Versuche den Kochsalzkrystall an die vordere Grenze der Zweihügel legt, so tritt sogleich allgemeiner Tetanus auf. In beiden Fällen dauern die Tetani einige Zeit und die Reflexe des Rückenmarkes sind nach dem Aufhören des Tetanus fast vollkommen erloschen. Bringt man den Kochsalzkrystall an die Schnittfläche des Nackenmarkes, welche hinter dem Kleinhirn angelegt worden ist, so treten nach einiger Zeit wohl ungeordnete Krämpfe auf, aber zu tetanischer Contraction kommt es nicht, der Rückenmuskeln so wenig wie der Extremitäten; die Reflexe sind stets gut erhalten [1]).

Läge an der bezeichneten Stelle nicht das angegebene Centrum, so würde sowohl bei Reizung der vorderen als der weiter rückwärts gelegenen Schnittfläche des Nackenmarkes der Reiz beide Male die Bahnen treffen, welche von einem höher gelegenen Rumpfmuskelcentrum nach dem Rückenmark laufen und beide Male denselben Effect

---

Reizungen handeln. Ich gebe den letzteren den Vorzug und mache mit einer feinen Nadel Stiche in einzelne Partien des Gehirns: Reizung des Grosshirns bleibt ohne Resultat; Reizung der Sehhügel scheint coordinirte Bewegungen der Extremitäten zu geben; Reizung der Decke des Mittelhirns erzeugt Augenbewegungen; Reizung der Basis starke ungeordnete Muskelbewegungen; Reizung des Nackenmarkes ebenso; Reizung des Kleinhirns ist erfolglos. Es ist mir nicht unbekannt, dass Langendorff das Grosshirn des Frosches elektrisch erregbar gefunden hat, indess verweise ich darauf, was Eckhard darüber (l. c. p. 141) gesagt hat.

[1]) Bei Reizung der vorderen Nackenmarksgrenze beobachtet man neben den eben mitgetheilten Thatsachen noch regelmässig: 1) Herzstillstand und 2) ein eigenthümliches Quacken. Die beiden Erscheinungen fehlen, wenn man an der hinter der Kleinhirngrenze angelegten Schnittfläche reizt. Daraus folgt, dass im vordersten Theile des Nackenmarkes das centrale Ende des *N. vagus* liegt; ferner trifft man hier auf die Fasern, welche vom Quackcentrum des Mittelhirns in das Nackenmark zu dem Punkte gehen, in welchem die zum Quacken nothwendigen Muskeln, d. h. also das System der Kehlkopfmuskeln und die der Athemmuskeln mit einander verknüpft sind; oder aber es handelt sich um directe Reizung dieses Centralpunktes.

erzeugen, d. h. in Bezug auf die Rückenmuskeln. Da dies aber nicht der Fall ist, so können wir mit grosser Annäherung schliessen, dass im vordersten Theile des Nackenmarkes auch das Centrum für sämmtliche Rumpfmuskeln gelegen ist. Dazu kommt, dass die noch sehr vollkommene Locomotion, wie sie vom Nackenmark besorgt wird, schwerlich der coordinatorischen Thätigkeit der vier Extremitäten allein zu verdanken sein könnte.

Daher schliessen wir: Das Centrum für die Kopfbewegungen, das Centrum für die vier Extremitäten und das Centrum für sämmtliche Rumpfmuskeln liegen im vordersten Theile des Nackenmarkes.

Das sind Grundthatsachen, welche als Ausgangspunkt für die weitere Analyse werden dienen müssen.

Eine andere sehr wichtige Thatsache, die sich hier direct anreiht und auf welche besonders aufmerksam gemacht werden muss, ist die, dass im vordersten Theile des Nackenmarkes auch das Centrum für das Gleichgewicht der Lage des Körpers zu suchen ist, denn unser Frosch dreht sich auch ohne Mittelhirn mit grosser Präcision in die natürliche Lage zurück, wenn man ihn auf den Rücken gelegt hat, während der Frosch ohne die vorderste Abtheilung des Nackenmarkes dies zu leisten ausser Stande ist. Insofern als das Gleichgewicht der Lage unter Anderem abhängig ist von dem Gleichgewicht für den Schwerpunkt des Kopfes, werden die Bedingungen, welche für dieses gelten, auch auf jenes Anwendung finden müssen. Diese Folgerung gilt nur für den Fall, dass die obige Hypothese über die Ursachen des Gleichgewichts der Lage richtig ist.

Wenn wir unsere drei im Nackenmark gelegenen Centren auf ihre mechanischen Fähigkeiten in Bezug auf Locomotion untersuchen, so gelangen wir zu dem Ergebniss, dass das Kopfcentrum allein dafür nichts, das Rumpfcentrum nicht viel, aber das Extremitätencentrum Erkleckliches leisten kann, d. h. ich kann mir vorstellen, dass bei den günstigen Gleichgewichtsbedingungen für den Schwerpunkt unseres Thieres — relativ grosse Unterstützungsfläche und geringe Höhe der Lage des Schwerpunktes über jener Fläche — das Centrum der vier Extremitäten den Körper tragen und auch fortschieben kann. Aber es ist zweifellos, dass diese Locomotionen gewissermaassen bei schlotternder Wirbelsäule sehr mangelhafte und unzureichende sein werden. Ob die Locomotionen, welche nach Abtragung des Mittelhirns beobachtet werden, nur der coordinatorischen Thätigkeit der vier Beine zu verdanken sind, lässt sich direct nicht untersuchen, da wir über die Natur dieser Locomotionen keine bestimmte Vorstellung haben können. Wir müssen daher einen anderen Weg suchen, der uns die Frage entscheiden kann, ob die im Nackenmark gefundenen Centren dort schon mit einander in organischer Verbindung stehen, also in gemeinsame coordinatorische Thätigkeit treten können, oder ob eine solche Vereinigung der drei Centren erst höher oben, etwa im Mittelhirn, stattfindet.

Zur Entscheidung dieser sehr wichtigen Frage bietet sich folgende Beobachtung: Erwiesenermaassen liegt im Nackenmark das Centrum für das Gleichgewicht der Lage. Nach der obigen Auseinandersetzung wird dasselbe offenbar dort so functioniren, dass jene Muskel- und Gelenkempfindungen des Kopfes, welche durch den Grad ihrer Erregung das Thier indirect durch die eintretende Spannung über seine Lage unterrichten, auf das Kopfcentrum wirken und die Umdrehung des Frosches in seine normale Lage hervorrufen. Diese Umdrehung kann aber kaum durch die Extremitäten allein erfolgen, sondern geschieht offenbar unter Beihülfe auch der Rumpfmuskeln, welche dazu aber nothwendig mit einander in Verbindung stehen müssen, woraus weiter folgen würde, dass das Centrum der Rumpfmuskeln und jenes der Extremitäten schon hier mit einander in organische Verbindung gesetzt sind. Dass das Centrum der Kopfbewegungen ebenfalls hier in diese Combination eintritt, ist selbstverständlich, da die Anregung zur Bewegung des ganzen Körpers bei diesem Versuche von diesem Centrum auszugehen hat. Wie man sieht, ist diese Beweisführung nur abhängig von der Voraussetzung, dass die Thätigkeit der vier Extremitäten allein nicht ausreicht, um die Rückenlage des Frosches in eine Normallage zu verwandeln, sondern dass die Wirbelsäule dabei entsprechend fixirt sein muss. Die genaue Beobachtung dieser Bewegung lehrt in der That die ausserordentliche Wahrscheinlichkeit unserer Voraussetzung. Nichtsdestoweniger wird es nützlich sein, noch weiteres Material für unseren Beweis heranzuziehen.

Man findet nach Abtragung der Zweihügel, wie schon oben erwähnt worden ist, regelmässig eine Anzahl von Fröschen, die auf Reizung des

Hinterkörpers kaum in Bewegung zu setzen sind, die aber, wenn man namentlich die Zehenspitzen einer der hinteren Extremitäten reizt, mit grosser Behendigkeit, statt nach vorwärts, nach rückwärts marschiren. Ohne hier auf den Grund dieses Rückwärtsganges näher einzugehen, worauf ich später zurückkommen werde, ist doch so viel sicher, dass dieser Rückwärtsgang zweifellos nicht durch die alleinige Thätigkeit der Extremitäten bewerkstelligt werden kann, sondern dass dabei auch die Rumpfmuskeln betheiligt sein müssen, denn man sieht deutlich, wie sich die Extremitäten gegen die fixirte Wirbelsäule anstemmen. Wir kommen somit auch auf diesem Wege zu demselben Resultate, d. h. **die drei Centren für die Kopf-, Rücken- und Extremitätenmuskeln stehen im vordersten Theile des Nackenmarkes in organischer Verbindung mit einander**[1]. (Weitere Beweise siehe im zweiten Capitel.)

Wenn aber schon an dieser Stelle sämmtliche Muskeln des Körpers zu gemeinsamer Thätigkeit verknüpft werden, so sind damit alle Elemente gegeben, um daraus regelmässige Locomotionen abzuleiten. Wenn das richtig ist, so begreift man nicht, warum und wozu höher oben im Gehirn nochmals ein Bewegungscentrum aufgebaut werden soll, das doch nur eine Wiederholung des vorigen sein dürfte. Wie sich diese Frage aber auch erledigen möge, so muss doch vor Allem betont werden, dass schon im Nackenmark alle Elemente zum Aufbau regelmässiger Fortbewegung vorhanden sind, und diese Thatsache bleibt der feste Punkt, um den alle übrigen Thatsachen gruppirt werden müssen, soviel man sich zunächst auch dagegen sträuben möge.

Auf der anderen Seite aber lehrt die einfache Beobachtung, dass die Locomotionen von Exemplaren ohne Mittelhirn gegenüber jenen mit

---

[1]) Zu weiterer Unterstützung werde noch folgende Beobachtung mitgetheilt: Es kommt nicht selten vor, dass Frösche, bei denen wenig eingreifende Operationen im Gehirn vorgenommen worden waren, einige Tage nach der Operation, obgleich sie sich anscheinend ganz wohl befinden, gelegentlich plötzlich in den regelmässigsten Tetanus verfallen. Man kann diesen Tetanus sofort unterbrechen, wenn man das Nackenmark gerade hinter dem Kleinhirn mitten durchschneidet, so dass die vorderste Abtheilung des Nackenmarkes vom Rückenmarke getrennt ist. Der Tetanus dauert ungeschwächt fort, wenn man den Schnitt hinter das Mittelhirn legt. Diese Beobachtung ist sehr interessant, und lehrt 1) dass dieser Tetanus von einem einzelnen Punkte ausgeht und 2) dass dieser Punkt im vordersten Theile des Nackenmarkes liegen muss.

Mittelhirn oder gar mit Sehhügeln bedeutende Unterschiede zeigen, naturgemäss zu Gunsten der letzteren. Wir werden daher zu untersuchen haben, ob diese Ausfälle nothwendig auf Zerstörung von Bewegungscentren führen werden oder ob das nicht der Fall ist, und wenn das letztere zutreffen sollte, so haben wir weiter zu untersuchen, wie diese complicirten Bewegungen zu Stande kommen. Hierbei gelangen wir zur Erörterung der Functionen der Mittelhirnbasis, welche bisher von der Analyse noch völlig ausgeschlossen war.

Wenn wir zur Lösung der vorliegenden Aufgabe das thatsächliche uns zu Gebote stehende Material durchmustern, so stellt sich zu nicht geringer Ueberraschung heraus, dass es wesentlich nur zwei Thatsachen sind, durch welche sich der Unterschied in der Locomotion eines Frosches mit gegen den anderen ohne Mittelhirn kennzeichnet (von dem Stimmphänomen können wir absehen), nämlich: 1) die Bewegung des Frosches ohne Mittelhirnbasis auf dem Lande ist wesentlich plumper, als jene des zweiten Frosches, der im Besitz seines Mittelhirns geblieben ist und 2) im Wasser macht der erste Frosch ausschliesslich uncoordinirte Schwimmbewegungen, aber er macht doch Bewegungen, durch die er nach allen Richtungen seinen Ort zu wechseln vermag, während der andere noch völlig coordinirt schwimmt. Beide Beobachtungen lehren, dass mit Abtragung der Mittelhirnbasis ein nicht unerheblicher Defect in der Locomotion des Frosches auf dem Lande wie im Wasser zu Tage tritt, dessen Grösse sich weniger beschreiben lässt, als man ihn bei Musterung solcher Thiere in Wahrheit beobachtet. Aber Alles in Allem genommen ist derselbe bei Weitem nicht so gross, als man bisher sich vorzustellen pflegte.

Man kann nun über die Innervation dieser Gegend zunächst zwei Pläne entwerfen: der eine führt zu der Vorstellung, dass die beschriebenen Centren des Nackenmarkes noch inniger verbunden in der Zweihügelbasis wiederkehren und dort sowohl die sensiblen Impulse aufnehmen, welche von den Sehhügeln kommen, die wir früher als eine centrale Station sensibler Elemente (insbesondere für Muskel- und Gelenkempfindungen) kennen gelernt hatten, als auch sensible Impulse von Elementen, welche in der Zweihügelbasis selbst enden und dort gleich mit diesem Centrum in Verbindung treten. Für diese Vorstellung spricht neben gewissen allgemeinen, freilich nicht eindeutigen Gründen, vor Allem die Thatsache, dass die Zweihügelbasis viel erregbarer ist als die Sehhügel und dass sie durch mechanische Reize sehr leicht in Erregung versetzt wird und Muskelbewegungen auslöst, was bei den Sehhügeln nicht der Fall ist, deren Sensibilität wir doch sehr wahrscheinlich gemacht haben. Gegen die Auffassung wird man aber vor Allem geltend zu machen haben, wozu noch der Aufwand einer neuen motorischen Station in der Zweihügelbasis dienen soll, wenn wir im Nackenmark schon eine sehr leistungsfähige Centralstation besitzen, um so mehr, als alle die angeführten Erscheinungen, besonders auch die Muskelzuckungen auf mechanische Reize der Mittelhirnbasis, sich auch dadurch erklären lassen, dass hier sensible Elemente gereizt werden. Dagegen lässt sich aber einwenden, dass, wenn die Zweihügelbasis wie die Sehhügel nur sensible Elemente enthalten sollte, durch nichts der Anspruch erhoben werden kann, dass beide Organe allein aus diesem Grunde auf Reize in ganz gleicher Weise reagiren müssten. Schon der eine Umstand kann verschiedene Reaction erzeugen, wenn sich nämlich nachweisen liesse, dass in der Zweihügelbasis sensible Elemente anderer Art liegen als in den Sehhügeln. Keinesfalls kann also aus der Ungleichheit der Reaction geschlossen werden, dass in der Zweihügelbasis motorische Elemente vorhanden sein müssen. Was die oben aufgestellte „noch innigere Verbindung" der drei Centren in der Zweihügelbasis aber leisten sollte, kann ich mir nicht recht vorstellen; es genügt wohl, dass diese Centren einmal, wie im Nackenmark, in organischer Verbindung mit einander stehen, um ihnen alle nothwendigen Leistungen zuzumuthen.

Daher bleibt nichts Anderes übrig, als den zweiten Bauplan anzunehmen, nach welchem in der Zweihügelbasis nur sensible Elemente enden, welche von hier aus ihre Impulse auf das Locomotionscentrum im Nackenmarke übertragen und auf diese Weise zur Erzeugung der complicirten Locomotionen beitragen. Wenn solche Impulse fortfallen, was ist natürlicher, als dass auch diese complicirten Bewegungen ganz fortfallen oder formelle Aenderungen erfahren werden? Die sensiblen Elemente, um die es sich handeln kann, sind wohl die specifischen Empfindungen der Haut.

Was wir bisher nur auf indirectem Wege erschlossen haben, dass die Mittelhirnbasis sensible Elemente enthält, können wir aber auch durch das Experiment direct zu beweisen versuchen. Man trägt einem Frosche die Mittelhirnbasis einseitig ab (ich lasse darauf noch die doppelseitige Abtragung des Grosshirns folgen, um durch die willkürlichen Bewegungen nicht gestört zu werden); der Frosch macht, wie bekannt, Kreisbewegungen nach der unverletzten Seite. Nach 24 Stunden setzt man ihn auf eine Glasplatte auf den Tisch; er bleibt nach einigen Sprüngen ruhig sitzen; nun bringt man einen Tropfen sehr dünner Säure auf den einen Oberschenkel und zählt die Anzahl von Metronomschlägen, welche ablaufen bis zu dem Moment, wo der Frosch eine Ortsbewegung, eine Locomotion, macht. Hierauf wird der Säuretropfen mit Wasser abgespült, das Bein mit dem Handtuche abgetrocknet, der Frosch wieder auf die Glasplatte gesetzt und ein gleich grosser Tropfen von der Säure auf dieselbe Stelle des anderen Beines gebracht u. s. f. Um die unvermeidlichen Fehlerquellen zu umgehen, werden an einem Beine stets zwei Bestimmungen nach einander gemacht und dann erst zur Bestimmung am anderen Beine geschritten. Jeder Versuch wird von dem folgenden um die Zeit von 3 Minuten getrennt.

Auf diese Weise muss man erfahren können, ob die Sensibilität der beiden Seiten verschieden ist. Als Beispiel folge ein solcher Versuch:

Winterfrosch. Untersuchung 24 Stunden nach Exstirpation des rechten *Lob. opticus;* das Metronom schlägt 120 mal in einer Minute. Die Säure ist verdünnte Schwefelsäure. Es brauchen zum Eintritt von Locomotionen an Metronomschlägen nach Betupfen mit Säure:

Linkes Bein	Rechtes Bein
74 —	7 —
100 keine Bewegung	7 -
103 giebt Bewegung	14 -
100 keine Bewegung	10 -
30 Bewegung	17 -
100 keine Bewegung	10 -
20 Bewegung	8 -
Zwei Tage nach der Operation	
28 —	20 -
100 keine Bewegung	18 -
100 „ „	13 -
24 Bewegung	8 -
100 keine Bewegung	16 -
28 Bewegung	13 -

Man sieht, dass die Erregbarkeit der der Verletzung entgegengesetzten Seite herabgesetzt ist und es folgt daraus, was oben behauptet worden ist. Die Differenz in der Erregbarkeit ist übrigens am deutlichsten und am einfachsten durch mechanische Reizung zu constätiren, indem man nach einander die beiden Hinterextremitäten mit nahezu gleichem Fingerdruck erregt. Aber die Differenz ist hierbei so gross, dass dieser Druck auf der Seite verminderter Erregbarkeit grösser sein kann als drüben, ohne den Unterschied auszulöschen.

Der Leser wird vielleicht dagegen den Einwand erheben, dass die Bewegungen der einen Seite durch die Hemmungscentren von Setschenow unterdrückt werden. Ich möchte aber darauf aufmerksam machen, dass diese Mechanismen gar nicht in Betracht kommen können, weil in den Versuchsreihen von Setschenow und der meinigen ganz verschiedene Dinge zum Ausdruck gebracht werden. Beide Methoden sind identisch in der Benutzung der verdünnten Säure und der Abtragung des Hirntheils; von da ab gehen sie aus einander: Setschenow bestimmt die Zeit, bis sein Frosch das Bein aus der Säure zieht, ich bestimme die Zeit, bis der Frosch eine Locomotion ausführt — das sind zwei ganz verschiedene Dinge.

Wir haben also bewiesen, dass in der Mittelhirnbasis sensible Elemente liegen und dass kein Moment aufgefunden werden konnte, um dort motorische Elemente zu supponiren. Da es sich nur um Centralstationen handeln kann, so müssen in der Mittelhirnbasis auch Ganglienzellen zu finden sein, deren Anwesenheit dort schon vor längerer Zeit von Stieda nachgewiesen worden ist.

Wenn sonach zwischen den Sehhügeln und der Mittelhirnbasis auf diese Weise eine grosse Aehnlichkeit festgestellt worden ist, so kann man sich doch dem Eindrucke nicht entziehen, den man während des Experimentirens immer wieder empfindet, dass zwischen den beiden Theilen auch wieder ein grosser Unterschied herrschen muss und zwar zu Gunsten der Mittelhirnbasis in locomotorischer Beziehung. Dieselbe resultirt in Wahrheit aus der Thatsache, dass die Mittelhirnbasis von allen sensiblen Elementen auf ihrem Wege zum Nackenmark durchsetzt werden muss, nicht so die Sehhügel — was später behandelt werden wird. Ausgenommen davon können die sensiblen Elemente des Kopfes bleiben, welche im Nackenmark enden und dort direct auf das Nackencentrum übertragen werden.

Da weder in dem Zwischenhirn noch im Mittelhirn andere als sensible Elemente liegen, so bleibt nachweisbar das Centrum im Nackenmark als Bewegungscentrum und sogar als einziges Bewegungscentrum des ganzen Gehirns übrig. Wir werden es deshalb als das allgemeine Bewegungscentrum des Gehirns zu schätzen haben und es fortan, um auch seine alleinige und ungetheilte Herrschaft über alle Locomotionen des Körpers zu kennzeichnen, kurzweg das **Hirncentrum** nennen [1]).

§. 7.

Analyse der Versuche über das Kleinhirn.

Im Allgemeinen sind die Ausfallserscheinungen nach Abtragung des Kleinhirns gering und von den Autoren bisher übersehen worden, weil sie erst bei Anwendung der feinsten Untersuchungsmethoden zu Tage treten. Dazu tritt als erschwerender Umstand die Thatsache, dass bei der sehr geringen Entwickelung des Kleinhirns auch der functionelle Werth desselben an und für sich auf einen unbedeutenden Betrag herabgedrückt sein kann.

Deshalb sind alle Folgerungen nur mit der grössten Reserve zu behandeln und ich würde vollkommen auf eine Deutung des Gesehenen verzichten, wenn die spärlichen Daten nicht von so auffallender Constanz wären.

Es sind namentlich zwei Thatsachen, welche so sehr constant und sonst unter keiner anderen Bedingung auftreten. Die eine ist die, dass der Frosch ohne Gross- und Kleinhirn, wenn er sich in dem Wasserbassin mit senkrechten Wänden befindet (vergl. oben S. 14) und aus demselben herauszuspringen versucht, regelmässig zu kurz oder zu lang springt, so dass er in das Zimmer gelangt, was einem Frosche mit Kleinhirn niemals passirt, welcher im Gegentheil ebenso regelmässig die

---

[1]) Es ist fraglich, ob, wenn man einmal den Mechanismus des Hirncentrums wird eingehender studiren können, aus mechanischen Gründen die Trennung zwischen demselben und seinen Erregungsquellen wird aufrecht erhalten werden können. Aber vom physiologischen Standpunkte mag vorläufig diese Trennung festgehalten werden, weil man die Grenzen zunächst nicht angeben könnte. Anatomisch ist die Trennung nicht vorhanden, da die Mittelhirnbasis ja die unmittelbare Fortsetzung des Nackenmarkes darstellt.

Einfassung des Bassins richtig erreicht und dort sitzen bleibt. Die zweite Thatsache ist die, dass der Frosch ohne Kleinhirn, wenn er nach zu kurzem Sprunge z. B. die Einfassung erreicht, er nicht den ganzen Körper auf das feste Land nachzieht, sondern sehr häufig sich so placirt, dass ein Theil des Hinterkörpers über den Rand hinaussieht und in der Luft schwebt.

Namentlich die erste Thatsache scheint mir auf ungenügende Disposition über die Grösse der nothwendigen Muskelanstrengung hinauszulaufen. Deshalb würde ich schliessen, dass in dem Kleinhirn des Frosches Elemente des Muskelsinnes enden; aber sicherlich können es nur wenige Elemente dieser Art sein, und dazu lässt sich gar nicht sagen, welchen Muskeln sie anzugehören hätten.

In Summa muss man zugestehen, dass das Kleinhirn des Frosches kein günstiges Object für das Studium seiner Functionen ist, und dass man besser thut, sein Urtheil über die Functionen des Kleinhirns zu reserviren für die Thiere mit reich entwickeltem Kleinhirn, wie z. B. die Fische.

§. 8.

Weitere experimentelle Untersuchung der Mittelhirnbasis.

Soviel ich übersehen kann, hat bisher kein Autor es riskirt, die Zweihügelgegend selbst, mit dem Messer partiell zu zerlegen [1]). An mich trat die Nothwendigkeit, in diese Region einzudringen, heran, als die grosse Wichtigkeit solcher Versuche sich im Verlaufe der Beobachtung immer mehr herausstellte. Aber ich wurde rasch belehrt, dass diese Gegend unangreifbar ist: die Operation schien hoffnungslos. Erst als ich gezwungen war, für die totale Abtragung der Zweihügel neue operative Hülfsmittel auszusinnen, da gelang auch die Inangriffnahme der partiellen Operation dieser Gegend. Mit dem oben Fig. 6 (S. 36) abgebildeten Messerchen zur Abtragung der Zweihügel lassen sich auch symmetrische Abtragungen in verschiedener Höhe dieser Gegend aus-

[1]) Ausgenommen ist Bechterew (Pflüger's Archiv, Bd. 33), aber seine Methode entspricht nicht den hier aufgestellten Grundsätzen.

führen. Aber der operirenden Hand fehlen hierbei als Wegweiser die vorgezeichneten anatomischen Linien, die man deshalb als Operationslinien selbst legen muss.

Die vorderen Begrenzungslinien der Zweihügel laufen gegen die Mitte in einem etwa rechten Winkel zusammen, dessen Spitze gerade in der Mittellinie liegt. Setzt man das Messer auf die Spitze dieses Winkels senkrecht zur Axe des Nervensystems auf, so hat man die erste Trennungslinie. Von hier bis zum hinteren Rande der Zweihügel theilt man das Feld in zwei Theile durch eine mittlere Linie, so dass man die Zweihügel durch zwei Linien in drei Abtheilungen zerlegt. Eine weitere Zerlegung erschien vor der Hand weder indicirt, noch auch mit genügender Sicherheit ausführbar. Schneidet man in der ersten Schnittlinie, also in der Linie *a* (vergleiche Fig. 12), wobei man wieder auf durchaus symmetrische Abtragung sehen muss, um keine Zwangsbewegungen nach der einen oder der anderen Seite zu bekommen, so ist das Resultat im Allgemeinen recht gut und der Erfolg sehr ähnlich der isolirten Abtragung der Sehhügel: die Bewegung auf dem Lande ist relativ gut, im Wasser schwimmt der Frosch, wenn auch nicht lange, so doch coordinirt. Seine Stimme ist erhalten, die Farbe der Haut ist dunkel. Die Exemplare waren mehrere Wochen (4 bis 6 Wochen) am Leben geblieben, innerhalb deren sich in dem geschilderten Verhalten nichts geändert hatte. Diese Abtragung hatte demnach, soweit erkenntlich, gegen die isolirte Abtragung der Sehhügel nichts Neues zu Tage gefördert.

Fig. 12.

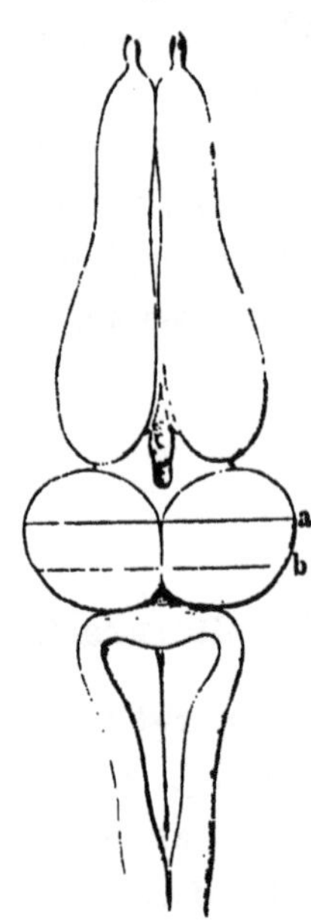

Wenn man in der Linie *b* den zweiten Schnitt führt (selbstverständlich bei einem neuen Exemplar), also die vorderen zwei Drittel des Mittelhirns abträgt und am besten zwei Tage nach der Operation wartet, so beobachtet man bei der Prüfung durch Reizung der Haut, namentlich der des Hinterkörpers, eine ausserordentlich geringe Erregbarkeit: der Frosch ist zu keiner Kriech- oder Sprungbewegung zu bringen. Dagegen zeigt er entschieden Neigung statt vorwärts, rückwärts zu gehen. Reizt man statt des Rumpfes die Zehen und namentlich die Zehenspitzen, indem man sie unter dem Finger rollen lässt, also nicht durch Druck oder Zug, so gehen die Frösche alle ausnahmslos stets rückwärts. Dieser Rückwärtsgang war nach wochenlanger Beobachtung der nämliche geblieben. Das war eine sehr wichtige Beobachtung, denn hiermit waren endlich die Bedingungen des Rückwärtsganges sicher ermittelt, deren Auffindung ich bisher vergeblich angestrebt hatte. Diesen Rückwärtsgang hatte ich, wie oben bemerkt, nach totaler Abtragung der Zweihügel wiederholt, aber nicht regelmässig gesehen und konnte die Bedingungen für seine Entstehung trotz vieler Bemühungen nicht aufdecken. Jetzt fand ich diese Bedingungen durch planmässige Untersuchung von anderer Seite her und constatire, dass also das hinterste Drittel oder noch besser eine ganz schmale Leiste der hinteren Zweihügelgegend erhalten sein muss, wenn der Rückwärtsgang mit der wünschenswerthen und nothwendigen Regelmässigkeit auftreten soll. Nicht selten gestaltet sich der Versuch auch so, dass schwache Erregung der Zehen in der angegebenen Weise zum Rückwärtsgang, stärkere Reizung zum Vorwärtsgang führt; aber der Rückwärtsgang wird in keinem Falle vermisst werden.

Da ich mich auf Angaben in der Literatur erinnerte, wonach bei Vögeln Rückwärtsgang nach Verwundung des Kleinhirns beobachtet worden ist [Magendie, Flourens][1]), so war es nothwendig, nunmehr auch das Kleinhirn auf diesen Fall zu prüfen. Aber die Abtragung des Kleinhirns änderte an dem Resultate nichts, so dass der Rückwärtsgang ausschliesslich Function des hintersten Drittels der Zweihügelbasis bleibt.

Im Wasser sieht man keine rückwärtigen Bewegungen, aber der Frosch schwimmt uncoordinirt. Der Quackreflex hat aufgehört, die Hautfarbe ist häufig, aber nicht immer, dunkel.

---

[1]) Cl. Bernard (S. les fonctions du système nerveux, T. I, p. 490) berichtet: „Magendie et Flourens ont encore observé des mouvements de progressions soit en avant soit en arrière. Le recul serait déterminé par la blessure du pédoncule postérieur du cervelet: il est toutefois difficile à produire.“

§. 9.

Analysirende Bemerkungen zu diesen Thatsachen.

Die zwei Abtragungen innerhalb der Zweihügelbasis bringen zunächst das wichtige negative Resultat, dass wir keine Veranlassung haben, in dieser Gegend ein weiteres motorisches Centrum zu vermuthen. Vielmehr deutet Alles darauf hin, dass es sich ebenfalls um Zerstörung von Elementen handelt, auf denen unserem Hirncentrum sensible Erregungen zugetragen werden. Welcher Natur diese Elemente sind, darüber lässt sich im Falle der Abtragung bei *a* (s. Fig. 12) nichts aussagen, da hier keine neuen Ausfallserscheinungen gegen die isolirte Abtragung der Sehhügel eintreten. Um so überraschender sind die Ausfallserscheinungen bei dem Schnitt in *b*: statt des Vorwärtsganges hat sich ein constanter Rückwärtsgang eingestellt, ein Resultat, das mir so erklärbar zu sein scheint, dass die sensiblen Elemente in der Zweihügelbasis eine ganz bestimmte locale Anordnung besitzen, welche es eben ermöglicht, dass gewisse Bewegungsformen, wie in diesem Falle, abgesondert werden können. Nähere Vorstellungen hierüber angeben zu sollen wäre etwas verfrüht, nur soviel scheint der Versuch zu lehren, dass die Elemente, welche Vorwärts- und Rückwärtsgang hervorrufen, von verschiedener Erregbarkeit sind, und zwar so, dass die ersten höhere Erregbarkeit besitzen als die anderen. Daher müssen jene erst abgetragen werden, damit die anderen wirken und den Rückwärtsgang hervorrufen können. Doch soll hier der Vorstellung nicht Raum gegeben werden, dass es sich um specifische Elemente für Vorwärts- und Rückwärtsgang handelt, sondern ich meine, dass eine ganz bestimmte Combination von Erregungen nöthig ist, um den Vorwärtsgang einzuleiten; dass aber, wenn aus diesem Complex ein bestimmter Antheil herausgenommen wird, dann der Rückwärtsgang entstehen mag. Dass diese beiden Elemente räumlich getrennt, also dem operativen Eingriffe zugänglich sind, selbst innerhalb eines räumlich so wenig ausgedehnten Gebietes, ist gewiss eine ebenso interessante als überraschende Thatsache. Nicht minder belangreich ist, dass auch die anatomische Untersuchung dieser Gegend auf ein solches Verhalten hinweist. Stieda

(l. c. S. 300) schreibt: „Die *Pars peduncularis* enthält in dem aus grauer Substanz bestehenden, dem Ventrikel zugekehrten Theile eine grosse Menge kleiner Nervenzellen, von denen jedoch meist nur die Kerne sichtbar sind; sie sind sehr regelmässig in Reihen geordnet und durch zarte Faserzüge von einander getrennt. Sie bilden somit geschwungene Linien, welche der Umrandung des Ventrikels parallel laufen und sich ohne Grenze bis in das Dach fortsetzen."

Eine grosse Analogie zu dem eben Gesagten bildet das Verhalten des Frosches in seinen Schwimmbewegungen nach dem Schnitte in *a* und in *b*; im ersten Falle coordinirtes, im anderen Falle uncoordinirtes Schwimmen. Zur Erzeugung des ersteren fliessen dem Centrum eine bestimmte Summe von Erregungen zu, welche im zweiten Falle um eine gewisse Grösse reducirt worden ist und deshalb nunmehr eine andere Bewegungsform erzeugen kann.

§. 10.

Die Physiologie des Hirncentrums.

Es wird nunmehr an der Zeit sein, das aufgefundene Bewegungscentrum etwas weiter auszustatten, um es zu einem physiologischen Individuum heranwachsen zu lassen.

Seine Leistungen lassen sich in folgenden Satz zusammenfassen: „Das Hirncentrum ist das einzige Locomotionscentrum des Körpers, welches alle complicirten Bewegungen desselben nach Maassgabe der Erregungen ausführt, die ihm aus mehreren Quellen zufliessen. Solche Quellen sind das Grosshirn, die Sehhügel, das Mittelhirn (Decke und Basis) und das Kleinhirn."

Der erste Theil dieses Satzes entspricht einer Ableitung aus gewissen Thatsachen, bedarf also keines weiteren Beweises; der zweite Theil ist eine Hypothese, zu welcher uns bestimmte Beobachtungen geführt haben.

Es erwächst uns nunmehr die Verpflichtung, die Thätigkeit des Hirncentrums zu beleuchten, soweit das überhaupt möglich ist; dabei seine Functionen abzugrenzen gegen die schon bekannten Leistungen des Grosshirns und des Rückenmarkes, resp. sie einzufügen in den vorhandenen Rahmen und endlich die motorischen und sensiblen Bahnen zu bestimmen, welche dem Hirncentrum dienen.

Diese Punkte sollen indess nicht ausschliesslich in dieser Reihenfolge erörtert werden, sondern mit Rücksicht auf die Bequemlichkeit der Darstellung bald den einen, bald den anderen heranziehend. An der Stelle, wohin wir das Centrum verlegt haben, müssen nach allen unseren Kenntnissen von den Leistungen der nervösen Centralorgane Haufen von Ganglienzellen liegen, welche die Träger der Functionen des Centralnervensystems sind. Die histologische Untersuchung hatte schon im Voraus ihre Anwesenheit an dieser Stelle festgestellt [1]).

Die Thätigkeit innerhalb dieses Centrums in dem oben angedeuteten Sinne mag man sich so vorstellen, dass, wie bei irgend einer complicirten Maschine, ein System von Hebeln existirt, welches so angelegt ist, dass beliebige Combinationen derselben zusammengestellt werden können, welche Bewegungen jeder Art anzuregen vermögen. Die Anregungen zu solchen Combinationen fliessen dem Centrum von der Peripherie her zu, wo Reize auf centripetale Nerven einwirken. Diese Combinationen können durch Hemmungsvorrichtungen modificirt werden; vielleicht ebenfalls durch Anregungen, welche von aussen, von der Peripherie her zugetragen werden.

In gleich günstiger Weise unterstützt uns die Histologie bei der Untersuchung über die centrifugalen Bahnen, welche von dem Hirncentrum ausgehen. Jene Disciplin lehrt nämlich, dass im Allgemeinen jede motorische Wurzel des Rückenmarkes aus einer Ganglienzelle des betreffenden Rückenmarksabschnittes kommt. Die Richtigkeit dieser Lehre ist durch E. A. Birge [2]) zu völliger Gewissheit erhoben worden, welcher durch Zählungen nachweisen konnte, dass die Summe der Ganglienzellen in den grauen Vorderhörnern mit derjenigen der motorischen Wurzeln völlig übereinstimmt. Daraus folgt aber auch umgekehrt, dass die motorischen Bahnen, welche vom Gehirn her das Rückenmark heruntersteigen, sämmtlich, wenn sie zu den Muskeln gelangen sollen, und das ist ja ihre Bestimmung, durch die Ganglien-

[1]) Vergl. Stieda, l. c.

[2]) E. A. Birge, Ueber die Reizbarkeit der motorischen Ganglienzellen des Rückenmarkes. Du Bois-Reymond's Archiv f. Physiologie, 1882, S. 482.

zellen der Vorderhörner hindurchtreten müssen, womit aber seinerseits wieder erwiesen ist, dass die motorischen Leitungsbahnen des Hirncentrums von dem Moment ab, wo sie in die Ganglienzellen der Vorderhörner eingetreten sind, identisch sind mit den motorischen Bahnen der motorischen Rückenmarkscentren. Daher benutzt das Hirncentrum für seine centrifugalen Leistungen allemal die gegebene motorische Bahn der Rückenmarkscentren in ihrer ganzen Ausdehnung. Diese Auffassung ist schon bewiesen in den Versuchen, wo durch Erregung des Hirncentrums ein regelmässiger Tetanus sämmtlicher Skelettmuskeln eingeleitet worden ist, nach dessen Ablauf die Reflexe des Rückenmarkes verschwanden, weil der Reflexapparat erschöpft war. Welchen Weg diese Bahnen innerhalb des Rückenmarkes auf der Strecke vom Hirncentrum bis zu den Rückenmarkscentren nehmen, ist vor der Hand ohne Belang.

Eine Abgrenzung gegen das Grosshirn könnten wir deshalb unterlassen, weil wir, um die Verhältnisse zu vereinfachen, uns wesentlich nur mit dem grosshirnlosen Frosche zu beschäftigen brauchen. Aber wir haben für das Grosshirn nur die eine Bestimmung abgeleitet, dass es der Sitz des Willens ist, und diese Eigenschaft wurde oben darin verwerthet, dass wir das Grosshirn als eine Quelle sensibler Erregungen unserem Hirncentrum dienstbar gemacht haben. Diese Folgerung involvirt die Vorstellung, dass jede willkürliche Ortsbewegung durch Intervention des Hirncentrums erfolgen muss. Jede weitere Analyse dieser Verhältnisse geht über unsere augenblicklichen Mittel hinaus; wir brechen deshalb hier ab.

Die phylogenetische Entwickelung der Vertebraten lehrt, dass das Rückenmark eine weit ältere Bildung als das Gehirn darstellt; man braucht zum Vergleiche nur den Amphioxus und die Familie der Petromyzonten zusammen zu stellen. Die Ontogenie zeigt, dass Gehirn und Rückenmark einem gemeinsamen Boden entstammen [1]), aus dem das Gehirn durch besonderes Wachsthum hervorgegangen ist. Es besteht demnach zwischen diesen beiden Abschnitten des Centralnervensystems eine Continuität, welche sich anatomisch auch darin bekundet, dass das Gehirn aus denselben Elementen zusammengesetzt ist, wie

---

[1]) Kölliker, Entwickelungsgeschichte, 2. Auflage, 1873, S. 504.

das Rückenmark; ja sogar die Anordnung dieser Elemente ist an beiden Stellen vielfach eine gleiche oder ähnliche. Wir können deshalb schliessen, dass auch physiologisch eine gleiche Continuität vorhanden ist, d. h. dass unser Hirncentrum zunächst dieselben Qualitäten behalten haben kann, welche die analogen Centren des Rückenmarkes besitzen. Die charakteristische Grundeigenschaft der Centren des Rückenmarkes ist, allgemein gesagt, die Fähigkeit des Reflexes und diese Eigenschaft können und müssen wir nach unseren Beobachtungen auch dem Hirncentrum zusprechen. Wenn das richtig ist, so werden die centripetalen Bahnen, welche sensible Eindrücke von der Peripherie nach dem Rückenmark tragen, sich dort durch das Fasernetz der grauen Substanz bis zum Hirncentrum fortsetzen, um dasselbe mit dem Rückenmark und der ganzen Peripherie zu verbinden. Auf diese Weise werden also ähnlich wie dem Rückenmarke auch dem Hirncentrum von allen Punkten der Körperoberfläche sensible Erregungen zuströmen können. Daher ist es verständlich, dass, mit dieser Qualität allein ausgerüstet, der Frosch, wenn er nur im Besitze des Hirncentrums sich befindet, im Stande ist, für die Conservirung seiner Haltung zu sorgen vermöge des Tonus, welcher ja ein Reflexvorgang ist; ganz ebenso wie auch ein sogenanntes Rückenmarkspräparat mit Hülfe desselben Tonus eine bestimmte Anordnung seiner Gliedmaassen verlangt. Andererseits ist begreiflich, dass auf diese Weise jede hinreichend intensive Erregung irgend eines Punktes der Körperoberfläche eine geordnete Reflexbewegung hervorrufen wird, die stets in einer Locomotion des ganzen Thieres besteht, weil dies eben die adäquate Bewegung dieses Centrums ist, wie die Abwehrbewegung jene der Rückenmarkscentren darstellt. Wächst der Reiz, so können auch hier als Antwort auf denselben ungeordnete, selbst tetanische Contractionen sämmtlicher Skelettmuskeln folgen. Das Hirncentrum stellt sich also zunächst gerade in functioneller Beziehung als eine unmittelbare Fortsetzung des Rückenmarkes dar, vor welchem es allerdings den Vorzug besitzt, wenn auch nicht complicirtere, so doch ausgiebigere Bewegungen einleiten zu können, weil es einen Vereinigungspunkt aller Skelettmuskeln repräsentirt, was im Rückenmark ja niemals vorkommt, da dort immer nur einzelne Muskeln gruppenweise functionell vereinigt werden. Wenn diese Bewegungen mit Vorbedacht nicht als complicirter bezeichnet werden, als jene des Rückenmarkes, so geschieht dies deshalb, weil die letzteren an sich schon complicirt genug sind.

Wenn das Hirncentrum auf der einen Seite den Boden deutlich zeigt, dem es entsprossen ist, so trägt es auf der anderen Seite ebenso deutlich den Stempel der Vervollkommnung, zu der es herangewachsen ist. Diese Vervollkommnung ist dadurch gewonnen, dass unser Centrum im Gegensatz zu den Rückenmarkscentren auch mit den Sinnesnerven in organische und functionelle Verbindung gesetzt ist. Von diesen Nerven kennen wir sicher Anfangs- und Endstation — Peripherie und Grosshirn — aber ebenso sicher folgt aus einer Anzahl von Beobachtungen, dass zwischen jenen zwei Punkten noch ein dritter gegeben ist, nämlich jener, wo die Uebertragung der die Sinnesnerven heraufkommenden Reize auf das Hirncentrum stattfindet und wo deshalb eine Verbindung zwischen diesen beiden Organen vorhanden sein muss.

Um diese Behauptung zu beweisen, mögen hier einige Belege eingefügt werden. Für den Balancirversuch haben wir nachgewiesen dass es die Empfindungen der Haut, der Muskeln und Gelenke sind, welche den Anstoss zur Bewegung geben und für zweckmässigen Ablauf derselben sorgen, folglich müssen doch die specifischen Sinnesnerven der Haut mit dem Bewegungscentrum in Verbindung stehen. Da wir als einziges Bewegungscentrum des Gehirns unser Hirncentrum aufgefunden haben, so müssen die Sinnesnerven der Haut mit diesem Centrum in Verbindung treten. Durch den Umstand, dass die specifischen Hautnerven von den eigentlich sensiblen Nerven nirgends zu trennen sind, erscheinen die Verhältnisse so complicirt, dass nicht sicher zu übersehen ist, ob jener Schluss auch wirklich hier der einzig mögliche ist. Wir müssen deshalb ein klareres Beispiel liefern. Dasselbe findet sich im Bereiche der Sehnerven: Wenn der grosshirnlose Frosch die Höhe eines ihm vorgesetzten Hindernisses genau zu taxiren weiss, und man annehmen kann, dass diese Taxirung nach dem Netzhautbilde in irgend einer Weise regulirt wird, so muss der Sehnerv eine Verbindungsbahn zu unserem Centrum besitzen. Noch schlagender erscheint die folgende Beobachtung: Wenn man bei einem grosshirnlosen Frosch die Cornea reizt, so erfolgt zunächst der bekannte

Schluss der Augenlider, den man auf neuen Reiz einige Male wiederholen lassen kann; der *N. trigeminus* ist die sensible Bahn des in Anspruch genommenen Reflexbogens. Hat man dieses Auge aber durch die entsprechende Verwundung gelähmt, so dass es vollkommen starr und unbeweglich offen steht, so habe ich in vielen Fällen bei lebhaften Exemplaren auf die erste Reizung der Cornea den Frosch sich wegwenden und dem Reize gemächlich aus dem Wege gehen sehen (Ausnahmen davon beobachtet man freilich auch dabei). Dieser Versuch lehrt ganz unzweideutig, dass der Schatten, welchen der erregende Körper, als er die Cornea berührte, auf die Retina warf, dieselbe erregt hat und dass diese Erregung durch entsprechende Bahnen auf das Bewegungscentrum übertragen worden ist. Daher würde für diesen Fall bewiesen sein, dass der Sehnerv zu dem Hirncentrum in directer Beziehung steht. Was von dem Sehnerven gilt, können wir von den übrigen Sinnesnerven voraussetzen, ohne indess beim Frosche ganz directe Beweise dafür beibringen zu können.

Anders verhält sich das Rückenmark den Sinnesnerven gegenüber: dieselben, namentlich der Seh- und Hörnerv, stehen in keinem organischen Zusammenhange mit dem Rückenmark. Schwieriger gestaltet sich die Frage schon für die Sinnesnerven der Haut; indess weist das physiologische Experiment auf einen blossen Durchgang der Sinnesfasern in den Hintersträngen des Rückenmarkes mit vieler Wahrscheinlichkeit hin und die anatomische Untersuchung erhebt gegen diese Schlussfolgerung keinen Widerspruch, sondern schliesst sich ihr sogar an. Schwalbe[1]) schreibt darüber: „Dagegen ist die Möglichkeit nicht von der Hand zu weisen, dass einzelne Fasern der motorischen oder sensiblen Wurzeln entweder ohne oder mit Kreuzung direct zum Gehirn aufsteigen und erst innerhalb dieses ihre erste Ganglienstation erreichen."

Bevor wir weiter gehen, soll eine neue Bezeichnung eingeführt werden, um einen kürzeren Ausdruck zu gewinnen. Das Hirncentrum haben wir in Verbindung gesetzt mit den rein sensiblen Nerven und diese Verbindung auf gleiche Stufe gestellt mit jener, welche die Centren des Rückenmarkes mit den gleichen Nerven bilden. Die Erregung, welche in dieser Combination zu Stande kommt, möge als excitomotorische

---

1) Neurologie 1880. S. 382.

Erregung bezeichnet werden. Auf der anderen Seite ist dasselbe Centrum mit den specifischen Sinnesnerven in Verbindung gesetzt worden; die Erregung, welche in dieser Combination entsteht, soll sensitomotorische Erregung benannt werden. Diese Namen sind schon früher von Carpenter gebraucht worden, aber sie haben sich keines Beifalles zu erfreuen gehabt, wenigstens nicht in der deutschen Literatur, weil der Autor damit sehr bestimmte Vorstellungen über die Betheiligung des Grosshirns resp. des Bewusstseins verbunden hatte, über welche wir in der That nichts aussagen können. Alle diese Vorstellungen liegen meiner Auffassung fern; die beiden Namen sollen nur den einen Unterschied kennzeichnen, dass das Hirncentrum das eine Mal mit rein sensiblen, das andere Mal mit specifischen Sinnesnerven in Verbindung steht. Ob die innere Mechanik dieses Vorganges verschieden ist oder nicht, ob sie auch nur verschieden sein kann oder nicht, ob der Wille Antheil hat oder ausgeschlossen ist, darüber will die Bezeichnung nichts aussagen. Sie soll, wie bemerkt, nur eine kurze Bezeichnung sein für einen an sich völlig unbekannten Vorgang, der nur in seinem Anfangs- und Endgliede gegeben ist. Bei dieser Bescheidung hoffe ich, dass der Leser die Namen annehmbar finden wird. Während das Rückenmark demnach nur excitomotorische Erregungen aufnehmen kann und auf diese Weise zu einer Reihe von zweckmässigen Bewegungen befähigt ist, fliessen dem Hirncentrum neben diesen auch reichlich sensitomotorische Erregungen zu, welche die Ursache aller jener complicirten Locomotionen werden, die wir beim Frosche kennen gelernt haben.

Nach unserer obigen Auffassung steht jede beliebige sensible Nervenfaser sowohl mit dem entsprechenden Theile des Rückenmarkes in Verbindung, auf welcher Bahn bei dem Rückenmarkspräparat die Reflexbewegung ausgelöst wird, als auch mit dem Hirncentrum, so dass der gleiche Reiz sowohl im Rückenmarke als im Hirncentrum excitomotorische Erregungen setzen würde. Dazu kommt, dass auch in centrifugaler Richtung die ausführenden Organe beider Systeme von einem gewissen Punkte der Bahn ab sogar identisch sind. Dieses Verhältniss müsste nothwendiger Weise zu gegenseitigen Störungen in den Bewegungen führen, wenn nicht in jedem Falle die beiden Bewegungen der Zeit oder der Form nach auseinanderfallen. Was die Form betrifft, so geschieht dies ausnahmslos deshalb, weil das Rückenmark als adäquate Bewegung im Allgemeinen Abwehrbewegungen erzeugt, welche einen vollkommen anderen Charakter besitzen, als die adäquaten Bewegungen des Hirncentrums, welche im Allgemeinen Locomotionen, Ortsbewegungen, sind. Das zeitliche Auseinanderfallen dieser beiden Bewegungsformen ist aber durchaus nicht verbürgt, im Gegentheil sogar zweifelhaft, weil der periphere Reiz, der beide Apparate erregt und von demselben Punkte der Peripherie ausgeht, Wege durchläuft, deren Differenz im Verhältniss zu der geringen Fortpflanzungsgeschwindigkeit, welche erfahrungsgemäss das Nervenprincip besitzt, zu klein sein könnte, um Störungen zu verhüten.

Was in Wirklichkeit vorgeht, das lässt sich durch den Versuch ermitteln, indem wir einen Frosch, der sich im Besitze des Mittelhirns befindet und der frei auf einer Unterlage sitzt, mit minimalen Reizen erregen, dieselben allmälig steigern und beobachten, was nach jener Richtung geschieht. Für unsere Verhältnisse ist eine sehr verdünnte Säure — Schwefelsäure — der geeignete Reiz; man beobachtet den Effect der Application dieser Säure auf die Haut und zwar mit Rücksicht auf Locomotion und Wischbewegungen. Der Versuch gestaltet sich in folgender Weise: Man verwendet am besten Frösche, denen Grosshirn und Sehhügel vor 24 bis 48 Stunden abgetragen worden sind (man kann indess auch Frösche ohne Mittelhirn nehmen), setzt dieselben auf eine auf dem Tische liegende Glasplatte; sie müssen so beschaffen sein, dass sie keinerlei Bewegungen machen, so lange bis sie von einem äusseren Reize getroffen werden. Hat man sich davon überzeugt, so applicirt man ihnen auf eine vorher fixirte Stelle der Haut, des Rückens oder der Oberschenkel aus einem Tropfglase einen oder mehrere Tropfen der verdünnten Säure. Der Erfolg dieser Reizung ist ein verschiedener: Der Frosch macht einige Sprünge und versinkt danach wieder in seine gewohnte Ruhe oder aber es erfolgt von vornherein gar keine Reaction. Dann wird man durch allmälig zunehmende Concentration der Säure den Punkt finden, wo eine Locomotion und zwar nur diese auftritt. Diese Concentration ist für jeden einzelnen Fall empirisch zu bestimmen. Wenn man jetzt langsam mit der Concentration der Säure steigt, so findet man einen zweiten Punkt, bei dem der

Erfolg sich so gestaltet, dass nach Application der Säure zunächst eine Locomotion und eine Anzahl Secunden später, zeitlich sehr deutlich zu trennen, eine Wischbewegung erfolgt. Man kann diesen Versuch auf den ersten zurückführen, wenn man bei der Wiederholung desselben mit einem kleinen Schwämmchen die Säure abwischt, nachdem die erste Locomotion ausgeführt worden ist; die Wischbewegung bleibt dann vollkommen aus. Steigt man mit der Concentration der Säure noch weiter, so kommt man zu einer dritten Versuchsform, wo die Wischbewegung der Locomotion sich unmittelbar anschliesst. Dabei sieht man ganz direct, wie die Wischbewegung die Locomotion unterbricht, welche auch wieder aufgenommen werden kann, d. h. die Wischbewegung hemmt die Locomotion oder das Rückenmark übt einen hemmenden Einfluss auf die Thätigkeit des Hirncentrums aus[1]), ein Vorgang, dessen Mechanismus nach den obigen Bemerkungen über die centrifugalen Bahnen sehr durchsichtig ist. Wie viel von der Locomotion hierbei überhaupt zu Stande kommt, hängt ausschliesslich von der Grösse des Zeitintervalles ab, welches zwischen Locomotion und Wischbewegung liegt; nähert sich dieses Intervall dem Werthe Null, so sieht man nichts von einer Locomotion, sondern es tritt allein die Wischbewegung auf, was ebenfalls vorkommt. Ausdrücklich mag hier bemerkt werden, worauf besonders geachtet worden ist, dass Locomotion und Wischbewegung, wenn sie ineinanderfallen, niemals eine neue, etwa mittlere Bewegungsform geben, sondern dass allemal eine Bewegungsform durch die andere unterbrochen resp. gehemmt wird.

Diese Versuche sind völlig constant und stehen an Regelmässigkeit der Erscheinung den sogenannten einfachen Reflexbewegungen des Rückenmarkes in nichts nach.

Wiederholt man diese Versuchsreihe an einem Frosche ohne Hirncentrum, dem also alles Hirn incl. der vordersten Abtheilung des Rückenmarkes abgetragen worden ist, so bekommt man naturgemäss ausschliesslich als Effect die Wischbewegungen.

Da die Erregbarkeit der verschiedenen Individuen eine verschiedene ist, so kann man nicht voraussetzen, dass auf denselben Reiz bei

---

[1]) Wenn ich hier von Hemmung spreche, so hat das mit der Setschenow'schen Hemmungslehre, wenigstens meiner Intention nach, nichts zu thun.

zwei verschiedenen Individuen dieselbe Form der Bewegung folgt; es können dem ganzen Plane der Untersuchung nach nur Versuche, welche an demselben Individuum nach einander angestellt worden sind, mit einander in Vergleich gebracht werden.

Aus diesen Beobachtungen kann man ableiten, dass das Hirncentrum eine höhere Erregbarkeit besitzt als die Centren des Rückenmarkes, oder anders ausgedrückt, der Schwellenwerth für das Hirncentrum ist kleiner als jener für das Rückenmark. So lange der Reiz schwach ist, erreicht er nur den Schwellenwerth für das Hirncentrum und es erfolgt eine Locomotion; ist der Reiz aber stark, so dass dadurch auch der Schwellenwerth des Rückenmarkes getroffen wird, so löscht die Reflexbewegung die Ortsbewegung aus, so dass zunächst nur die erstere erscheint. Innerhalb dieser beiden Extreme laufen alle Bewegungen je nach der zeitlichen Differenz der Einwirkung des Reizes in der oben geschilderten Weise ab.

Das ist die Einrichtung, welche die Thätigkeit der beiden Centralstationen regulirt. Es liegt auf der Hand, dass sie damit noch nicht erschöpft sein wird; so z. B. sieht man abweichende Resultate bei Anwendung von mechanischen Reizen, bei denen allerdings eine genügende Abstufung des Reizes kaum zu erreichen ist. Aber wir sind vorläufig ausser Stande, in das Getriebe dieses feinen Räderwerkes tiefer einzudringen [1]).

---

[1]) Der Nachweis, dass das Hirncentrum und die Centren des Rückenmarkes verschiedene Erregbarkeit besitzen, sollte ursprünglich auf ganz anderem Wege geführt werden. Ich gedachte, den Goltz'schen Versuch über das Verhalten von geköpften (ohne Hirncentrum) und ungeköpften Fröschen im allmälig erwärmten Bade (l. c. S. 129) mit Vortheil benutzen zu können. Ich setzte also genau nach der Vorschrift von Goltz einen Frosch, dem die vorderste Partie des Nackenmarkes vor 24 Stunden abgetragen worden war, in ein Wasserbad und erwärmte dasselbe langsam. Ich sah hierbei zu meinem grossen Erstaunen, dass auch dieser Frosch bei einer gewissen Temperatur anfing, deutliche Bewegungen zu machen, so dass der von Goltz daraus gezogene Schluss nicht gelten kann. Der Versuch gelang noch ebenso, als dem Frosch der Kopf abgeschnitten wurde, wobei sämmtliches Rückenmark vom Nackenmark getrennt war. Um jedem Zweifel an der Richtigkeit dieser Beobachtung die Spitze abzubrechen, füge ich hinzu, dass mir durch einen glücklichen Zufall die Gelegenheit geboten war, Herrn Goltz diesen Versuch in der positiven Form zu zeigen; wir wiederholten ihn mit demselben Erfolge auch an ganz frisch geköpften Fröschen. Es bleibt stets ein Räthsel, weshalb sowohl Herr Goltz selbst, wie andere Forscher diesen Versuch haben negativ ausfallen sehen. Aber eine positive Beobachtung beweist mehr als viele

Man trifft in der Literatur öfter auf die Behauptung, dass bei Anwesenheit des Mittelhirns die Reflexbewegungen einen sehr unregelmässigen Verlauf nehmen; es ist bekannt, wie diese Unregelmässigkeiten erklärt worden sind. Wenn man aber die Versuche in der angegebenen Weise anordnet, so bemerkt man solche Unregelmässigkeiten nicht; im Gegentheil, die Regelmässigkeit ist so gross, dass man die Bedingungen der Bewegung direct daraus ablesen kann: Die eintretende Bewegung ist Function des Nervenmarkes und der Intensität des Reizes, wobei der Ort der Reizung, welcher sonst als Variable eingeführt wird, mit inbegriffen ist und die gleiche Temperatur sich von selbst versteht.

Zum Schluss mag hier eine Tabelle Aufnahme finden, welche so angelegt ist, dass sie der Reihe nach von vorn nach hinten die Hirntheile des Froschhirns und dazu jedesmal dasjenige Symptom verzeichnet, welches dem betreffenden Hirntheil als specifisch zukommt, dem folgenden Hirnabschnitt demnach fehlt.

Grosshirn	Willkürliche Bewegung
Sehhügel	Balancement auf der schiefen Ebene, Sprung über Hindernisse, Sprung aus dem Wasser
Decke des Mittelhirns	Sehen
Basis des Mittelhirns	Coordinirtes Schwimmen und Quackvermögen
Hinterstes Drittel desselben Organs	Rückwärtsgang
Vorderster Theil des Nackenmarkes (*Pars commissuralis*)	Locomotion und Retrosubversion des Körpers, sowie Rotation auf der Drehscheibe. Uncoord. Schwimmen
Kleinhirn	Wenig ausgesprochene Function
Rest des Centralnervensystems	Reflexbewegung

negative und deshalb muss dieser Versuch aus der Physiologie des Rückenmarkes gestrichen werden. Uebrigens erwähnt auch Eckhard, wie ich nachträglich finde, Erfahrungen in dem von mir angegebenen Sinne*).

*) Eckhard, Beiträge zur Anatomie und Physiologie, Bd. X, 1883, S. 122.

Anhang.

Die Ursache der Schwimmbewegungen des Frosches.

Von den Schwimmbewegungen, welche einen physiologischen Act vorstellen, ist scharf zu scheiden das Schwimmen des Körpers als solches, wie es auch einer Reihe von leblosen Objecten (Holz, Eis u. a.) eigenthümlich ist. Ob ein solcher Körper, wie man sagt, auf dem Wasser schwimmt oder nicht, hängt bekanntlich von dem Verhältniss der Dichtigkeit desselben zu der des verdrängten Wasservolumens ab. Heisst das Volumen des Körpers v und d seine Dichtigkeit, ist v das Volumen der verdrängten Wassermasse und d^1 dessen Dichtigkeit, so ist vd das Gewicht des Körpers, vd^1 das Gewicht der Wassermasse und die Kraft, welche den Körper in die Höhe treibt; $v(d-d^1)$ ist die Resultante aus beiden und je nachdem $d \gtrless d^1$ ist, sinkt oder schwimmt der Körper.

In gleicher Weise müssen wir zunächst zu entscheiden versuchen, in wie weit der Frosch durch seine physikalischen Mittel zu schwimmen im obigen Sinne im Stande ist, wobei ich gleich bemerken will, dass ich den einfach physikalischen Vorgang hierbei als „Schwimmen“, den physiologischen Act als „Schwimmbewegungen“ bezeichnen werde. Heisse die Dichtigkeit der durch den Froschkörper verdrängten Wassermasse d^1, jene des Froschkörpers selbst d, so hängt also Alles von dem Verhältniss $\frac{d}{d^1}$ ab. Wenn man einen todten Frosch durch Auspressen der Lungen möglichst luftfrei macht, so schwimmt derselbe nicht im Wasser, sondern sinkt auf den Boden des Gefässes, d. h. also $d > d^1$ und $\frac{d}{d^1}$ ist ein unechter Bruch. Nun besteht d aus einem constanten Antheil a, welcher der Dichtigkeit des Froschkörpers exclusive Lungeninhalt entspricht, und einem variablen Theile x, welcher der in den Lungen enthaltenen Luft entspricht und welcher die Dichtigkeit des Froschkörpers verringert, so dass $d = a - x$ und das zu betrachtende Verhältniss ist $\frac{a-x}{d^1}$. Soll der Frosch schwimmen können, so muss dieser Bruch ein echter sein. Da d^1 und a unveränderlich sind, so kann dies nur durch Veränderung von x erzielt werden und zwar durch eine bestimmte Zunahme von x, d. h. bei einem gewissen Luftgehalte der Lungen wird der Frosch ohne jedes weitere Hülfsmittel auf der Oberfläche des Wassers schwimmen können. Ob man aber x bis zu der nothwendigen Grösse wachsen lassen kann, vermag nur der Versuch zu entscheiden.

Hat man einige noch frische todte Frösche, deren Tod aus irgend einem Grunde, z. B. nach eingreifenden Hirnoperationen eingetreten ist und bringt man dieselben ins Wasser, so würde man gemeiniglich erwarten, dass sie alle in gleicher Weise auf den Boden des Gefässes untersinken. Das ist aber durchaus nicht der Fall, denn wenn auch der eine und andere auf den Boden sinkt, so bleiben doch einige in verschiedener Höhe des Wassers schwimmend regelmässig in senkrechter Stellung mit lang ausgestreckten Hinterbeinen, so dass sich der Kopf theils unter der Oberfläche des Wassers in verschiedener Entfernung von derselben befindet, theils ragt er mehr oder weniger über die Oberfläche empor. Wenn der Zufall günstig ist, kann man eine ganz regelmässig aufsteigende Reihe solcher Frösche im Wasser hängen resp. schwimmen sehen. Von dem Frosche, der auf den Boden gesunken ist, setzt man wohl voraus, dass sein $x = 0$ sein wird. Das ist aber, wie die sofort vorgenommene Section zeigt, durchaus nicht der Fall, sondern es befindet sich in den Lungen noch anscheinend viel Luft. Dies lehrt, dass schon bei irgend einem endlichen Werthe von x unser d noch grösser ist als d^1, so dass der Frosch auf den Boden sinkt. Die innerhalb des Wassers befindlichen oder daraus hervorsehenden Frösche hatten ebenfalls Luft in den Lungen, deren Menge offenbar grösser gewesen sein muss als bei dem ersten Frosche, ohne dass die directe Inspection darüber Auskunft geben konnte. Sollte d wesentlich kleiner als d^1 werden können, so müsste offenbar x noch bedeutend zunehmen. Nachdem einem todten Frosche durch einige Nähte die Hinterbeine in die hockende Stellung gebracht worden waren, wie er sie auf dem Lande zu zeigen pflegt, wurde den Lungen mit einer kleinen Spritze soweit als thunlich eine grössere Menge Luft eingeblasen und dafür gesorgt, dass sie nicht sogleich wieder entweichen konnte. Der Frosch wurde aufs Wasser gesetzt und schwamm darauf genau wie ein normaler Frosch. Es folgt daraus, dass ein Frosch allein mit seinen physikalischen Mitteln im Stande ist, auf der Oberfläche des Wassers zu schwimmen oder, anders ausgedrückt, dass der Frosch ohne jede physiologische Leistung die Fähigkeit besitzt, im Wasser sein Gleichgewicht zu behaupten, d. h. auf der Oberfläche desselben zu schwimmen. Der Schluss ist indess nicht streng, weil noch nicht bewiesen ist, dass ein normaler Frosch sich so viel Luft in seine Lunge einpumpen kann, als es hier auf künstlichem Wege geschehen ist.

Setzt man einen normalen Frosch (des bequemen Experimentirens wegen einen Frosch ohne Grosshirn) auf den Boden irgend eines leeren, genügend weiten Gefässes und giesst man seitlich Wasser in das Gefäss, ohne den Frosch dabei zu treffen, so schwimmt der Frosch, wenn das Wasser genügend hoch in dem Gefässe steht, auf der Oberfläche des Wassers genau in der Stellung, die er sonst auf dem Lande einzunehmen pflegt und genau in der Stellung, welche der todte Frosch oben eingenommen hatte. Daraus folgt nun aber ganz streng, dass der Luftgehalt in den Lungen des normalen Frosches vollkommen ausreicht, um $a - x = d < d^1$ zu machen, so dass er also, so lange er unthätig ist, nicht allein auf der Oberfläche schwimmen kann, sondern sogar dazu gezwungen ist und erst in irgend einer Weise activ eingreifen muss, wenn er untertauchen will, wovon noch später gesprochen werden wird.

Wenn der Frosch also ohne jede physiologische Leistung im Wasser für sein Gleichgewicht sorgt, so kommen wir nunmehr zu der Frage nach den Gründen, welche ihn zu „Schwimmbewegungen“ veranlassen.

Der obige Versuch lehrt zunächst, dass der Gewichtsverlust, den der Körper im Wasser erfährt, resp. die daraus resultirende Druckabnahme an der Haut, nicht die gesuchte Ursache sein kann; auch nicht der einfache Contact der Haut mit dem Wasser, was auf den ersten Eindruck sehr einladend erscheint. Aber wir wollen vorsichtigerweise lieber sagen, der Contact des Wassers mit der Bauchfläche des Frosches ist nicht die alleinige Ursache der Schwimmbewegungen. Wenn man einen Frosch vorsichtig aufs Wasser setzt, so dass er die Landstellung einnimmt, so kann man ihn bei Abhaltung jedes äusseren Reizes sehr lange in dieser Lage verharren sehen, ohne dass er zu Schwimmbewegungen übergeht. Wenn er dann zu schwimmen anfängt, so ist häufig gar kein äusserer Grund dafür nachweisbar.

Ich möchte diese Beobachtung auf eine Stufe stellen mit der analogen Beobachtung, die man beim enthirnten Frosche auf dem Lande macht: Derselbe verhält sich im Allgemeinen ruhig, macht aber dann und wann eine Bewegung, die wir inneren Reizen zuschreiben. Ich bin geneigt, bei dem Versuche im Wasser ebenfalls anzunehmen, dass die Ursache seiner Schwimmbewegung in diesem Falle eine innere ist, wozu hier noch mehr Gelegenheit dadurch geboten ist, als bei jeder Athembewegung auch der ganze Körper einen leichten Stoss bekommt, dem er in kleinen Schwankungen fortwährend folgt.

Dagegen sehen wir, dass ausnahmslos jeder Frosch, wenn er ins Wasser springt oder in dasselbe geworfen wird, zu Schwimmbewegungen übergeht. Daher möchte ich schliessen, dass der allseitige Contact der Haut gegen das bewegte Wasser die eigentliche Ursache der Schwimmbewegungen bildet. Dagegen fällt aber sehr schwer ins Gewicht die Thatsache, dass ein Frosch, dem man die ganze Haut abgezogen hat, wenn er ins Wasser gebracht wird (Kochsalzbad!) vollkommen normal schwimmt, freilich nur sehr kurz, nicht wie ein unversehrter Frosch, aber er schwimmt doch und das genügt; eine Beobachtung, welche wenigstens in ihrem ersten Theile auch schon Onimus gemacht hatte (l. c. S. 645). Streng genommen würde man hier schliessen, dass die Berührung der Haut mit dem Wasser gar nichts zu thun habe mit der Einleitung der Schwimmbewegungen, aber wir haben genug Beispiele in der Biologie dafür, dass ein solcher Schluss zum wenigsten nicht vorsichtig ist; denn die Haut kann ein Factor sein und an einer anderen Stelle kann noch ein weiterer Factor wirken. Wir schliessen also vorsichtigerweise aus jenem Versuche, dass der Contact mit dem Wasser nicht die alleinige Ursache der Schwimmbewegungen ist, sondern dass es noch eine andere geben wird, die selbst den hautlosen Frosch zu Schwimmbewegungen anregt. Ich erinnere hierbei an die ganz ähnlichen Verhältnisse des Muskel- oder Gliedmaassentonus. Wenn man ein Rückenmarkspräparat auf den Tisch legt, so bringt dasselbe die Beine bekanntlich in die hockende Normalstellung. Jedermann leitet diese Thatsache von einer Thätigkeit der Hautnerven her, welche durch die Berührung mit der Tischplatte erregt worden. Zieht man diesem Präparate die Haut ab, so leistet es gar nicht selten immer noch dasselbe, weil, wie es scheint, die Nerven der Gelenke, sowie die der Sehnen und Muskeln jenen Dienst besorgen. Ganz ebenso kann das Verhältniss beim Schwimmen sein: Wenn die Haut entfernt ist, so mögen ebenfalls die Nerven der Gelenke, der Sehnen und vielleicht auch der Muskeln durch das bewegte Wasser zu den Schwimmbewegungen angeregt werden.

Hiermit sind die Ermittelungen über die Ursache der Schwimmbewegungen erschöpft. Ich kann gestehen, dass das Resultat insofern meinen Wünschen nicht entspricht, als ich ein präciseres und eindeutigeres Resultat gern gesehen hätte. Nichtsdestoweniger kann es richtig sein! Will man es nicht annehmen, so bleibt nichts Anderes übrig als dem Gehirn des Frosches eine immanente Erkenntnissfähigkeit über Wasser oder Land zuzuschreiben. Wie ich mir diese Qualität auch vorstellen mag, so bleibt für mich doch immer die Forderung übrig, dass diese Erkenntniss nur auf Grund bestimmter peripherer Signale gewonnen werden kann. Mit dieser Forderung stehen wir aber wieder an dem Ausgangspunkte dieser Untersuchung. Zu alledem kommt noch die Schwierigkeit, dass Schwimmbewegungen gemacht werden, so lange als Locomotionen auf dem Lande möglich sind, d. h. so lange als das Hirncentrum erhalten ist.

Wir werden deshalb bis auf Weiteres schliessen, dass die **Schwimmbewegungen des Frosches durch den allseitigen Contact der Haut mit dem bewegten Wasser** ausgelöst werden.

Um einfach auf der Oberfläche des Wassers zu schwimmen, bedarf es für den Frosch nicht der geringsten physiologischen Leistung seiner Muskeln; dieser Vorgang ist ausschliesslich Function des Luftgehalts der Lungen, der ihn sogar an die Oberfläche bannt, denn jedesmal, wenn er in die Tiefe tauchen will, entquillt seinen Lungen ein reichlicher Luftstrom.

Dass übrigens centripetale Erregungen zum Centrum gelangen müssen, wenn Schwimmbewegungen möglich sein sollen, geht aus einem Versuche Cl. Bernard's hervor (Système nerveux, t. I, p. 251), wo es heisst: „Sur une autre grenouille on a ouvert le rachis dans toute son étendue; puis on a coupé les racines postérieures des quatre membres. Dans l'eau l'animal reste immobile et ne se meut pas spontanément. Quand on l'excite en piquant la tête qui est resté sensible l'animal fait des mouvements désordonnés de ses quatre membres; mais ces mouvements ne sont pas en harmonie les uns avec les autres pour déterminer un mouvement commun, celui de natation par exemple." —

Gleichzeitig möge hier einer Beobachtung gedacht werden, die, obgleich sehr in die Augen fallend, bisher nur wenig gewürdigt worden ist. Wenn man den Frosch in der Landstellung aufs Wasser setzt und ihn durch irgend einen Reiz zum Schwimmen anregt, so nimmt er, wenn seine Bewegungen aufgehört haben, die alte Ruhelage nicht wieder ein, sondern er kommt in einer neuen Lage zur Ruhe, welche sich von der Ruhelage auf dem Lande dadurch unterscheidet, dass namentlich die Hinterbeine vom Leibe ab in horizontaler Richtung ausgestreckt werden, so dass er mit seinem Körper in dieser neuen Ruhelage auf dem Wasser eine viel grössere Fläche bedeckt als in der anderen Lage. Die Fig. 13 (a. f. S.) zeigt besser als jede Beschreibung diesen Unterschied, dessen Onimus auch schon Erwähnung thut, aber die Angaben sind wenig ausführlich und die dazu gegebenen Abbildungen zwar sehr schön, aber so wenig anschaulich, dass sie kaum die Aufmerksamkeit der Leser haben erregen können.

Es folgt daraus, dass der Frosch zu Lande und zu Wasser zwei verschiedene Ruhelagen hat; dass diese Ruhelage im Wasser ihre Entstehung ebenso einem Tonus zu verdanken scheint, welcher durch den Contact der Haut, der Gelenke u. s. w. mit dem bewegten Wasser in Thätigkeit versetzt wird, wie auf dem Lande durch den Contact mit der festen Unterlage.

Dieser Tonus für die Ruhelage im Wasser tritt merkwürdiger Weise immer erst dann in Thätigkeit, wenn der Frosch im Wasser schon in Bewegung gewesen ist, fehlt aber durchaus, wenn man den Frosch ruhig auf das Wasser setzt. Es scheinen überhaupt für ihn dieselben Bedingungen maassgebend zu sein, wie für die Ursache der Schwimmbewegungen. —

Endlich seien zu dem Bisherigen noch folgende Thatsachen erwähnt: Der Frosch ohne Grosshirn schwimmt auf dem Wasser so, dass innerhalb des Wassers sich befinden die Extremitäten und ein sehr kleiner Theil des Beckens, alles Uebrige ragt über das Wasser empor. Der Frosch, dessen Mittelhirn vollständig entfernt ist, schwimmt, wie schon erwähnt, auch auf dem Wasser, aber regelmässig befinden sich unter dem Wasser alle Theile bis etwa auf den Kopf, dessen Ausdehnung etwas reichlich genommen. Merkwürdig verhält sich der Frosch, dem Grosshirn und Sehhügel abgetragen sind. Derselbe pflegt sehr regelmässig nach einigen

Schwimmbewegungen reichlich Luft aus seinen Lungen auszustossen und dann unter das Wasser auf den Boden des Gefässes zu sinken.

Fig. 13.

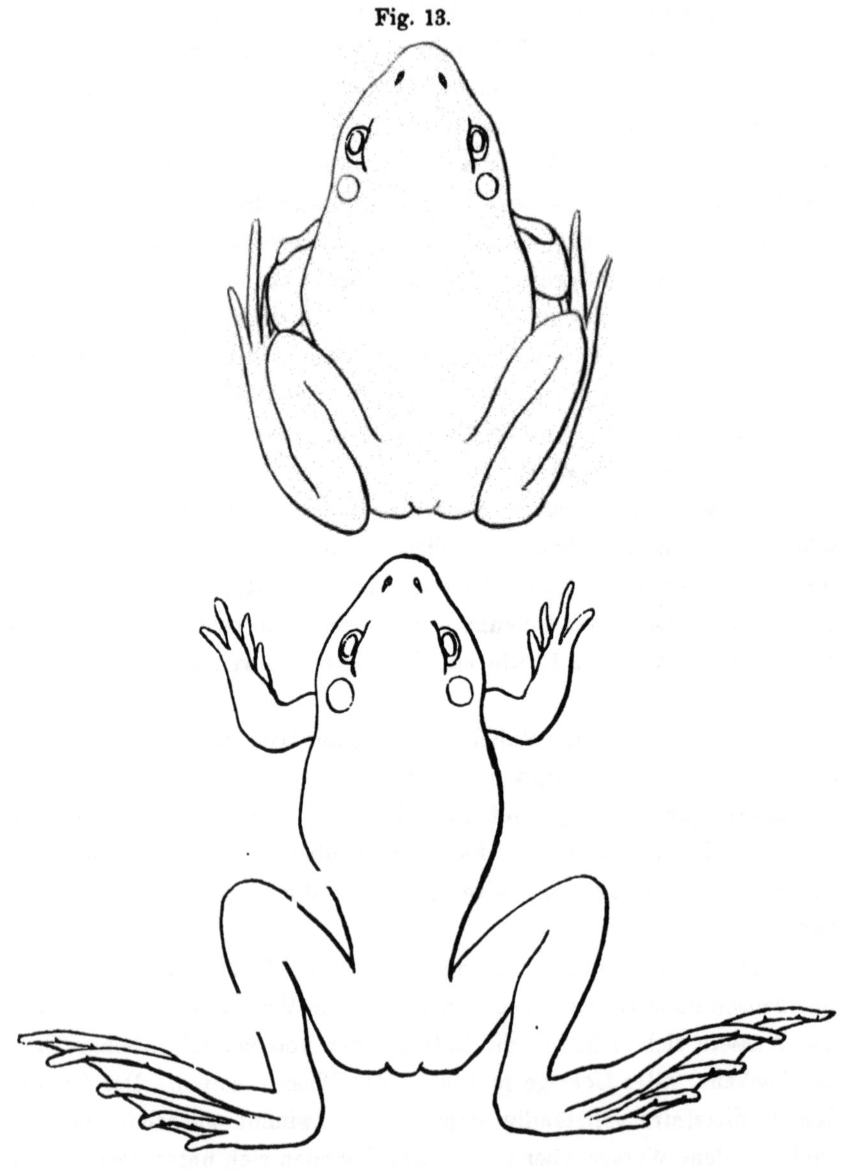

Da wir oben gesehen haben, dass die Tiefe, bis zu welcher unsere Frösche im Wasser einsinken, lediglich Function des Luftgehaltes der Lungen ist, so folgt aus diesen Beobachtungen, dass der Luftgehalt der Lungen nach den angeführten Operationen ein verschiedener sein muss, und weiterhin, dass diese Hirntheile einen Einfluss auf den Luftgehalt der Lunge ausüben. Worin besteht dieser Einfluss? Wenn der Frosch ohne Sehhügel jedesmal, ins Wasser gebracht, Luft ausstösst, so scheint es, dass in dem restirenden Hirntheile ein Punkt vorhanden ist, der beim Eintritt des Thieres in das Wasser gereizt wird und Exspiration macht. Nennen wir den Punkt vor der Hand accessorisches Exspirationscentrum. Wenn das richtig ist, so dürfte, weil beim Vorhandensein der Sehhügel der Einfluss dieses Centrums niemals hervortritt, es wahrscheinlich sein, dass in den Sehhügeln selbst ein jenes Exspirationscentrum balancirendes accessorisches Inspirationscentrum liegen mag.

Es fragt sich nunmehr, in welcher Gegend des Mittelhirns das accessorische Exspirationscentrum liegt? Macht man eine Abtragung in der Linie *a* (s. Fig. 12), so bekommt man, wie oben erwähnt, einen Frosch, der sich in seinen locomotorischen Fähigkeiten nicht von jenem, dessen Sehhügel allein abgetragen worden sind, unterscheidet; nur in einem Punkte besteht ein Unterschied, nämlich in seinem Verhalten im Wasser, indem er nämlich dort keine Luft aus der Lunge ausstösst und nicht auf den Boden sinkt, sondern auf der Oberfläche bleibt, aber er sinkt tiefer in das Wasser ein, als der Frosch mit erhaltenen Sehhügeln. Bei diesem Frosche würde also der Luftgehalt der Lunge ausserordentlich durch die Thätigkeit des alten in der Spitze der Schreibfeder gelegenen Athemcentrums bestimmt werden, welches allein nicht im Stande zu sein scheint, die Lungen mit Luft so zu erfüllen, wie es mit Hülfe der accessorischen Athemcentren des Mittelhirns geschehen kann.

Macht man einen Schnitt in der Linie *b* (s. dieselbe Figur), so bekommt man einen Frosch, der rückwärts geht, in Bezug auf sein Eintauchen im Wasser sich wie der vorige verhält. Trägt man endlich die ganze Vierhügelgegend ab, so sinkt der Frosch noch tiefer ein und es scheint, dass mit Annäherung der Operationsstelle an das Athmungscentrum Alterationen in der Thätigkeit desselben gesetzt werden.

Diese Verhältnisse, soweit sie sich auf die Erschliessung von Athmungscentren im Mittelhirn beziehen, erinnern an Versuche von N. Martin, welcher Beziehungen der Zweihügel zu den Athembewegungen beim Frosche aufgefunden hat. Doch verlegt er an diese Stelle ein Inspirationscentrum. Meine Beobachtungen sind nur nebenbei gemacht, also nicht abgeschlossen; eine bestimmte Meinung möchte ich nur dahin äussern, dass die Zweihügel und die Sehhügel einen Einfluss auf die Athembewegungen haben; ob derselbe aber inspiratorisch oder exspiratorisch ist, mögen weitere Untersuchungen lehren. Dagegen habe ich, entgegen v. Wittich's Angaben, nach Durchschneidung der Zweihügel trotz Abhaltung jeden Reizes, die Athembewegungen niemals ausbleiben sehen. (Vergl. Eckhard, l. c. S. 117, 128.)

Dass dagegen das Athmungscentrum des Frosches an dieselbe Stelle zu verlegen ist, an welcher man es auch bei den höheren Wirbelthieren zu suchen pflegt, ist schon oben (S. 43) angegeben worden.

Weitere Aufschlüsse über den Einfluss des Gehirns auf die Hautfarbe, wovon oben (S. 29) Erwähnung geschehen ist, werden an anderer Stelle gegeben werden.

Zweites Capitel.

Die krummlinigen Bewegungen oder Zwangsbewegungen.

Erster Theil:

Die Versuche über Zwangsbewegungen.

Das störende Auftreten von Zwangsbewegungen bei vielen Operationen, welche im ersten Capitel beschrieben worden sind, zwangen mich schliesslich dazu, näher auf dieses Gebiet einzugeben. Diese Arbeit erwies sich nach zwei Seiten hin von Vortheil; einmal brachten die neuen Thatsachen Aufschlüsse und Bestätigungen zu den geradlinigen Bewegungen, andererseits konnte das ganze Gebiet selbst einem gewissen Abschlusse zugeführt werden.

Bei näherer Betrachtung stellte sich nämlich heraus, dass hier eine ausserordentliche Unsicherheit in den thatsächlichen Angaben herrscht, derart, dass kaum eine Beobachtung vorhanden ist, welche nicht durch eine entgegenstehende aufgehoben werden könnte. Die Unsicherheit bezieht sich namentlich auf die Localitäten, von denen aus diese oder jene Form der Zwangsbewegung erzeugt werden soll, sowie auf die Richtung, in welcher die auftretende Zwangsbewegung erfolgt, d. h. ob nach der verwundeten oder nach der gesunden Seite hin. Sicher und zutreffend dagegen bleiben die Angaben, welche über die Formen der Bewegung gemacht worden sind. Nach wie vor steht es fest, dass die regelmässig angegebenen drei Gruppen alle bisher bekannten Formen von Zwangsbewegungen umfassen oder dass sie sich auf diese Grundtypen zurückführen lassen.

Man unterscheidet bekanntlich drei Typen:

1) Die Manègebewegung, welche darin besteht, dass der Frosch mit der Längsaxe seines Körpers sich in der Peripherie eines Kreises bewegt.

2) Die Rollbewegung, bei welcher der Frosch um seine Längsaxe rotirt.

3) Die Uhrzeigerbewegung, wobei der Frosch sich wie der Zeiger der Uhr auf dem horizontal liegenden Zifferblatte um sein Beckenende dreht; der Radius des entstehenden Kreises ist etwa gleich der Länge des Froschkörpers. Die Drehung erfolgt entweder im Sinne des Uhrzeigers oder in umgekehrter Richtung.

Diese drei Typen sind, wenn auch der Form nach verschieden, ihrem inneren Wesen nach im Allgemeinen als gleichwerthig behandelt worden. Das ist aber unrichtig, denn, wie ich schon hier vorwegnehmen will und weiterhin beweisen werde, ist, was bisher unbekannt war, die Uhrzeigerbewegung eine Reizungserscheinung, also von vergänglicher Art, während die beiden anderen Formen wahre Ausfallserscheinungen darstellen und unvergänglich sind, so lange das Thier am Leben erhalten wird.

Die Aufgabe, deren Lösung hier angestrebt wurde, war eine doppelte; einmal nämlich waren die Punkte zu fixiren, deren Verletzung die entsprechenden Formen von Zwangsbewegungen entstehen lassen, und es war die jedesmalige Richtung der Bewegung genau zu bestimmen; andererseits aber, und das ist der viel schwierigere Theil der Aufgabe, mussten die Ursachen aufgefunden werden, welche die abweichenden Angaben der Autoren verursacht hatten. Die Aufgabe wird als gelöst zu betrachten sein, wenn man alle Angaben, welche über Zwangsbewegungen gemacht worden sind, entsprechend zu localisiren vermag.

Eine historische Entwickelung dieser Frage hier zu geben, erscheint wegen der grossen Masse von Material sowohl als auch deshalb überflüssig, weil man sie in jedem grösseren Werke über Physiologie und auch anderweitig reichlich genug vorfindet; im Uebrigen verweise ich auf Eckhard's Darstellung [1]).

Die Zwangsbewegungen entstehen bekanntlich nach einseitigen Verletzungen des Gehirns und des Nackenmarkes oder, allgemeiner ausgedrückt, nach asymmetrischer Verletzung der angegebenen Theile, insofern als auch beide Seiten verletzt sein können, aber in ungleichem Grade.

---

[1]) L. c. 100 u. f.

Um für die ersten Versuche eine feste Basis zu haben, wurde die asymmetrische Verletzung so eingerichtet, dass jedesmal ein bestimmter, in anatomische Grenzlinien eingeschlossener Hirntheil einseitig vollkommen abgetragen worden ist. So wurden der Reihe nach einseitig das Grosshirn, der Sehhügel, der Zweihügel, das Kleinhirn abgetragen und endlich eine einseitige totale Durchschneidung des Nackenmarkes vorgenommen. Nach der Operation wurden die Thiere auf den Tisch gesetzt, sogleich beobachtet, ohne sie aber zu reizen; die nähere Untersuchung geschah erst nach 24 Stunden und wurde bis mindestens über zwei Wochen ausgedehnt. Die Beobachtungen beziehen sich auch hier ausnahmslos auf den Frosch.

§. 1.

Einseitige Abtragung des Grosshirns.

Nach dieser Operation sieht man nichts, was den Zwangsbewegungen ähnlich sehe. Die bisherigen Angaben sind damit ebenfalls in Uebereinstimmung.

§. 2.

Einseitige Abtragung der Sehhügel.

Mit demselben kleinen Messerchen, das oben in Fig. 3 abgebildet ist, wird der Sehhügel umschnitten und zwar in der Trennungslinie zwischen Seh- und Zweihügel, ferner in der Trennungslinie zwischen Sehhügel und Grosshirn, endlich ein Schnitt in der Mittellinie, der die Sehhügel der beiden Seiten von einander trennt. Das umschnittene Stück wird regelmässig mit der Pincette herausgehoben und man überzeugt sich durch Auftupfen des Blutes vermittelst kleiner Schwämmchen von dem bis auf die *Basis cranii* gesetzten Defecte. Ein Bild der Abtragung giebt die Fig. 14 (a. f. S.). Die Ausführung dieser sowie aller folgenden Operationen ist an sich nicht gerade schwierig; erfordert aber, soll sie gut gemacht werden, Erfahrung und Uebung.

Bringt man den Frosch auf den Tisch, so beobachtet man entweder eine starke Prostration: der Frosch sitzt bewegungslos; oder aber man sieht sogleich sehr schöne Uhrzeigerbewegungen auftreten, die nach der gesunden Seite gerichtet sind. Welche Erscheinung auftritt, lässt sich in keinem Falle voraussagen; das unterliegt durchaus dem Zufall resp. inneren Vorgängen, die mit dem Schnitt und der Erregbarkeit der Schnittstelle zusammenhängen und die man niemals beherrschen kann. Wenn eine Anzahl solcher Uhrzeigerbewegungen gemacht worden sind, tritt Ruhe ein: die Uhrzeigerbewegung ist verschwunden und kehrt niemals mehr wieder. Wenn man den Frosch nach einer kurzen Pause mechanisch reizt, so macht er keine Uhrzeigerbewegung, sondern beschreibt einen grossen Manègekreis nach der gesunden Seite. Nach vierundzwanzig Stunden ist Alles verschwunden; der Frosch bewegt sich wieder geradlinig und ist von einem normalen Thiere kaum zu unterscheiden.

Fig. 14.

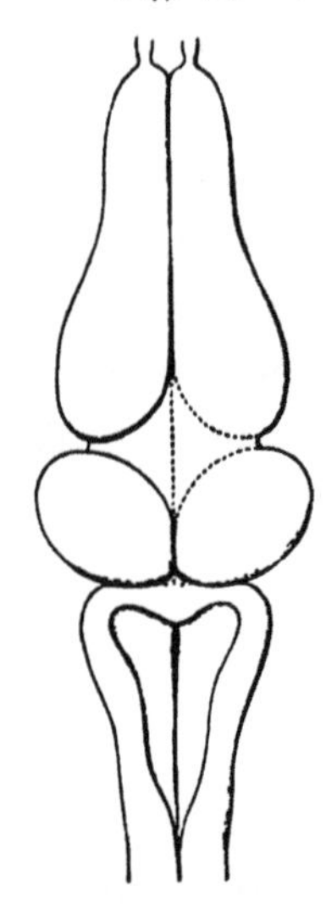

§. 3.

Einseitige Abtragung der Decke des Zweihügels.

Trägt man mit der Bajonettscheere die Decke des Zweihügels der einen Seite vorsichtig ab, so bleibt dieser Eingriff ohne weitere Folgen; selbst bei sehr gutem Willen habe ich keine Abweichung von dem geraden Wege sehen können.

§. 4.

Einseitige Abtragung der Basis der Zweihügel.

Um diese Operation auszuführen, wird mit demselben Messer ein Schnitt geführt in der Trennungslinie zwischen Zweihügel und Nackenmark, ein zweiter zwischen Zweihügel und Sehhügel, ein dritter in der Mittellinie zur Trennung der beiderseitigen Zweihügel. Der abgetragene Theil wird entfernt und man überzeugt sich durch den Augenschein, dass die projectirte Abtragung auch ausgeführt worden ist. Die Abtragung umfasst naturgemäss auch die Decke des Mittelhirns. Die Fig. 15 zeigt die Ausdehnung der Operation. Sowie man diesen Frosch auf den Tisch setzt, beginnt er mit grosser Heftigkeit eine Manègebewegung und zwar in der Richtung nach der gesunden Seite. Die Bewegung dauert eine Zeit lang, dann hört sie auf, offenbar in Folge der Ermüdung. Jetzt kann man beobachten, dass der Frosch auch eine Zwangsstellung aufweist, die sich wesentlich auf den Kopf bezieht. Derselbe ist nämlich nach der gesunden Seite hin etwas gesenkt und gedreht, steht gewissermaassen in Diagonalstellung. Wenn man den Frosch nach 24 Stunden aufsucht, so sieht man, wenn er isolirt in einem Topfe sich befunden hatte, weder die Zwangsstellung des Kopfes, noch macht er Manègebewegung; reizt man ihn aber mechanisch oder bringt ihn ins Wasser, so beginnt sogleich wieder die Manègebewegung in demselben Sinne wie Tags vorher, und kommt er wieder zur Ruhe, so erscheint auch die Zwangsstellung des Kopfes wieder.

Fig. 15.

Was die Bewegung im Wasser anbetrifft, so schwimmt er ebenfalls im Kreise herum; was aber sehr auffallend ist und bisher wenig beachtet wurde, ist die Thatsache, dass er vollkommen coordinirt schwimmt. Die Anomalie in der Bewegung besteht also nicht in der Form der Bewegung, sondern ausschliesslich in der Art der Bewegung, indem dieselbe Bewegungsform aus der geradlinigen in die krummlinige Richtung übergegangen ist.

In dieser Form erhält sich die Erscheinung unbeschränkte Zeit, sie ist also unvergänglich. Wir müssen deshalb genau unterscheiden, dass die Manègebewegung unmittelbar nach der Operation eine Reizungserscheinung und vergänglicher Natur ist; dass aber als Ausfallserscheinung ebenfalls eine Manègebewegung bleibt, welche aber nur auf einen äusseren Reiz zum Vorschein kommt. Auf diese letztere

Thatsache hat schon vor vielen Jahren Schiff aufmerksam gemacht, ohne jedoch, wie es scheint, damit genügendes Interesse erweckt zu haben. Aber diese Thatsache ist wichtig genug, um unsere volle Aufmerksamkeit in Anspruch zu nehmen.

Der Kreis der Manègebewegung ist ausserordentlich verschieden; er ist bald grösser, bald kleiner, ohne dass sich dafür vorläufig ein plausibler Grund angeben liesse.

Die eben beschriebenen Erscheinungen als Folgen der Abtragung der Basis eines *Lobus opticus* sind so constant, dass ich davon niemals eine Ausnahme gesehen habe, allerdings unter der Voraussetzung, dass der eine Lobus auch wirklich total entfernt worden ist. Man sollte diese Voraussetzung eigentlich für selbstverständlich halten und sie ist es auch, aber die That entspricht nicht immer dem Wunsche; denn man erreicht hier häufig nicht das, was man mit bestem Willen angestrebt hat. Damit hat es folgende Bewandtniss: Unter den in der angegebenen Weise operirten Fröschen findet man nicht selten solche, welche nicht Manègebewegung nach der unverletzten Seite machen, sondern mehr Neigung zur Bewegung nach der verletzten Seite zeigen und vor Allem dabei häufig Rollbewegungen nach der Seite der Verletzung machen. In der folgenden Zwangsstellung ist der Kopf auch nach der verletzten Seite geneigt; und das Alles, obgleich man fest überzeugt ist, den ganzen *Lobus opticus* der einen Seite entfernt zu haben.

Fig. 16.

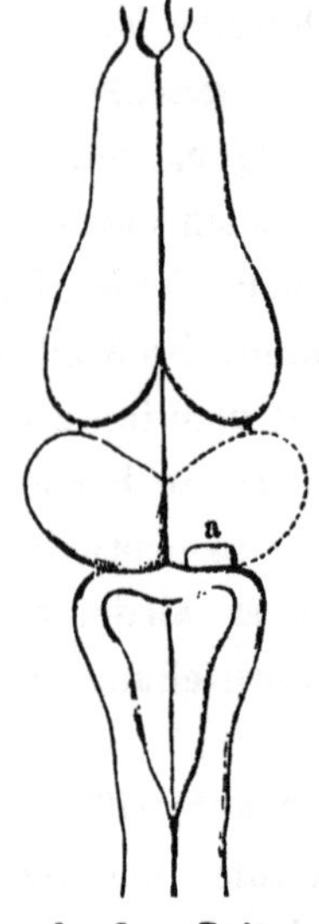

Fig. 17.

Wenn man diesen Frosch tödtet, den Kopf in Alkohol erhärtet und genau controlirt, was eigentlich von der Hirnmasse abgetragen worden ist, so findet man ausnahmslos, dass an der Basis ein kleines Stückchen des Mittelhirns stehen geblieben ist. Die Fig. 16 zeigt (schematisch) bei *a* den Rest der Mittelhirnbasis. Solche Irrthümer kommen vor trotz eines guten Messers und trotz der Ueberzeugung, dass man den Schnitt bis auf die Basis geführt hat; kurz, trotz der menschenmöglichsten Vorsicht. Der begangene Fehler scheint mir daher zu rühren, dass das Messer, wenn man es bei der Schnittlegung horizontal von innen nach aussen zieht, über Hirnpartien wegstreifen kann, ohne sie zu durchschneiden. Um diesen Fehler möglichst zu vermeiden, habe ich das Messerchen, wie es Fig. 17 zeigt, anfertigen lassen; es ist die Hälfte des Messers von Fig. 6 und schneidet in halber Breite des Mittelhirns von oben nach unten in senkrechter Richtung. Die Resultate sind besser; nichtsdestoweniger muss auch hier, will man Täuschungen vermeiden, eine scharfe Controle der gemachten Verletzung gehandhabt werden.

§. 5.

Einseitige Abtragung des Kleinhirns.

Die Operation wird mit der Bajonettscheere ausgeführt; aber sie muss gewissermaassen mit noch mehr Sorgfalt behandelt werden, als die totale Abtragung des Kleinhirns, weil dort das Auftreten einer Zwangsbewegung sogleich die Verletzung der sehr empfindlichen Nachbarschaft aufdeckt, während hier, wo wir umgekehrt Zwangsbewegungen suchen, leicht dem Kleinhirn eine Zwangsbewegung zugesprochen werden kann, die thatsächlich der Nachbarschaft angehört.

In der That sieht man aber nach einseitiger Abtragung des Kleinhirns gar keine Abweichung von der geradlinigen Bewegung auftreten.

§. 6.

Einseitige Schnitte in das Nackenmark.

Man legt das Nackenmark in der oben beschriebenen Weise vollkommen bloss, sticht mit dem kleinen Messerchen aus Fig. 3 in die Mittellinie ein und führt senkrecht zur Axe den Schnitt nach aussen, wie er in Fig. 18 (a. f. S.) durch die Linie *a* angegeben ist. Fällt der Schnitt in den vorderen Theil des Nackenmarkes, doch nicht vor den hinteren Rand des Kleinhirns, so fühlt man schon während des Schnittes vielfache Muskelzuckungen. Setzt man den Frosch auf den Tisch, so springt er mit grosser Kraft auffallend senkrecht in die Höhe und überschlägt sich beim Herunterkommen so auf die verwundete Seite, dass er in derselben Richtung um seine Axe rollt. Diese auffallenden Sprünge werden bis zur Ermüdung fortgesetzt. Kommt er auf diese Weise zur Ruhe, so sieht man ihn in einer Zwangsstellung, die ebenfalls besonders den Kopf betrifft, welcher nach der verwundeten Seite so stark gesenkt sein kann, dass das Auge der gesunden Seite fast senkrecht in die Höhe sieht. Dadurch ist auch der Schultergürtel der gesunden Seite hoch gestellt und mit ihm die Vorderextremität derselben Seite vollkommen gestreckt, auf welcher der Schultergürtel wie auf einer Säule ruht. Ob übrigens diese Stellung der Vorderextremität, wie es hier dargestellt ist, secundär oder ob sie primär ist, lässt sich nicht entscheiden. Nicht zu übersehen ist aber, dass auch die Hinterextremität derselben, also der gesunden Seite, öfter nicht geordnet am Körper anliegt, sondern mehr oder weniger und kürzere oder längere Zeit ausgestreckt daliegt, bis sie wieder in die normale Lage zurückkehrt. Bringt man ihn ins Wasser, so beginnt er zunächst eine Manègebahn um die gesunde Seite zu beschreiben, bis er plötzlich nach der verwundeten Seite umschlägt und um seine Axe rollt, oder aber er beginnt sogleich um seine Axe zu rollen und zwar ebenfalls in der Richtung der verwundeten Seite. Die Form der Bewegung im Wasser ist sehr verschieden, aber ausnahmslos tritt das Moment der Rollbewegung hervor. In dem Stadium der Manègebewegung, die oft in Stössen erfolgt, ist die Schwimmbewegung ebenfalls immer coordinirt, was besonders zu bemerken ist.

Fig. 18.

Ueberlässt man den Frosch, ebenfalls allein in einem Topfe, ungestörter Ruhe und sucht ihn nach 24 Stunden wieder auf, so findet man ihn in fast völlig normaler Haltung bis auf eine geringfügige Neigung des Kopfes nach der verletzten Seite, die flüchtiger Betrachtung leicht entgehen kann, aber im Uebrigen ist er vollkommen unbeweglich. Reizt man ihn mechanisch, so springt er sogleich in die Höhe und schlägt beim Herunterkommen nach der verletzten Seite über, so dass er leicht auf den Rücken zu liegen kommt. Bringt man ihn ins Wasser, so macht er die beschriebenen Rollbewegungen in derselben Weise. Kommt er durch Ermüdung zur Ruhe, so sieht man ihn in derselben Zwangsstellung wie oben. Demnach wiederholt sich auch hier die Thatsache, dass die Bewegungen sogleich nach der Verwundung Reizungserscheinungen sind, dass die spätere Beobachtung aber die Ausfallserscheinungen rein hervortreten lässt. Solche Frösche sind in unverändertem Zustande bis sechs Wochen beobachtet worden; die Wunde war geheilt.

Legt man den Schnitt in den hintersten Theil der Rautengrube, wenig oberhalb der Spitze des *Calamus scriptorius*, etwa in die Linie *b* der Fig. 18, so sieht man keinerlei Störungen. Die Schnitte gehen bis auf den knöchernen Grund.

§. 7.

Einige Schlüsse aus den bisherigen Versuchen.

Es ergeben sich aus den bisher mitgetheilten Versuchen ganz direct eine Reihe von Schlüssen, die ihrer Wichtigkeit wegen hier gleich gezogen werden mögen. Dieselben sind die folgenden:

1) Zwangsbewegungen entstehen beim Frosche ausschliesslich nach asymmetrischen Verletzungen der Sehhügel, der Basis der Zweihügel und der vorderen Hälfte des Nackenmarkes.

2) Die Uhrzeigerbewegung nach Abtragung des Sehhügels ist vergänglich, daher eine Reizungserscheinung.

Hier befinden wir uns an jener Stelle, von der in der Einleitung gesprochen worden ist, dass nämlich gelegentlich einmal sogenannte Nebenwirkungen der Operation im Sinne von Wernicke und Goltz gerade zur Hauptwirkung werden können, ein Fall, dessen Wahrscheinlichkeit Goltz auch vorhergesehen hatte. Aus diesem Grunde habe ich oben die Bezeichnung „Nebenwirkung“ nicht annehmen können und dafür Reizungserscheinungen zu setzen vorgeschlagen.

3) Die Manège- und die Rollbewegung sind Ausfallserscheinungen, weil sie dauernd bestehen.

4) Die einseitige Zerstörung des Sehcentrums erzeugt keinerlei Zwangsbewegung, obgleich eine ganze Seite dieses Centrums mit einem Auge in Verbindung steht — die *Nn. optici* des Frosches sind total gekreuzt (Renzi, Blaschko).

5) Da die Frösche mit allen Formen der Zwangsbewegungen coordinirt zu schwimmen vermögen, wobei, soweit zu ersehen, sämmtliche Muskeln wie bei normaler Bewegung in Thätigkeit gerathen, so folgt daraus, dass nirgends eine periphere Lähmung oder tetanische Contraction vorhanden sein kann, sondern dass die Zwangsbewegungen, mögen sie als Reizungs- oder als Ausfallserscheinungen auftreten, durch centrale Störung der Innervation hervorgerufen sein müssen; ein Schluss von wesentlicher Bedeutung, der sich übrigens auch schon bei Schiff unter dem etwas misslichen Namen „centrale Lähmung“ vorfindet.

Diese Folgerung ist von Interesse, weil sie alle Erklärungsversuche der Zwangsbewegungen von der Hand weisen muss, die auf peripherer Lähmung oder auf einseitigen Convulsionen beruhen.

6) Die Zwangsbewegungen als Ausfallserscheinungen treten nur auf äussere Reize ein (ebenfalls schon von Schiff bemerkt). Daraus folgt, dass von einem inneren Triebe, einem inneren Zwange, wie Magendie sich vorgestellt hat, nicht die Rede sein könne, um daraus die anomale Bewegung abzuleiten. Es ist kein glücklicher Griff, wenn Vulpian diese Auffassung wiederholt, fast ein Menschenalter, nachdem schon Schiff deutlich genug die Unhaltbarkeit derselben nachgewiesen hatte. Daher ist eigentlich der Name Zwangsbewegung unrichtig, aber er hat sich so eingebürgert und Jedermann weiss so gut, was man darunter versteht, dass es besser ist, ihn beizubehalten; allerdings nur zu dem Zwecke, um damit den Complex eigenartiger Bewegungen zu bezeichnen unter Verzicht auf die Betonung ihres Entstehens.

§. 8.

Fortsetzung der Experimente.

Die Versuche über Zwangsbewegungen, die bisher mitgetheilt worden sind, habe ich viele Male, besser wohl sehr viele Male wiederholt; sie kehren stets mit demselben Resultat wieder, wenn die angegebenen Bedingungen genau eingehalten werden; Ausnahmen davon kommen, soweit solche nicht oben (S. 86) erwähnt worden sind, nicht vor. Unvereinbar damit sind andere Angaben von früheren Forschern, die sich namentlich auf die Richtung der Drehung, aber auch auf die Form der Zwangsbewegung, namentlich im Gebiete der Rollbewegungen beziehen. So z. B. hatte ich angegeben, die Uhrzeigerbewegung nach Abtragung des Sehhügels gehe nach der unverwundeten Seite; dagegen schreibt Flourens[1]): „J'ai retranché, sur une grenouille, la couche optique (Sehhügel) droite: la grenouille a tourné longtemps et irrésistiblement sur le côté droit." Also gerade das Gegentheil zu meiner Beobachtung. Ebenso Renzi[2]): „Una lesione profonda d'un talamo ottico induce nella rana un seguito di movimenti forzati in forma di circuiti. Il lato che guarda il centro dei circuiti è sempre il corrispondente alla lesione; dal qual lato anzi la rana sempre s'inclina." Also dieselbe Angabe wie bei Flourens und völlig im Widerspruch mit dem, was ich gesehen habe. Aber nicht genug dies; auch für die Basis der Zweihügel giebt Renzi an, dass nach einseitiger Verletzung derselben Manègebewegungen nach der verletzten Seite vorkommen, die im Wasser sogar in Rollbewegungen nach der verletzten Seite übergehen (l. c. 172). Endlich sah Baudelot nach einseitiger Verletzung des verlängerten Markes nicht allein Rollbewegungen, sondern auch Manègebewegungen nach der unverletzten Seite[3]).

Die Differenz gegen meine Angaben betreffen also nicht allein die Richtung der Zwangsbewegung, sondern auch deren Form, insofern als Zwangsbewegungen nach der verletzten Seite auf Verletzung der Seh- und Zweihügel vorkommen können, sowie Rollbewegungen nach Verletzung der Zweihügel und Manègebewegung nach Verletzung des Nackenmarkes; der Differenzen also genug. Wenn Autoren solche Angaben machen, so hat man kein Recht, daran zu zweifeln, dass sie derlei nicht sollten gesehen haben; wenn diese Autoren noch dazu Flourens und Renzi heissen, d. h. Autoren, welche auf diesem Gebiete zu den Berufensten gehören, so bleibt jeder Irrthum in im

[1]) L. cit. p. 51.
[2]) L. cit. p 164.
[3]) L. cit. p. 5.

Grunde genommen so einfachen Dingen ihrerseits völlig ausgeschlossen. Andererseits habe ich meine Versuche so häufig wiederholt und stets dasselbe Resultat gefunden, dass auch von meiner Seite ein Irrthum nicht begangen worden ist. Daraus folgt, dass zwischen den Versuchen jener Autoren und den meinigen ein Gebiet liegt, das bisher unbebaut geblieben ist und der Aufschliessung harrt; der Gewinn aus dieser Arbeit kann die Klärung aller differenten Angaben bringen.

Man bezeichnet im Allgemeinen das Froschhirn als so klein, dass man höchstens die innerhalb der anatomisch gegebenen Linien liegenden Hirntheile abzutragen wagt. Völlig ausgeschlossen erachtet man aber das methodische Eindringen in die einzelnen Hirnpartien, wobei naturgemäss von jenen Versuchen abzusehen ist, in denen ein Messer aufs Gerathewohl in einen Hirntheil eingestossen wird. Dass man indess durch methodische und genau controlirte Abtragungen von Hirnsubstanz auch innerhalb der einzelnen Hirntheile Erfolge erzielen kann, ist im ersten Capitel gezeigt worden. Ich hoffte deshalb hier ebenso durch einseitige Verletzungen innerhalb der Hirntheile selbst zu einem Resultate zu gelangen.

§. 9.

Einseitige Verletzungen verschiedener Hirntheile durch Schnitt.

Wenn irgendwo, so ist in dieser Reihe von Versuchen die allerschärfste Controle der gemachten Verletzung durch die folgende Autopsie (nach Erhärtung in Alkohol) nothwendig; es ist geradezu erstaunlich, welchen Irrthümern man ausgesetzt ist. So kann es vorkommen, dass man mit aller Sicherheit bis auf die Basis den Schnitt geführt zu haben überzeugt ist: die Autopsie lehrt gelegentlich, dass der Schnitt doch nicht alle Elemente bis zur Basis getrennt hat, wie auch schon oben erwähnt worden ist.

A. Schnitte im Bereiche der Sehhügel.

Führt man einen Schnitt (immer bis auf die Basis!) in der Trennungslinie zwischen Seh- und Zweihügel, entsprechend der Linie *a* in Fig. 19, so ist der Erfolg genau derselbe wie jener nach totaler Abtragung des Sehhügels, d. h. Uhrzeigerbewegung nach der unverletzten Seite. Legt man den Schnitt mitten durch den Sehhügel senkrecht zur Längenaxe, entsprechend der Linie *b* derselben Figur, so erfolgt die Uhrzeigerbewegung nach derselben Seite, d. h. nach der Seite der Verletzung.

Die weiteren Vorgänge sind dieselben wie oben schon angegeben.

B. Schnitte im Bereiche der Zweihügel.

Ich werde mich hier vor der Hand an die Linien halten, welche schon oben in Fig. 12 für diesen Hirntheil fixirt worden sind. Legt man einen einseitigen Schnitt in die Linie *a* (s. Fig. 20), so sind die Folgen im Allgemeinen ähnlich, wie wenn man den Schnitt in die Grenzlinie von Seh- und Zweihügel gelegt hätte. Legt man den Schnitt in die Linie *b*, so bekommt man Manègebewegung nach der unverletzten Seite, wie bei totaler Abtragung des Zweihügels. Dasselbe Resultat hat ein Schnitt in der Linie *c* resp. auf der Grenze vom Zweihügel und Nackenmark.

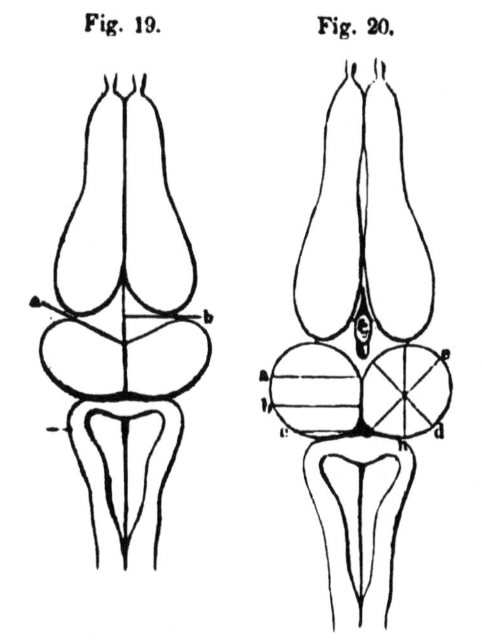

Fig. 19. Fig. 20.

Bis hierher haben wir keine weitere Aufklärung bekommen. Legt man einen Schnitt in die Diagonale, der Figur nach in die Linie *d*, so sieht man zunächst unmittelbar nach der Operation den Frosch sich abwechselnd nach der einen und nach der anderen Seite drehen. Der Kopf selbst ist in der Richtung nach der verwundeten Seite so verbogen, dass das Auge der lädirten Seite tiefer steht. Eine Gesetzmässigkeit in der Richtung der Bewegung ist vorläufig nicht vorhanden, d. h. wir haben es offenbar mit einer complicirten Reizwirkung zu thun. Wenn man den Frosch aber 24 Stunden sich selbst überlässt, so macht er nunmehr ausnahmslos auf Reiz Manègebewegungen nach der verletzten Seite, wobei häufig eine Tendenz zum Umschlagen auf den Rücken bemerkbar ist. Setzt man den Frosch ins Wasser, so schwimmt er zunächst Manège nach der verletzten Seite, geht aber nach kürzerer oder längerer Zeit in Rollbewegungen um die verletzte Seite über oder aber er macht diese Rollbewegungen von vornherein und geht später in Manège über, aber beide Bewegungen regelmässig in der Richtung nach der verletzten Seite.

Man kann die Möglichkeit, dass es sich bei dem Diagonalschnitt um Mitverletzung des benachbarten Nackenmarkes handelt, dessen Verwundung im Allgemeinen Rollbewegungen giebt, völlig ausschliessen, einmal dadurch, dass man die knöcherne Schädeldecke soweit stehen lässt, dass man mit dem Messer gar nicht an das Nackenmark kommen kann; viel beweisender ist aber weiter die Thatsache, dass Verletzung gerade der dem Zweihügel benachbarten Partie des Nackenmarkes niemals Rollbewegungen giebt, worüber später noch mehr.

Das ist nunmehr offenbar der Fall, den Renzi gesehen, aber nicht genügend präcisirt hat. Wir wissen nunmehr ganz genau, an welcher Stelle wir diesen Renzi'schen Versuch sowie jenen von Flourens zu suchen haben werden.

Dagegen habe ich mich vergeblich bemüht, diese Manègebewegung nach der verletzten Seite von der ihr folgenden Rollbewegung zu trennen. Es scheint daraus hervorzugehen, dass dieser Zusammenhang entweder in der hier vorhandenen Organisation gegeben ist oder aber, dass vielleicht Schnitte derselben Richtung bis in verschiedene Tiefen geführt zu dem angestrebten Resultate führen.

Die Autopsie hat für letztere Möglichkeit keine greifbaren Anhaltspunkte geboten, doch könnte es nützlich sein, die Untersuchung nach dieser Richtung später wieder einmal aufzunehmen.

Legt man einen Schnitt in die andere Diagonale, in die Linie *e*, so ist diese Verletzung wieder von Manège nach der gesunden Seite gefolgt.

Nunmehr bleibt nur noch eine Schnittrichtung möglich, nämlich parallel der Körperaxe, z. B. in der Linie *n*; das Resultat ist ebenso überraschend als bedeutungsvoll. Kurz nach der Operation macht der Frosch Manègebewegung nach der gesunden Seite hin in ziemlich grossem Kreise; nach 24 Stunden aber ist Alles verschwunden, die Bewegungen erscheinen völlig normal, wie wenn sie einem gesunden Frosche angehören würden. Beobachtet man nicht direct nach der Operation, sondern erst später, so kommt man leicht zu der Anschauung, dass dieser Schnitt gar keine Zwangsbewegung erzeugt. Man kann den Schnitt in beliebige Entfernung von der Mittellinie legen; ist nur dafür gesorgt, dass er parallel zur Axe bleibt, so ist die Wirkung dieselbe.

C. Schnitte im Bereiche des Nackenmarkes.

Ueber die Folgen einseitiger Verletzungen im Nackenmark herrscht unter den Autoren im Allgemeinen Uebereinstimmung: man erhält Rollbewegung nach der verletzten Seite, wie auch meinen obigen Versuchen entspricht. Nichtsdestoweniger kann man hier doch ganz reine Manègebewegung zu sehen bekommen, wenn man direct auf das Kleinhirn einschneidet. Diese Verwundung giebt dauernde Manège nach der unverletzten Seite, die wir dem Nackenmark zuschreiben müssen, da der Theil, welcher unter dem Kleinhirn liegt, nach der landläufigen Anatomie zweifellos dem Nackenmark angehört. Das ist der Punkt, auf den ich oben verwiesen hatte, dass gerade die dem Zweihügel benachbarte Partie des Rückenmarkes gar keine Rollbewegung giebt, und das ist wohl auch die Stelle, die Baudelot im Auge gehabt hatte, um so wahrscheinlicher, als man mit dem Schnitte bis dicht an den hinteren Rand des Kleinhirns rücken kann.

Damit wäre hier die Untersuchung beendet, wenn sich meine Aufmerksamkeit nicht schon seit längerer Zeit folgender Thatsache zugewendet hätte: Die Rollbewegungen, die man nach Verletzung des Nackenmarkes sieht, zeigen im Wasser zwei ganz verschiedene Typen; der eine Typus ist der, dass der Frosch, sobald er ins Wasser gesetzt wird, zunächst gewöhnlich in einem oder mehreren Stössen einen regelrechten Manègebogen nach der unverletzten Seite beschreibt, am Ende dieses Stosses schlägt er dann um und rollt einmal um die verwundete Seite, rafft sich danach auf, setzt seine Manègebewegung in der alten Richtung wieder fort, schlägt wieder einmal um u. s. f. Der

Frosch beschreibt also in der That einen regelmässigen Manègekreis, innerhalb dessen er wiederholt um die verwundete Seite rollt, so dass er thatsächlich zwei gesonderte Bewegungen ausführt, welche nach entgegengesetzter Richtung stattfinden. Der andere Typus ist der, dass der Frosch beim Eintritt ins Wasser sogleich die Rollbewegung beginnt und mit grosser Geschwindigkeit ohne Unterbrechung bis zu völliger Ermüdung fortsetzt; eine translatorische Bewegung findet hierbei zwar auch statt, aber man kann nicht mit Sicherheit angeben, ob der Weg irgend einer regelmässigen Curve entspricht. Wenn man von allen anderen Bewegungen absieht und wesentlich nur die Rollbewegung im Auge behält, so kann man die erste Form als periodische, die andere als continuirliche Rollbewegung bezeichnen.

Auf diesen Unterschied in der Rollbewegung ist meines Wissens bisher noch nicht aufmerksam gemacht worden. Nach meinen bisherigen Erfahrungen schien es mir wahrscheinlich, dass diese beiden Typen ihre Entstehung zwei ganz verschiedenen Verwundungen verdanken müssen. Auch anderweitige Ueberlegungen veranlassten mich, diese Verhältnisse näher zu studiren.

Die nächste Aufgabe war, die Schnitte, welche durch das halbe Nackenmark gehen, in verschiedener Höhe desselben anzulegen. Man operirt wieder bei völlig klarem Object und controlirt die Schnitte durch die Autopsie. Da hier keine anatomischen Linien vorhanden sind, so mussten wieder solche Linien fixirt werden. Es wurde eine Linie gezogen hinter dem Kleinhirn, eine zweite von da auf halbem Wege bis zur Spitze der Schreibfeder und eine dritte ein wenig oberhalb der letzteren Stelle. Um kurz zu sein, bemerke ich, dass diese Schnitte keine constanten Resultate geben, vor allen Dingen traf ich nirgends auf die continuirliche Rollbewegung, die ich eigentlich am meisten gesucht hatte. Die Erfolglosigkeit meiner Bemühungen schien durch die immerhin grosse Unsicherheit der fixirten Schnittlinien verschuldet zu sein. Aber ich hatte doch dabei beobachtet, dass öfters Exemplare, deren Auge vollkommen starr war, regelmässige Anomalien zeigten. Das war offenbar die Gegend, wo der *N. trigeminus* passirt, und diesen Punkt konnte man als festen Ausgangspunkt wählen. Bezeichnet man diesen Punkt als *Regio trigeminalis*, so heisst die darüber liegende Abtheilung *Regio supratrigeminalis* und die darunter gelegene *Regio subtrigeminalis*. In der Fig. 21 sind diese drei Stellen mit *a*, *b*, *c* bezeichnet. Der Schnitt in der *Regio supratrigeminalis*, der dicht hinter das Kleinhirn fällt, giebt bei mittelgrossen Fröschen immer nur Manègebewegung nach der unverletzten Seite. Der Schnitt in der *Regio trigeminalis* giebt neben Starre des Auges regelmässig periodische Rollbewegung in dem oben entwickelten Sinne. Die Breite dieser Region erstreckt sich etwas weiter nach unten, denn dieselbe Rollbewegung tritt noch auf, wenn die Störungen am Auge öfter nur geringe sind. In der *Regio subtrigeminalis* beobachtet man wieder eine Manègebewegung nach der verletzten Seite, aber der Frosch hat die Tendenz, fast auf der Kante der gesunden Seite zu schwimmen und hat eine grosse Toleranz gegen die Rückenlage (im Wasser).

Fig. 21.

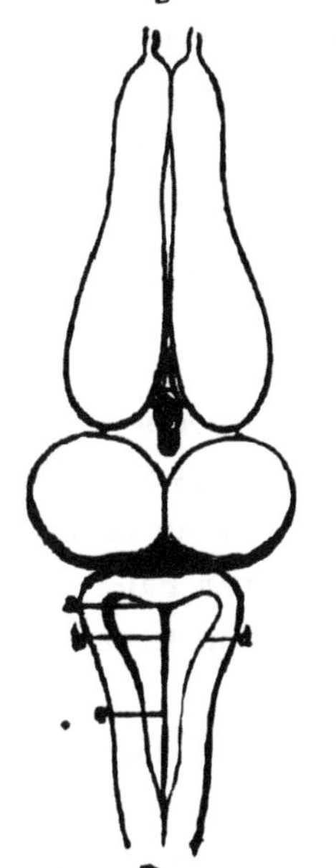

Damit haben wir endlich wenigstens den Punkt gefunden, von dem aus sicher und regelmässig die periodische Rollbewegung einzuleiten ist. Aber wo bleibt die andere Form der Rollbewegung? Bis hierher haben wir sie vergeblich gesucht.

Es wird offenbar nöthig sein, den Versuch zu wagen, sich auf noch kleinere Schnitte zu beschränken. Da fällt immer der starke Wall auf, welcher das Nackenmark des Frosches seiner ganzen Länge nach zu beiden Seiten begrenzt; jenen Wall, an dem ich, schon früher in seiner Nähe operirend, gelegentlich unliebsame Erfahrungen gemacht hatte. Ich setzte mir nun vor, ihn an denselben drei Stellen isolirt zu durchschneiden. Führt man den Schnitt in der *Regio supra-* oder *subtrigeminalis*, so sieht man danach keine Störung; legt man ihn aber in die *Regio trigeminalis* selbst (s. Fig. 21 *d*), so hat man endlich die lange gesuchte continuirliche Rollbewegung und zwar in der vollendetsten Form, die sich denken lässt: das Auge ist normal, die Störung ist wochenlang beobachtet worden. Der Versuch zählt jetzt für mich zu den leichtesten und sichersten des ganzen Gebietes.

§. 10.

Folgerungen aus den letzten Versuchen.

Die Folgerungen, zu denen wir auf Grund der letzten Versuchsreihe gelangen, sind folgende:

1. Wir haben es in der Hand, jede beliebige sogenannte Zwangsbewegung zu erzeugen, d. h. wir beherrschen alle Bedingungen, welche Zwangsbewegungen hervorrufen. Wir können also erzeugen:

a) Uhrzeigerbewegung nach der verletzten und unverletzten Seite; beide sind Reizungserscheinungen, also vergänglich und gehören ausschliesslich dem Gebiete der Sehhügel an, welche in verschiedener Weise verletzt werden müssen, um die eine oder die andere Richtung zu erzeugen [ähnliche Aufklärung hatte auch schon Schiff (l. c. S. 343) für die Säugethiere gebracht].

b) Manègebewegung nach der unverletzten und der verletzten Seite; beide sind Ausfallserscheinungen und gehören sowohl dem Gebiete der Zweihügel als dem Nackenmark an. Beide können sich mit Rollbewegungen verbinden. Wenn dies der Fall ist, so erfolgt die Rollbewegung in dem einen Falle nach derselben Seite wie die Manègebewegung, in dem anderen Falle erfolgt sie nach der entgegengesetzten Seite.

Der erste Fall scheint ausschliesslich dem Zweihügel, der andere dem Nackenmark anzugehören.

c) Rollbewegung nach der verletzten Seite; sie ist eine Ausfallserscheinung und gehört dem Nackenmark sowie dem Zweihügel an. Dagegen fehlt die Rollbewegung nach der unverletzten Seite. Wie es scheint, existirt diese Combination überhaupt nicht oder sie ist wenigstens für unsere bisherige Methode nicht erreichbar.

2. Während im Gebiete der Zweihügel sowohl die totale einseitige Abtragung, sowie sämmtliche Transversal- und Diagonalschnitte dauernde Zwangsbewegungen geben (welche Form ist gleichgültig), geben höchst auffallender Weise Parallelschnitte nur vorübergehende

Zwangsbewegungen. Wie lässt sich dieser auffallende Unterschied erklären?

Welche Erklärung man den Zwangsbewegungen auch geben mag, man wird immer darauf fussen müssen, dass das Hirncentrum als einziges Bewegungscentrum diese Bewegungen ausführen muss. Handelt es sich, wie in unserem Falle, um die Beurtheilung von Theilen, die oberhalb dieses Centrums liegen, so kann man jede Beschädigung seiner centrifugalen Bahnen als ausgeschlossen erachten. Auf der anderen Seite aber müssen dem Centrum genügend sensible Reize zugeleitet werden. Werden ihm diese Quellen vollständig abgeschnitten, so müsste das Centrum unthätig werden, oder werden sie ihm sämmtlich nur einseitig abgeschnitten, so würde das Centrum dauernd nach der einen Seite hin thätig sein. Werden ihm aber nur eine Anzahl dieser Quellen abgeschnitten, so kann das Centrum annähernd normal functioniren, und bei einseitiger partieller Eliminirung der Reize kann man sich vorstellen, dass sich in kürzerer oder längerer Zeit der alte Gleichgewichtszustand wieder herstellt, so dass die einseitige Störung nur vorübergehend ist. Wenn wir durch die Zweihügel Transversal- oder Diagonalschnitte legen, so werden offenbar immer sämmtliche Elemente des Zweihügels durchschnitten; legen wir aber Parallelschnitte an, so wird nur ein Theil der Fasern des Zweihügels zerstört, ein anderer Theil aber bleibt in Function, wodurch sich dieser auf den ersten Anblick so frappirende Unterschied zwischen den beiden Schnittgruppen einfach erklärt.

Dieses Verhältniss ist für uns aber von sehr grossem Interesse aus folgendem Grunde: Der Transversalschnitt durch den Zweihügel trifft dort nicht allein relativ sämmtliche dem Hirncentrum zufliessende sensible Fasern, sondern sogar absolut alle sensiblen Fasern (mit Ausnahme der nachweisbar sehr wenigen Fasern, die vom Kleinhirn zum Hirncentrum gelangen und ebenso der Fasern, welche den Kopfbewegungen vorstehen). Das ist aber genau derselbe Schluss, zu dem wir oben auf ganz anderem Wege gelangt sind, nämlich dass die Basis der Zweihügel den grössten Theil aller der dem Hirncentrum unterstehenden sensiblen Bahnen enthält, wodurch dieser Hirntheil so ausserordentliche Bedeutung erhält und worin er sich von dem Sehhügelsystem, das wir ebenfalls als sensibel bezeichnet hatten, wesentlich unterscheidet.

3. Die Manègebewegungen nach der unverletzten oder jene nach der verletzten Seite zeigen einen charakteristischen Unterschied, der darin besteht, dass der Manègekreis im zweiten Falle regelmässig viel kleiner ist, als in dem anderen Falle, vorausgesetzt, dass die Beobachtung an dem nicht ermüdeten Thiere geschieht. Der Kreis im zweiten Falle ist häufig sogar von solchen Dimensionen, dass man die ganze Bewegung als Uhrzeigerbewegung aufzufassen geneigt sein könnte, aber die dazwischen wieder auftretende translatorische Bewegung lässt eine solche Auffassung nicht zu, sondern lehrt, dass der Manègekreis in diesem Falle eben sehr klein ist. Ein zweiter Unterschied ist darin gegeben, dass die Manègebewegung nach der verwundeten Seite häufig in Rollbewegung nach derselben Seite übergeht. Daraus leitet sich endlich noch der Unterschied ab, dass die Rollbewegungen, welche vom Zweihügel oder vom Nackenmark ausgehen, obgleich sie nach derselben Richtung erfolgen, doch von einander zu unterscheiden sind dadurch, dass die erstere mit der Manègebewegung nach derselben Seite wechseln kann; die letztere, wenn sie periodisch ist, mit einer Manègebewegung nach der entgegengesetzten Seite, wenn sie continuirlich ist, ohne jede Manègebewegung verläuft.

4. Es fehlt trotz vollständiger einseitiger Transversalschnitte bis in die Gegend des Athmungscentrums hin dem Froschhirn jede Erscheinung, welche sich der Hemiplegie des Menschen an die Seite stellen liesse. Es wird deshalb wahrscheinlich, dass eine solche Störung unter den angeführten Bedingungen beim Frosch überhaupt nicht vorkommen kann, aus Gründen, die aus den theoretischen Erörterungen im ersten Capitel sich leicht ableiten lassen. In Uebereinstimmung hiermit bemerkt Cl. Bernard (t. I, p. 408): „Quant à l'hémiplégie invoquée, je ne l'ai jamais rencontrée chez les animaux et je ne sache pas que personne l'ait jamais vue. J'ai consulté à cet égard plusieurs vétérinaires éminents; tous avaient observé fréquemment des paraplégies chez les animaux mais jamais une hémiplégie réelle."

Indem ich die Versuchsreihe vorläufig hier schliesse, hoffe ich jene Zweifel beseitigt zu haben, welche bisher auf diesem Gebiete vorhanden waren, sowohl in Hinsicht des Hirnpunktes, der verletzt sein musste, um eine bestimmte Zwangsbewegung zu erzeugen, als auch über die Richtung, in welcher die anomale Bewegung erfolgt.

§. 11.

Man combinirt einen asymmetrischen Schnitt mit einer symmetrischen Abtragung von Theilen, welche vor jenem Schnitte liegen.

Es ist vielfach untersucht worden, wie tief ins Nackenmark man hinabsteigen muss, damit trotz asymmetrischer Verletzung die Zwangsbewegungen ausbleiben. Man kann aber auch die Frage zu beantworten versuchen, wie viel an Gehirnsubstanz muss man durch von vorn nach hinten fortschreitende symmetrische Abtragung zerstören, um trotz folgender asymmetrischer Verwundung die Zwangsbewegungen verschwinden zu sehen? Der Sinn dieser Frage ist der, dass offenbar die Zwangsbewegungen dann aufhören werden, wenn man mit den symmetrischen Abtragungen so weit fortgeschritten ist, dass man den centralen Herd, von dem sie ausgehen, zerstört hat; eine Angelegenheit, die für uns von grösster Bedeutung ist.

Diese Versuchsreihe wird am besten so angestellt, dass man irgend einen einseitigen Schnitt in das Mittelhirn macht, darauf die eingetretene Zwangsbewegung prüft, nun von vornher gewisse Hirntheile symmetrisch abträgt und darauf untersucht, was aus der Zwangsbewegung geworden ist. Ich werde daher von der asymmetrischen Verletzung als etwas Selbstverständlichem dabei gar nicht reden, sondern nur die symmetrische Hirnabtragung nennen.

Dass alle Formen von Zwangsbewegungen noch vorhanden sind, wenn man das Grosshirn beiderseits abgetragen hat, folgt schon aus den früheren Versuchen. Trägt man die Sehhügel ab, so kann man natürlich keine Uhrzeigerbewegung herstellen, weil dieselben, wie oben bemerkt, ausschliesslich durch einseitige Verletzung der Sehhügel selbst entstehen. Aber Manège- und Rollbewegungen treten bei den entsprechenden unilateralen Verletzungen in derselben Weise wie vorher auf.

Die nächsten Versuche haben mich viele Zeit aufgehalten und doch waren die Resultate höchst mangelhaft und unsicher, so lange ich nach der alten Methode arbeitete. Die Sache stand häufig so.

dass ich an der stricten Beantwortung der vorgelegten Frage vollkommen zweifelte. Seitdem ich mich aber der neuen Methode bediene, sind die Schwierigkeiten gehoben und das Resultat fällt so klar aus, wie bei den anderen Versuchen.

Wir haben hier die Frage zu beantworten, ob nach Abtragung der Zweihügelbasis durch unilaterale Verletzung des Nackenmarkes noch eine Zwangsbewegung entsteht oder nicht. Diese Frage ist eigentlich schon oben (S. 37) beantwortet worden, wo nämlich darüber geklagt worden ist, dass selbst nach anscheinend gut gelungener symmetrischer Abtragung der Zweihügel einzelne Frösche, wenn sie ins Wasser gesetzt worden sind, deutliche Manègebewegungen machen. Ich pflegte mir dabei vorzustellen, dass ein kleines Stückchen vom Zweihügel der einen Seite stehen geblieben sei, aber die Autopsie bot hierfür keinen Anhalt; es kann aber auch sein, dass vom Nackenmark auf der einen Seite etwas mehr abgetragen worden ist als auf der anderen Seite und das halte ich auch für die wahre Ursache dieser Zwangsbewegungen. Wenn das richtig ist, so folgt schon daraus, dass nach Abtragung der Zweihügel eine auch nur geringfügige einseitige Verletzung des Nackenmarkes noch Manègebewegung giebt. Aber überzeugend ist diese Beobachtung nicht. Man kann der ganzen Calamität einfach aus dem Wege gehen, wenn man die viel markirtere Rollbewegung zu produciren sucht, welche sehr leicht in der oben angegebenen Weise zu erhalten ist.

Zu dem Ende durchschneidet man auf der einen Seite den Wall der Rautengrube in der *Regio trigeminalis*, überzeugt sich von der Rollbewegung und trägt nunmehr beiderseits die Zweihügel ab. Jetzt sieht man häufig den Frosch gleich nach der Operation heftige Sprünge machen, wobei er leicht um die verwundete Seite auf den Rücken rollt. Untersucht man ihn nach 24 Stunden, indem man ihn gleich ins Wasser setzt, so überzeugt man sich, dass er jetzt ebenfalls noch Rollbewegungen macht, die sich von den früheren nur insoweit unterscheiden, was übrigens auch von den Manègebewegungen gilt, dass sie weniger mächtig sind, dass sie immer nur im Zustande ungenügender Coordination ausgeführt werden, wodurch aber für die oberflächliche Betrachtung dem Charakter dieser Bewegungen nichts genommen ist. Das ist aber Alles ohne Belang. Wird auch der vorderste Theil des Nackenmarkes abgetragen, so hören alle Zwangsbewegungen auf. Uebrigens berichtet auch Eckhard neuestens (seine Beiträge zur Anatomie und Physiologie, 1883, S. 124) von ähnlichen Erfolgen.

Die Antwort auf die obige Frage lautet demnach: So lange die vorderste Abtheilung des Nackenmarkes, die *Pars commissuralis*, erhalten ist, kann man durch passend im Nackenmark angebrachte einseitige Verletzungen Zwangsbewegungen erzeugen, die aber verschwinden, wenn auch jener Hirntheil abgetragen wird. Daraus folgt, dass in jenem Theile des Nackenmarkes ein allgemeines Bewegungscentrum liegen muss.

So einfach das Resultat dieser Versuchsreihe aussieht, so kann ich die Bemerkung nicht unterdrücken, dass es eine der schwersten Aufgaben des ganzen Gebietes war, hier wirklich überzeugende Resultate zu erhalten. Und um so schwieriger, als ich darauf ausgegangen war, einen Fund zu machen, der mich berechtigen sollte, in die Basis des Mittelhirns ein weiteres Bewegungscentrum verlegen zu dürfen, denn die Wichtigkeit dieses Hirntheiles für die Bewegung tritt dem Experimentator von allen Seiten entgegen. Der Leser wird verstehen, dass es unter diesen Voraussetzungen sehr präciser Versuche bedurfte, um mich von jener sehr lange festgehaltenen Ansicht zu bekehren. Mir erscheint diese Versuchsreihe entscheidend für die Auffassung, dass in der Mittelhirnbasis kein weiteres Bewegungscentrum liegen kann, sondern dass unser Hirncentrum im Nackenmark das einzige Bewegungscentrum des Gehirns ist (vergl. S. 51).

Zweiter Theil.

Theorie der Zwangsbewegungen.

Die Ueberlegung, dass die Bewegungen, welche von den lebenden Wesen erzeugt werden, in letzter Instanz denselben Gesetzen folgen müssen wie jene, welchen die leblosen Objecte unterliegen, führten dazu, die Zwangsbewegungen nach den dort üblichen Methoden zu analysiren. Das Resultat dieser Analyse bildet den Inhalt der folgenden Blätter.

§. 1.

Die Manègebewegung.

Es sei gegeben ein in der Ebene gelegener materieller Punkt A, dem durch irgend eine Kraft, z. B. eine Stosskraft, eine Geschwindigkeit ertheilt wurde, die ihrer Richtung und Grösse nach durch die Linie AD ausgedrückt sei (s. Fig. 22). Diese Bewegung lässt sich nach dem Parallelogramm der Kräfte in zwei Componenten zerlegen, von denen wir der Einfachheit halber festsetzen wollen, dass sie einander gleich sein mögen [1]); dann ist das entstehende Parallelogramm ein gleichseitiges. Im Uebrigen ist dasselbe aber völlig unbestimmt, so lange der

Fig. 22.

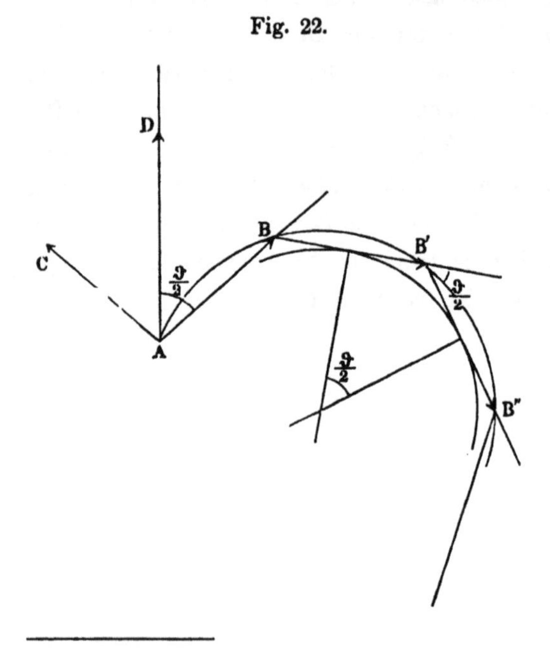

[1]) Es würden übrigens, wie wir an einer späteren Stelle zeigen werden, alle die folgenden Betrachtungen auch bei der Zerlegung in zwei **ungleiche** Componenten im **Wesentlichen** bestehen bleiben.

Winkel nicht bekannt ist, unter welchem die beiden Componenten gegen einander wirken. Aber soviel ist gewiss, dass die Resultante AD diesen Winkel, den wir ϑ nennen wollen, halbiren muss. Die Natur der hier zu lösenden Aufgabe gewährt uns den Vortheil, den Winkel vor der Hand noch unbestimmt lassen zu können, d. h. wir können jeden beliebigen Winkel wählen, der grösser als Null und kleiner als $2R$ ist. Nehmen wir ϑ gleich einem stumpfen Winkel, so ist das Parallelogramm ein Rhombus, dessen zwei gleiche vom Punkte A ausgehende Seiten AC und AB heissen mögen. Wenn wir jetzt eine dieser beiden Componenten; z. B. die Componente AC vernichten, so wird der Punkt A nunmehr statt in der Richtung AD in jener von AB sich bewegen und nach einer bestimmten Zeit 1 im Punkte B angekommen sein. Die Abweichung von seinem ursprünglichen Wege AD ist gemessen durch den Winkel $\frac{\vartheta}{2}$, welcher deshalb der Abweichungs- oder Deviationswinkel heissen möge. Wenn sich derselbe Vorgang wie eben in A in B wiederholt, so wird der bewegte Punkt von seiner geradlinigen Bewegung wieder um $\frac{\vartheta}{2}$ abgelenkt und wir finden ihn nach einer Zeit 2 im Punkte B' wieder. Wiederholt sich dieser Vorgang nochmals, so finden wir den Punkt nach einer Zeit 3 wieder um $\frac{\vartheta}{2}$ abgelenkt in B'' angekommen, der jedenfalls auf der Peripherie desjenigen Kreises sich befinden muss, den man durch die drei vorherigen Punkte A, B, B' legen kann. Wiederholt sich die Bewegung unter denselben Bedingungen, so wird der Punkt in gleichen Zeiträumen in ferneren Punkten B''', B^{IV} u. s. f. anlangen, die alle auf derselben Peripherie liegen müssen. Je zwei der Verbindungslinien AB, BB', $B'B''$ u. s. w. bilden immer denselben Winkel $\frac{\vartheta}{2}$ mit einander, welcher der Contingenzwinkel zweier aufeinander folgender Tangenten zu dem erwähnten Kreise ist.

Hierbei sind drei wesentlich verschiedene Fälle möglich; ist nämlich $\frac{\vartheta}{2}$ so beschaffen, dass

1) $\dfrac{2\pi}{\frac{\vartheta}{2}} = \dfrac{4\pi}{\vartheta} = \lambda$ eine ganze Zahl, etwa $= n$ ist, so wird

der Punkt A nach **einem** Umgange von n Stössen zu seinem Ausgangspunkte zurückkehren. Es wird nämlich ein regelmässiges n-Eck entstehen müssen, wobei jeder Aussenwinkel $\frac{\vartheta}{2}$ und ihre Summe $= 4R$ ist. Ist

2) $\frac{4\pi}{\vartheta} = \lambda = \frac{p}{q}$ gleich einem rationalen Bruche, so wird der Punkt A nach q Umläufen, also in pq Stössen zu seinem Ausgangspunkte zurückkehren. Ist

3) $\frac{4\pi}{\vartheta} = \lambda$ irrational, so wird der Punkt A erst nach unendlich vielen Umläufen zu seinem Ausgangspunkte zurückkehren.

Handelt es sich nun um den ersten Fall, so wird man stets bei gegebenem Winkel $\frac{\vartheta}{2}$ die Zahl n finden können, welche angiebt, wie oft der Bewegungsvorgang sich wiederholen muss, bis **ein** Umlauf vollendet ist, nämlich $n = \frac{2\pi}{\frac{\vartheta}{2}}$ und umgekehrt kann man immer den Winkel $\frac{\vartheta}{2}$ finden, wenn man n a priori kennt [1]).

Gehen wir mit diesen Vorkenntnissen zu den Bewegungen des Frosches über, so beobachtet man leicht, dass die Bahn, welche der springende Frosch beschreibt, etwa die in Fig. 23 ist: ab sei die Sprungweite, gemessen in der Horizontalen, acb die Sprungbahn mit ac als aufsteigendem und cb als absteigendem Theile. Man erkennt ohne Mühe, dass diese Bahn nahezu zusammenfällt mit der des schiefen Wurfes, d. h. also eine Parabel ist, deren Entstehung hier die gleiche ist wie dort; denn auch hier wirkt ausser der Schwerkraft nur noch die durch die Muskeln erzeugte Stosskraft, welche dem Frosche eine der Grösse und Richtung nach bestimmte Anfangsgeschwindigkeit ertheilt.

Fig. 23.

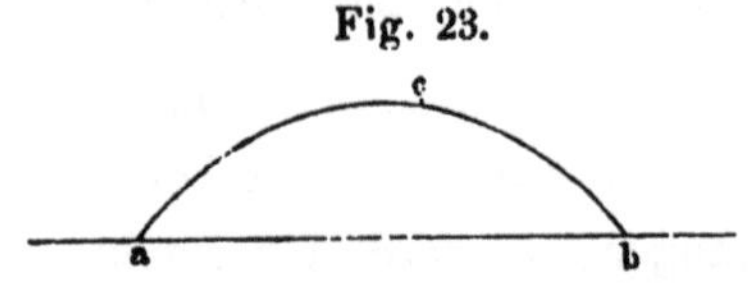

Legen wir durch die Richtung der Anfangsgeschwindigkeit (siehe Fig. 24) AD_1 eine Verticalebene AD_1D und eine zu derselben senk-

[1]) Es ist selbstverständlich, dass zu denselben Resultaten die Anschauung des in das Polygon eingeschriebenen Kreises führen muss, wobei ebenfalls die oben angeführten drei Fälle zu unterschieden sein werden. Vergl. Fig. 22.

recht stehende Ebene $C_1 A B_1$; zerlegen wir innerhalb der letzteren die Anfangsgeschwindigkeit in zwei Componenten AB_1 und AC_1, welche einander gleich sind und unter gleichem Winkel von der Resultante AD_1 abweichen; projiciren wir nun die Anfangsgeschwindigkeit mit ihren beiden Componenten auf die Horizontalebene, so werden die Projectionen AB und AC der Componenten AB_1 und AC_1 ihrerseits Componenten der Projection AD der Anfangsgeschwindigkeit sein, welche jedenfalls einander gleich sind und mit AD gleiche Winkel einschliessen. Vernichten wir eine der Componenten der Anfangsgeschwindigkeit, z. B. AC_1, so wird zu gleicher Zeit ihre Projection AC vernichtet und wir stehen dann vor demselben Problem, das wir oben schon gelöst haben. Wir erhalten nämlich eine neue, unter einem gewissen Winkel $\frac{\theta'}{2}$ gerichtete Anfangsgeschwindigkeit, deren Projection mit der Projection der Anfangsgeschwindigkeit einen Winkel $\frac{\theta}{2}$ bildet.

Fig. 24.

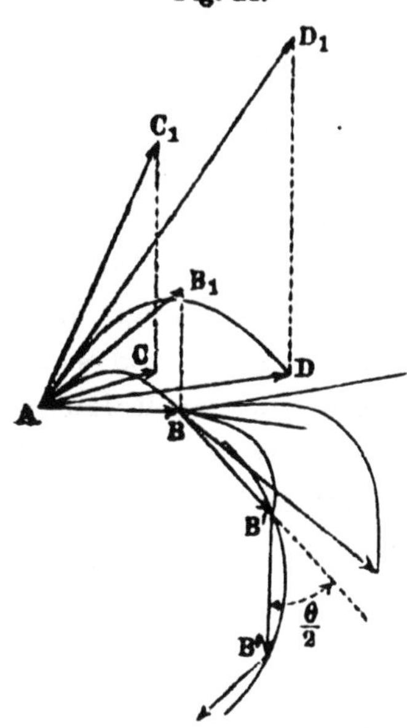

Lassen wir ausser der Anfangsgeschwindigkeit noch die Schwere wirken, so wird eine Parabel entstehen, deren Projection mit der Projection der Anfangsgeschwindigkeit zusammenfällt. Bezeichnen wir den Durchschnittspunkt der Parabel mit der Horizontalebene mit B. Wiederholt sich dieser Process von dem Punkte B aus unter denselben Bedingungen wie früher von A ausgehend, so wird die neu entstandene Parabel die Horizontalebene in B' treffen, so dass BB' wie AB denselben Winkel $\frac{\theta}{2}$ einschliesst.

Anstatt aber den Zusammenhang zwischen den auf einander folgenden Anfangsgeschwindigkeiten im Raume zu studiren, werden wir nunmehr bloss die Projectionen der entsprechenden Parabeln betrachten.

Stellen wir uns vor, dass bei den auf einander folgenden Sprüngen des Frosches jedesmal die eine Componente der Anfangsgeschwindigkeit vernichtet bleibt, so werden die Projectionen seiner Bahnen in der Horizontalebene genau denselben Bedingungen unterworfen sein, wie wir sie oben für den Punkt A entwickelt haben. Er wird nämlich jedenfalls immer in Punkten A, B, B', B'' u. s. w. der Peripherie eines und desselben Kreises auf die Horizontalebene anlangen, so oft sich die Sprünge auch wiederholen mögen, und es wären nur noch die obigen Fälle in Bezug auf $\frac{4\pi}{\theta} = \lambda$ zu unterscheiden.

Es kommt jetzt Alles darauf an, den Frosch unter diesen immer gleich bleibenden Bedingungen im Kreise herumspringen zu lassen und dabei zu beobachten, in wie weit er etwa einem jener drei Fälle genügt. Dies leistet der Frosch, wenn man ihn in der früher angegebenen Weise zu der sogenannten Manègebewegung zwingt. Hierzu führt man die entsprechende Operation am Gehirn aus und wartet mit dem eigentlichen Versuche so lange, bis alle Reizungserscheinungen abgelaufen sind, was regelmässig nach 24 bis 48 Stunden der Fall zu sein pflegt. Setzt man einen solchen Frosch nunmehr auf den Tisch, reizt den Frosch durch annähernd gleichen Druck des Fingers an derselben Hautstelle, so erfolgt auf jeden Reiz ein Sprung von etwa gleichen Dimensionen. Markirt man den Ausgangspunkt des Frosches, so findet man unter den operirten Fröschen regelmässig einige, welche zu jenem Punkte wieder zurückkehren und zwar nach sieben bis acht Sprüngen. Wir behandeln diese Reihe demnach conform dem ersten Falle, indem wir $n = 8$ annehmen und dadurch erhalten zur Bestimmung des Winkels θ:

$$\frac{4\pi}{\theta} = 8,$$

also:

$$\theta = 1R,$$

und

$$\frac{\theta}{2} = \frac{1}{2}R.$$

Also durchspringt der Frosch in der Manègebahn ein geschlossenes reguläres Polygon und weicht dabei jedesmal von der geraden Linie um den Deviationswinkel $\frac{\theta}{2} = \frac{1}{2}R$ ab.

(In Wirklichkeit kann also nach dem eben Auseinandergesetzten der Winkel θ von einem rechten höchstens um so wenig abweichen, als bei den Versuchen die oben angenommene Annäherung eine Ungenauigkeit einführen sollte.)

Wir haben nunmehr zu erläutern, welche physiologische Stellung wir dem obigen Schema geben werden, insbesondere wo wir im Frosche die beiden Componenten AB und AC, die von hier ab R und L heissen mögen, zu suchen haben, woraus sich alles Uebrige, namentlich die Stellung des Winkels θ, von selbst ableiten wird.

Fig. 25.

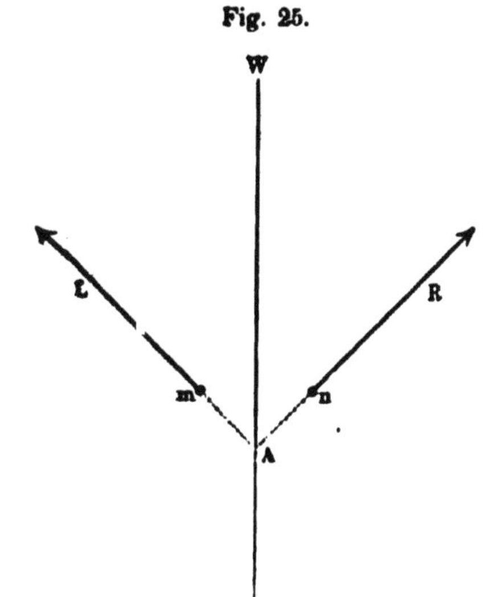

Da wir schon oben als Ursache der Stosskraft die in den Muskeln des Frosches entwickelte Muskelkraft angegeben haben, so müssen auch die den Componenten R und L entsprechenden Kräfte Muskelkräfte sein. Wie dieselben auch sonst beschaffen sein mögen, so steht doch fest, dass sie in Folge des bilateral symmetrischen Baues des Wirbelthierkörpers **gleich und symmetrisch zur Mittellinie des Körpers angeordnet sein müssen;** derselben Bedingung sind auch ihre Angriffspunkte unterworfen, die wir m und n nennen wollen [1]) (siehe Fig. 25). Die Richtung, welche R und L haben, ist bestimmt durch

[1]) Angenommen, wir hätten es mit einem Thiere zu thun, bei welchem die bilaterale Symmetrie nicht existire, sondern es wäre z. B. der rechte Hebel gegen die Mittellinie um einen Winkel geneigt, der etwa zweimal so gross wäre, als der Neigungswinkel des linken Hebels. Alsdann müsste jedenfalls der linke Hebel eine grössere Kraft auszuüben im Stande sein als der rechte, wenn das Thier die Eigenschaft besitzen soll, im normalen Zustande sich geradlinig zu bewegen. Setzen wir bei diesem Thiere als einzige Bedingung voraus, dass die beschriebene Anordnung beider Hebel während unserer Betrachtung constant dieselbe bleibt, so würden alle obigen Behauptungen von dem Frosche auch für dieses Thier Geltung haben müssen. Wir werden nur die resultirende Stosskraft in zwei ungleiche Componenten, nämlich in eine linke $\frac{r}{2}\sqrt{3}$ und in eine rechte $\frac{r}{2}$ zerlegt haben, wenn

den Winkel θ, welcher sofort zu Tage tritt, wenn man R und L über ihre Angriffspunkte hinaus verlängert, bis sie sich in einem Punkte der Mittellinie, welcher dem Punkte A unseres obigen Schemas entspricht, schneiden. Da diese Mittellinie mit der Wirbelsäule zusammenfällt, so ist sie mit W bezeichnet worden, so dass nunmehr ist WAR resp. $WAL = \frac{\theta}{2}$ und $RAL = \theta$. Aber es ist durchaus nicht bekannt, dass die Muskelkräfte des Frosches, welche der Locomotion dienen, so angeordnet sind, dass sie den Richtungen R und L entsprechen; keinesfalls sind auf jeder Seite der Wirbelsäule etwa zwei Muskeln vorhanden, welche in der geforderten Richtung thätig sind. Das ist aber auch gar nicht nöthig, denn betrachten wir unser Kräfteparallelogramm, so lassen sich die Componenten AB und AC paarweise in zwei Componenten beliebig oft weiter zerlegen, die, wenn sie paarweise wieder vereinigt werden, die ursprünglichen Componenten AB und AC resp. R und L zu Resultanten haben. Die Muskeln, welche zu beiden Seiten der Wirbelsäule liegen und jene, welche den Extremitäten angehören und der Locomotion dienen, haben eine äusserst complicirte Anordnung, deren der Locomotion dienende Wirkung sich im Detail gar nicht übersehen lässt, aber es steht nichts im Wege, dieser Wirkung die Richtung der Resultanten R und L zu geben; die Mechanik der Be-

---

die Neigungen gegen die Mittellinie sich verhalten wie 1 : 2. Würden wir auch in diesem Falle den Winkel, den beide Hebel mit einander bilden, mit θ bezeichnen, so würde der linke Hebel um $\frac{\theta}{3}$, der rechte um $\frac{2\theta}{3}$ gegen die Mittellinie geneigt sein. Bei der Zerstörung eines dieser Hebel würde auch dieses Thier bei fortgesetzten periodischen Bewegungen immer zu Punkten kommen, welche alle auf die Peripherie eines und desselben Kreises fallen, wobei man immer dieselben drei wesentlich von einander verschiedenen Fälle zu betrachten haben wird, wie oben bei der bilateral symmetrischen Anordnung, welche wir beim Frosche vorausgesetzt haben. In den ersten zwei der genannten Fälle, wo nach einer endlichen Anzahl von Sprüngen genau der Ausgangspunkt wieder erreicht wird, wird diese Anzahl allerdings verschieden sein, je nachdem wir den linken oder den rechten Hebel vernichten. Diese Betrachtung hat für uns unter Anderem noch ein grosses Interesse dadurch, dass sie uns unmittelbar auf eine Methode führt, die bilaterale Symmetrie bei unserem Frosche durch die gleichbleibende Anzahl von Sprüngen zu controliren, je nachdem man die linke oder rechte Seite eliminirt; eine höchst interessante Methode, die sich unter Umständen auch auf andere Thiere ausdehnen lässt *).

*) Bei diesen Explicationen hatte ich mich der Unterstützung meines verehrten Collegen Dr. Schapira zu erfreuen, dem ich hier besten Dank sage.

wegung zwingt uns sogar diese Combination auf, da auf diese Weise am einfachsten die Entstehung der geradlinigen Bewegung des Frosches zu denken ist. Und θ ist der Winkel, den die beiden Resultanten sämmtlicher Muskelkräfte der beiden symmetrischen Körperhälften mit einander bilden, dessen Kenntniss allein die auf diese Untersuchung aufgewandte Mühe lohnt. An anderer Stelle gesucht, würde seine Auffindung wohl den grössten Schwierigkeiten begegnet sein, während wir ihn hier relativ leicht haben bestimmen können. Endlich ist $\frac{\theta}{2}$ der Winkel, den die Axe der Wirbelsäule mit einer der beiden Resultanten R oder L bildet; er ist constant bei allen Thieren derselben Gattung in Folge der gleichen anatomischen Anordnung der Muskeln, so dass die hier entwickelte Theorie für sämmtliche Individuen derselben Gattung, also z. B. Frösche und wohl auch Kröten, Geltung haben muss.

Wir wissen, dass der Frosch, welcher in Manège läuft, dabei constant um $\frac{\theta}{2}$ von der geradlinigen Bahn abweicht; deshalb ist die Grösse des Polygons, das er durchläuft, in letzter Instanz nur abhängig von der Grösse der Stosskraft, welche jeden beliebigen Werth haben kann, nur muss sie innerhalb eines Umlaufes constant bleiben, was in der That so lange der Fall ist, bis die Muskeln in Folge der constanten Inanspruchnahme ermüden. Dann aber können wir den Versuch auch abbrechen. Auf diese Weise haben wir eine sehr einfache Erklärung für die Thatsache, dass die Manègebahn nicht allein bei den verschiedenen Individuen, sondern bei ein und demselben Individuum zu verschiedener Zeit verschieden gross sein kann — eben proportional der jeweils entwickelten Muskelkraft, welche aus verschiedenen Ursachen variiren kann.

Wir kommen jetzt zur Untersuchung der Frage, auf welche Weise wir die eine der beiden Componenten R oder L vernichtet haben, als dem absoluten Erforderniss, um den Frosch aus seiner geradlinigen in die krummlinige Bahn des Polygons zu zwingen, d. h. wir hätten anzugeben, wie die Muskeln der einen Seite hier ausser Function gesetzt worden sind.

Wir hatten zu dem Zwecke, wie oben angegeben, die Zweihügelbasis zerstört. Da die Bewegungen wesentlich auf Reiz eintreten, so handelt es sich zweifellos um solche Bewegungen, deren Entstehung, was ihre Innervation anbetrifft, den Reflexbewegungen am nächsten kommt. Eine Reflexbewegung erfordert eine Reflexbahn, von der wir sogleich die peripherischen Antheile der centripetalen und centrifugalen Nerven ausschliessen können, auf Grund der schon früher (S. 90) gezogenen Folgerungen. Es bleibt also nur übrig, die Zerstörung innerhalb der centralen Station, wo wir zwei Glieder unterscheiden können, nämlich die sensiblen und die motorischen Ganglien, welche local getrennt gedacht werden können. Der Effect der Zerstörung eines der beiden Glieder wird aber nach unseren Vorstellungen hier der nämliche sein und die Manègebewegung als solche giebt uns kein Mittel an die Hand, um nach einer Seite zu entscheiden. Aber wir hatten schon früher bewiesen, dass in die Zweihügelbasis fast sämmtliche sensible Erregungen eintreten, welche zu dem weiter rückwärts gelegenen Hirncentrum gelangen sollen; daher schliessen wir, dass die Vernichtung der Componente dadurch herbeigeführt ist, dass man der Reflexbahn der einen Seite und mittelbar den Muskeln der gegenüberliegenden Seite jeden Zufluss an sensibler Erregung abgeschnitten hat.

Wir haben endlich zu untersuchen, welches die relative Lage des zerstörten centralen Herdes gegen die eine der beiden Kraftcomponenten sein muss, um diejenige Manègebewegung zu erzeugen, welche nach der unverwundeten Seite hin gerichtet ist.

Um die Vorstellung zu vereinfachen, setzen wir an Stelle der Componenten R und L zwei Muskeln, deren Richtung der Richtung der Componenten parallel läuft und zu denen aus der Zweihügelbasis, welche wir aus denselben Gründen jetzt als den Gesammtherd der centralen Thätigkeit behandeln wollen, zwei Nervenfasern treten. Hierbei sind zwei Fälle möglich: die Nervenfasern laufen nämlich zu den Muskeln derselben Seite oder sie überschreiten die Mittellinie und verlaufen zu den Muskeln der anderen Seite; in letzterem Falle müsste also eine Kreuzung der Bahnen der beiden Seiten an irgend einem Punkte ihres Verlaufes stattfinden. Die Figur 26, welche ohne weitere Erklärung verständlich ist, reproducirt das Schema dieses Verlaufes. Wenn man für den Fall der Kreuzung, also der gestrichelten Linien, den Zweihügel der rechten Seite zerstört, so wird dadurch die Componente der anderen Seite L vernichtet, weil ihrem Muskel die Innervation fehlt; der Frosch wird sich also in der Richtung der anderen Componente *R* bewegen, d. h. er wird in Manège nach der verletzten Seite gehen. Da diese Ableitung aber unserem Versuche widerspricht, so kann eine solche Kreuzung der Fasern nicht stattfinden, sondern die Fasern werden, entsprechend den ausgezogenen Linien, von dem Zweihügel zu dem Muskel derselben Seite verlaufen, so dass z. B. die Zerstörung des rechten Zweihügels die Componente derselben Seite *R* ausser Function setzt und die Bewegung des Frosches in der Richtung der Componente *L* hin erfolgt, d. h. nach der der Verwundung entgegengesetzten Seite — in voller Uebereinstimmung mit der Erfahrung. Daraus folgt, dass Verwundung und ausser Function gesetzte Muskelgruppe auf derselben Seite der Wirbelsäule liegen, d. h. wir können nach unserem Versuchsmaterial nur die beiden Enden dieser Bahn bestimmen.

Es bleibt nicht allein nicht ausgeschlossen, erscheint im Gegentheil höchst wahrscheinlich, dass die Bahn innerhalb dieses Weges eine oder mehrere Kreuzungen besitzt. Zunächst muss eine Verbindung vom Zweihügel zum Hirncentrum vorhanden sein, welche die Mittellinie überschreiten kann; ist das aber einmal geschehen, so muss eine nochmalige Ueberschreitung der Mittellinie eintreten, weil die austretende Faser auf derselben Seite liegen muss, wo auch die Hirnwunde liegt.

Wenn wir demnach in Zukunft festzuhalten haben werden, dass Hirnwunde und austretende motorische Faser auf derselben Seite des Körpers liegen müssen, so erscheint es doch auf der anderen Seite wieder sehr wahrscheinlich, dass eine kleinere Anzahl von Fasern definitiv die Mittellinie überschreitet und auf der der Hirnwunde gegenüberliegenden Seite austritt. Am eindringlichsten spricht dafür die Beobachtung der Schwimmbewegung im Wasser; wenigstens kann ich nur auf diese Weise verstehen, dass nach einseitiger Abtragung des Zweihügels die Schwimmbewegungen keine Coordinationsstörungen zeigen, welche nach beiderseitiger Abtragung der Zweihügel niemals fehlen (derselbe Schluss trifft auch die Innervation des Stimmorgans, denn der Quackversuch persistirt in wenigstens äusserlich normaler Weise auch nach totaler Abtragung des einen Zweihügels).

Einer besonderen Erwähnung bedürfen noch die Wege der centripetalen Nerven, welche dem Gehirn die peripheren Impulse vermitteln; sie sind bisher von der Betrachtung völlig ausgeschlossen gewesen.

Die Thatsache, dass die Erregbarkeit der unverletzten Seite herabgesetzt ist, führt zu der Vorstellung, dass die sensiblen Fasern, bevor sie ins Gehirn eintreten, sich kreuzen. Wo diese Kreuzung aber stattfindet, ob kurz vor dem Eintritt in das Mittelhirn oder tiefer unten, das wissen wir nicht. In dem Schema der Fig. 26 sind die sensiblen Bahnen durch die punktirten Linien dargestellt mit der Kreuzung am unteren Ende des Nackenmarkes aus Gründen, die später klar sein werden. Es steht dieser Folgerung von anderer Seite vorläufig kein Hinderniss im Wege, im Gegentheil, wir werden diese Combination später sehr brauchbar finden.

Fig. 26.

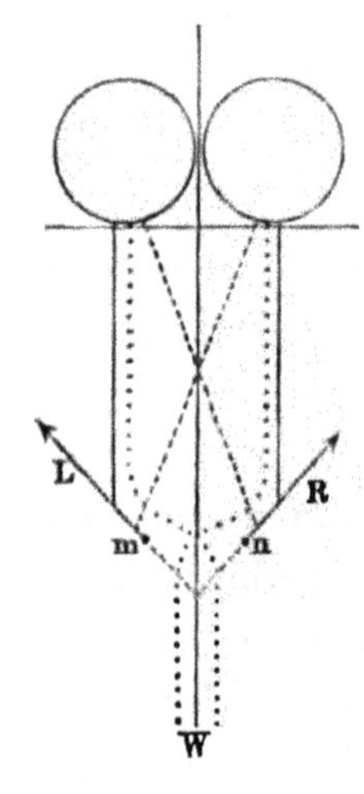

Wenn wir zu der polygonalen Bahn des Frosches wieder zurückkehren und uns die Thatsache ins Gedächtniss zurückrufen, dass das Polygon ein gleichseitiges ist, dessen Eckpunkte die Wendepunkte der Bahn bezeichnen, so stellt sich die Manègebewegung in Wirklichkeit als eine Bewegung dar, welche in circa 8 congruenten Parabeln stattfindet, die senkrecht auf den gleichen Sehnen eines durch die Ecken des Polygons gelegten Kreises stehen. Die Fig. 27 giebt ein Bild

Fig. 27.

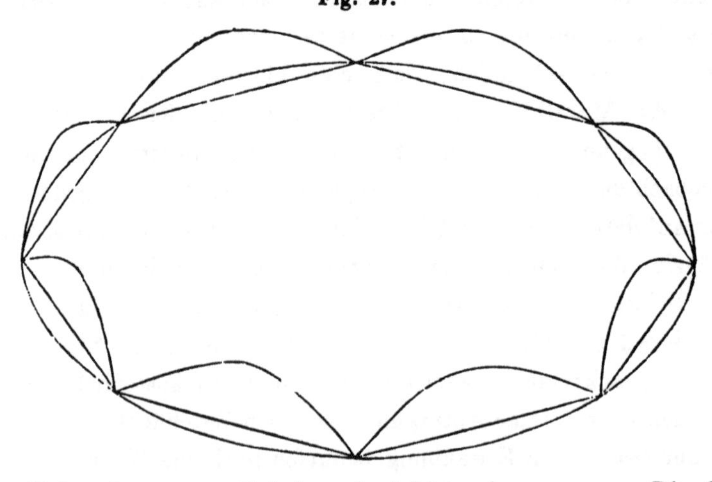

dieser Bahn in perspectivischer Ansicht aufgenommen. Die Curve, welche diese Bewegung darstellt, ist keine einheitliche, sondern eine zusammengesetzte krumme Linie, in der wir gesondert den basalen Kreis und die auf dessen Sehnen senkrecht stehenden Parabeln unterscheiden können. Da diese Parabeln, wie oben gezeigt worden ist, genau die gleichen sind, welche der Frosch auch bei geradliniger Bewegung beschreibt, so können sie für die krummlinige Bewegung nicht charakteristisch sein. Daher bleibt als charakteristisch nur der basale Kreis, auf dessen Peripherie die Wendepunkte der Bahn liegen. Ich würde deshalb vorschlagen, diese Bewegungsform fortan als „Kreisbewegung“ zu bezeichnen, womit im Grunde genommen nichts Neues verlangt wird, da die französischen Autoren schon lange statt „mouvement de manège“, öfter auch „mouvement circulaire“ gesetzt haben. Endlich aber ist erwiesen, dass die Bewegung nicht allein eine Kreisbewegung ist, sondern dass es keine andere Bewegung sein kann, so lange die angegebenen Bedingungen erfüllt werden.

§. 2.

Die Rollbewegung.

Wenn man die sogenannte Rollbewegung etwas genauer betrachtet, namentlich im Wasser, so findet man leicht, dass sie keine einfache Rollbewegung, vielmehr eine Schraubenbewegung ist.

Ganz allgemein setzt sich jede Schraubenbewegung aus zwei Bewegungen zusammen, 1) einer translatorischen, welche den Körper parallel seiner eigenen Axe verschiebt, und 2) einer Rotation, bei welcher die Bewegung um die Axe, die Rotationsaxe, so erfolgt, dass alle nicht in der Axe gelegenen Punkte Kreisbögen beschreiben, deren Radius gleich ihrer senkrechten Entfernung von der Axe ist. Wenn die Axe der Translation und jene der Rotation identisch sind und wenn die Grösse der Translation stets parallel ist der Rotationsamplitude, so ist die Schraubenlinie die gemeine Cylinderschraube, eine Form der Bewegung, die wir vorläufig für unseren Frosch voraussetzen wollen. Da wir die Mechanik der translatorischen Bewegung schon kennen, so haben wir ausschliesslich den Mechanismus der Rotationsbewegung zu behandeln.

Nehmen wir als Rotationskörper einen beliebigen Cylinder an, so lassen sich sehr verschiedene Anordnungen aussinnen, um den Cylinder um seine Axe rotiren zu machen, z. B. durch Ansetzung einer Kurbel an die Axe und entsprechende Bewegung derselben. Aber es kann nicht unsere Aufgabe sein, alle möglichen Combinationen durchzugehen, sondern es kommt hier darauf an, die Combination ausfindig zu machen, welche sich mit dem meisten Vortheil auf unser physiologisches Problem übertragen lässt, selbst wenn sie vom rein mechanischen Standpunkte aus nicht gerade die einfachste sein sollte. Setzen wir unserem Cylinder vier auf einander senkrechte Flügel (*a*, *b*, *c*, *d*) auf, wie die der Windmühlen, und belasten den einen horizontalen Flügel *a* mit einem Gewichte, so erfolgt eine Rotation um 90°, der Flügel *a* steht senkrecht und an seine Stelle tritt der Flügel *b*; entfernt man das Gewicht bei *a* und hängt es an *b*, so entsteht wieder eine Bewegung von 90° u. s. w., bis *a* den Weg um 360° zurückgelegt hat und sich wieder an seiner Ausgangsstelle befindet. Man kann sich aber auch eine Combination vorstellen, welche mechanisch viel unpraktischer erscheint, uns aber unserem Problem viel näher führt. Es können nämlich zwei von einander völlig unabhängige und verschiedene Kräfte so vertheilt sein, dass die eine den Cylinder um 180° und die andere sich direct anschliessend ihn von da bis 360° bewegt. Wenn die zweite Kraft, welche das System von 180 bis 360° führt, gegeben, resp. von andersher bekannt ist, so haben wir nur noch die erste Kraft zu finden, welche das System von 0 bis 180° dreht. Wir wollen für unser System hier vorläufig als bewegende Kraft, wie oben, irgend ein Gewicht annehmen, welches als Uebergewicht angebracht, das System von 0 bis 180° bewegt, wo die zweite, gut bekannte Kraft die Bewegung im angefangenen Kreise fort und zu ihrem Ausgangspunkte zurückführt.

Nach diesen Vorbemerkungen kehren wir wieder zu der Rotationsbewegung des Frosches zurück, die nach der Definition so beschaffen ist, dass irgend ein Punkt der Körperoberfläche einen Kreis beschreibt, dessen Radius gleich der Entfernung derselben von der Körperaxe ist, wobei der Frosch sich also um 360° bewegt. Diese Bewegung können wir wie oben betrachten von 0 bis 180° und von 180 bis 360°. Der zweite Theil der Bewegung geschieht durch eine uns gut bekannte Kraft, die gleich näher betrachtet werden soll.

Im ersten Capitel dieser ganzen Untersuchung haben wir nämlich gesehen, dass ein Frosch, den man auf den Rücken legt, sich immer wieder auf den Bauch umdreht. Das ist aber genau dasselbe, was bei der Rollbewegung des Frosches zunächst auf dem Lande, aber auch im Wasser, in derselben Weise geschieht, d. h. also wenn der Frosch von 180 bis 360° rotirt, so geschieht das durch dieselbe Kraft, welche ihn aus der Rückenlage immer wieder in die Bauchlage zurückführt. Da wir diese Kraft kennen, so ist die Entstehung der Bewegung von 180 bis 360° gegeben und bedarf keiner weiteren Untersuchung. Hinzuzufügen wäre nur noch, dass bei der Rollbewegung immer das Umdrehen nach der entsprechenden Seite bevorzugt werden muss. Bei normalen Fröschen, welche auf ein Bevorzugen einer Seite beim Umdrehen untersucht worden sind, stellte sich heraus, dass für das Umdrehen keine Richtung ausgeschlossen ist, d. h. dass sie nach jeder Richtung erfolgen kann und diejenige vorziehen wird, welche ihr aus anderen Gründen das Umdrehen erleichtert. Ein solcher Grund aber ist vorhanden in dem Schwunge, mit welchem die von 0 bis 180° erfolgende Bewegung dort ankommt. Dieses Moment wird darüber entscheiden, ob der Frosch die Umdrehung in der Richtung zurück von 180 nach 0° oder die vorwärts von 180 nach 360° vorzieht. Man kann gar nicht daran zweifeln, dass er bei freier Wahl, die wir auf Grund unserer Beobachtungen haben voraussetzen können, in der Richtung von 180 nach 360° sich umdrehen wird, weil in dieser Richtung nicht allein kein Widerstand zu überwinden ist, sondern im Gegentheil sogar eine noch im Gange befindliche Bewegung benutzt werden kann. Für die Mitbenutzung dieser Kraft spricht endlich auch die Thatsache, dass die Rollbewegung so lange vorhanden ist, als die Fähigkeit zum Umdrehen erhalten bleibt; das war nach den früheren Mittheilungen so lange, als das Hirncentrum noch erhalten war. Mit dessen Zerstörung verschwindet die Rollbewegung und die Möglichkeit des Umdrehens vom Rücken zurück in die Bauchlage.

Wenn somit die Kraft, welche die Rotation um 180 bis 360° bewirkt, gegeben ist, so bleibt uns nur noch die Aufgabe, jene Kraft zu construiren, welche die Rotation von 0 bis 180° besorgt.

Betrachten wir unsere Fig. 24, deren Bedeutung uns von oben her bekannt ist, so können wir die Resultanten L und R in neue Componenten zerlegen. Während wir uns dort aber mit in der Horizontalebene liegenden Componenten begnügen konnten und es der Einfachheit wegen auch thaten, müssen wir durchaus hier die Zerlegung im Raume vornehmen, also auch die Raumcomponente construiren. Es mögen L und R als Componenten in der Ebene L' und L'', sowie R' und R'' geben, die uns nicht weiter interessiren. Die Raumcomponenten heissen P_l und P_r; sie stehen aufrecht in den Angriffspunkten m und n unter einem Winkel gegen die Horizontalebene geneigt, den wir nicht kennen, der aber jedenfalls grösser als 45° sein wird. Die Kenntniss dieses Winkels interessirt uns vorläufig auch so wenig, dass wir P_l und P_r sogar senkrecht in m und n uns vorstellen wollen; aber die eine Bedingung ist in Folge der bilateralen Symmetrie des Körpers zu erfüllen, dass sie gleich und symmetrisch zur Mittellinie stehen müssen (s. Fig. 28). Es stehen also in der angegebenen Weise angeordnet P_l und P_r in m und n senkrecht zur Fläche des Papiers und üben beiderseits einen gleichen Zug nach oben aus. (Die Zerlegung von L und R ist unterlassen worden, um die Uebersichtlichkeit der Figur nicht zu beeinträchtigen.)

Fig. 28.

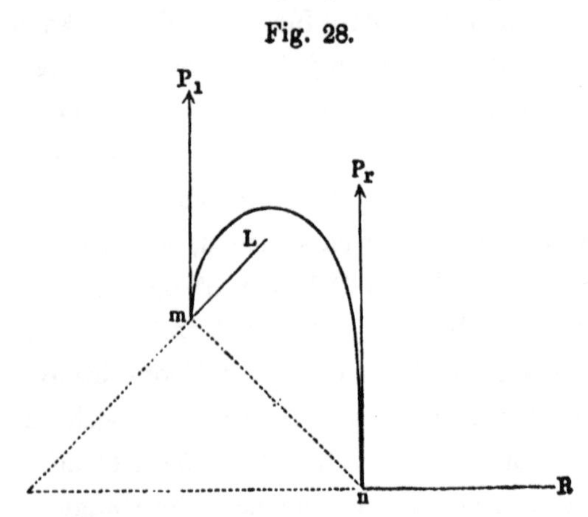

Legen wir nun durch P_l und P_r einen Normalschnitt zur Mittellinie des Körpers (der also ebenfalls senkrecht zur Papierfläche steht), dem wir, ausschliesslich aus Gründen grösserer Anschaulichkeit, die Form eines Halbkreises so geben wollen, dass derselbe auf der Verbindungslinie mn steht und von P_l wie von P_r in diesen Punkten tangirt wird, so bekommt das System, wenn man z. B. P_r zum Theil oder völlig zerstört, ein Drehungsmoment mit der Tendenz nach der Seite um P_r, also im Sinne des Uhrzeigers zu rotiren. So lange der Frosch aber auf der festen Unterlage der Tischplatte ruht, kann es zu einer Rotation nicht kommen, weil der Druck, den die rechte Seite in der Richtung der tendirten Rotation ausübt, durch den Gegendruck der festen Unterlage aufgehoben wird; es wird in diesem Falle keine Rotation, sondern nur eine Senkung der verwundeten Seite zu Stande kommen, während die gegenüberliegende, die unverwundete Seite, erhoben wird. Diese Ableitung enspricht der Beobachtung aufs Genaueste, denn so lange der Frosch auf den angewendeten Reiz keine Locomotion macht, erfolgt nur die Senkung der verwundeten Seite; dasselbe beobachtet man als Nachwirkung einer vorausgegangenen Bewegung. Wenn aber unser Frosch einen Sprung macht, so ist der Gegendruck der Unterlage nicht mehr vorhanden, der Halbkreis resp. Frosch rollt nach der Seite der vernichteten Componente, nach der Seite der Verwundung. In der That sieht man die Rollbewegung des Frosches auf dem Lande nur dann, wenn er sich im Sprunge vom Boden erhebt. Scheinbar anders verhält sich die Erscheinung im Wasser, insofern als die Rollbewegung dort sogleich beginnt. Das ist aber leicht verständlich, da das Wasser der Bewegung keinen Widerstand, wie die Tischplatte, entgegensetzt. Ist der Frosch durch diese Rollbewegung auf den Rücken gekommen, so tritt in diesem Momente die andere Kraft auf, welche ihn wieder aus der Rücken- in die Bauchlage zurückführt, wo der Vorgang sich wiederholt, wenn von Neuem ein Reiz auf den Frosch einwirkt.

Dies Alles ist am deutlichsten auf dem Lande, nicht im Wasser zu beobachten; man sieht hier sogar nicht selten eine kleine Pause in der Bewegung eintreten, wenn die beiden Kräfte wechseln, eine Beobachtung, die wir ihrerseits für die Theilnahme zweier Kräfte sprechen lassen können.

Nachdem der mechanische Theil des vorgelegten Problems gelöst ist, müssen wir an den physiologischen Theil der Aufgabe herantreten, welche allein darin besteht, den Weg anzugeben, auf welchem es möglich ist, die Raumcomponenten P durch die angeführte Operation zu eliminiren unter Beachtung des Umstandes, dass die Rollbewegung nach der verletzten Seite hin geschieht. Wir betrachten den allgemeinsten Fall, dass die Rollbewegung erzeugt worden ist durch Verletzung innerhalb des Nackenmarkes (s. S. 87). Wir befinden uns nachweisbar mit dieser Verletzung in einer Gegend, wo kein centraler Innervationsherd mehr in Betracht kommen kann, sondern wo es sich ausschliesslich um Verletzung von Leitungsbahnen handeln muss und zwar von sensiblen oder motorischen oder von beiden zugleich. Betrachten wir die Fig. 26 und berücksichtigen wir, dass die zu eliminirende

Componente, wenn es zur Rollbewegung kommen soll, auf der der Verwundung gleichen Seite liegen muss, so ist klar, dass der gesuchte Zweck erreicht ist, wenn in der motorischen Bahn eine Eliminirung der Fasern für die *P*-Componente durch die Verwundung ausgeführt wird. Aber ein Gleiches erreichen wir auch durch Trennung der sensiblen Bahn, wenn wir annehmen könnten, dass die gefundene Kreuzung dieser Fasern tief unten, wie es hier gezeichnet, nicht aber hoch oben im Nackenmark stattfindet.

Da die Untersuchung der Hautempfindungen vor der Hand resultatlos geblieben ist, so kann zwischen diesen zwei Möglichkeiten bis auf Weiteres nicht entschieden werden.

Es wurde oben angenommen, dass die von dem Frosche beschriebene Schraube die gemeine Cylinderschraube ist. Diese Annahme entspricht aber insofern nicht ganz den Thatsachen, als die translatorische Bewegung nicht immer geradlinig ist, sondern häufig selbst wieder im Kreise herumgeht. Vollkommen deutlich tritt die gleichzeitige Kreisbewegung bei der periodischen Rollbewegung auf, so dass diese letztere in der That eine in sich zurücklaufende Schraubenbewegung darstellt. Bei der continuirlichen Rollbewegung beschreibt die translatorische Bewegung ebenfalls eine krumme Bahn, aber die Natur dieser krummen Linie ist mit Sicherheit bisher noch nicht anzugeben.

Es wäre daher richtiger, die bisher als Rollbewegung bezeichnete Zwangsbewegung in Zukunft Schraubenbewegung zu nennen.

§. 3.

Die Uhrzeigerbewegung.

Mechanisch ist die Bewegung in dieser Auffassung wenig angreifbar; sie wird aber sogleich gefügiger, wenn wir sie betrachten als eine Rotationsbewegung, welche um eine verticale Axe ausgeführt wird. Betrachten wir in Fig. 22 die Horizontalcomponenten *AB* und *AC*, so haben wir dort die Kreisbewegung hervorgehen lassen aus der Vernichtung der einen der beiden Componenten. Es liegt aber ohne Weiteres auf der Hand, dass eine solche Kreisbewegung auch dann entstehen muss, wenn man die eine der beiden Componenten verstärkt und zwar wird die resultirende Bewegung der Richtung der verstärkten Componente folgen. Da die Uhrzeigerbewegung erwiesenermaassen eine Reizungserscheinung ist, so befinden wir uns zweifellos hier in dem Falle, dass die eine Componente verstärkt worden ist. Und kann man in dem Polygon derselben Figur die Translation gleich Null machen, so hätten wir die gesuchte Rotation.

Indess wird es vortheilhaft sein, diesen Vorgang etwas näher zu erläutern und dem physiologischen Gesichtspunkte etwas mehr Rechnung zu tragen. Die Fig. 29 zeigt wieder unsere Horizontalcomponenten R und L in ihrer symmetrischen Lage zur Körperaxe, mn sei ihre Verbindungslinie, deren Mitte O der Mittellinie des Körpers entsprechen würde. Erfahrungsgemäss wissen wir, dass Operationen in den Sehhügeln, deren Verwundung allein die Uhrzeigerbewegung erzeugt, regelmässig von Hemmungserscheinungen[1]) gefolgt sind, welche ohne Zweifel als Folge der mechanischen Verletzung, in unserem Sinne als Reizung aufzufassen sind, d. h. die mechanische Verletzung erzeugt eine Hemmung. Wie lässt sich aber die physiologische Hemmung in die Mechanik übertragen? Offenbar als eine zu einer vorhandenen Kraft in entgegengesetzter Richtung wirksame neue Kraft, am einfachsten von gleicher Grösse mit der ersten. Wir werden daher zu R im Punkte n eine entgegengesetzt gerichtete Kraft gleicher Ordnung anbringen, so dass wir jetzt ein $+R$ und $-R$ haben. Der Schnitt in die Hirnmasse wird aber neben dem Reize noch einen anderen Effect hervorbringen; er unterbricht gleichzeitig gewisse Verbindungen und kann daher auch lähmend wirken. Nichts hindert uns anzunehmen, dass diese Lähmung unser $+R$ getroffen hat, und nunmehr haben wir ein typisches Drehungsmoment, welches das System in der Richtung nach der rechten Seite, in der Richtung des Pfeiles drehen muss. In dem

Fig. 29.

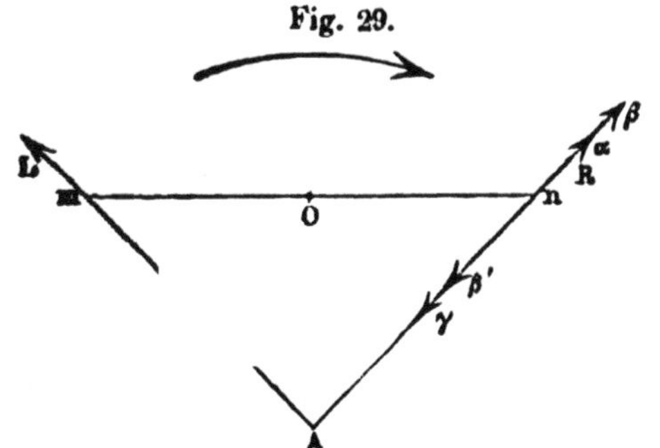

[1]) Es soll hier nur ein Hemmungsvorgang im weitesten Sinne gedacht werden; von den speciellen Hemmungscentren von Setschenow ist abzusehen.

Moment, wo die erregende Wirkung des Schnittes schwindet und die Hemmung beseitigt resp. — R wieder ausgelöscht ist, wird die Rotation aufhören und an ihre Stelle eine Translation in der Richtung gegen die andere Seite auftreten; leider aber entspricht das Resultat nicht unseren Versuchen, denn Rotations- und Kreisbewegung gehen hier nach entgegengesetzten Seiten, während der Versuch gelehrt hatte, dass die beiden Bewegungen stets nach derselben Richtung geschehen. Aber der leitende Gedanke bleibt richtig und es ist wahrscheinlich, dass eine unserer Voraussetzungen nicht zutreffend ist. Das dürfte in der That die Auffassung sein, dass die hier auftretende Kreisbewegung eine Ausfallserscheinung ist; nach unserer Auffassung kann sie es aber gar nicht sein, sondern sie muss, da sie vorübergehend ist, ebenso wie die Rotationsbewegung eine Reizungserscheinung sein. Es ist nicht auffallend, dass diese Reizung so lange dauert, denn wir wissen, dass Reizungen von Ganglienzellen von ganz anderen Nachwirkungen gefolgt sind, als die der leitenden Nerven. Aus diesem Gesichtspunkte betrachtet, gestaltet sich der Vorgang folgendermaassen: die Verwundung erzeugt einerseits eine Reizung und verstärkt damit die Componente $R = n\alpha$ (s. Fig. 29) zu $n\beta$; andererseits etablirt sie eine Hemmung, die zu $n\beta$ entgegengesetzt wirkt und gleich $n\gamma$ sein möge. Ist $n\gamma > n\beta$, so entsteht ein Drehungsmoment, welchem das System in der Richtung des Pfeiles folgt, d. h. die im Versuche beobachtete Rotation nach der verwundeten Seite. Sobald die Hemmung verschwindet, während die Reizung auf der positiven Seite noch andauert, geht die Rotation in eine Translation nach derselben Seite über, weil $R > L$ ist, d. h. nunmehr in voller Uebereinstimmung mit dem Versuch. Gehen die beiden Bewegungen nach der gesunden Seite, so wird man an jener Stelle eine entgegengesetzte Anordnung der wirkenden Elemente anzunehmen haben. Dass hier aber thatsächlich solche differenzirte Anordnungen vorhanden sein können, geht aus der Schilderung des anatomischen Baues der Sehhügel hervor. Stieda (l. c. 305) schreibt: „In der nächsten Umgebung des dritten Ventrikels befindet sich in der Grundsubstanz eine grosse Anzahl kleiner Nervenzellen und Zellkerne; je weiter von dem Ventrikel entfernt, um so spärlicher werden sie. Auch hier sind sie reihenweise geordnet und durch faserige Grundsubstanz von einander getrennt."

Näher anzugeben, welche physiologische Bahnen gereizt worden sind, bin ich bei der geringen Kenntniss, die wir über die Sehhügel gewonnen haben, ausser Stande [1]).

Zum Schluss haben wir aus Praxis und Theorie noch einige wesentliche Folgerungen abzuleiten. Die letztere zeigt mit voller Bestimmtheit, dass Zwangsbewegungen nur dann entstehen können, wenn asymmetrische Verletzungen des Gehirns angebracht werden, welche eine ungleiche Innervation derjenigen Elemente einer Seite zur Folge haben, welchen die Locomotion obliegt. Je grösser die Asymmetrie der Innervation dadurch wird, um so sicherer und um so intensiver werden die Zwangsbewegungen erscheinen; unterhalb einer gewissen Grenze dieser Asymmetrie scheinen Zwangsbewegungen überhaupt zu fehlen.

Wenn die turbulenten Erscheinungen, welche der Schnitt als mechanischer Reiz erzeugt hat, abgelaufen sind und wenn man das Thier vor äusseren Reizen schützt, so treten trotz der vorhandenen Asymmetrie der Verletzung doch keine Zwangsbewegungen auf. Daraus folgt, dass eine Anregung zur Innervation eintreten muss entweder von Seiten des Willens oder von aussen, von der Peripherie her. Da unsere Frösche aber nach Abtragung des Grosshirns, womit der Wille eliminirt wird, auf folgende asymmetrische Verletzung des Gehirns Zwangsbewegungen machen können, wenn ein äusserer Reiz auf sie einwirkt, so folgt daraus unabweisbar, dass der Wille für das Zustandekommen der Zwangsbewegung vollkommen entbehrlich ist. Aber das schliesst nicht aus, dass der Wille, wenn er nachweisbar erhalten ist, in derselben Weise eingreift, wie ein peripherer Reiz, d. h. durch die willkürlich intendirte Innervation eine Zwangsbewegung hervorruft; aber weiter nicht.

---

[1]) Eckhard spricht in seinem Werke den Wunsch aus, dass genaue Angaben über die Localitäten gemacht werden sollten, deren Verletzung einerseits zu Zwangsbewegungen, andererseits zu Hemmungserscheinungen führt. Für die Zwangsbewegungen ist dieser Wunsch oben bereits erfüllt worden. In Bezug auf die Hemmungserscheinungen will ich bemerken, dass operative Eingriffe in die Sehhügel, welche wohl mechanischer Reizung gleich gesetzt werden können, ausnahmslos von Hemmungserscheinungen gefolgt sind, welche sich in einer tiefen aber vorübergehenden Depression aller Bewegungen kund thun. Bei Operationen im Mittelhirn oder anderen Theilen des Gehirns ist bei Anwendung eines zweckmässigen Operationsverfahrens Aehnliches nicht beobachtet worden.

Wir gelangen somit zu folgender unsere Versuche umfassenden Definition der Zwangsbewegungen: **Die Zwangsbewegungen sind krummlinige Bewegungen, welche durch asymmetrische Innervation von genügender Grösse derjenigen Elemente entstehen, die der Locomotion dienen. Die Asymmetrie der Innervation kann durch eine Verstärkung (Reizung) oder durch eine Verminderung (Lähmung) der normalen Innervation der einen Seite gegeben sein.**

Drittes Capitel.

Die Beobachtungen auf der horizontalen Centrifugalscheibe.

---

§. 1.

Die Versuche.

Die Versuche auf der Centrifugalscheibe sind oben an den bezüglichen Stellen fortgelassen worden, weil sie ihres Umfanges und ihrer besonderen Bedeutung wegen einen eigenen Abschnitt beanspruchen und durch ihr Fehlen dem Gange der Untersuchung dort keinen Abbruch gethan hatten.

Die rotirende Scheibe ist, so viel mir bekannt, von Goltz in unser Gebiet eingeführt worden; er beschreibt seinen Versuch in folgender Weise (l. c. 71): „Setzt man den Frosch auf eine Scheibe, welcher man eine kreisförmige Drehung nach rechts ertheilt, so wird er sich fortwährend nach links herumdrehen und so die ursprüngliche Lage im Raume behaupten. Ein Thier, dem man das ganze Gehirn weggenommen und nur das Rückenmark gelassen hat, zeigt unter gleichen Verhältnissen keine Drehbewegung; das Centralorgan, welches jener Drehbewegung vorsteht, liegt demnach in irgend einem Theile der Gehirnpartien, welche zwischen der hinteren Grenze der Grosshirnlappen und dem vorderen Ende des Rückenmarkes gelegen sind.“ Die von Goltz beobachtete Thatsache enthält, wie ich gleich bemerken will, nur den Anfang zu einer grossen Reihe von Beobachtungen, die diesem vortrefflichen Beobachter aus irgend einem Grunde entgangen sind.

Ich pflegte den Versuch im Anfang so zu machen, dass ich den grosshirnlosen Frosch auf eine Holzscheibe von 30 cm Durchmesser, radial mit dem Kopfe gegen die Peripherie gerichtet, setzte und diese auf das Wasser brachte, wo sie durch zweckmässiges Anstossen mit beiden Händen in Rotation versetzt werden konnte. Hierbei bestätigt man leicht die Goltz'sche Beobachtung, dass der Frosch sich gegen die Richtung der Drehung in Bewegung setzt; aber man sieht noch mehr, denn der Frosch setzt sich nicht allein gegen die Drehung in Bewegung, sondern beschreibt hierbei einen Kreis, der stets der Richtung der Rotation entgegengesetzt gerichtet bleibt. Der Radius dieses Kreises ist entweder gleich der Körperlänge oder um Weniges grösser als diese. Die Bewegung scheint während der ganzen Zeit der Rotation mehr oder weniger anzuhalten. Sie beginnt regelmässig zuerst am Kopfe, welcher sich in seinem Gelenke seitlich dreht und geht dann auf den Rumpf über, so dass man diese beiden Bewegungen deutlich in der Beobachtung unterscheiden kann. Hört die Drehung der Scheibe auf, so beschreibt der eben zur Ruhe gekommene Frosch von Neuem einen Kreis von gleichen Dimensionen wie oben, aber in entgegengesetzter Richtung, d. h. in gleichem Sinne mit der Rotation der Scheibe. Zieht man diesem Frosche die Holzscheibe unter dem Bauche fort oder besser, setzt man ihn in ein zweites Wasserbassin, so setzt er activ die Kreisbewegung fort, die allmälig in eine archimedische Spirale ausläuft. Macht man die Rotation sehr langsam, so dreht sich nur der Kopf gegen die Bewegung der Scheibe so weit als es die mechanische Einrichtung des Kopfgelenkes eben gestattet; hält man die Scheibe an, so bewegt sich der Kopf durch die Mittellinie hindurch in die entgegengesetzte Richtung, d. h. in die Richtung der voraufgegangenen Rotation der Scheibe; erst später stellt sich der Kopf wieder in die Mittellinie ein. Rotirt man die Scheibe sehr rasch, so wird der Frosch nach wenigen Bewegungen vollkommen ruhig und drückt den Rumpf sammt Kopf gegen die Unterlage. Hört die Drehung auf, so beschreibt er seinen Kreis, wie oben angegeben.

Dieselben Versuche gelingen auch an einem völlig unversehrten Frosche, nur hat man mit dem Arrangement viel mehr Mühe.

Nennen wir der Kürze halber die Erscheinungen bei Beginn der Rotation „Anfangserscheinungen“ und jene bei Aufhören oder Stillstand der Bewegungen „Enderscheinungen“, so sei bemerkt, dass die Enderscheinungen alle deutlicher im Wasser zu beobachten sind; doch versäume man nicht die Beobachtungen auch auf der Scheibe selbst.

Wir kommen somit zu einem allgemeinen Satze, der sämmtliche Beobachtungen in folgender Weise umfasst: Frösche ohne Grosshirn, welche man radial mit dem Kopfe gegen die Peripherie gerichtet auf eine rotirende Scheibe setzt, machen Kreisbewegungen in einer der rotirenden Scheibe entgegengesetzten Richtung. Wird der Gang der Scheibe verzögert oder hält sie still, so beschreiben sie einen Kreis in entgegengesetzter Richtung, d. h. in gleicher Richtung mit dem Sinne der rotirenden Scheibe. Im Wasser läuft dieser Kreis in eine Spirale aus. Die Bewegungen beziehen sich auf Rumpf und Kopf.

Der hier auftretende Einfluss ist so mächtig, dass er im Stande ist, der „Kreisbewegung“ nach Verletzung des Mittelhirns die entgegengesetzte Richtung aufzuzwingen, man hat eben nur nöthig, die Scheibe in der betreffenden Richtung zu drehen. Der Frosch, welcher z. B. Kreisbewegungen nach rechts ausführt, macht, wenn man die Scheibe nach links gedreht hat und ihn darauf ins Wasser setzt, nunmehr dort im Wasser die Kreisbewegung nach links, wie wenn es ein normaler Frosch wäre. Selbst der ungefügigen Schraubenbewegung kann man andere Richtung anweisen.

Weitere Erkenntniss war bei dieser primitiven Methode nicht zu erwarten. Ein vollkommenerer Rotationsapparat, den ich aus der Sammlung des hiesigen physikalischen Laboratoriums erhielt [1]) und auf den meine Holzscheibe leicht aufgekittet werden konnte, setzte mich in den Stand, einige weitere Fragen zu beantworten. Der Apparat war mit einer Anordnung versehen, welche mit wenig Mühe eine Bestimmung der Rotationsgeschwindigkeit gestattete.

Zuerst wurden die Grundthatsachen wiederholt und leicht bestätigt. Weiter aber musste vor Allem entschieden werden, wie sich der Frosch bei constanter Umdrehungsgeschwindigkeit verhalten würde. Hierbei

---

[1]) Dafür sowie für manchen guten Rath spreche ich Herrn Prof. G. Quincke meinen verbindlichsten Dank aus.

stellte sich heraus, dass die beschriebenen Bewegungen nur im Anfange der Bewegung und nach dem Aufhören derselben auftreten, resp. bei Eintritt einer Verzögerung der Bewegung; dass aber mit dem Moment, wo die Geschwindigkeit constant geworden ist, jede Bewegung des Frosches aufhört, vielmehr von demselben eine völlig normale Haltung eingenommen wird. Die Scheibe machte 60, 40 und 20 Umdrehungen in der Minute, wobei in der Periode der constanten Rotation selbst der Kopf keine Drehung zeigte, sondern in der Flucht der Körperaxe feststand. Eine weitere Herabsetzung der Umdrehungsgeschwindigkeit schien nicht mehr nöthig [1]). Es folgt aus dieser Reihe von Beobachtungen, dass die Bewegungen auf der rotirenden Scheibe nur durch die Winkelbeschleunigung, nicht durch die Winkelgeschwindigkeit veranlasst werden.

Nachdem dieser Punkt festgestellt war, musste ermittelt werden, welches die Richtungen der Froschbewegungen waren für den Fall, dass man die Stellung des Frosches auf der Scheibe variirt; wenn er also die radiale Stellung einnahm, das eine Mal mit dem Kopfe gegen die Peripherie, das andere Mal gegen den Mittelpunkt des rotirenden Kreises. Endlich wurde der Frosch in die Tangente der Bewegung resp. auf eine Sehne des Kreises gestellt, welche als Tangente des nächsten concentrischen Kreises betrachtet werden kann, bald mit dem Kopfe in die Richtung der Bewegung, bald gegen dieselbe gestellt. Um nicht zu breit zu werden, ohne an Uebersichtlichkeit zu gewinnen, mag die protocollirte Tabelle hier im Original eingefügt werden, wobei die Bewegungen auf die Körperseiten des Frosches bezogen sind, während die Rotation der Scheibe nach den Bewegungen des Uhrzeigers bestimmt werden und ihre Zahl für jeden Versuch nicht mehr als 5 bis 10 beträgt.

---

[1]) Bei dem primitiven Verfahren der Rotation des Holztellers auf dem Wasser wurde eine constante Rotation erst bei grösserer Geschwindigkeit erzielt, in welchem Falle auch oben schon jede Bewegung fehlte; bei der geringeren Geschwindigkeit pflegte die Rotation immer sehr unregelmässig zu sein.

Versuch. Frosch ohne Grosshirn.

I. Scheibe rotirt im Sinne des Uhrzeigers	1. Kopf radial nach Peripherie gerichtet	Anfangserscheinung:	Bewegung nach seiner linken Seite
		Enderscheinung:	„ „ „ rechten „
	2. „ „ „ Mitte „	Anfangserscheinung:	„ „ „ linken „
		Enderscheinung:	„ „ „ rechten „
II. Scheibe rotirt entgegengesetzt dem Sinne des Uhrzeigers	1. Kopf radial nach Peripherie gerichtet	Anfangserscheinung:	Bewegung nach seiner rechten Seite
		Enderscheinung:	„ „ „ linken „
	2. „ „ „ Mitte „	Anfangserscheinung:	„ „ „ rechten „
		Enderscheinung:	„ „ „ linken „
III. Stellung des Frosches in der Peripherie des Kreises	1. Frosch steht in der Ring der Rotation — a) Scheibe rotirt wie in I.	Anfangserscheinung:	Bewegung nach seiner linken Seite
		Enderscheinung:	„ „ „ rechten „
	b) Scheibe rotirt wie in II.	Anfangserscheinung:	„ „ „ rechten „
		Enderscheinung:	„ „ „ linken „
	2. Frosch steht gegen die Richtung der Rotation — a) Scheibe rotirt wie in I.	Anfangserscheinung:	„ „ „ linken „
		Enderscheinung:	„ „ „ rechten „
	b) Scheibe rotirt wie in II.	Anfangserscheinung:	„ „ „ rechten „
		Enderscheinung:	„ „ „ linken „

Solche Versuche sind absolut constant. Um über dieselben eine leichtere Uebersicht zu gewinnen, betrachte man die Fig. 30, in welcher der Kreis mit dem Mittelpunkte O die rotirende Scheibe bedeute; die doppelt gefiederten Pfeile auf der Peripherie des Kreises in der Nähe von A und B bezeichnen den Sinn der Rotation der Scheibe. Im Radius OA stehe der Frosch einerseits mit dem Kopfe nach A, das andere Mal nach O gerichtet, was durch die entsprechenden auf dem Radius angebrachten Pfeile markirt ist. Auf dem Radius OB wiederholt sich dasselbe für die entgegengesetzte Richtung der Drehung. In ab sei die

Fig. 30.

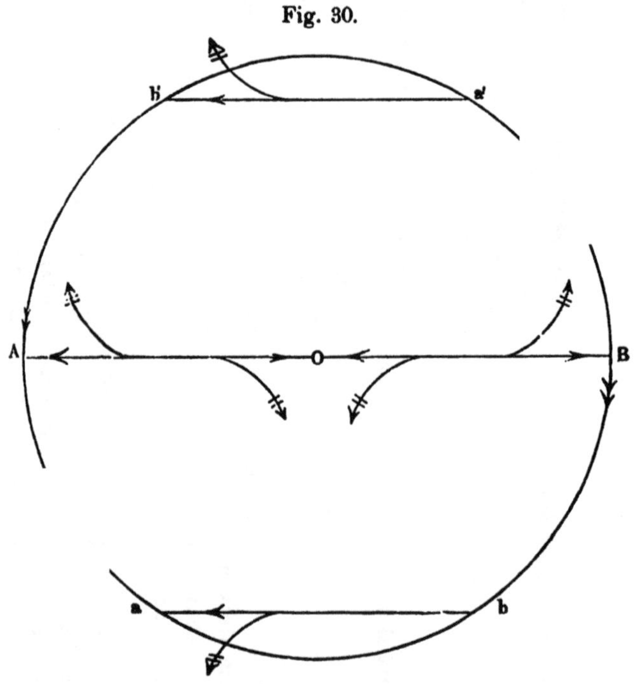

Stellung des Frosches in der Peripherie der Scheibe gegeben für den Fall der Scheibenbewegung wie bei B, in $a'b'$ für den Fall der entgegengesetzten Richtung. Die doppelt gestrichenen Pfeile bedeuten für alle 6 Fälle die Richtung der eingeschlagenen Bewegung. Da die Enderscheinung ausnahmslos entgegengesetzt zu der Anfangserscheinung ist, so ist in der Figur nur die letztere angezeichnet worden. So gewinnen wir in der Figur ein leicht übersichtliches Bild aller beobachteten Erscheinungen. Auf den ersten Blick scheinen dieselben durcheinander zu laufen und keinem Gesetze sich unterzuordnen; wenn wir aber überall da auf der

Scheibe, wo der Frosch in Bewegung begriffen ist, der letzteren analog kleine Kreise einzeichnen, wie es in Fig. 31 geschehen ist [1]), wenn wir deren Peripherie mit dem Richtungspfeile versehen und diese Richtung mit Bezug auf die Bewegung des Uhrzeigers mit der Richtung der Rotation der Scheibe vergleichen, so stellt sich allgemein heraus, dass jedesmal, wenn die Rotationsscheibe sich im Sinne des Uhrzeigers bewegt, sämmtliche Bewegungen des Frosches auf der Scheibe entgegen dem Sinne des Uhrzeigers vor sich gehen und umgekehrt, d. h. die Richtung der auf der rotirenden Scheibe auftretenden

Fig. 31.

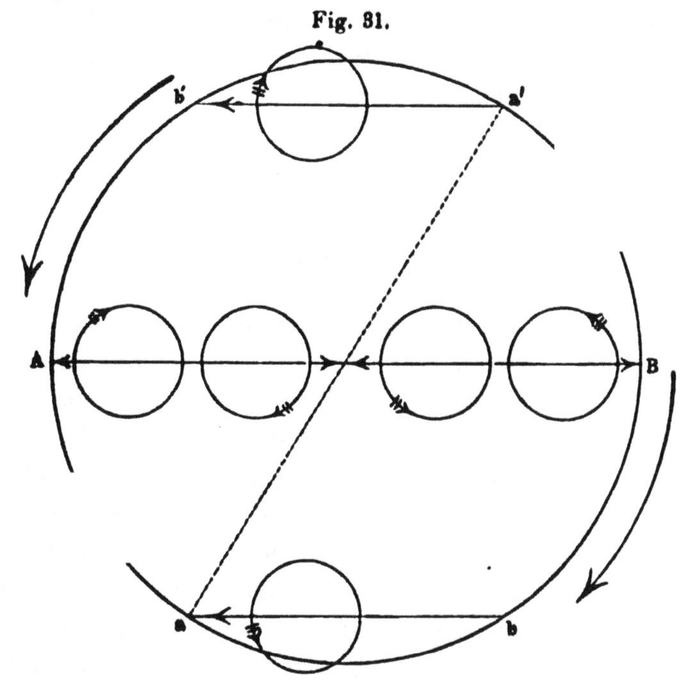

Bewegungen ist ausschliesslich abhängig von der Richtung ihrer Rotation derart, dass beim Angehen der Rotation jener entgegengesetzt gerichtete, beim Aufhören der Rotation jener gleichgerichtete Bewegungen von dem Frosche ausgeführt werden. Die Nachwirkung erscheint am vollendetsten, wenn man nach Aufhören der

[1]) Zur Erläuterung der Figur sei nur bemerkt, dass die rechte Seite bei *B* die Bewegung der Scheibe im Sinne des Uhrzeigers darstellt, während die linke bei *A* die entgegengesetzte Rotation anzeigt, wie die grossen seitlichen Pfeile angeben. Die gestrichelte Linie $a'a$ trennt die beiden Abtheilungen von einander.

Rotation den Frosch ins Wasser setzt, wo die Kreisbewegung in die archimedische Spirale übergeht, welche uns ein deutliches Bild davon giebt, wie die Erregung „abklingt“.

Der Leser wird schon bemerkt haben, dass diese Versuche in einer Reihe stehen mit jenen, welche E. Mach [1]) an sich selbst angestellt und unter dem Titel: „Physikalische Versuche über den Gleichgewichtssinn des Menschen“ veröffentlicht hat. In den Resultaten besteht ein Unterschied darin, dass beim Menschen im Allgemeinen Bewegungsempfindungen vorhanden sind, wo der Frosch wirkliche Bewegungen ausführt, aber es ist die Richtung der Drehempfindungen immer entgegengesetzt der vom Frosch wirklich ausgeführten Drehbewegung.

§. 2.

Analyse der Versuche.

Wir haben hier die Ursachen zu eruiren, welche den auf die rotirende Scheibe gesetzten Frosch zu den beschriebenen Bewegungen antreiben und denselben eine bestimmte Richtung zuweisen.

Es haben in neuerer Zeit Forscher, welche sich mit dem Einfluss der Schwere auf den Furchungsprocess beschäftigt haben, diesen Einfluss dadurch aufzuheben gemeint, dass sie die Eier auf eine horizontale Centrifugalscheibe gesetzt haben. Aber eine solche Scheibe bildet eine Niveaufläche, d. h. eine Fläche, die in allen ihren Punkten gleiche Potentialwerthe der Schwerkraft besitzt und die Rotation der Scheibe kann an diesem Verhältnisse nichts ändern. Wir können daher von vornherein jeden Einfluss resp. jede Aenderung der Schwerkraft als Ursache der Bewegung von unseren Betrachtungen ausschliessen.

Dagegen wird durch die Rotation selbst eine ganz neue Kraft erzeugt, die Centrifugalkraft, welche in der Richtung des Radius vom Mittelpunkte gegen die Peripherie hin wirksam ist. Aber der Versuch hatte gelehrt, dass die Bewegungserscheinungen auf der rotirenden

---

[1]) Sitzungsberichte d. k. Akademie der Wissenschaften in Wien 1873 und 1874. Erste Mittheilung, Bd. 68, Abth. III, S. 124. — Zweite Mittheilung, Bd. 69, Abth. II, S. 121. — Dritte Mittheilung, Bd. 69, Abth. III, S. 44.

Scheibe nur durch die Richtung der Rotation bestimmt werden, von der Centrifugalkraft also unabhängig sein müssen, da die letztere stets nur in einer Richtung wirksam ist.

Wenn wir oben nachgewiesen haben, dass die Bewegungserscheinungen auf der rotirenden Scheibe durch die Richtung der Drehung und durch die Winkelbeschleunigung bestimmt werden, so heisst das nichts Anderes als dass sie durch die Bahn bestimmt werden, welche die Scheibe resp. ihre Peripherie mit beschleunigter Geschwindigkeit durchläuft. Da die vorgeschriebene Bahn eine krummlinige ist und ihre Richtung in jedem Augenblick durch die zugehörige Tangente bestimmt wird, so müssen nothwendiger Weise Ursache und Richtung der Drehung des Froschkörpers durch die in der Richtung der Tangente wirkende beschleunigende Kraft bedingt sein. Es wird sich darum handeln, diese Ableitung im Einzelnen durchzuführen.

Betrachten wir die Richtung der Tangente (ich möchte erwähnen, dass alle kommenden Auseinandersetzungen nur für eine Richtung der drehenden Scheibe durchgeführt werden, weil bei Aenderung derselben nichts Neues auftritt, sondern sich alle Verhältnisse eben nur umkehren), so findet sich, dass, wenn der Frosch im Radius steht, die Tangente senkrecht zur Axe des Körpers liegt; steht der Frosch in der Sehne, so befindet er sich parallel der Tangente. Diese Lage der Richtung der Beschleunigung zu der Axe des Froschkörpers müsste jene Bewegungen erzeugen! Ob das möglich ist, lässt sich durch den Versuch direct prüfen, welcher die einfache Frage beantworten muss, ob eine in gerader Linie wirkende Beschleunigung auf den Frosch bewegungsanregend wirkt, wenn er parallel oder senkrecht zu der Beschleunigung steht.

Man nimmt einen einfachen, auf vier Rollen rollenden Wagen oder am einfachsten einen genügend beschwerten Puppenwagen, setzt den grosshirnlosen Frosch auf denselben, einmal parallel, ein zweites Mal senkrecht zu der Zugrichtung und beobachtet das Verhalten des Frosches, wenn man den Wagen ohne zu starkes Rütteln mit beschleunigter Geschwindigkeit in gerader Linie nach vorwärts zieht. Nach einer kleinen Pause drückt man den Wagen ebenso nach rückwärts. Der Versuch fällt vollkommen negativ aus: Der Frosch sitzt unbekümmert um alle Bewegungen ruhig da, so lange die Bewegungen des Wagens durch plötzliche Stösse und dergleichen nicht gestört werden.

Betrachtet man die „Wagenversuche" etwas genauer, so stellt sich heraus, dass sie das nicht leisten können, was wir ihnen zugemuthet haben. Sitzt der Frosch senkrecht zur Axe des Wagens auf demselben, so ist die Beschleunigung, welche er erhält, in allen Theilen die nämliche — dieser Einfluss bleibt ohne Wirkung; sitzt er parallel der Axe mit dem Kopfe in der Richtung der Bewegung, so können Kopf- und Beckenende zwar verschiedene Beschleunigung haben und das könnte zu einer translatorischen Bewegung parallel der Axe

Fig. 32.

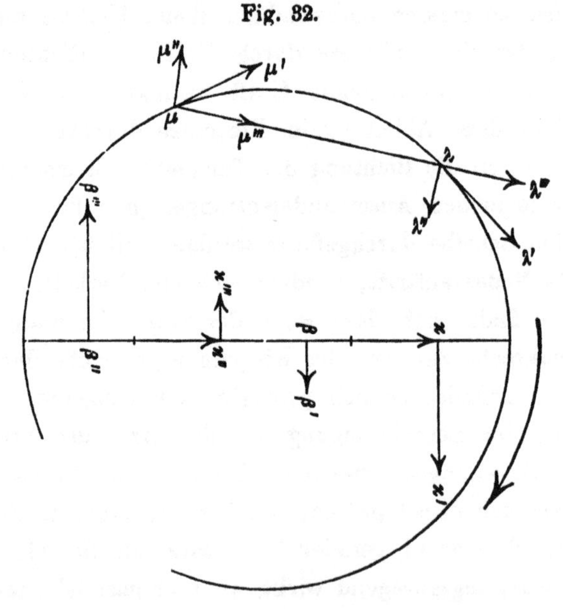

führen. Da dies aber nicht der Fall ist, so ist der Reiz unterhalb der Reizschwelle geblieben. Steht der Frosch aber auf der Scheibe im Radius des Kreises mit dem Kopfe gegen die Peripherie, so hat die Beschleunigung, die tangential am Kopfende einsetzt, einen viel höheren Werth als am Beckenende, also in Fig. 32 ist $kk' > \beta\beta'$. Das giebt ein Drehungsmoment in der Richtung von kk', also in der Richtung der Drehung der Scheibe. Genau in derselben Weise bekommt der Frosch, wenn er radial mit dem Kopfe gegen die Mitte steht, ein Drehungsmoment nach derselben Richtung, wobei aber $k''k''' < \beta''\beta'''$ ist. Steht der Frosch in der Sehne, so dass Kopf- und Beckenende λ und μ

an die Peripherie des Kreises anstossen, so hat die Beschleunigung in diesen beiden Punkten die Richtung der dort gelegten Tangenten $\lambda\lambda'$ und $\mu\mu'$. Diese lassen sich zerlegen parallel zu $\lambda\mu$ in $\lambda\lambda'''$ und $\mu\mu'''$, sowie senkrecht darauf in $\lambda\lambda''$ und $\mu\mu''$. Die Beschleunigung in der Richtung $\mu\lambda$ resp. $\mu'''\lambda'''$ erzeugt keine Bewegung, so wenig wie oben der Wagenversuch eine solche erzeugt hat. Dagegen geben die senkrecht zu $\lambda\mu$ stehenden Beschleunigungen $\lambda\lambda''$ und $\mu\mu''$ ein typisches Drehungsmoment, welches den Frosch in gleichem Sinne mit der Rotation der Scheibe zu drehen bestrebt ist.

Wir haben nunmehr für alle drei Stellungen des Frosches auf der Drehscheibe Drehungsmomente, die in gleichem Sinne mit der Drehung der Scheibe wirken. Wenden wir darauf die oben (S. 21) eingeführte allgemeine physiologische Erfahrung an, wonach der Frosch regelmässig die dem Reize entgegengesetzte Richtung der Bewegung einschlägt, so müssen sich unsere Frösche in allen drei Fällen im entgegengesetzten Sinne zur Rotation der Scheibe drehen, wie der Versuch gelehrt hat. Wird die Bewegung verzögert, so erzeugt diese Verzögerung ein Drehungsmoment im entgegengesetzten Sinne und der Frosch muss sich im Sinne der Rotation bewegen.

Indem wir zu dem eigentlich physiologischen Theil unserer Aufgabe übergehen, haben wir uns mit der Frage zu beschäftigen, auf welche Organe das aufgefundene Drehungsmoment seine Wirkung entfaltet. Wir befinden uns hierbei gegenüber den Versuchen am Menschen insofern im Vortheil, als wir durch entsprechende Eingriffe in das Nervensystem jenen Factor, wenn auch nicht beliebig, so doch vielfach variiren können. Dieser Zweck wurde zunächst dadurch angestrebt, dass allmälig immer grössere Partien des Gehirns abgetragen und diese Frösche der Beobachtung auf der rotirenden Scheibe unterworfen wurden. Man kann sich mit einer Stellung des Frosches auf der Scheibe begnügen; es wurde hier wesentlich die radiale Stellung mit der Richtung des Kopfes gegen die Peripherie berücksichtigt.

Wenn man bei einem Frosche die Sehhügel abträgt, so macht auf der Scheibe nur der Kopf die drehenden Bewegungen in dem oben beschriebenen Sinne. Die Enderscheinungen im Wasser fallen sehr mangelhaft aus, weil diese Frösche, wie schon oben bemerkt, regelmässig sehr bald auf den Boden sinken und dort ruhig sitzen bleiben (s. S. 32). Trägt man auch das Mittelhirn ab, so dreht sich der Kopf, merkwürdiger Weise aber auch der Rumpf ganz ebenso, wie wir es oben für den grosshirnlosen Frosch beschrieben haben. Im Wasser treten die Enderscheinungen ganz deutlich hervor. Die Anfangserscheinungen hat auch im letzten Sommer Luchsinger gesehen [1]) und in seinem Berichte bemerkt, dass im vorderen Theile des Nackenmarkes Gleichgewichtscentren vorhanden sein müssten. Als Luchsinger's Notiz erschien, war mir der Sachverhalt schon lange bekannt und ich hatte denselben, da er durchaus auffällig war, nach allen Seiten sicher gestellt. Die Thatsache ist also richtig und ich freue mich, sie bestätigen zu können, aber die Erklärung ist es nicht, wie es auch nicht anders sein konnte, da Luchsinger aus einem Complex von Thatsachen eben nur eine einzige herausgegriffen hatte.

Trägt man endlich den vordersten Theil des Nackenmarkes ab, so übt die rotirende Scheibe keinerlei Einfluss mehr auf diesen Frosch aus (nebenbei bemerkt, finden wir das dritte Mal die Stelle als diejenige wieder, von der alle Locomotion ausgeht).

Dass der Frosch ohne Mittelhirn auf der Drehscheibe eigentlich mehr leistet, als der andere mit Mittelhirn, war so auffallend, dass näher untersucht werden musste, wo der Uebergang der einfachen Kopfdrehung zur Drehung des ganzen Körpers stattfindet. Es wurden deshalb theilweise symmetrische Abtragungen des Mittelhirns ausgeführt, wobei die Beobachtung ergab, dass mit dem Moment, wo die Schwimmbewegungen uncoordinirt werden, auf der rotirenden Scheibe neben den Kopfdrehungen auch Rumpfdrehungen erscheinen. Das trifft ungefähr zu, wenn man mit den Abtragungen beim hintersten Drittel des Mittelhirns angelangt ist. Weiteres hat sich nicht eruiren lassen.

Da alles Hirn bis zum Nackenmark hin abgetragen sein kann, ohne dass die Kopfdrehungen aufhören, so müssen wir von vornherein nach allen unseren Kenntnissen daran denken, dass überhaupt nur noch sehr wenig centrale Empfindungselemente vorhanden sein dürften. Aber einmal im Nackenmark erinnern wir uns, dass dort auch die Gehörnerven ihr centrales Ende erreichen und wir kommen, was bisher noch an

---

[1]) Pflüger's Archiv, Bd. 34.

keiner Stelle geschehen ist, dazu, auf die Function der halbzirkelförmigen Canäle des Ohres zu recurriren. Ich werde mich weder mit der Geschichte noch Kritik der zahlreichen Versuche über diese Organe beschäftigen; ich werde sie weder als Organe des Gleichgewichts noch Organe eines Raumsinnes in Anspruch nehmen, wie es Mach für seine Versuche gethan hat, sondern ich werde mich auf die ganz kleine aber präcise Fragestellung beschränken: Treten die Drehbewegungen auf der rotirenden Scheibe noch nach Eliminirung jener Organe auf oder verschwinden sie? Man kann diese Organe nach zwei Methoden eliminiren, einmal dadurch, dass man sie loco zerstört, wie vielfach geschehen ist, oder zweitens dadurch, dass man den Nerven durchschneidet, der die Verbindung mit dem Gehirn vermittelt; da dieser Nerv der *N. acusticus* ist, so verlangt die zweite Methode die beiderseitige Durchschneidung dieses Nerven, wobei man stillschweigend die allerdings berechtigte Voraussetzung macht, dass auf anderem Wege keine Nerven zu den halbzirkelförmigen Canälen gelangen. Ich habe aus leicht ersichtlichen Gründen der zweiten Methode den Verzug gegeben und nach dem Vorgange von Schiff[1]) die *Nn. acustici* beiderseits vom Munde aus durchschnitten. Die Ausführung der Operation ist nicht leicht und bedarf reichlicher Uebung. Es ist selbstverständlich, dass man dabei die sehr empfindliche Basis des Gehirns und Nackenmarkes nicht verletzen darf, weil sonst leicht Zwangsbewegungen entstehen, welche die klare Beobachtung unmöglich machen[2]).

Wenn die beiderseitige Durchschneidung der *Nn. acustici* auf diese Weise ohne Nebenverletzung gelungen ist und man setzt diesen Frosch auf die Drehscheibe, so reagirt der Kopf gegen die Rotation in derselben Weise wie vorher, aber die Bewegungen des Rumpfes **bleiben aus.**

Wenn der Leser daraus schliessen will, dass die Drehbewegungen des Rumpfes von den halbzirkelförmigen Canälen abhängen, jene des Kopfes davon aber unabhängig sind, so ist gegen die Correctheit dieses Schlusses vorerst nichts einzuwenden. Wenn man aber überlegt, dass es eine Rotationsgeschwindigkeit giebt, bei der sich trotz voller Integrität

[1]) L. c. S. 399.

[2]) Ich behalte mir vor, auf diese Zwangsbewegungen später an anderer Stelle zurückzukommen.

des Frosches ebenfalls nur der Kopf dreht, und man daraus schliessen kann, dass die Erregbarkeit der Elemente, welche der Rumpfdrehung vorstehen, geringer ist als jene, welche die Drehung des Kopfes besorgen, so wird man sich wohl die Frage vorlegen müssen, ob durch die angebrachte Operation, welche für die Durchschneidung der *Nn. acustici* nothwendig war, die Erregbarkeit, kurz gesagt, der Rumpfbewegungselemente nicht wesentlich alterirt resp. herabgesetzt worden ist: man entblösst eine immerhin ansehnliche Partie der ausserordentlich empfindlichen Basis des Nackenmarkes, wo gerade das allgemeine Bewegungscentrum liegt, ohne dass wir den Einfluss einer solchen Behandlung kennen. Dazu kommt, dass die scharfen Ränder der Knochenwunde das frei liegende Mark bei jeder Bewegung irritiren. Wenn man endlich einen Frosch in derselben Weise operirt, ohne die *Nn. acustici* zu durchschneiden, so bleiben ähnliche Störungen nicht aus.

Alles zusammengenommen führt mich zu der Ansicht, dass die *Nn. acustici* resp. die halbzirkelförmigen Canäle bei dem Zustandekommen der Drehbewegungen auf der rotirenden Scheibe unbetheiligt sind.

Wenn wir nunmehr nicht die Annahme machen wollen, dass die Ganglienzellen direct auf die Beschleunigung reagiren, da wir von derlei Leistungen der Ganglienzelle zur Zeit keine Kenntniss haben, so kommen wir per exclusionem zu der Erklärung, dass die in der Richtung der Tangente wirkende Beschleunigung am Körper direct angreift, wodurch Muskeln und Gelenke gespannt werden, die ihrerseits wieder durch eine Bewegung in entgegengesetztem Sinne reagiren. Ist die Beschleunigung eine sehr geringe, also der Reiz klein, so reagirt nur der viel erregbarere Apparat, an dem der Kopf aufgehängt ist und es erfolgen allein die Drehungen des Kopfes.

Werfen wir zum Schluss noch einen kurzen Rückblick auf das behandelte Gebiet, so treten drei Punkte aus dem Rahmen der Betrachtung ganz besonders hervor. Zunächst nämlich haben wir auf drei verschiedenen Wegen gefunden, dass im vordersten Theile des Nackenmarkes ein Locomotionscentrum für den ganzen Körper liegt. Da wir sehr wahrscheinlich haben machen können, dass dieses Locomotionscentrum das einzige Bewegungscentrum des Gehirns ist, so haben wir es kurzweg als „Hirncentrum" bezeichnet.

Wenn wir zweitens die vielfach auftretenden Kopfbewegungen ins Auge fassen, die selbständig oder neben Rumpfbewegungen erscheinen, so wird man zu dem Gedanken angeregt, dass diese Kopfbewegungen eine viel grössere Bedeutung haben mögen, als man bisher hat wissen können. Es scheint hier ein Mechanismus von ganz ungeahnter Feinheit vorzuliegen, dessen näheres Studium eine Aufgabe der nächsten Zeit sein dürfte.

Endlich bemerkt man drittens, dass im Allgemeinen Druckschwankungen an der Haut, in den Muskeln und den Gelenken den Frosch in „Lage" und „Bewegung" bestimmen; dass andere Einflüsse zum wenigsten nicht nothwendig sind; eine Beziehung, die merkwürdiger Weise ein Physiker als möglich schon vorausgesagt hat. E. Mach bemerkt an jener Stelle in einer Anmerkung (l. c. S. 133): „Die specifischen Energien festgehalten, wäre es sogar möglich, dass die Empfindung der Lage (bezieht sich auf den Menschen, Ref.) und die Empfindung der Bewegung durch verschiedene Nerven vermittelt wird. Die Empfindung der Lage bleibt, so lange die Lage bleibt. Die Empfindung der Bewegung verschwindet immer, wenn die Bewegung gleichförmig wird. Nimmt man an, dass nur der Druck empfunden wird, so reicht freilich eine Art von Nerven aus."

Im Allgemeinen läuft die Thätigkeit unseres Frosches wie die einer präcis arbeitenden Maschine ab und alle Leistung kann ausschliesslich auf äussere Anregung hin geschehen. Nur der Wille scheint aus sich heraus zu wirken. Ob Letzteres richtig ist, weiss ich nicht; aber wir bekommen einen Fingerzeig, woher der Wille schöpft, wenn wir beobachten, dass ein geblendeter Frosch sich so verhält, wie jener, der des Grosshirns beraubt worden ist.

Nachträge.

Zu Seite 18 und 26.

Die Analyse der Versuche auf der Drehscheibe führt zu einer zweiten Erklärung für die Thatsache, dass der Frosch, welcher die schiefe Ebene in regelmässigem Vorwärtsgang hinaufsteigt, den Kopf senkt, während er ihn erhebt, wenn er mit Rückwärtsgang den Weg zurücklegt. Denkt man sich nämlich die Scheibe in Fig. 30 statt horizontal, wie sie dort gezeichnet ist, in verticaler Stellung und den Frosch auf einer untersten Sehne dieses Kreises in horizontaler Ebene sitzend, so ist klar, dass bei eintretender Rotation der Scheibe, welche den Frosch nach vorn in die Höhe führt, durch die in tangentialer Richtung wirkende Beschleunigung in derselben Weise, wie es auf S. 134 entwickelt worden ist, ein Drehungsmoment erzeugt wird, welches bestrebt wäre, das Kopfende des Frosches von der Unterlage abzuheben und das Beckenende anzupressen. Nach dem anfangs eingeführten physiologischen Principe der dem Reize in entgegengesetzter Richtung wirkenden Reaction wird der Frosch den Kopf senken, während das Beckenende in Ruhe bleibt, da es mit dem übrigen Körper unbeweglich verbunden ist und jenem Antriebe nicht folgen kann. Wird die senkrechte Scheibe in entgegengesetzter Richtung bewegt, so dass der Frosch mit dem Beckenende voraus die schiefe Ebene aufsteigt, so tritt genau das entgegengesetzte Drehungsmoment auf und der Frosch erhebt den Kopf.

Was sich gegen diese Auffassung einwenden liesse, wäre nur aus dem Bedenken abzuleiten, ob die Geschwindigkeit der Bewegung, welche man der schiefen Ebene in jenem Versuche zu geben pflegt, irgendwie mit der Geschwindigkeit der rotirenden Scheibe in Vergleich zu setzen wäre. Daran kann man aber keinen Augenblick zweifeln, wenn man sieht, wie die denkbar minimalste Rotation, welche man der Scheibe ertheilt, schon ausreicht, um die Drehung des Kopfes hervorzurufen. Dies giebt mir Veranlassung, noch einige Bemerkungen hinzuzufügen über die Winkelgeschwindigkeit, mit welcher man in dem Balancirversuch die schiefe Ebene zu bewegen hat, um den besten Effect zu erzielen. Ich habe darüber keine speciellen Versuchsreihen angestellt, aber regelmässig auf dieses Moment geachtet, so dass ich bei den vielen Beobachtungen, die ich überhaupt gemacht habe, ein bestimmtes Bild davon gewonnen habe. Zunächst ist, wie mir scheint, schon bekannt, dass, wenn man von vornherein die schiefe Ebene zu rasch bewegt, der Frosch nicht folgt, sondern heruntergleitet. Erhebt man die schiefe Ebene mit minimaler Geschwindigkeit, so kann ich mir sehr gut denken, ohne es aber gesehen zu haben, dass der Frosch nicht aufsteigen wird. Ist der Frosch überhaupt zum Aufstieg sehr geneigt, so pflegt er schon bei der ersten Erhebung die schiefe Ebene geradezu hinaufzulaufen, in solchem Falle ist der Beobachtung wenig Spielraum geboten. Dagegen sind die hier in Betracht zu ziehenden Momente am besten bei solchen Exemplaren zu studiren, welche nur wenig geneigt sind, in die Höhe zu steigen. Man kann solche Exemplare mit Erfolg unterstützen, wenn man nach rascher Wiederherstellung der Horizontale immer wieder von Neuem die Erhebung ausführt. Mir scheint daraus zu folgen, dass auch hier, wie es für die horizontale Drehscheibe bewiesen worden ist, nicht die Geschwindigkeit der Bewegung auf den Frosch wirkt, sondern die Winkelbeschleunigung. Und das ist im Grunde genommen nichts Anderes, als was seiner Zeit E. du Bois-Reymond in dem Gesetze der Erregung von Muskel und Nerv durch den elektrischen Strom ausgesprochen hat und was für das Individuum als Ganzes gegenüber allen anderen Arten von Reizen in derselben Weise Geltung zu haben scheint.

Der oben nur fingirte Versuch auf der verticalen Rotationsscheibe lässt sich übrigens verificiren, wenn man den Frosch auf ein Pendel resp. auf eine Gartenschaukel, deren Einrichtung Jedermann kennt, setzt. Erhebt man sie langsam mit der Hand, so wiederholt man den ersten Versuch auf der schiefen Ebene; versetzt man sie aber in pendelnde Bewegung, schaukelt man also den Frosch, so sieht man die vorgeschriebenen Kopfbewegungen bis zur Ermüdung auftreten. Der Rumpf bleibt stets in Ruhe, weil die Bewegung zu rasch ist und weil, wie wir wissen, der Rumpf für diese Reize eine viel geringere Erregbarkeit besitzt als der Kopf. Es ist nicht ausgeschlossen, sogar gewiss, dass, wenn man ein genügend langes Pendel zur Verfügung hätte und die Frösche genügende Erregbarkeit besitzen (meine Versuche sind an allmälig warm gemachten Winterfröschen ausgeführt worden), wie z. B. die Sommerfrösche, auch der Rumpf in Bewegung gerathen könne.

Zu Seite 62 bis 71.

Es ist auf jenen Seiten die Locomotion als adäquate Bewegung des Hirncentrums bezeichnet worden, ohne damit indess ausschliessen zu wollen, dass es auch solchen Bewegungen vorstehen könnte, die nicht Locomotion bezwecken, sondern Lageveränderungen einzelner Gliedmaassen, wie z. B. Heben oder Senken eines Armes oder Beines u. a. Wir wollen solche Bewegungen der Kürze halber Theilbewegungen nennen, insofern als dabei nur Theile des Körpers bewegt werden, während durch die Ortsbewegung der Körper als Ganzes bewegt wird (weshalb sie nicht als Reflexbewegungen bezeichnet werden können, wird gleich einleuchten). Da ich dort das Gehirn nur als eine Erregungsquelle benutzt hatte, die auf gleiche Stufe mit irgend einem centripetalen Nerven gestellt wurde, so konnten alle Bewegungen, die nicht Ortsbewegungen waren, als einfache Reflexbewegungen aufgefasst und dem Rückenmarke zugeschrieben werden. Und dieses war geschehen, um der Complication zu entgehen, welche nothwendig mit der Einführung des Grosshirns in seiner vollen Function verbunden ist. Dieses Princip ist dort auch möglichst durchgeführt worden.

Bei fortgesetzter Ueberlegung aber erscheint es mir nothwendig, um Missverständnisse zu vermeiden, noch den Fall zu behandeln, dass ein Individuum willkürlich ohne nachweisbaren äusseren Reiz eine Theilbewegung ausführt. Hierbei wird es sich zunächst fragen, ob das Hirncentrum bei solchen Bewegungen als erste motorische Ganglienstation, vom Grosshirn aus betrachtet, fungirt oder ob directe Bahnen mit Umgehung des Hirncentrums zu den entsprechenden Centren des Rückenmarkes gehen und auf diese Weise die Theilbewegungen besorgen. Zwischen diesen beiden Möglichkeiten ist vorläufig nicht zu entscheiden, aber das erstere erscheint mir wahrscheinlicher und vielleicht sind sogar in der Wirbelthierreihe beide Schemata verwirklicht.

Gehen jene Bahnen durch das Hirncentrum, so wird es bei willkürlicher Innervation der Bewegung niemals zu Störungen zwischen Orts- und Theilbewegungen kommen und die obige Aufstellung würde dahin zu erweitern sein, dass die adäquate Bewegung des Hirncentrums in Locomotion und Theilbewegung, die des Rückenmarkes aber nur in Theilbewegung resp. Reflexbewegung besteht.

DIE FUNCTIONEN

DES

CENTRALNERVENSYSTEMS

UND IHRE

PHYLOGENESE.

II.

DIE FUNCTIONEN

DES

CENTRALNERVENSYSTEMS

UND IHRE

PHYLOGENESE

VON

DR. J. STEINER,

a. o. Professor der Physiologie in Heidelberg.

ZWEITE ABTHEILUNG:

DIE FISCHE.

MIT 27 EINGEDRUCKTEN HOLZSTICHEN UND 1 LITHOGRAPHIE.

BRAUNSCHWEIG,

DRUCK UND VERLAG VON FRIEDRICH VIEWEG UND SOHN.

1888.

„Hieraus lässt sich einsehen, welche Methode in den Naturwissenschaften die fruchtbarste sein müsse. Die wichtigsten Wahrheiten in denselben sind weder allein durch Zergliederung der Begriffe der Philosophie, noch allein durch blosses Erfahren gefunden worden, sondern durch eine denkende Erfahrung, welche das Wesentliche von dem Zufälligen in den Erfahrungen unterscheidet und dadurch Grundsätze findet, aus welchen viele Erfahrungen abgeleitet werden. Dies ist mehr als blosses Erfahren und wenn man will, eine philosophische Erfahrung."

Johannes Müller.

(Handbuch der Physiologie des Menschen,
Bd. II. 1840, S. 522.)

VORREDE.

Es ist das erste Mal, dass in der physiologischen Literatur ein Titel erscheint, wie ihn diese Schrift trägt, in welcher von der phylogenetischen Entwickelung der Functionen die Rede sein wird. Das ist der gangbarere von den zwei Wegen, welche man beim Studium der Entwickelung von Functionen einschlagen kann. Den anderen Weg, die Entwickelung der Functionen zu studiren während der Entwickelung des Individuums (die Ontogenese) hat W. Preyer betreten [1]), aber die Schwierigkeiten, welche sich hier dem Experimente entgegen stellen, sind zum grossen Theil unüberwindlich und die Resultate wenig befriedigend. Wie aber nur das Studium der Entwickelung zu einem wahren Verständniss der Form geführt hat, so kann auch die Function nur völlig aus ihrer Entwickelung begriffen werden; eine Wahrheit, welche in unserer Zeit keines Beweises bedarf.

Wir begegnen auf unserem Wege einer hoch entwickelten Wissenschaft, welche mit beispiellosem Erfolge Arbeit auf Arbeit thürmt, um den Schleier zu lüften, hinter welchem die Wahrheit ihr ernstes Antlitz birgt. Und der Geist, welcher der Morphologie den regen Eifer und die schöpferische Kraft eingeflösst hat, der fliesst aus jener Theorie, die sich an den unsterblichen Namen knüpft, nach welchem

[1]) W. Preyer, Specielle Physiologie des Embryo. Leipzig 1883.

sie heute der Darwinismus genannt wird. Aber merkwürdig! während die Darwin'sche Theorie auf physiologischer Basis ruht, folgte nur die Morphologie der neuen Anregung, die Physiologie aber stand von fern, um mit Bewunderung und vielleicht auch mit Neid die Fortschritte der Schwesterwissenschaft zu betrachten. Besten Falls wurde der neuen Lehre von dem einen oder anderen Lehrer der Physiologie in seiner Vorlesung gedacht oder ein Lehrbuch der Physiologie wählte sie als Einleitung, aber Weiteres folgte nicht, denn physiologische Untersuchungen auf Grund der Entwickelungslehre traten nicht auf.

Es wird für den Geschichtsschreiber dieser Periode eine interessante Aufgabe sein, den Ursachen nachzugehen, welche die Gleichgültigkeit, theilweise sogar Feindlichkeit der Physiologie gegenüber dem Darwinismus verschuldet haben. Eine dieser Ursachen liegt schon heute zu Tage; das ist der Umstand, dass die Physiologie im Allgemeinen, mit einigen Ausnahmen, glaubte, sich auf drei (Hund, Kaninchen, Frosch) oder wenig mehr Thiere, die wesentlich den höheren Classen angehörten, beschränken zu sollen, während man die übrige Thierwelt der Zoologie überliess. Zwar giebt es in der Literatur eine Reihe von Arbeiten, welche sich vergleichend physiologische nennen, vornehmlich weil sie die Nothwendigkeit einer ausgedehnteren Würdigung der Thierwelt begriffen, und sich sogar mit den Wirbellosen beschäftigt haben, aber sie führen den Namen zu Unrecht, da sie zu „vergleichen“ versäumt hatten, was doch allein diesen Untersuchungen den neuen Charakter gegeben haben würde.

Wie die Morphologie sich an die gesammte Thierwelt wendet, um die Gesammtheit der Formen kennen zu lernen, so muss auch die Physiologie alle Thierformen durchgehen, um die Kräfte in ihrer verschiedenen Form erforschen und daraus das Bild des Lebens construiren zu können. Aber für die Physiologie ist die Lösung dieser Aufgabe mit weit grösseren Schwierigkeiten verbunden, als jene waren, welche die Morphologie zu überwinden hatte. Beide müssen das heimathliche Laboratorium verlassen und die Thierformen an ihren Heimathstätten aufsuchen. Genügte dem Morphologen ehedem am Meere, welches mit seiner unerschöpflichen Fülle von Formen einen besonderen Anziehungspunkt auch für den Physiologen bilden wird, ein bescheidener Raum mit Luft und Licht, wo er Mikroskop und die übrigen nothwendigen Utensilien für seine Arbeit unterbringen konnte, so sind die Ansprüche heute bedeutend gewachsen. Die Physiologie kann sich aber auch damit noch nicht zufrieden geben, denn, da sie Leben und Gewohnheiten dieser Thiere unter den natürlichen Bedingungen studiren soll, so muss sie, neben der regelmässigen Ausrüstung eines physiologischen Laboratoriums, über möglichst grosse und geeignete Räume verfügen, in denen sie frei und unbeengt der Erfüllung ihrer Aufgaben obliegen kann. Sie mag sich bei der Schwesterwissenschaft bedanken, wenn sie in den jetzt unentbehrlich gewordenen zoologischen Stationen einen Theil jener Mittel für ihre Arbeit sehen darf.

Hat der Vorantritt der Morphologie auf solche Weise der Physiologie die Wege gebahnt, indem sie auf diese ebenso unerlässlichen als kostbaren Hülfsmittel der Forschung hinwies und dieselben dienstbar machte, so gewährt sie ihr noch einen weiteren, nicht hoch genug zu veranschlagenden Vortheil. Da die Morphologie inzwischen ein grosses Feld durchpflügt und in dem Kampfe um die Wahrheit eine gewisse Anzahl fester Punkte erstritten hat, so kann die Physiologie jene Erfahrungen benutzen, jede Erkenntniss verwerthen und manchen Irrweg vermeiden, wenn sie in steter Fühlung mit der Morphologie fortschreitet. Denn sind auch die Wege, welche die beiden Disciplinen gehen, verschieden, indem ihre Methoden eigenartig und jeder von ihnen besonders angepasst sind, so müssen sie sich doch an jenem Punkte treffen, wo das Problem des Lebens zur Lösung steht. Welche von den beiden Wissenschaften aber über der anderen steht? Jede bedient sich der anderen und steht dann über derselben[1]).

Unter diesen Gesichtspunkten habe ich die Arbeit über das Centralnervensystem begonnen, welches ganz besonders geeignet ist, daran die Entwickelung der Functionen zu verfolgen und welches bei seiner Bedeutung eine hervorragende Stellung im Organismus einnimmt. Als Resultat lege ich dem wissenschaftlichen Publicum die zweite Abtheilung vor, welche die gesämmten Fische behandelt, denen als einleitendes Capitel eine Untersuchung über die Function der Flossen vorangehen musste, um die Verhältnisse der Aequilibrirung und deren Innervation zu erforschen. Als erste Abtheilung bitte ich hierzu meine, vor mehr als zwei Jahren erschienenen Untersuchungen über die Physiologie des Froschhirns zu betrachten, welche in der Folge kurz als „Froschhirn“ werden citirt werden. Hieran werden sich im Laufe der nächsten Zeit anschliessen die wirbellosen Thiere, die geschwänzten Amphibien, Reptilien u. a.

Es war ein ausserordentlich einladender Gedanke, mit der Veröffentlichung zu warten, bis das Werk abgeschlossen sein würde. Indess ist das Ganze eine Arbeit auf Jahre hinaus, in denen man keinen Ruhepunkt finden würde, wenn die abgeschlossenen Theile nicht auch an die Oeffentlichkeit gebracht worden sind. Dazu kommt, dass unsere viel arbeitende und noch mehr schreibende Zeit einen solchen Aufschub nicht verträgt — wollte sich der Autor nicht öfter um den sicheren Besitz längst erworbener Thatsachen bringen.

---

[1]) C. Gegenbaur, Anatomie des Menschen. 3. Aufl. Leipzig 1888. S. 10.

Dass umgekehrt die Veröffentlichung nicht zu rasch folge, dafür sorgt die Weitschichtigkeit des Unternehmens, die Schwierigkeit der Beschaffung und Ausnutzung des Materials, sowie das unaufhörliche Bestreben, nicht nur einzelne Thatsachen, sondern auch ihren Zusammenhang zu finden, was allein ein wissenschaftliches Ergebniss genannt zu werden verdient.

Wenn trotzdem diese Abtheilung zu keinem grossen Umfang angeschwollen ist, so wurde dies dadurch erreicht, dass ich mich in der Darstellung einer möglichsten Kürze befleissigt habe und da, wo literarische Notizen stehen mussten, dieselben nur soweit gegeben habe, als zur Anknüpfung, Bestätigung oder Widerlegung geboten war. Freund historischer Forschung habe ich mich viel um die Geschichte der Teleostier bemüht, aber dieselbe hier aufzunehmen, schien mir ungeeignet, weil wir sie an anderen Orten schon vorfinden und ein grosser Theil der Thatsachen nunmehr überholt ist. Ganoïden, Selachier, Cyclostomen und Amphioxus beginnen aber erst heut ein Blatt in der Geschichte der Physiologie zu beschreiben.

Bei der Vielseitigkeit dieses Unternehmens konnte es nicht ausbleiben, dass ich mehrfach auf Hülfe von aussen angewiesen war. Hierfür an dieser Stelle meinen Dank auszusprechen, ist ebenso Pflicht als lebhafter Wunsch. So sage ich meinen ergebensten Dank zunächst dem hohen Ministerium der Justiz, des Cultus und des Unterrichts unserer Landesregierung, welches mir wiederholt (Frühling 1886 und 1887) ihren Arbeitsplatz auf der zoologischen Station in Neapel überwies. Ebenso an die Königl. Preussische Akademie der Wissenschaften in Berlin, welche mir im

Jahre 1886 die Mittel zu der Reise nach dem Süden gewährte. Besonderer Dank gebührt Herrn Professor Otto Bütschli, dem Director des zoologischen Laboratoriums unserer Universität, der mit einer, nur dem wahren Gelehrten eigenen Liberalität die mir dienlichen Räume seines Institutes öffnete, in dem die ersten wichtigen Versuche über die Knochenfische gemacht wurden. Auch mancherlei Anregung und Berathung hatte ich mich von seiner Seite zu erfreuen. Meinen Dank Herrn Privatdocent Dr. Blochmann, Assistenten des Laboratoriums, für vielfache Mithülfe bei meinen Untersuchungen. Vielen Dank meinem Freunde Dr. B. Grassi, Professor der Zoologie in Catania, der seiner Zeit mit unermüdlicher Sorgfalt meine wissenschaftlichen Bestrebungen unterstützte. Ebenso danke ich dem Directorat und den Angestellten der zoologischen Station in Neapel, wo meine Wünsche zu jeder Zeit und bei jedem Einzelnen bereitwilligstes Entgegenkommen zu finden pflegten. (Sämmtliche originale Haifischbilder sowie der Amphioxus sind das Werk des Sig. Merculiano, Zeichners der Station.) Endlich meinen Dank der bewährten Verlagshandlung, welche, wie schon der ersten, so auch der zweiten Abtheilung dieser Schrift ihre vollste Aufmerksamkeit zuwendete.

Heidelberg, im März 1888.

J. Steiner.

INHALT.

Seite

Vorrede . . . . V — X

Erstes Capitel: **Ueber die Locomotion der Fische und die Function ihrer Flossen** 1

Zweites Capitel: **Das Centralnervensystem der Knochenfische** . . . 11

§. 1. Abtragung des Grosshirns 15
§. 2. Analyse der Versuche 22
§. 3. Abtragung der Decke des Mittelhirns 24
§. 4. Abtragung des Kleinhirns 25
§. 5. Analyse der Versuche 30
§. 6. Abtragung der Mittelhirnbasis 30
§. 7. Das Rückenmark 33
§. 8. Analyse der Versuche im 6. und 7. Paragraphen 35

Drittes Capitel: **Das Centralnervensystem des Amphioxus lanceolatus** 38

§. 1. Historische Notizen 38
§. 2. Naturgeschichtliche Notizen 40
§. 3. Ein physiologischer Versuch 42
§. 4. Analyse des Versuches 44

Viertes Capitel: **Das Centralnervensystem der Haifische** 45

§. 1. Einleitende Bemerkungen 45
§. 2. Abtragung des Vorderhirns 47
§. 3. Analyse der Versuche 50
§. 4. Abtragung des Zwischenhirns 51
§. 5. Analyse des Versuches 52
§. 6. Abtragung des Kleinhirns 52
§. 7. Abtragung des Mittelhirns.
A. Abtragung der Decke des Mittelhirns 53
B. Abtragung der Basis des Mittelhirns 54
§. 8. Abtragung des vordersten Theiles des Nackenmarkes 55
§. 9. Analyse der Versuche im siebenten und achten Paragraphen . . . 55
§. 10. Das Rückenmark 56
§. 11. Analyse der Versuche 58

Fünftes Capitel: **Das Rückenmark der Rochen** 61

Seite

Sechstes Capitel: **Das Rückenmark der Ganoïden** 63

Siebentes Capitel: **Das Rückenmark der Petromyzonten** 66

§. 1. Biologische Notizen 66
§. 2. Die Versuche 69
§. 3. Analysirende Bemerkungen 70

Achtes Capitel: **Das Rückenmark des Aales** 71

§. 1. Die Versuche 71
§. 2. Analyse der Versuche 72

Neuntes Capitel: **Die Zwangsbewegungen der Fische** 75

§. 1. Versuche an Knochenfischen 75
A. Einseitige Abtragung des Gehirns 75
B. Einseitige Abtragung des Mittelhirns 76
C. Einseitige Abtragung des Kleinhirns 77
D. Einseitige Schnitte in das Nackenmark 77
E. Die Zwangsbewegungen der Pleuronectiden 78
§. 2. Versuche an Knorpelfischen 80
A. Einseitige Abtragungen im Gehirn 80
B. Einseitige Durchschneidung des Rückenmarks 81
§. 3. Theoretische Schlüsse 82
§. 4. Zwangsbewegungen des Rückenmarks nach Abtragung des Gehirns 85
§. 5. Analyse der Versuche 88

Zehntes Capitel: **Allgemeine Schlüsse und Reflexionen** 94

§. 1. Die Deutung des Fischgehirns 94
§. 2. Die Anlage des Grosshirns bei den Fischen 98
§. 3. Die Genealogie der Fische 102
§. 4. Die Phylogenese des Centralnervensystems 110

Anhang: **Die halbzirkelförmigen Canäle der Haifische** 112

§. 1. Vorbemerkungen 112
§. 2. Die Versuche 114
§. 3. Analyse der Versuche 119

Anmerkungen 124

Erstes Capitel.

Ueber die Locomotion der Fische und die Function ihrer Flossen.

Die Locomotion der entwickelteren Thiere beruht im Allgemeinen darauf, dass sie durch Bewegungsorgane entlang einem Widerstande, den feste, flüssige oder luftförmige Körper ihnen bieten, verschoben werden. Diesen Widerstand nennt man den nützlichen Widerstand. Je nachdem die Bewegung in demselben Medium erfolgt, welches auch den nützlichen Widerstand leistet, oder je nachdem die beiden Medien von einander verschieden sind, haben wir es mit zwei vollkommen verschiedenen Formen der Locomotion zu thun (Joh. Müller). In dem ersten Falle befinden sich die schwimmenden und fliegenden Thiere, im anderen Falle die Thiere, welche gehen oder kriechen. Dort sind Wasser oder Luft die Medien, in welchen z. B. Fische oder Vögel sich bewegen und Wasser oder Luft sind zugleich die Medien, welche, obgleich sie selbst nachgiebig sind, den nützlichen Widerstand bieten. Hier gehen oder kriechen die Thiere, sei es in Luft oder in Wasser, während die feste Erde ihren Bewegungsorganen den nützlichen Widerstand leistet.

Indem wir den Mechanismus der Ortsbewegung als gegeben voraussetzen, wenden wir unsere Aufmerksamkeit den Bewegungsorganen zu, welche entsprechend der Vielgestaltigkeit der Thierwelt eine Fülle von Formen darbieten, die indess in mechanischer Beziehung alle den gleichen Werth haben und als Hebel zu betrachten sind, welche durch Muskeln bewegt werden können. Solche Hebel sind im Allgemeinen die Extremitäten, welche, wie die Morphologie lehrt, für die Wirbelthiere homologe Bildungen darstellen und den verschiedenen Formen der Ortsbewegung angepasst worden sind.

Wir reden von den Fischen, deren zwei Paar Flossen, Brust- und Bauchflossen, den Extremitäten der übrigen Wirbelthiere nach den Lehren der Morphologie homolog sind. Wir fragen, wenn die Extremitäten dort die Organe der Ortsbewegung sind, sind sie es in gleicher Weise auch bei den Fischen und machen Fische ohne diese Extremitäten keine Ortsbewegungen? Wir können diese Frage auf zwei Wegen beantworten.

Indem wir uns dem einen Wege zuwenden, sehen wir, dass es Classen von Fischen giebt, welchen jene Flossen fehlen. Das sind die Neunaugen (*Petromyzon*) sammt ihren Larven, den *Ammocoetes* und

Fig. 1.

die Muränen (*Muraena helena*). Sie machen Ortsbewegungen und schwimmen auch ohne diese Extremitäten, so dass andere Organe bei ihnen die Locomotion ausüben müssen.

Wir betreten den zweiten Weg, indem wir solche Fische wählen, welche die genannten Flossen besitzen, die wir auf irgend eine Weise ausser Function setzen wollen. Solche Versuche sind schon in der Weise ausgeführt worden, dass man die Flossen an ihrer Basis abschnitt oder dass man sie durch Schnüre an den Leib befestigte. Beide Methoden sind augenscheinlich wenig schonend, weshalb wir sie durch eine zweckmässigere Methode zu ersetzen haben. Wir wollen nämlich die Flossen mit warmer Gelatine festleimen, wobei wir zugleich den Vortheil benutzen, durch Wiederentfernung der Gelatine in jedem Augenblick die natürlichen Verhältnisse herstellen zu können.

Wir wählen zu den Versuchen circa 20 cm lange Exemplare von *Squalius cephalus* (v. Siebold), einen in unseren Flüssen sehr häufigen Cyprinoiden (Fig. 1): man legt den Fisch ausserhalb des Wassers auf ein gefaltetes Handtuch auf die eine Seite, leitet künstliche Respiration ein, worüber später das Nähere mitgetheilt wird, und leimt Brust- und Bauchflosse dieser Seite mit Gelatine fest. Wenn dieselbe eben fest geworden ist, dreht man den Fisch über die Rückenkante weg auf die andere Seite und fixirt auch die Flossen dieser Seite. Fische, deren paarige Flossen durch Gelatine fixirt sind, machen Locomotionen, wie normale Fische; auch dann noch, wenn man dazu die unpaaren Flossen immobilisirt hat. Daraus folgt, dass die Locomotion der Fische von ihren Flossen unabhängig ist.

Wenn wir nunmehr nach dem Organe suchen, welches die Ortsbewegung der Fische besorgt, so lehrt die einfache Betrachtung unseres schwimmenden Fisches schon, dass es die Bewegungen des Schwanzes sind, welchen diese Leistung anvertraut worden ist; es ist sonach heute noch richtig, was der vortreffliche Borelli schon vor 200 Jahren gelehrt hat: „*Instrumentum, quo pisces natant, est eorum cauda*[1])“.

Dass dem in der That so ist, können wir auch direct durch den Versuch beweisen. Wir schneiden zu dem Zweck aus dem mittleren Stücke eines gewöhnlichen spanischen Rohres zwei Stäbchen von circa 15 mm Breite und entsprechender Dicke, welche sich an beiden Seiten des Körpers als „Seitenschienen“ mit warmer Gelatine gut anleimen lassen und genügend lange halten, um dem Versuche zu dienen. Der geschiente Körperabschnitt ist auf diese Weise vollkommen immobilisirt.

Wir wählen zunächst zwei Stäbchen, welche vom Kopfe (beginnend hinter der Kiemenöffnung) bis zum Flossenschwanze reichen: der Fisch fällt auf den Rücken, die Locomotion ist unmöglich. Im Gegensatz dazu wählen wir zwei Stäbchen, welche vom Flossenschwanz bis in die Nähe des hinteren Randes (gerechnet vom Kopfende ab) der Rückenflosse reichen: die Locomotion ist vollkommen normal. Endlich machen wir die Stäbchen so lang, dass sie gerade an den hinteren

[1]) Joh. Alphonsi Borelli, De motu animalium. Lugduni Batavorum 1665. Editio nova Hagae Comitum 1743, pag. 214.

Rand der Rückenflosse reichen: der Fisch schwimmt, sogar zunächst äquilibrirt, aber durch seitliche Bewegungen des Rumpfes und Kopfes, ermüdet aber sehr rasch, fällt auf den Rücken, die Bewegung hört auf; erholt sich, wiederholt diese Bewegung u. s. f.

Daraus folgt die Richtigkeit des Borelli'schen Satzes, dem wir noch hinzufügen wollen, dass die Bewegungen des Schwanzes, welche der Locomotion dienen, erfolgen wie die Bewegung eines starren Pendels, dessen Drehpunkt wenig rückwärts von der hinteren Grenze der Rückenflosse gelegen ist. In diesem Falle hat das Pendel seine grösste Länge. Legen wir jetzt Stäbchen an, die vom Kopfe beginnend über den eben angegebenen Punkt in der Richtung nach dem Schwanze hinausgehen, so schwimmt der Fisch ganz gut, indem er mit dem Reste des Schwanzes seitlich schlägt, d. h. der Drehpunkt ist nach hinten verschoben und das Pendel verkürzt worden. Oder der Fisch hat die Möglichkeit, die Grösse der Bewegung abzustufen, durch die Aenderung der Elongation des schwingenden Pendels, sowie durch beliebige Verkürzung dieses Pendels. Diese Verkürzung hat indess eine natürliche Grenze, deren Ueberschreitung den Ausfall der Locomotion nach sich zieht.

Indem wir uns vorbehalten, auf diese interessanten Verhältnisse an anderer Stelle näher einzugehen, kehren wir vor der Hand wieder zu den Flossen zurück mit der Frage, welchen Functionen sie denn dienen mögen, da sie mit der Ortsbewegung nichts zu thun haben. Ihre seitliche Stellung am Körper lässt sie bei der einfachen Betrachtung als Stützen erscheinen und ihnen die Sorge für das Gleichgewicht des Körpers anvertrauen, welches solcher Stützen nothwendig braucht, da der Fischkörper sich in labilem Gleichgewicht bewegt: Der Schwerpunkt des Körpers liegt näher der Rückenkante und der Fisch muss seinen Körper fortwährend balanciren. In der That sagt auch Borelli[1]): „*Pinnae duplicatae, quae in duobus locis infimi ventris piscium existunt, non inserviunt ad motum, sed ad stationem eorum.*" Weiter führt er fort: „. . . . *forsicibus resecui omnes pinnas ventris piscis vivi, eumque denuo in piscinam demersi ibique jucundum spectaculum exhibuit; vacillabat enim ad dextram et ad sinistram, nec poterat in posi-*

[1]) Loc. cit. pag. 213.

tura erecta firmiter persistere, sicuti ebrii casuri et vacillantes hinc inde incedere solent, ex quo patet propositum."

Es wird keine Schwierigkeiten haben, diese Sätze durch den Versuch zu bestätigen oder zu widerlegen.

Wir werden von vornherein mit mehr Klarheit sehen, wenn wir die Erhaltung des Gleichgewichts während der Ortsbewegung betrachten und davon gesondert das Gleichgewicht, während der Fisch auf dem Boden des Bassins, resp. auf dem Grunde steht.

Was kann man an den Flossen beobachten, wenn der Fisch in Bewegung ist? Diejenigen Flossen, welche durch ihre seitlich vom Körper abstehende Stellung am ehesten die Aufgabe erfüllen würden, den Körper zu stützen, werden eingezogen und flach an den Körper angelegt. Am deutlichsten sieht man dies an den Brustflossen, wenn die Fische sich in recht grossen Bassins bewegen, wie ich sie besonders in Neapel zur Disposition hatte. Daraus folgt aber, dass die paarigen Flossen an der Erhaltung des Gleichgewichts während der Bewegung nicht betheiligt sind. Leimen wir jetzt sowohl die paarigen als sämmtliche unpaare Flossen (incl. der Schwanzflosse) durch Gelatine an, so sehen wir, dass die Ortsbewegungen eines solchen Fisches durchaus äquilibrirt vor sich gehen. Seitliche Schwankungen, die gemacht werden, sind so gering, dass man sie erst bei genauester Beobachtung gewahr wird. Die entgegenstehende Beobachtung von Borelli findet leicht ihre Erklärung in der Misshandlung des Fisches, welche mit der blutigen Abtragung der Flossen verbunden ist. Wir folgern demnach: Die Aequilibrirung des in Bewegung begriffenen Fisches ist unabhängig von den Flossen.

Hierbei sind die seitlichen Schwankungen, welche höchstens etwa 3 bis 5 Winkelgrade betragen, übergangen worden, was zu rechtfertigen ist angesichts der Thatsache, dass bei vollem Verluste der Aequilibrirung die Rotation des Fisches um seine Längsaxe 180° betragen würde. Das Verhältniss wäre also günstigsten Falls 1 : 60 — 36, d. h. ein Fehler von so geringen Dimensionen, dass man ihn, wenigstens nach meinem Dafürhalten, vernachlässigen darf.

Was beobachten wir an dem Fische, welcher auf dem Grunde steht? Die Brustflossen stehen unter spitzem Winkel vom Körper ab; der Winkel mag ca. 45° betragen. Die Bauchflossen verhalten sich ungeführ ebenso. Rücken- und Schwanzflosse sind in fortwährender Thätigkeit, indem sie abwechselnd entfaltet und wieder gefaltet werden. Die Schwanzflosse macht dabei eine halbe Schraubenwindung. Der Fisch in toto steht unter diesen Verhältnissen fest auf dem Grunde, macht aber dabei fast fortwährend leichte seitliche Schwankungen, d. h. trotz der Thätigkeit aller Flossen ist die Aequilibrirung des auf dem Grunde stehenden Fisches keine absolute. Wenn wir jetzt sämmtliche Flossen festleimen, so sehen wir an dem bisherigen Bilde keine wesentliche Veränderung auftreten, nur geht der Fisch in Folge der seitlichen Schwankungen manchmal in Bewegung über, aber ebenso häufig gleichen sich diese Schwankungen, genau wie bei freien Flossen, auch während der Ruhe aus. Daraus folgt, dass die Aequilibrirung des auf dem Grunde stehenden Fisches ebenfalls unabhängig von den Flossen ist, wobei indessen nicht ausgeschlossen sein mag, dass sie, wenn sie da sind, die Thätigkeit des äquilibrirenden Apparates unterstützen.

Bis hierher haben wir vergeblich versucht, die Flossen mit einer besonderen Function zu betrauen. Aber unsere Fische verfügen noch über eine dritte Lage, nämlich das freie Schweben in irgend einer Ebene der Wassermasse, und hierzu sind die Flossen unentbehrlich. Man beobachte einen Fisch, der spielend in beliebiger Höhe der Wassermasse schwebt: Während der ganze Körper, insbesondere der Muskelschwanz, in Ruhe verharrt, sind alle Flossen in lebhafter Thätigkeit, vorzüglich die Brustflossen stehen unter rechtem Winkel gegen die Axe des Körpers und weit entfaltet, wie ein Schirm, drücken sie das Wasser. Wir leimen die Brustflossen fest; der Fisch schwimmt ganz normal davon und im Bassin umher. In einem gegebenen Momente sehen wir ihn etwa aus halber Höhe des Bassins rasch nach unten sinken und er fällt in Folge der Schwere, wie eine todte Masse die ganze Höhe bis auf den Grund herunter, worauf er zu neuer Bewegung übergeht. Ein anderes Mal fällt der Fisch nur eine kürzere Strecke und unterbricht den Fall durch Uebergang zur Ortsbewegung mit Hülfe des Schwanzes. Hingegen senkt sich in solchem Falle ein normaler Fisch unter fortwährender Benutzung seiner Flossen ganz allmälig und ohne den Muskelschwanz in Anspruch zu nehmen auf den Boden. Dieser Versuch ist der Grundversuch, auf den sich die Folgerung stützt: Die Flossen, insbesondere die paarigen Flossen, sind nothwendig für alle Gleichgewichtslagen des Fisches in irgend einer Höhe der Wassermasse.

Eine weitere Bestätigung dieser Schlussfolgerungen finden wir wieder in den Bewegungen derjenigen Fische, welche die paarigen Flossen nicht besitzen.

In dieser Richtung habe ich mit Ausdauer die Bewegungen der Neunaugen beobachtet: Niemals habe ich sie im Wasser schweben sehen. Bewegen sie sich einmal sehr langsam im Wasser, was den Schein von Schweben erwecken könnte, so sieht man genau, dass stets schlängelnde Bewegungen des Körpers im Spiele sind. Erheben sie sich im Wasser, so geschieht dies durch schlängelnde Bewegungen; wollen sie von oben nach unten gelangen, so geschieht dies oft durch schlängelnde Bewegungen, öfter aber lassen sie sich fallen und sinken auf den Boden wie eine todte Masse oder unser Cyprinoide, welchem wir die Brustflossen festgeleimt hatten.

Sehr lehrreich ist in dieser Beziehung die Beobachtung der Muräne. Man sieht sie öfter im Wasser schweben, aber nur mit dem Vordertheil, während der Schwanz sich auf den Boden stützt. Oefter aber kann man auch bei ihr sehen, wie sie aus einer Höhe heruntersinkt. Kurz, die Betrachtung der Fische, welche paarige Flossen nicht besitzen, unterstützen vollständig die Ansicht, welche wir durch das Experiment über die Function der Flossen gewonnen haben.

Zu jenen Gleichgewichtslagen gehören indess auch alle die leichten Wendungen und Drehungen, Erhebungen und Senkungen, welche die Fische machen und bei denen die Ortsbewegung, die damit verbunden ist, wegen der Geringfügigkeit der absoluten Verschiebung, welche der Körper in gerader Linie erfährt, in den Hintergrund tritt. Hierbei wirken die Brustflossen sehr deutlich als Steuer, wie man namentlich bei den seitlichen Wendungen sehen kann, welche stets durch kräftige Thätigkeit der Flosse derselben Seite eingeleitet werden. Hierher gehört auch, wie schon früher bekannt war, die Rückwärtsbewegung des Fisches, welche ausschliesslich durch die Thätigkeit der Brustflossen geschieht[1]. Endlich aber kann man bei der Beob-

---

[1]) Leçons sur la physiologie et l'anatomie comparée etc. par H. Milne-Edwards, T. XI, p. 82. Anmerkung 1.

achtung sehr rascher Bewegungen sehen, dass den Flossen noch die weitere Function zukommt, die vorhandene rasche Bewegung zu arretiren, zu hemmen, entweder vollständig oder nur so, dass jene in ein langsameres Tempo übergeht. Denn man sieht sehr deutlich, wie in solchen Momenten die vorher flach dem Körper anliegenden Flossen sich plötzlich in ganzer Breite entfalten und die vorhandene Bewegung aufhalten.

Wenn wir nunmehr die Function der Flossen zusammenfassen wollen, so ergiebt sich, dass die beiden Extremlagen, nämlich die Ruhestellung des Fisches auf dem Grunde, sowie diejenige Locomotion, durch welche der Fischkörper die Fluth mit grosser Geschwindigkeit durchschneidet, von den Flossen unabhängig sind. Die Flossen treten hingegen in Function in allen denjenigen Lagen, welche vom unverrückten Schweben in der Fluth bis zu den langsamen Ortsbewegungen reichen, durch welche sich die Fische wie spielend in kleinem Umkreise tummeln. Demnach wirken die Flossen:

1. Als Fallschirme.
2. Als Steuer.
3. Als Arretirung.
4. Als Locomotionsorgane bei der Rückwärtsbewegung.

Dazu sei noch bemerkt, dass jede Ortsbewegung nach vorwärts stets unter Theilnahme des Muskelschwanzes geschieht.

Was die sub 2 angeführte Function betrifft, so kann dieselbe jedesmal durch die Bewegungen des Schwanzes ersetzt werden, wie wir es bei angeleimten Flossen und den flossenlosen Fischen sehen können. Aber die Steuerung bewegt sich dann stets in gröberen Dimensionen und es fehlt den so ausgeführten Bewegungen an Leichtigkeit und vielleicht auch Genauigkeit.

Was über die Function der Flossen hier gesagt worden ist, bezieht sich im Wesentlichen auf die paarigen Flossen; die unpaaren Flossen haben bei allen diesen Beobachtungen keine Function erhalten können [1].

Nachdem wir gezeigt haben, dass die Flossen entgegen der landläufigen Anschauung nicht der Erhaltung des Gleichgewichtes dienen, son-

[1] P. Mayer (Mittheilungen d. zoolog. Station von Neapel. Bd. VI, 1884) meint, dass die unpaaren Flossen der Haifische, indem sie die Höhe des Ruderschwanzes vergrössern, dadurch für die Locomotion von Bedeutung sind.

dern andere Functionen übernommen haben, liegt uns ob, nunmehr nach den Kräften zu suchen, welchen das Gleichgewicht der Lage des Fischkörpers anvertraut ist. Wir werden uns darüber kurz fassen können, da die hier zur Anwendung kommenden Principien schon früher von uns ausführlich erörtert worden sind, mit der besonderen Bemerkung, dass sie für alle Wirbelthiere gültig sein müssen[1]. Eine Erörterung ist nur insoweit nothwendig, als die besondere Form des Fischkörpers sie verlangt.

Der Fisch erfüllt, wenn er sich, wie im normalen Zustande, im Gleichgewichte der Lage befindet, die Aufgabe, den Körper in labilem Gleichgewichte zu balanciren. Wir haben für den Frosch und alle Wirbelthiere, deren Rumpf den Kopf und die Extremitäten als bewegliche Anhänge besitzt, den Gesammtschwerpunkt des Körpers sich zusammensetzen lassen aus dem Rumpf und jenen Anhängen, und gefunden, dass die Muskel- und Gelenkempfindungen dieser Theile es sind, welche die Sorge für die Erhaltung des Gleichgewichtes der Lage übernommen haben. Bei den Fischen müssen wir den Gesammtschwerpunkt sich zusammensetzen lassen aus den Schwerpunkten der einzelnen Metameren, welche mit ihrer knöchernen oder knorpeligen Einlage sämmtlich mehr oder weniger gegen einander verschiebbar sind. Wenn der Fisch sich im Gleichgewichte der Lage befindet, sei es im Zustande der Ruhe oder der Bewegung, so sind ihm damit eine Summe von Muskel- und Gelenkempfindungen gegeben, die er ein- für allemal kennt. Findet eine Veränderung der relativen Lage der einzelnen Theile gegen einander statt (wie bei der Thätigkeit des Schwanzes im Interesse der Locomotion) oder tritt eine Verschiebung des Gesammtschwerpunktes (wie bei seitlichem Schwanken) ein, so werden diese Empfindungen auch geändert und dadurch auf reflectorischem Wege die nöthigen Muskel- resp. Gliederbewegungen ausgelöst, um das Gleichgewicht der Lage wieder herzustellen[2].

---

[1]) Vergl. Froschhirn, S. 23 bis 25.

[2]) In dieser allgemeinsten Form ist die Theorie auch für die Wirbellosen gültig, wo schon die Lageveränderung der Weichtheile die Muskelgefühle anregt, welche Störungen im Gleichgewichte der Lage korrigiren. Vgl. W. Preyer, Ueber die Bewegung der Seesterne. Mitth. d. zool. Stat. VII, 121, 1886.

Wo wir das Centrum für diese Empfindungen zu suchen haben, ob im Rückenmark, ob im Gehirn oder in beiden Theilen, wird uns später beschäftigen.

Während die vergleichende Anatomie die paarigen Flossen der Fische mit voller Klarheit den Extremitäten der übrigen Wirbelthiere homolog setzt, wollen wir hier constatiren, dass sie nicht analog sind den Extremitäten der übrigen Wirbelthiere; ihr eigentliches Analogon ist der Schwanz. Aber es ist äusserst interessant, dass diese Flossen Functionen besitzen, aus welchen sie sich zu Bewegungsorganen deutlich und sichtbar entwickeln können. Denn bei den vielfachen Lagen und Stellungen im Wasser entfalten sich die Flossen fortwährend, um zu stützen und gegen das Wasser zu drücken — als directe Vorläufer der Bewegungsorgane, welche gegen den nützlichen Widerstand andrängen. Und in einem Falle wirken sie schon als Bewegungsorgane! Wenn die Flossen also nur in sehr geringem Grade analog sind den Extremitäten der höheren Wirbelthiere, so sind sie doch schon mit Functionen betraut, durch welche sie auf dem Wege phylogenetischer Entwickelung zu Stütz- und Bewegungsorganen zugleich sich heranbilden können.

Umgekehrt sehen wir bei den wasserbewohnenden Urodelen (geschwänzte Amphibien), wo bei Persistenz des Schwanzes die Extremitäten Bewegungsorgane geworden sind auf dem Lande, dieselben Extremitäten bei der Locomotion im Wasser, welche noch durch den Schwanz besorgt wird, wie die Flossen sich flach an den Leib legen. Ebenso legt der Frosch die Vorderextremitäten flach an den Leib, wenn er kräftig durch die Fluthen schwimmt, während die Hinterextremitäten die Function des Schwanzes übernommen haben. Endlich ist die neue Gleichgewichtslage, welche dieselben Thiere im Wasser annehmen, wie ich sie seiner Zeit beschrieben und abgebildet habe[1]), indem sie die Extremitäten fast unter rechtem Winkel gegen den Körper weit von sich strecken, auf denselben Vorgang bei den Flossen zu beziehen, wenn der Fisch frei im Wasser schwebt.

Auf diese Weise umfassen wir eine Reihe von Thatsachen mit gemeinsamem Bande, welche bisher zusammenhangslos und deshalb unverstanden geblieben waren.

---

[1]) Froschhirn, S. 78.

Zweites Capitel.

Das Centralnervensystem der Knochenfische.

Die vivisectorische Behandlung der Fische führt auf Schwierigkeiten, welche daraus entstehen, dass diese Thiere in dem von ihnen bewohnten Medium nicht operirt werden können. Und hebt man sie für die Operation aus diesem Medium heraus, so leiden sie Noth, machen in Folge dessen sehr heftige Bewegungen und hindern den Experimentator an der genauen Ausführung etwa gröberer Operationen, schliessen aber jede feinere Arbeit vollkommen aus. Alle diese Schwierigkeiten werden leicht überwunden, wenn man die Fische während des Operirens künstlich respirirt, indem man einen passenden Gummischlauch an den Hahn der Wasserleitung ansetzt und das andere Ende desselben dem Fische in das Maul schiebt: das Wasser tritt durch das Maul in den Rachen, fliesst an den Kiemen vorbei, zu der Kiemenöffnung wieder heraus und versorgt den Fisch mit genügendem Sauerstoff, wie die folgenden regelmässigen und ruhigen Athembewegungen lehren. Nach wenigen zappelnden Bewegungen hat sich der Fisch den neuen Verhältnissen angepasst; er liegt ganz ruhig da und gestattet beliebig lange Zeit die Ausführung selbst der feinsten Operationen. Hat man keine Wasserleitung zur Verfügung, wie es am Meere resp. für Meerwasser, also auch in der zoologischen Station zu Neapel die Regel ist, so stellt man ein mit Wasser gefülltes Gefäss etwa $^1/_2$ m hoch über dem Operationstisch auf und verwandelt das Zuleitungsrohr in ein Heberrohr.

Unter den neuen Verhältnissen brauchen wir einen besonderen Operationstisch, der so eingerichtet sein muss, dass man bequem auf demselben operiren kann, während zugleich das aus den Kiemen des Fisches kommende Wasser ungestört abläuft. Das hiesige zoologische Laboratorium besitzt einen Tisch von 1 m Höhe, dessen Platte ringsherum von einer bandbreiten Kante eingefasst ist. Platte und Kante sind mit Zinkblech ausgeschlagen, welches an dem einen Ende in ein Abzugsrohr von demselben Metall mündet, so dass alles auf den Tisch gelangende Wasser durch jenes Rohr abfliesst, um so mehr, als derselbe am entgegengesetzten Ende ein wenig höher steht. Dieser Tisch ist, abgesehen von seiner Grösse, schon durch die Einrichtung des Abflussrohres, welches in den grossen Abzugscanal eingelassen ist, ein- für allemal auf einen bestimmten Platz angewiesen. In Folge seiner Höhe müssen Assistent und Operateur während der ganzen Zeit der Operation stehen. In der zoologischen Station zu Neapel liessen wir einen kleinen transportablen Tisch anfertigen von 85 cm Länge, 45 cm Breite und 76 cm Höhe, dessen Kante von Holz nur etwa einen Finger breit hoch ist und dessen Platte mit Paraffin getränkt wurde. An dem einen Ende befindet sich ein in die Platte eingelassenes kurzes Abzugsrohr, dessen Inhalt durch einen passenden Gummischlauch in ein unterstehendes Gefäss geleitet wird, welches man nach Bedarf zeitweise entleert. Dieser Tisch hat den Vorzug, dass man mit demselben beliebig wandern und das beste Licht aufsuchen kann. Nicht minder vortheilhaft ist es, dass Assistent und Operateur an diesem Tische während der Arbeit sitzen können. In neuester Zeit habe ich mich noch einer einfacheren Vorrichtung bedient: Es ist dies ein flaches Tabulet mit Kante von Zinkblech, etwa $1/2$ m lang und 30 cm breit, in dessen eine kurze Seite ein Loch gebohrt wird. Diese Platte legt man auf einen beliebigen Tisch, das gelochte Ende überragt die Tischplatte und durch das Loch fliesst das Wasser ganz gut in ein unterstehendes Gefäss ab, wenn man das andere Ende des Tisches ein wenig erhöht. Diese Vorrichtung eignet sich besonders zur Benutzung auf der Reise, wo man auf möglichst einfache Mittel angewiesen ist.

Endlich brauchen wir ein Bassin mit circulirendem Wasser, wozu man jedes passende Reservoir, am besten eines mit Glaswänden, benutzen kann. Ich will hier nur von der zweckmässigen Einrichtung der Circulation reden. Die Zoologen pflegen ihre Bassins einfach durch einen Luftstrom zu lüften, eine Einrichtung, die, wie die Erfahrung gelehrt hat, für unsere Zwecke nicht ausreicht. Der Zufluss geschieht in unserem Falle durch ein beliebiges Rohr von der Wasserleitung her; der Abfluss durch ein in der Fig. 2 abgebildetes Heberrohr, dessen Kenntniss ich einem ungenannt bleiben wollenden Freunde verdanke: *a* ist die Einflussöffnung, *d* die Ausflussöffnung und bei *b* reitet der Heber auf der Wand des Bassins. Wie jeder Heber, ist auch dieser durch Ansaugen in Gang zu setzen, worauf man ihn viele Tage lang ununterbrochen in Thätigkeit sehen kann. Ich möchte bemerken, dass, wenn man *experimenti causa* den Heber aus der Flüssigkeit des Bassins heraushebt, er spontan sogleich wieder zu fliessen beginnt, wenn man

Fig. 2.

ihn in das Bassin versenkt hat. Der Trichter *e* nimmt das abfliessende Wasser auf, welches durch den Gummischlauch *f* beliebig abgeleitet wird [1]). Bei den gewöhnlichen Hebern kommt das unangenehme Ueberlaufen der Bassins gewöhnlich dadurch zu Stande, dass der Druck in der Wasserleitung zu gering wird, das Niveau im Bassin unter das Niveau des Hebers sinkt, der Heber leer läuft und nicht mehr zu functioniren vermag, wenn der Druck in der Leitung

---

[1]) Die Handlung Desaga in Heidelberg liefert den Heber.

steigt und das Niveau im Bassin sich wieder genügend erhoben hat. Der abgebildete Heber aber läuft niemals leer und wird daher trotz aller Druckschwankungen in der Leitung im gegebenen Augenblicke immer wieder in Function treten. Gegen zu hohen Druck in der Wasserleitung schützt man sich dadurch, dass man den Wasserhahn von vornherein auf eine kleine Ausflussmenge einstellt, oder will man ganz sicher sein, so macht man das Heberrohr im Kaliber gleich der Ausflussöffnung des Wasserhahnes.

Bei der Auswahl der Fische ist zu beachten, dass das Gehirn derselben langsamer wächst als der Schädel, woraus bei grösseren Fischen das Missverhältniss entsteht, dass die Schädelhöhle von ihrem Inhalte nicht ausgefüllt wird und das Gehirn so in die Tiefe zu liegen kommt,

Fig. 3 A. Fig. 3 B.

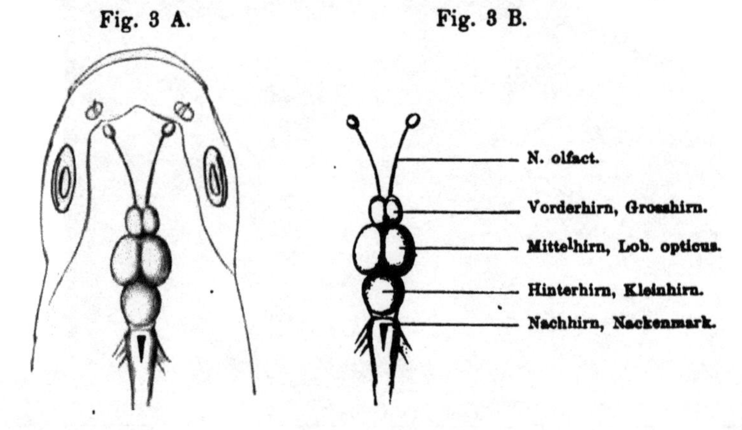

dass genauere Operationen unausführbar sind. Man wähle daher stets kleinere Fische, bei denen jenes Missverhältniss nur in geringem Grade vorhanden ist. Gross genug wird man bei unseren Knochenfischen das Gehirn stets finden (ausgenommen ist der Aal, der für alle diese Operationen aber überhaupt wenig handlich ist, weil man ihn nur schwer meistern kann, da er sich mit Kraft, Energie und „Aalgeschmeidigkeit“ wehrt).

Die folgenden Versuche werden alle an dem oben (S. 2) abgebildeten Teleostier, *Squalius cephalus*, einem wegen seiner Resistenz sehr geeigneten Cyprinoiden, gemacht, dessen Gehirn wir in Fig. 3 A. in seiner natürlichen Lage im Kopfe abgebildet sehen, während in Fig. 3 B. die Bezeichnung der einzelnen Hirntheile gegeben ist.

§. 1.

Abtragung des Grosshirns.

Man liest bei Flourens[1]): *„J'enlevai, sur une carpe, le premier renflement, les allures de l'animal ne parurent pas sensiblement altérées.“* Das will heissen, dass Flourens nach Abtragung des Grosshirns keine Bewegungsstörungen beobachtet hat. Ganz dasselbe beschreibt Baudelot[2]). Hingegen lautet Vulpian's Urtheil über die Folgen dieser Abtragung etwas anders, denn er sagt[3]): *„Le poisson opéré se meut en ligne droite, ne tournant d'ordinaire d'un côté ou de l'autre que l'orsqu'il rencontre un obstacle, ne paraissant s'arrêter que sous l'influence de la fatigue. Il semble poussé à se mouvoir par une nécessité impérieuse à laquelle il ne peut plus résister, nécessité créée par des excitations qui naissent principalement du contact des téguments avec l'eau. Ces différents mouvements, exécutés par les Poissons privés de leurs lobes cérébraux, ne me paraissent pas plus volontaires.“*

Seine Fische ohne Grosshirn zeigen zwar auch keine Bewegungsstörungen, aber er will diese Bewegungen doch nicht als ganz normal anerkennen, sondern betrachtet sie als unfreiwillige, durch den Reiz des umgebenden Wassers erzeugte und demnach erzwungene Bewegungen.

Aber sowohl Flourens als Vulpian erhalten ihre operirten Fische nicht länger als einen Tag am Leben und der Letztere findet bei der Autopsie das Gehirn in sehr traurigem Zustande: es ist vollkommen erweicht, weil das Wasser es bespülen konnte, da das Schädeldach abgesprengt worden war. Baudelot, welcher diesen Mangel empfand, hatte das Gehirn seiner Fische, um es vor Wasser zu schützen, mit einem Tropfen warmen Fettes bedeckt und sah sich durch achttägiges Aushalten seiner Operirten belohnt.

Welches Resultat diese Forscher auch immer erhalten haben mögen, so ist doch sogleich zu übersehen, dass das hier angedeutete

---

[1]) Flourens, Recherches expérimentales s. les propriétés et les fonctions du système nerveux. Second. édition, Paris 1842, p. 683.

[2]) Baudelot, Rech. expérim. s. les fonctions de l'encéphale des poissons. Annal. d. scienc. natur. 1864, I, p. 105.

[3]) Vulpian, Leçons s. le système nerveux. Paris 1866, p. 684.

Verfahren mangelhaft war, weil das blossgelegte Gehirn entweder sogleich oder nach einiger Zeit dem umgebenden Wasser preisgegeben wurde: eine längere Erhaltung des Thieres und eine vollständige Ausheilung seiner Operationswunde war dadurch ausgeschlossen. Und was bei den hier genannten Autoren gefehlt worden ist, das hat sich bei allen übrigen Untersuchern einfach wiederholt und die gewonnenen Resultate wesentlich entwerthet. Wir müssen heute von der Technik verlangen, dass die operirten Thiere so lange am Leben erhalten werden, bis eine Ausheilung der Wunde stattgefunden hat, was hier nur durch eine Methode zu erreichen ist, welche die Gehirnhöhle nach der gemachten Operation wieder vollkommen gegen das Wasser abschliesst, um den Zutritt des Wassers zum Gehirn zu verhindern.

Unsere Methode ist die folgende: Während der Fisch in der oben angegebenen Weise künstlich respirirt und von der rechten Hand des Assistenten, am besten mit einem nassen Tuche, gehalten wird, schneide ich, an der rechten Seite des Fisches stehend, mit einer kleineren Knochenzange die Decke des Schädels in einer Linie an, welche quer die Mitte beider Augen verbindet. Von diesem queren Schnittcanal aus werden dann nach hinten zur rechten und zur linken Seite in der Längenaxe des Fisches zwei Schnittcanäle in Länge von 1½ bis 2 cm angeschlossen und der gebildete Deckel als „Knochenlappen“ so nach hinten zurückgeschlagen, dass er mit dem Thiere durch die Haut in Verbindung bleibt. Die beistehende Fig. 4 zeigt die Bildung dieses Knochenlappens. Nach Entfernung des gelblichen Fettes durch Abtupfen mit kleinen, zarten, in physiologische Kochsalzlösung getränkten Schwämmchen treffen wir auf die Oberfläche des Gehirns: Nach vorn ziehen die Riechnerven, welche eigentlich *Tractus olfactorii* sind, und hinter diesen haben wir Flourens' „*premier renflement*“, das Grosshirn, welches wir zu entfernen beabsichtigen. Wollten wir, wie ich es beim Frosche vorgeschrieben habe, auf der Grenze von Gross- und Mittelhirn unser Messer bis

Fig. 4.

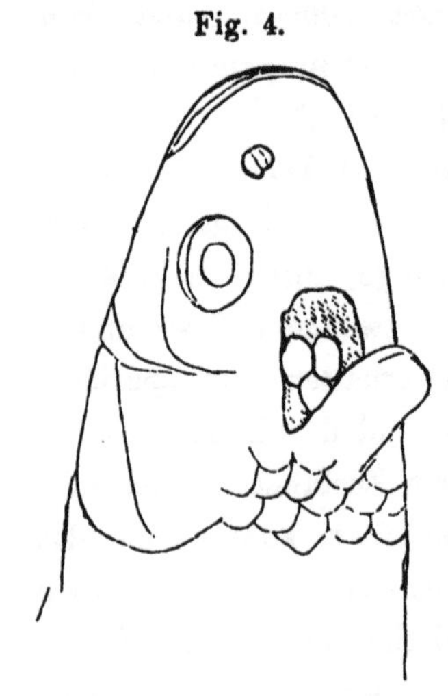

auf den Schädelgrund versenken; so würden wir hier ein Unheil anrichten, da die *Nn. optici* gerade unter dieser Gegend hinziehen, um gleich in den Knochen einzutreten. Wir dürfen also mit unserem Messer nicht bis auf den Grund kommen, sondern schon vorher muss dasselbe mit dem Stiel nach hinten gesenkt und die Schneide nach vorn bewegt werden, wobei das Grosshirn abgetragen und nach vorn mitgenommen wird, ohne Beschädigung der Sehnerven. Die Abtragung geschieht mit dem in Fig. 5 abgebildeten zugeschärften Meissel, welcher sich hierfür, sowie für einige andere Operationen in vorzüglicher Weise eignet. In Folge der Abtragung darf der Fisch keine Zuckungen machen; wenn solche eintreten, so ist wahrscheinlich am dahinter gelegenen Mittelhirn gezerrt worden und der Erfolg in Frage gestellt, wenn auch nicht ausgeschlossen. Die Abtragung kann ganz unblutig verlaufen oder wenigstens nur mit einer Spur einer Blutung; wo eine stärkere Blutung eintritt, ist der Erfolg gefährdet (gewisse Fischgattungen scheinen stets stärker zu bluten, z. B. die Forellen, weshalb sie zu diesen Versuchen nicht zu gebrauchen sind). Die beistehende Fig. 6 zeigt die erfolgte Grosshirnabtragung. (Die abgetragenen Theile werden in gestrichelter Linie ausgeführt). Ist die Abtragung so weit vollendet, dann klappt man den Knochendeckel wieder zurück, lagert ihn genau in sein altes Lager ein (wo das nicht gelingt, schneidet man hinten die Kanten ab) und legt vorn mit Nadel und Faden eine Ligatur an. Darauf trocknet man die ganze Decke im Bereiche des Knochenlappens mit feinem Fliesspapier, überzieht sie mit heisser Gelatine, besonders die Schnittränder, und bepinselt diese Gelatinekappe mit concentrirter Tanninlösung, um sie gegen das Wasser resistent zu machen.

Fig. 5.

Fig. 6.

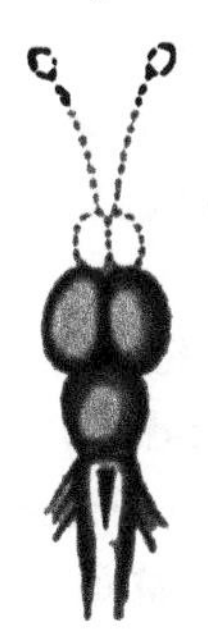

Nun ist die Operation vollendet und man bringt den Fisch regelmässig in sehr gutem Zustande ins Wasser. Zwar hält die Gelatinekappe nicht länger, als höchstens zwei Tage; nicht weil sie im Wasser quillt, sondern weil sie bei den Bewegungen des Fisches verschoben wird. Aber die Wunde bedarf der Kappe nicht mehr, denn in den Schnittcanälen hat sich mittlerweile feste Masse gebildet, welche die Hirnhöhle vollkommen abschliesst (ist der Knochenlappen zweckmässig angelegt, so dass er sich gut in sein altes Lager reponiren lässt, dann kann man die Gelatinekappe sogar fortlassen). So operirte Fische können nun unbeschränkte Zeit leben.

Beobachtet man einen dieser Fische, so findet man, selbst kurz nach der Operation, seine Bewegungen unverändert: seine Haltung, die Bewegung des Schwanzes und das Spiel seiner Flossen weisen keinen Unterschied gegen den normalen Fisch auf. Man hatte wohl in Anlehnung an das Verhalten des Frosches vorausgesetzt, dass der Fisch ohne Grosshirn entweder spontan gar keine Bewegung ausführt oder dass er wahrscheinlicher unter dem Einflusse des Wassers so lange schwimmen müsste, bis die Ermüdung eingetreten sein würde. Gleichzeitig müsste diese Bewegung den Charakter des Gezwungenen und Maschinenmässigen aufweisen, wie es in der That seiner Zeit Vulpian zu sehen geglaubt hatte. Von allen diesen Dingen aber sehen wir bei unserem Fische nichts, denn derselbe steht bald ruhig auf dem Grunde, bald schwebt er in irgend einer Höhe des Wassers, nur vom Spiele seiner Flossen getragen, bald aber geht er zu Bewegungen über, welche ihn in alle Ebenen des Wassers führen. Vergebens bin ich bemüht gewesen, eine Anomalie in seinen Bewegungen zu entdecken. Man sieht sogar, wie der Fisch es vermeidet, an die Scheiben des Bassins anzustossen, auch in beliebiger Linie durch sein Aquarium schwimmt, d. h. er macht den Eindruck sehend zu sein, wie wir es vom Frosch ebenfalls schon wissen. Diese Thatsache giebt Vulpian an, zuerst beobachtet zu haben; er schreibt (l. c. p. 669): „*En effet, lorsqu'on a enlevé les lobes cérébraux sur un poisson offrant de la résistance à ces sortes d'opérations, sur un Gardon, par exemple, non seulement on peut, lorsque l'animal est tranquille dans le bassin où on l'a remis, provoquer des mouvements de locomotion en approchant un corps de ses yeux; mais encore j'ai constaté qu'il évite les obstacles; etc.*“ Um dieselbe Zeit scheinen, unbekannt mit dem Vulpian'schen Resultat, auch Baudelot[1]) und Renzi[2]) zu gleicher Ansicht gekommen zu sein.

Ueberlässt man unseren Fisch nun ungestörter Ruhe, sucht ihn etwa am dritten Tage wieder auf und wirft ihm nunmehr einen lebenden Regenwurm zu, so schiesst er auf denselben los, fängt ihn auf, noch während er fällt und verschlingt ihn. Solcher Regenwürmer nimmt der Fisch eine ganze Anzahl nach einander. Wirft man den Regenwurm an eine Stelle des Bassins, die zur Zeit nicht in seinem Gesichtskreise liegt, so nimmt er ihn auf, sobald er ihm zu Gesicht kommt und zwar um so sicherer, je lebhafter die Bewegungen des Wurmes sind. Wirft man ihm einen Bindfaden von etwa gleichen Dimensionen mit einem Regenwurme zu, so schiesst er ebenfalls auf denselben los, dreht aber wieder um, bevor er ihn erreicht hat oder erfasst ihn, um ihn gleich wieder fallen zu lassen.

Diese Versuche konnten ebenso am zweiten, am ersten Tage und noch kürzere Zeit nach der Operation ausgeführt werden. Nothwendige Bedingung aber ist, dass das Aquarium mit fliessendem Wasser versorgt werde. In einem solchen, welches nach dem üblichen Gebrauche nur gelüftet wurde, war der Versuch missglückt; aber gelungen nach Transferirung in fliessendes Wasser.

Was hier für die eine Gattung von Knochenfischen bewiesen worden ist, wird ohne Zweifel auch für die übrigen Knochenfische Geltung haben.

Einige Zeit nach Veröffentlichung der vorstehenden Versuche[3]) theilte Vulpian der Pariser Akademie der Wissenschaften eine ausführliche Untersuchung mit[4]), in welcher er die oben mitgetheilten Resultate in ihrem ganzen Umfange bestätigt, und zwar an Karpfen,

---

[1]) L. c. p. 106.

[2]) Renzi, Saggio di fisiologia sperimentale sui centri nervosi della vita psichica nelle quattro classi degli animali vertebrati. Annali universali di medicina etc. Vol. 186, p. 141.

[3]) J. Steiner, Ueber das Grosshirn der Knochenfische. Berichte der Berliner Akademie der Wissenschaften. 1886, I, S. 5.

[4]) Vulpian, Sur la persistance des mouvements volontaires chez les poissons osseux à la suite de l'ablation des lobes cérébraux. Compt. rend. 1886, T. CII, p. 1526—1530 und: Sur la persistance des phénomènes instinctifs et des mouvements volontaires chez les poissons osseux après l'ablation des lobes cérébraux. Note complémentaire. Ibid. T. CIII, 11 Octobre 1886.

welche eben schon die Operation vier Monate überlebt hatten und die er mit Würfeln von gekochtem Eiereiweiss fütterte. Hiermit sind jene Thatsachen ohne Zweifel auf alle Knochenfische zu übertragen.

Die geschilderten Beobachtungen beziehen sich auf drei Fische, welche von mir am 31. October 1885 operirt worden waren. Davon starb der eine Anfang Januar 1886 durch einen nächtlichen Sprung aus dem Wasser, während die beiden anderen bis Mitte März lebten, um welche Zeit sie einer Pilzinfection erlagen. Die Autopsie hat in allen drei Fällen die vollständige Abtragung des Grosshirns bestätigt.

Die Thatsachen, von denen wir oben Mittheilung gemacht haben, lassen sich in jedem Falle schon in den ersten Tagen nach der Grosshirnabtragung beobachten. In späterer Zeit folgen dann mehr oder weniger deutlich und regelmässig Leistungen dieser Fische, die wir nunmehr zu schildern haben.

Trete ich an das Bassin, einem der operirten Fische gegenüber, so wendet er sogleich und schwimmt davon; ebenso wenn ich mit der Hand nach ihm greife und derlei mehr. Kurz, man sieht hier eine Empfindlichkeit auf Gesichtseindrücke, wie sie dem normalen Fische kaum eigen sind. Setzt man gleichzeitig mit dem operirten einen unversehrten Fisch ins Bassin (beide sind gleiche Zeit in Gefangenschaft), passt man eine Situation ab, in der beide dem Beobachter gegenüber sich in etwa gleichen Verhältnissen befinden und wirft ihnen einen Regenwurm zu, so wird ausnahmslos der operirte Fisch leicht die Beute erjagen, während der unversehrte Fisch fast theilnahmslos zur Seite steht. Nur unter ganz besonders günstigen Bedingungen bekommt auch dieser sein Theil.

Vier Wochen, nachdem die Fische operirt waren, in welcher Zeit sie durch täglich zugeworfene Regenwürmer ernährt wurden, verweigerte ganz plötzlich der eine die Annahme der Regenwürmer. Er zog es vor, zu hungern. Ich glaubte ihn krank. Da er aber im Uebrigen den Eindruck voller Munterkeit machte, so verfiel ich auf den Gedanken, zu prüfen, ob er vielleicht eine andere Nahrung nehmen würde. Warf ich nunmehr eine Schabe *(Periplaneta orientalis)* oder ein Stückchen Brod auf die Oberfläche des Wassers, so holte er diese neue Nahrung mit zierlicher Bewegung von der Oberfläche und konnte nunmehr von Neuem auf diese Weise gefüttert werden.

Diese Erscheinung beschloss ich zu einem neuen Versuche zu verwenden, durch welchen nämlich geprüft werden sollte, wie sich der Fisch gegen Farben verhält. Zu diesem Zweck besorgte ich mir eine Schachtel der runden Oblaten, wie sie früher zu Briefverschlüssen im Gebrauch waren. Von diesen warf ich vier weisse und nur eine rothe auf die Oberfläche des Wassers: der Fisch wählte regelmässig erst die rothe, dann die weissen. Der Versuch konnte mehrere Male wiederholt werden. Blaue, grüne oder gelbe Oblaten schienen keinen besonderen Eindruck zu machen. Dass der normale Fisch diese Fähigkeit ebenfalls besitzen müsse, ist so selbstverständlich, dass es keines besonderen Versuches darüber bedarf.

Allmälig waren die Fische zahm geworden und ich bildete mir ein, dass der Fisch einen Regenwurm direct aus der Hand nehmen müsste. Ich hielt einen solchen mit der Pincette ins Wasser: der Fisch kam langsam herangeschwommen, blieb aber vor dem Regenwurm stehen, betrachtete ihn aufmerksam, wie man an seinen Augonbewegungen sehen konnte, nahm ihn aber nicht, wie lange ich auch darauf wartete. Nun nehme ich den Regenwurm an einen längeren Faden, an dem ich ihn in das Bassin werfe: sogleich schnappt er danach und verschlingt ihn sammt dem Faden, den ich ihm aus dem Rachen herausziehen muss. Der andere von den beiden Fischen wies nach einiger Zeit ebenfalls den Regenwurm zurück, nahm aber Brod und Mehlwürmer sehr eifrig, theils von der Oberfläche des Wassers, theils vom Boden.

Endlich kann man beobachten, dass der grosshirnlose Fisch mit seinen unversehrten Genossen Zärtlichkeiten austauscht, wie es die normalen Fische gegenseitig thun. Ja, auch zwei grosshirnlose Fische spielen mit einander wie zwei gesunde Thiere[1].

Hiermit schliesse ich die thatsächlichen Beobachtungen über die grosshirnlosen Teleostier und bemerke nur noch, dass diese Versuche an weiteren Exemplaren, welche in der Zwischenzeit operirt worden waren, wiederholt werden konnten.

---

[1] J. Steiner, Ueber das Gehirn der Knochenfische. Berichte der Berliner Akademie der Wissenschaften. 1886, II, S. 1133.

§. 2.

Analyse der Versuche.

Wenn der grosshirnlose Fisch bald in Ruhe verharrt, bald aber ohne wahrnehmbare äussere Anregung zur Bewegung übergeht, so nennen wir sein Thun ein willkürliches, d. h. also das, was wir Willen nennen, ist dem Fische trotz des Verlustes seines Grosshirns erhalten geblieben. Als eindeutig objectives Zeichen dieser Function, nämlich des Willens, hat man für die cranioten Wirbelthiere ausnahmslos die freiwillige Nahrungsaufnahme betrachtet, welche wir hier ebenfalls erhalten sehen. Es folgt daraus, dass bei den Teleostiern der Wille nicht an das Grosshirn, sondern an das Mittelhirn gebunden ist (das allein hierbei in Frage kommen kann). Zugleich erfahren wir, dass die Knochenfische, da sie ohne Grosshirn spontan ihre Nahrung finden, in diesem Zustande unbeschränkte Zeit weiter leben können. Die entgegenstehenden Ansichten von Renzi und Ferrier[1]), welche ihre grosshirnlosen Fische Hungers sterben lassen, treffen nicht den wahren Sachverhalt. Indess steht unser Resultat in vollem Gegensatz zu dem Verhalten der höher stehenden Wirbelthiere, welche des Grosshirns beraubt vor Hunger sterben, trotz aller Nahrung, die man ihnen vorsetzt.

Das Verlangen nach Wechsel in der Nahrung zeigt uns den grosshirnlosen Fisch im Besitze einer Qualität, welche man durchaus als „Geschmack" bezeichnen muss. Wir können dieser Auffassung nicht aus dem Wege gehen etwa durch die Annahme, dass die erste Nahrung den Magen, ganz local, irritirt. Mag dem selbst so sein, so muss der Fisch davon eine solche Empfindung haben, dass der blosse Anblick dieser Nahrung ihn vor derselben warnt und ihn hindert, die locale Irritation des Magens nochmals zu versuchen. Wie man die Sache aber auch ansehen mag, so wird man immer auf das Vorhandensein eines sensiblen Elementes zurückkommen, welches sich der

---

[1]) D. Ferrier, Die Functionen des Gehirns, übersetzt von Obersteiner. Braunschweig 1879, S. 40.

Geschmacksempfindung an die Seite stellen müsste. Mehr lässt sich und soll auch nicht gefolgert werden.

Derselben Beurtheilung unterliegt die Auswahl der farbigen Nahrung: wenn das roth gefärbte Stück regelmässig vorgezogen wird, so müssen wir schliessen, dass die rothe Färbung dem Fische einen besonders starken Eindruck, eine besonders lebhafte Empfindung erregt und das würde nichts Anderes bedeuten können, als dass der Fisch „roth“ sieht.

Die Auffassung des Unterschiedes zwischen dem Bindfaden und dem Regenwurm zeigt uns, allgemein ausgedrückt, eine beträchtliche Leistung an Intelligenz, deren Maass sich noch erhöht durch die Sicherheit, mit welcher der grosshirnlose Fisch die durch die Pincette gereichte, sonst sehr beliebte Beute zurückweist, obgleich er durch dieselbe angelockt wird.

Nehmen wir alle diese Thatsachen zusammen, so sehen wir, dass Qualitäten, welche sämmtlich sonst nur dem Grosshirn eigenthümlich sind, bei den Knochenfischen nicht diesem Hirntheil, sondern dem Mittelhirn zukommen und dass für das Grosshirn der Knochenfische gar keine Leistung übrig bleiben würde.

Indess haben wir eine Beobachtung, die sehr regelmässig wiederkehrt, bisher ganz unberücksichtigt gelassen, nämlich die Thatsache, dass der grosshirnlose dem unversehrten Fische, welcher mit jenem bisher die sonst gleichen Bedingungen der Gefangenschaft getheilt hat, im Fangen der Nahrung überlegen ist. Dieses Verhalten stellt sich dar als eine höhere Erregbarkeit des grosshirnlosen Fisches und ich war geneigt, diese erhöhte Erregbarkeit abzuleiten von der Anlegung des Gehirnquerschnittes — in Analogie zu dem gleichen Vorgange bei Anlegung eines Querschnittes an einem peripheren Nerven. Diese Auffassung wäre gewiss annehmbar, aber jener Zustand ist dauernd mehrere Monate beobachtet worden, d. h. noch zu einer Zeit, wo eine Ausheilung der Schnittwunde schon eingetreten sein muss.

Wir müssen uns deshalb nach einer anderen Erklärung umsehen, und da kommt man auf den Gedanken, dass diese geringere Erregbarkeit des unversehrten Fisches nichts Anderes ist, als ein grösseres Maass an Vorsicht. Damit würde dem Grosshirn eine höchste Leistung an Intelligenz verblieben sein, durch welche der unversehrte

Fisch draussen im Kampfe ums Dasein sicherer vor Gefahren geschützt wäre und auf längere Erhaltung der Art zu rechnen hätte, als der andere des Grosshirns beraubte Fisch. Diese Auffassung führt aber weiter zu der Folgerung, es müsse das Grosshirn ehemals auch die anderen, jetzt dem Mittelhirn gehörigen Qualitäten, wie spontane Nahrungsaufnahme u. s. w., besessen und aus irgend einem Grunde an das Mittelhirn abgegeben haben.

Wenn dem so ist, dann sehen wir das Grosshirn der Teleostier im Zustande functioneller Reduction, was sehr wohl mit dem anatomischen Zustande desselben übereinstimmen würde, von welchem wir nach Rabl-Rückhard wissen[1]), dass demselben der dorsale Mantel fehlt, ebenfalls ein Hinweis auf anatomische Reduction. Diese Ansicht würde weiterhin mit der Morphologie übereinstimmen, insofern als die Teleostier auch sonst noch andere Merkmale der Reduction zeigen.

Indess ist das Fehlen des dorsalen Mantels nicht die Ursache des Ausfalles der Functionen des Grosshirns, sondern nur ein Merkmal der Reduction, wie wir später zeigen werden, und es bleibt immer sehr auffallend und einer besonderen Untersuchung werth, dass das Mittelhirn Functionen übernehmen kann, welche bei den höheren Thierclassen ausschliesslich einem specifischen Organe, dem Grosshirn, zukommen. Wir können dafür ein Verständniss erst gewinnen, wenn wir uns eingehender mit dem Gehirn der Haifische beschäftigt haben werden.

§. 3.

Abtragung der Decke des Mittelhirns.

Unter der Decke des Mittelhirns verstehe ich die nach Reinlegung des Gehirns sichtbare Oberfläche des Mittelhirns. Wenn man dieselbe mechanisch reizt, am besten, indem man sie mit einem kleinen feinen Schwämmchen betupft, so beobachtet man sehr deutliche Augenbewegungen. Es kann wohl sein, dass man je nach Reizung der einen

---

[1]) Rabl-Rückhard, Das Grosshirn der Knochenfische und seine Anhangsgebilde. Archiv f. Anatomie von His und Braune. 1883. S. 279 bis 322.

oder anderen Seite das rechte oder linke Auge in Bewegung zu setzen vermag, aber es ist mir nicht gelungen, den Reiz hier in genügender Weise zu localisiren.

Die Abtragung der Decke geschieht mit Hülfe der Bajonnetscheere, wobei keine Zuckungen auftreten, auch nicht auftreten dürfen; ich verschliesse die Hirnhöhle wieder, setze den Fisch ins Wasser und finde seine Bewegungen ganz normal. Was aber sogleich auffällt, das ist einmal sein Bestreben an der Wand des Bassins zu bleiben und an dieser entlang zu laufen. Hat man ihn andererseits von der Glaswand weg in die Mitte gebracht, so stösst er dann deutlich gegen die Wand an. Kurz, der Fisch macht den Eindruck vollkommener Blindheit. Da dieser Defect bleibend ist und viele Tage nach der Operation in gleicher Weise besteht, so können wir in die Decke des Mittelhirns das Sehcentrum verlegen. Es ist das nur eine Bestätigung bekannter Dinge, welche wir namentlich durch Baudelot[1]) u. A. schon längere Zeit kennen.

Die Bewegungen der Augen haben nach Abtragung der Mittelhirndecke nicht aufgehört, sondern bestehen weiter, wie bei unversehrter Decke.

Ich möchte nochmals hervorheben, dass Abtragung der Mittelhirndecke niemals Bewegungsstörungen hervorruft, im Gegensatz zu Ferrier, welcher nach Verletzung der Oberfläche Unregelmässigkeit der Bewegung gesehen hat[2]). Das wird stets nur dann der Fall sein, wenn man die Oberfläche überschreitend an die Basis gelangt ist.

§. 4.

Abtragung des Kleinhirns.

Bei der ansehnlichen Grösse, welche das Kleinhirn der Fische besitzt, sollte man wesentliche Aufschlüsse über die vielbestrittenen Functionen dieses Hirntheils zu gewärtigen haben, und in diesem Sinne hatte ich beim Kleinhirn des Frosches auf die Fische hingewiesen.

---

[1]) L. c. p. 106.
[2]) L. c. p. 63.

Diese Voraussetzung bestätigt sich, wie ich gleich vorausschicken will, nurmehr in negativer Weise.

Das Kleinhirn ist vielleicht derjenige Hirntheil, welcher die meiste Veranlassung zu Irrthümern gegeben hat, denn sein eingekeilter Sitz zwischen den empfindlichsten Theilen des Gehirns, dem Mittelhirn und dem Nackenmark, eröffnen unvorsichtigen Manipulationen eine reiche Fehlerquelle. Wenn man seine Oberfläche vorsichtig mit einem kleinen Schwämmchen tupft, ohne die Mittelhirndecke zu berühren, oder ohne das untenliegende Nackenmark zu erreichen, so sieht man nicht die geringste Reaction. Der elektrische Strom leistet hier methodisch interessante Dienste, insofern man bei Reizung der Kleinhirnoberfläche, nahe der Mittelhirndecke, Augenbewegungen bekommt, wie bei Reizung der Mittelhirndecke, während die Reizung des Kleinhirns selbst resultatlos verläuft. Es sind demnach alle gegentheiligen Angaben über die Folgen der Kleinhirnreizung zu corrigiren.

Fig. 7.

Die Abtragung des Kleinhirns hat sich zu beschränken auf den frei herausragenden Theil desselben. Ich mache die Abtragung so, dass ich nach Eröffnung der Schädelhöhle und Abtupfen des Fettes, den nebenbei in Fig. 7 abgebildeten Haken vorsichtig von hinten nach vorn derart unter das Kleinhirn schiebe, dass letzteres auf dem Haken ruht. Darauf erfolgt die Abtragung so, dass ich den Meissel mit der rechten Hand in die Grenze von Mittel- und Kleinhirn versenke, bis ich auf den mit der linken Hand gehaltenen Haken treffe. Die Abtragung darf von keiner Zuckung begleitet sein. Der Erfolg ist ein negativer, wie ihn Vulpian und Baudelot schon richtig beschrieben haben. Ich citire den ersteren[1]: „....*que l'ablation du cervelet, pratiquée chez une Carpe ou une Tanche, ne détermine non plus aucune modification reconnaissable des mouvements de translation. Ces poissons nagent, après l'opération, comme ils le font dans l'état normal. Mais il faut que l'en se borne à enlever la partie libre du cervelet, celle qui forme un renflement en forme de mamelon: pour peu que l'instrument se rapproche des pédoncules de l'organe, et surtout si ces pédoncules sont coupés ou blessés dans le point où ils se détachent*

---

[1]) L. c. p. 639.

de la moëlle allongée, on provoque aussitôt un trouble considérable des mouvements." Wenn die Dinge aber so stehen, so ist auch durch Vulpian das Problem der Kleinhirnfunction für die Fische weder in dem einen noch in dem anderen Sinne gelöst, denn die von ihm beobachteten Störungen in den Bewegungen haben eine aussergewöhnliche Aehnlichkeit mit jenen, welche man nach Verwundung des Nackenmarkes erhält. Ein Fortschritt war hier nur dann zu erzielen, wenn es gelingen könnte, das Kleinhirn ganz distinct mit seinen Wurzeln aus der Hirnmasse herauszuschälen. Aber die Schwierigkeiten schienen unüberwindlich. Indess machte ich im Mittelhirn fol-

Fig. 8.

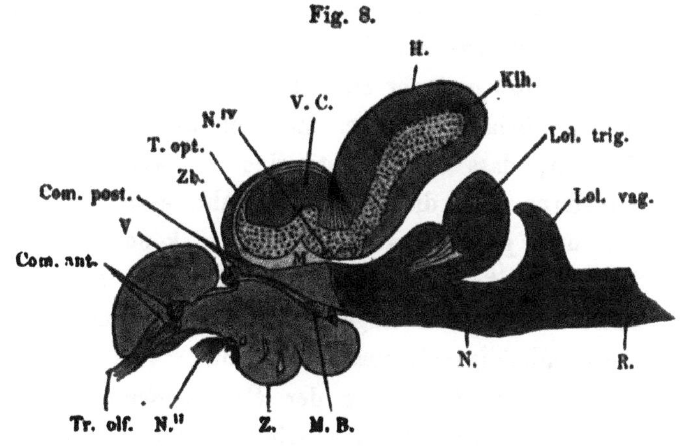

T. opt. Tectum opticum, *M.* Mittelhirn, *V. C.* Valvula cerebelli, *Klh.* Kleinhirn.

gende Erfahrung: Wenn man die Mittelhirndecke abträgt, so gelangt man in die Mittelhirnhöhle, in welcher man, wie die Autoren schon beschrieben haben, auf zwei Höcker (*Tubercula*) stösst, welche concentrisch zu der Mittelhirndecke liegen. Diese Höcker glaubte man der Basis angehörig und mit ihr verwachsen. Ich hatte aber wiederholt während des Operirens den Eindruck, dass sie in ihrer Höhle nicht fest wären, sondern flottiren könnten. In der That zeigte sich bei näherer Untersuchung, dass man mit ganz kleinen, an einer Pincette befestigten Schwämmchen durch Streichen von vorn nach hinten sie aus der Höhle so herausheben kann, dass sie nur noch hinten mit dem Kleinhirn in Zusammenhang blieben, mit welchem sie gemeinschaftliche Wurzel zu haben schienen. Als ich eben daran war, durch Anfertigung von Längsschnitten durch das Gehirn eines Fisches mir über das Verhältniss Klarheit zu verschaffen, kam mir die Arbeit von Mayser in die Hände[1]), aus welcher ich erfuhr, was mir zu wissen nothwendig war.

Die Fig. 8 (a. v. S.), eine Copie aus Mayser's Arbeit, zeigt zunächst, was ich schon gesehen hatte, dass die Tubercula des Mittelhirns eine Befestigung nur nach hinten haben und ferner, dass sie mit dem Kleinhirn ganz eng zusammenhängen. Im Text erklärt Mayser auf Grund mikroskopischer Untersuchung ganz direct, dass die Tubercula nichts Anderes als Kleinhirn sind, dass also unsere bisherige Kenntniss des Kleinhirns durchaus mangelhaft war und dass das Kleinhirn besteht aus der *Pars anterior* (*Valvula cerebelli* der Autoren) und der *Pars posterior cerebelli*, dem Theil, den man bisher allein als Kleinhirn behandelt hatte. Zugleich war aus der Figur ersichtlich, dass eine vollständige Abtragung des ganzen Kleinhirns, d. h. die gleichzeitige Abtragung der *Pars anterior* und *posterior* ausführbar sein könnte; die grösste Schwierigkeit liegt da, wo das Kleinhirn seitlich an die Basis des Gehirns angeheftet ist. Das angestrebte Ziel wurde allmälig vollkommen erreicht.

Fig. 9.

Dass die Abtragung der *Pars posterior* ohne Folgen verläuft, haben wir oben schon gesehen. Aber auch die Abtragung des freien Theiles der *Pars anterior* verläuft ohne Bewegungsstörungen, und ebenso resultatlos verläuft die gleichzeitige Abtragung der *Pars anterior* und *posterior*, soweit sie hervorragen unter Schonung des Pfeilergewölbes, welches die beiden Theile mit einander verbindet. Der Weg unter dem Pfeilergewölbe ist frei und führt aus der Höhle des Mittelhirns auf die Oberfläche des Nackenmarks; hier müsste ein passendes Messer eingeführt werden, mit welchem es gelingen könnte, die Pfeiler selbst auf beiden Seiten in ihrer Wurzel zu durchschneiden und somit das ganze Gewölbe aus seiner Verbindung herauszulösen. Dieses gelingt in der That mit Hülfe eines geknöpften, sichelförmigen Messerchens,

[1]) P. Mayser, Vergleichend anatomische Studien über das Gehirn der Knochenfische mit besonderer Berücksichtigung der Cyprinoiden. Zeitschrift für wissenschaftliche Zoologie. Bd. 36, 1881, S. 259 bis 367.

wie man es in der Fig. 9 in natürlicher Grösse abgebildet sieht. Nachdem in der oben angegebenen Weise die *Pars posterior*, hierauf die *Pars anterior* abgetragen waren und man die Höhle des Mittelhirns mit ganz kleinen Schwämmchen vorsichtig von Flüssigkeit gesäubert hatte, gelingt es, jenes Messerchen in flacher Lage unter der Mitte des Pfeilergewölbes durchzuführen und zunächst den rechten, darauf durch Umlegen des Messers auch den linken Pfeiler an der Wurzel zu durchschneiden: das ganze Gewölbe fällt nunmehr von selbst heraus und wird mit der Pincette aus der Hirnhöhle entfernt. Die ganze Operation geht ohne jede Zuckung des Thieres vor sich und was an Gehirn bleibt, kann man sich leicht nach Fig. 8 vorstellen: es ist eine vollkommene Hohlschale, welche, abgesehen vom Grosshirn, aus Mittelhirnbasis und Nachhirn gebildet wird.

Bei dieser äusserst complicirten Operation, welche viel Zeit und die äusserste Ruhe des Thieres verlangt, zeigt sich der hohe Werth der künstlichen Respiration, ohne welche diese Operation unausführbar ist. Aber ebenso unerlässlich ist der vollkommene Verschluss der Hirnhöhle, ohne welchen hier erst recht kein Resultat zu erzielen wäre, wie wir gleich sehen werden.

Bringt man nämlich so operirte Fische ins Wasser zurück, so pflegen einige derselben ganz normal zu schwimmen. Andere aber liegen auf dem Rücken mit völlig guter Athmung; indess nur für kurze Zeit, denn nach $^1/_4$ bis $^1/_2$ Stunde erholen auch diese sich und schwimmen ganz äquilibrirt.

Wenn man solche Fische etwas näher betrachtet, so findet man, dass sie während der Bewegung, die eine durchaus normale Locomotion ist, ganz leicht seitlich schwanken. Je besser die Operation geglückt ist, um so geringfügiger sind diese Schwankungen; sie stehen auf derselben Stufe mit jenen geringfügigen seitlichen Schwankungen, welche man bei Fischen beobachtet, denen sämmtliche Flossen angeleimt worden sind. Stehen diese Fische auf dem Grunde, so ist nichts Abnormes an ihnen zu bemerken. Dass sie blind sein müssen, möge der Vollständigkeit halber noch erwähnt sein; fehlt ihnen doch mit der Decke des Mittelhirns das Sehcentrum.

§. 5.

Analyse der Versuche.

Das feste Stehen auf dem Boden spricht für die Integrität der Innervation des Gleichgewichtsapparates, wie für jene des Bewegungsapparates die normalen Locomotionen. Die seitlichen Schwankungen sind so geringfügig, dass man sie wohl nicht in Rechnung setzen kann, um so weniger, als sie bei voller Ausheilung gewiss ganz verschwinden würden. Letztere ist allerdings nicht gelungen, denn es glückt nicht, die Fische länger als einen Tag am Leben zu erhalten, aber man beobachtet doch, dass stärkere seitliche Schwankungen mit der Erholung sich schon auf jenes Minimum reduciren. Wir schliessen daher, dass das Kleinhirn der Fische keine wesentliche Beziehung zum Bewegungs- oder Gleichgewichtsmechanismus besitzt; wenigstens soweit es sich um gröbere Anforderungen an das Gleichgewicht handeln würde. Endlich noch folgende Bemerkung: Die Augenbewegungen, welche, wie oben bemerkt, von einigen Autoren auch in Beziehung zum Kleinhirn gebracht worden sind, verschwinden nach totaler Abtragung des Kleinhirns nicht.

§. 6.

Abtragung der Mittelhirnbasis.

Wir haben schon beim Frosch gesehen, dass die symmetrische Abtragung des Mittelhirns nicht ohne Schwierigkeiten auszuführen ist. Dieselben sind beim Fische noch grösser, weil die Athemnerven neben demselben nach vorn ziehen und man durch deren Läsion die Athmung auslöscht, wenn man, wie dort angegeben, ein Messer benutzt, welches die ganze Breite des Schädelinneren ausfüllt, um in einem Zuge schneiden zu können. Wenn man aber die Uebergangsstelle vom Nackenmark zum Mittelhirn betrachtet, so findet man diese viel schmäler, als das darauf folgende Mittelhirn. Hier kann man ein Messerchen so einführen, dass es, wie beim Frosch, mit einem Zuge das ganze Mittelhirn abtrennt, ohne die Athemnerven zu treffen, welche weiter nach aussen der inneren Schädelwand anliegen. Das Messerchen ist in der Fig. 10 abgebildet, es hat stumpfe Seiten. Die Abtragung ist eine totale; Fig. 11 zeigt den Rest des im Schädelraume verbliebenen Gehirns.

Die Folgen dieser Abtragung sind sehr schwere: der Fisch liegt auf der Seite oder auf dem Rücken, ohne Bewegungen zu machen; die Flossen hängen schlaff am Leibe. Er athmet aber ganz regelmässig und macht auf Reiz Locomotionen. Das Resultat ist sehr prägnant; ich habe indess noch hinzuzufügen, dass die Flossen trotz ihrer Schlaffheit und Unthätigkeit nicht gelähmt sind, da sie sich aufrichten, wenn man den Fisch reizt; freilich nicht coordinirt, sondern bald die eine, bald die andere u. s. w.

Fig. 10. Fig. 11.

Hiernach ist das Resultat Ferrier's, obgleich seine Beobachtungen seiner Beschreibung entsprechen mögen, unrichtig, wenn er bemerkt, dass nach jener Abtragung „die Aequilibration und Locomotion" unmöglich sind[1]. In Wahrheit trifft das also nur für die Aequilibrirung zu. Andere Autoren, wie Flourens, Baudelot, Vulpian etc. sprechen ebenfalls von schweren Bewegungsstörungen, unter denen allerdings Zwangsbewegungen eine grosse Rolle spielen. Wir wissen aus unseren Untersuchungen am Frosche, dass dieselben stets Folge asymmetrischer Verletzung sind. Wenn sie also da auftreten, wo man symmetrische Verletzungen hat anbringen wollen, so sind diese Versuche nicht zu verwenden.

Trägt man symmetrisch das Mittelhirn theilweise ab, also z. B. nur die Hälfte, so sind die darauf folgenden Störungen principiell die gleichen, wie nach totaler Mittelhirnabtragung, und nur der Quantität nach geringer; im Allgemeinen sind die Störungen um so grösser, je mehr vom Mittelhirn abgetragen wird. Aber stets ist es vor Allem die Aequilibrirung, welche gefährdet ist, während die Locomotion allmälig beeinträchtigt, indess niemals vollständig aufgehoben wird.

---

[1]) L. c. p. 83.

Besonders hervorheben muss ich hier die symmetrische Abtragung etwa des vordersten Drittels des Mittelhirns. Es hat nämlich in den vordersten Punkt der Mittellinie des Mittelhirns Christiani ein besonderes Coordinationscentrum verlegt[1]), weil er nach Ausstanzung dieser Stelle mit dem Locheisen den Fisch sein Gleichgewicht hat verlieren und auf dem Rücken schwimmen sehen. An der Richtigkeit dieser Beobachtung ist gar nicht zu zweifeln; trotzdem aber enthält sie einen Irrthum, denn nichts ist hier ungeeigneter als die Handhabung des Locheisens, wozu dann weiter als neue und schwere Schädigung der freie Verkehr des Wassers mit dem schon lädirten Gehirne tritt, so dass eine Erholung vollkommen ausgeschlossen ist.

Ich trage symmetrisch knapp das vorderste Drittel des Mittelhirns ab (worüber eine der Hirnfiguren orientirt), wobei stets der von Christiani angegebene Punkt mit getroffen wird. Die Hirnhöhle wird wieder geschlossen und der Fisch ins Wasser gebracht. Zunächst liegt er auf der Seite oder auf dem Rücken; allmälig aber erholt er sich und nach ca. $1/_2$ Stunde schwimmt er vollkommen normal umher. Natürlich ist er blind, denn die *Nn. optici* sind durchschnitten. Von jenem Coordinationscentrum kann also in Zukunft nicht die Rede sein.

Ich wiederhole: Die Abtragung des Mittelhirns erzeugt eine tiefe Schädigung der Beweglichkeit des Fisches, aber sie hebt die Locomotion nicht auf, zu deren Anregung allerdings der Contact mit dem umgebenden Wasser nicht mehr ausreicht, vielmehr mechanische Reize nothwendig sind, welche auf die Haut einwirken.

Will man sich von der Richtigkeit dieses Satzes noch vollständiger überzeugen, so thut man gut, unsere gewöhnlichen Fische bei Seite zu lassen und sich an den Aal zu wenden, dessen Meisterung freilich etwas schwieriger ist, der aber in Folge seiner grossen Resistenz dafür um so bessere Resultate liefert. Um ihn zu halten, ist es vortheilhaft, ihn erst in Sägespänen zu wälzen, dann mit einem Tuche zu fassen und ohne künstliche Respiration zu operiren. Man durchschneidet die Haut über dem Schädel, trägt die Muskeln ab, ebenso mit einer

---

[1]) Vergl. M. Traube-Mengarini, Experimentelle Beiträge zur Physiologie des Fischgehirns. Archiv für Physiologie von Du Bois-Reymond. 1884, S. 553 bis 565.

kleinen Knochenzange die Schädeldecke. Nach Abtragung des Mittelhirns näht man die Haut über dem Schädel so zu, wie wir es bei den Fellen unserer Säugethiere zu thun pflegen. Dieser Aal athmet regelmässig, macht deutliche Locomotionen auf mechanische Reizung und hat das Bestreben, seine Normallage einzunehmen, wenn man ihn aus derselben entfernt hat.

§. 7.

Das Nackenmark.

Wenn man die frei hervorragende hintere Partie des Kleinhirns (*Pars posterior cerebelli*) abträgt, so erwartet man die Vertiefung der Rautengrube zu finden. Bei den Fischen ist das Verhältniss etwas anders, denn man stösst auf keine Vertiefung, sondern im Gegentheil auf eine Anzahl von Hervorragungen, welche von den französischen Autoren als „*lobes supéro-posterieurs*", bezeichnet werden. Die Grösse derselben ist sehr verschieden; sehr gross sind sie bei den Karpfen. An unserem *Squalius cephalus* sind sie klein und das ganze Verhältniss so, dass man, am besten nach völliger Abtragung des ganzen Kleinhirns (auch seines Mittelhirnbetrages), die Rautengrube von einem Bändchen von Nervensubstanz als Brücke überspannt findet, dessen Mitte ein kleines Knötchen krönt (*Lobus impar*). Man kann von der Mittelhirnhöhle unter dieser Brücke in die Rautengrube gelangen: das ist offenbar der *Aquaeductus Sylvi*.

Es handelt sich nunmehr darum, zu bestimmen, welchen Functionen diese Brücke dient. Ich führe unter dieselbe das schon oben benutzte sichelförmige Messer und trenne ihre rechtsseitige Verbindung mit dem Nackenmark: es steht die Athmung auf der rechten Seite still, während sie auf der linken Seite ungestört weitergeht. Trennt man in einem anderen Falle die linksseitige Verbindung, so tritt dasselbe Ereigniss auf jener Seite ein. Trägt man die Brücke vollständig ab, so steht die Athmung beiderseitig still: das Thier ist todt. Durchschneidet man mit einer feinen Scheere die Brücke gerade in der Mitte, so tritt gar keine sichtbare Störung der Athembewegungen auf.

Wir haben es zweifellos mit dem Athmungscentrum zu thun. Was dasselbe hier aber interessant macht, ist der Umstand, dass es im Gegensatze zu den übrigen Wirbelthieren (wenigstens soweit mir bekannt), vom Nackenmark losgelöst, ein vollkommen isolirtes Organ darstellt. Dieses Verhältniss ist jedenfalls sehr geeignet, den Zweifeln über die selbständige Existenz eines Athmungscentrums ein Ende zu bereiten.

Ich hatte diese Thatsachen in der hier vorgeführten Weise festgestellt, ohne zu wissen, dass auch Flourens[1]) und Vulpian[2]) sie schon gekannt haben. Aber sie scheinen, wenigstens in Deutschland, unbekannt geblieben zu sein, denn in den vielen Discussionen, welche namentlich in den letzten Jahren über den Sitz und Werth des Athmungscentrums im Nackenmark geführt worden sind, ist dieser Thatsachen nirgend Erwähnung geschehen.

Meine Darstellung stimmt so sehr mit der von Flourens überein, dass ich ebenso gut auch die seinige hierher hätte setzen können. Ich will es noch thun mit einem Satze, in dem wir scheinbar differiren, in der That aber ebenso übereinstimmen. Der scheinbare Gegensatz erklärt sich wohl durch weniger gute Schneideinstrumente. Flourens schreibt nämlich: „*Sur un sixième carpe, je me bornai à fendre longitudinalment le tubercule médian: sur-le-champ les deux opercules se fermèrent et furent frappés d'immobilité. Cette immobilité complète des opercules dura cinq on six minutes; puis de faibles mouvements reparurent et survécurent même pendant assez longtemps.*“

Dieses détachirte Athmungscentrum gestattet uns durch einen Querschnitt hinter dem *Lobus impar* eine Abtrennung der vordersten Abtheilung des Nackenmarkes, ohne die Athembewegungen zu stören. Der Erfolg ist das Aufhören jeder Locomotion; mechanische Reizungen geben nichts weiter als Zuckungen, namentlich des Schwanzes.

Dieser Versuch, am *Squalius cephalus* ausgeführt, giebt insofern zu Bedenken Veranlassung, als die Depression nach Mittelhirnabtragung schon so gross ist, dass man von einer Durchschneidung innerhalb des Nackenmarkes nicht viel zu erwarten hat. Wir machen deshalb einen solchen Versuch ebenfalls am Aal. Sein Nackenmark ist so

[1]) L. c. p. 431.
[2]) L. c. p. 835.

glatt, wie das des Frosches: jene isolirten Lobi sind nicht vorhanden. Ein Querschnitt durch die Mitte des Nackenmarks lässt die Athmung bestehen, hebt die Locomotion aber vollkommen auf.

Eine besondere Untersuchung über das Rückenmark des Aales folgt in einem späteren Capitel.

§. 8.

Analyse der Versuche im 6. und 7. Paragraphen.

Aus der Thatsache, dass der Knochenfisch nach Abtragung des Mittelhirns noch Locomotionen macht, welche aber verschwinden, wenn man den vorderen Theil des Nackenmarkes zerstört, folgt unmittelbar, dass dort ein Locomotionscentrum liegen muss. Dieselben Betrachtungen, welche wir beim Frosche angestellt haben, führen aber weiter zu der Erkenntniss, dass die schweren Störungen, welche nach Mittelhirnabtragung auftreten, sich genügend erklären lassen aus der Zerstörung der im Mittelhirn landenden sensiblen Anregungen, welche unter normalen Verhältnissen dem Locomotionscentrum von dort zugetragen werden. Da wir in das Mittelhirn also kein weiteres Bewegungscentrum zu verlegen haben, so bleibt das Locomotionscentrum im Nackenmarke das einzige Locomotionscentrum des ganzen Körpers. Was die sensiblen Elemente betrifft, welche wir in der Mittelhirnbasis zu suchen haben, so sind es, wie beim Frosch, zunächst die Sinnesempfindungen der Haut, denn der adäquate Reiz für die Fischhaut, das Wasser, wirkt nach Abtragung des genannten Hirntheiles nicht mehr erregend und Locomotionen erfolgen jetzt nur noch auf mechanischen Reiz. Ferner haben wir dort auch die Endstation oder das Centrum für die Muskel- und Gelenkempfindungen zu suchen, welchen wir die Erhaltung des Gleichgewichtes anvertraut haben, denn diese Function verschwindet vollständig, wenn die Mittelhirnbasis entfernt ist.

Wie beim Frosch, so ist auch beim Fisch zwischen Nackenmark und Mittelhirnbasis keine anatomische Grenze vorhanden, welche wir aber, die gefundenen Thatsachen streng analysirend, für unsere physiologischen Zwecke haben ziehen müssen. Allerdings haben wir schon beim Frosche uns vorbehalten, diese Grenze wieder aufzuheben, wenn weitere Beobachtungen dazu führen sollten. An diesem Punkte sind wir jetzt angelangt, und es ist keine Eliminirung eines Irrthums, sondern eine fortgeschrittenere Stufe unserer Erkenntniss, wenn wir, dem Nackenmarke seine ersten und einfachsten natürlichen Erregungsquellen zurückgebend, auch physiologisch wieder Nackenmark und Mittelhirnbasis mit einander verbinden: Wir werden demnach in Zukunft unter dem allgemeinen Locomotionscentrum begreifen, die locomotorischen Elemente des Nackenmarkes sammt den sensiblen Elementen der Mittelhirnbasis, soweit sie dem Centrum die Anregungen der Haut, der Muskeln und Gelenke zuführen. Diese Abgrenzung ist natürlich wieder nur eine physiologische.

Von dem analogen Locomotionscentrum im Nackenmark des Frosches[1]) haben wir durch zweckmässige Versuche bewiesen, dass es eine höhere Erregbarkeit besitzt, als die Reflexcentren des Rückenmarkes. Parallele Versuche am Fische lassen sich nicht machen, aber derselbe Schluss folgt hier ohne Versuch aus folgenden Betrachtungen.

Wir hatten das Locomotionscentrum definirt als ein Centrum, in welchem sämmtliche Muskeln des Skelettes zu zweckmässigen Bewegungen, in erster Linie zur Ortsbewegung, zusammengefasst werden. Wenn z. B. ein Frosch einen Sprung macht, so kann man mit vieler Sicherheit beobachten, ob es sich um eine solche coordinatorische Zusammenfassung der passenden Muskeln handelt oder nicht: Wenn ein Fisch die für die Locomotion nöthige coordinatorische Bewegung nur einmal machen würde, so wäre es sehr fraglich, ob das eine Locomotion ist. In der That sehen wir, dass, wenn der Fisch auf äussere Anregung hin Locomotionen macht, es stets eine Anzahl auf einander folgender locomotorischer Stösse sind, d. h. ein Reiz giebt nicht eine

---

[1]) Bei Abschluss des Manuscriptes dieser Schrift ist aus dem physiologischen Institut von Professor Goltz in Strassburg eine vorläufige Mittheilung von Dr. Schrader erschienen, welche jenes allgemeine Bewegungscentrum des Frosches widerlegt zu haben glaubt. Ich kann auf diese Arbeit erst eingehen, wenn die ausführliche Mittheilung uns vorliegen wird. Indessen will ich hier schon bemerken, dass im Verlaufe unserer Darstellung dem Leser mehrfache neue und eindeutige Beweise für das Vorhandensein des allgemeinen Bewegungscentrums i. e. der im Gehirn gelegenen führenden Metamere aller Wirbelthiere werden vorgestellt werden.

Bewegung, sondern stets eine Reihe von Bewegungen. Bei der Erregung des Rückenmarkes erhalten wir auf einen Reiz in der Regel nur eine einmalige Bewegung, woraus folgt, dass das Locomotionscentrum des Nackenmarkes eine höhere Erregbarkeit hat, als die Centren des Rückenmarkes sie besitzen [1]).

Uebrigens kommt eine im Ludwig'schen Laboratorium von Sirotinin ausgeführte Arbeit auf ganz anderem Wege für den Frosch zu dem gleichen Resultate [2]). In derselben heisst es (S. 175): „In zweierlei Weise unterscheiden sich die Folgen des Angriffs auf das verlängerte von denen auf das Rückenmark: Die Dauer der latenten Reizung ist eine grössere, und ein noch so vorübergehender Einstich ruft statt der einmaligen eine öfter wiederholte Bewegung der Glieder hervor"; d. h. aber nichts Anderes, als die höhere Erregbarkeit des Nackenmarkes, welche ich für den Frosch auf ganz anderem Wege schon vor zwei Jahren nachgewiesen habe.

---

[1]) Ich möchte die Gelegenheit benutzen, um einem Missverständnisse zu begegnen, auf welches ich nicht vorbereitet war. Ich habe beim Frosch das allgemeine Bewegungscentrum ein Locomotionscentrum genannt, im Gegensatz zu den Reflexcentren des Rückenmarkes. Man hat da und dort schliessen zu müssen gemeint, dass die Thätigkeit dieses Locomotionscentrums keine reflectorische, sondern eine willkürliche sein sollte. Das ist ein Irrthum: es kann sich meiner ganzen Darstellung und dem ganzen Zusammenhange nach nur um nicht willkürliche, also um reflectorische Bewegungen handeln. Nur ist in diesem Falle die reflectirte Bewegung eine Ortsbewegung, d. h. eine Bewegung des Körpers in toto, was mir ein wesentlicher Unterschied zu sein scheint, gegenüber den reflectirten Bewegungen des Rückenmarkes, welche nur Bewegungen einzelner Glieder oder Muskeln repräsentiren. Ich hoffe damit für die Zukunft allen solchen Zweifeln ein Ende bereitet zu haben.

[2]) W. Sirotinin, Die punktförmig begrenzte Reizung des Froschrückenmarkes. Archiv f. Physiologie von Du Bois-Reymond. 1887, S. 154 bis 177.

Drittes Capitel.

Das Centralnervensystem des *Amphioxus lanceolatus.*

---

§. 1.

Historische Notizen.

Das lebhafte Interesse, welches die Biologie an dem *Amphioxus lanceolatus* seit einer Reihe von Jahren bethätigt, rechtfertigt wohl an dieser Stelle einige historische Notizen über seine Entdeckung und die Auffindung seiner charakteristischen Merkmale.

Das kleine Thier wurde zuerst im Jahre 1778 von Pallas beschrieben [1]), welcher es aus dem Meere von der englischen Küste her (von Cornwall) erhalten hatte. Dieser Forscher hielt es für eine Schnecke und gab ihm dem Namen *Limax lanceolatus*. Lebend sah es zuerst im Jahre 1834 der Neapolitaner Costa, welcher es im Sande des Posilipp bei Neapel aufgefunden hatte. Derselbe erkannte seine Verwandtschaft zu den Cyclostomen und gruppirte es mit dem Namen *Branchiostoma lubricum* unter die Fische [2]). Im Jahre 1836 bekam Yarrell ein Exemplar zur Untersuchung; er fand zuerst die *Chorda dorsalis* und sicherte damit seine Stellung unter den Wirbelthieren. Von da ab führte er den Namen *Amphioxus lanceolatus* [3]). Es folgen darauf Arbeiten von H. Rathke [4]) und Goodsir [5]). Im Herbst 1841 machte Joh. Müller mit Retzius eine Reise nach Norwegen, wo der *Amphioxus lanceolatus*

---

1) Spicilegia Zoologica, Fasc. X, p. 19.
2) Fauna del Golfo di Napoli. Napoli 1839.
3) History of British fishes. London 1836, II. Th., p. 486.
4) Bemerkungen über den Bau des Amphioxus lanceolatus. Königsberg 1841.
5) On the anatomy of Amphioxus lanceolatus. Edinburgh 1841.

ganz besonders studirt worden ist. Dieser gemeinsamen Arbeit folgte Joh. Müller's Bericht in den Abhandlungen der Berliner Akademie der Wissenschaften im Jahre 1842 unter dem Titel: Ueber den Bau und die Lebenserscheinungen des *Branchiostoma lubricum* (*Amphioxus lanceolatus*). An dieser Stelle finden wir die ersten Mittheilungen über die Circulation des *Amphioxus*, welche mit jener der Anneliden auf einer Stufe steht. Hier wie dort fehlt ein schlauchförmiges Herz, an dessen Stelle röhrenförmige Gefässe mit rhythmischer Pulsation das Blut durch den Körper treiben. Diese Pulsationen hatte Retzius zuerst in der Kiemenarterie gesehen, die gleiche Beobachtung machte danach Joh. Müller auch für andere Gefässabtheilungen.

Wir überschlagen ca. 25 Jahre: die Biologie wird hell durchstrahlt von der eben aufgegangenen Sonne der Descendenzlehre. Man bemüht sich vor Allem um die Entwickelungsgeschichte, was der ganzen Richtung den Stempel aufdrückt. Es ist um diese Zeit im Jahre 1866, dass Kowalewsky an dem classischen Gestade des Posilippo in Neapel die bisher völlig unbekannte Entwickelung des *Amphioxus* und der *Ascidien* studirt[1]), welche durch die Bildung der *Gastrula* das allgemeine Interesse in hohem Grade erregte und die nahe Verwandtschaft von *Amphioxus* und *Ascidien* zu betonen erlaubte. Weitere ausführliche Arbeiten sind jene von Langerhans[2]), Rolph[3]) und Hatschek[4]), aus denen wir nur hervorheben wollen, dass Letzterer die vielfach angezweifelte Entdeckung von Kowalewsky bestätigt, wonach bei den *Amphioxen* die Geschlechtsproducte (Eier und Sperma) durch die Mundöffnung austreten.

---

[1]) Entwickelungsgeschichte des Amphioxus und der einfachen Ascidien. Mémoires de l'Académie d. St. Pétersbourg, VII. Sér. T. X u. XI, 1867 u. 1868. Auch Archiv f. mikroskop. Anatomie. Bd. XIII, 1876.

[2]) Zur Anatomie d. Amphioxus lanceolatus. Archiv f. mikroskop. Anatomie. XII, 1875.

[3]) Untersuchungen über den Bau des Amphioxus lanceolatus. Morph. Jahrb. II, 1876.

[4]) Studien über die Entwickelung des Amphioxus. Wien 1881.

§. 2.

Naturgeschichtliche Notizen.

Die nebenstehende lithographirte Fig. 12 zeigt den *Amphioxus* in seinen natürlichen Farben und in natürlicher Grösse, um ihn denjenigen Lesern, welche ihn nur aus den schematischen Figuren der

Fig. 12.

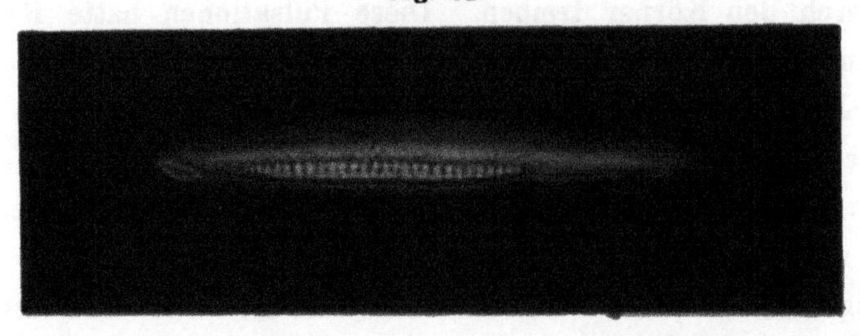

Lehrbücher kennen, in seiner wahren Gestalt vorzustellen. In Fig. 12A sehen wir ihn in doppelter Grösse mit Bezeichnung seiner Organe. In Bezug auf seinen Bau vergleiche man die Lehrbücher der Zoologie. Das Fischchen erreicht eine Grösse von 5 bis 7 cm. Man findet es

Fig. 12A.

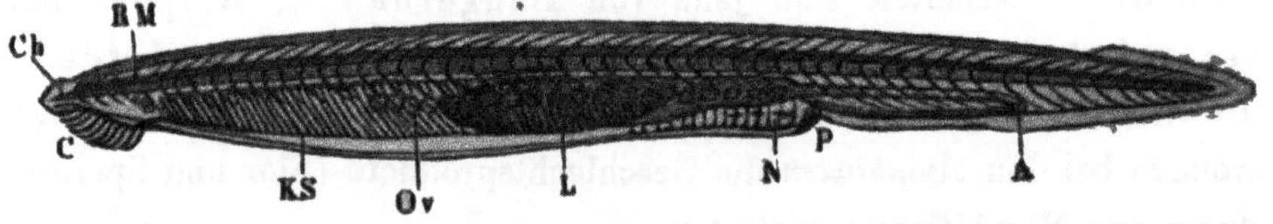

C Mundcirren, *KS* Kiemen, *L* Leber, *A* Afteröffnung, *N* die als Nieren gedeuteten Längswülste, *P* Porus des Kiemensackes, *Ov* Ovarien, *Ch* Chorda, *RM* Rückenmark (Claus).

im Mittelmeere in den Golfen von Nizza, Neapel und Messina; an der englischen, an der skandinavischen und der Helgoländer Küste; an den Küsten von Brasilien, Peru, Borneo, China u. s. w. Es ist also weit verbreitet, lebt aber überall nur auf sandigem Grunde.

Für die zoologische Station von Neapel ist heute noch, wie zu Zeiten Costa's und Joh. Müller's, der Posilipp der classische Fundort. Wir halten mit dem Boote ca. 30 Schritte von dem Ufer, welches bis tief ins Meer hinein mit weichem Sande bedeckt ist, holen mit einem dichten Schmetterlingsnetze aus ca. 2 bis 3 m Tiefe den Sand heraus und entleeren denselben auf den Boden des Bootes. Lässt man diesen Sand durch die Hände in ein bereit gehaltenes, mit Seewasser gefülltes Glas gleiten, so findet man ihn, wenn man an richtiger Stelle fischt, von zahlreichen *Amphioxen* belebt.

Bringt man davon eine Anzahl in eine flache Schale, deren Grund mit einer Lage dieses Sandes bedeckt ist, so verschwinden die meisten darin so, dass nur ihre Körperenden, insbesondere das Kopfende, wie auch schon Joh. Müller angegeben hatte, heraussieht. Einige wenige bleiben anscheinend leblos mit ihrer Breitseite auf dem Sande liegen, indess eine leichte Berührung weckt sie aus dem Schlafe. Sie stellen sich so auf, dass ihre Breitseite senkrecht steht und rasch entfliehen sie vor dem Reize, das Kopfende voran, wobei der Körper schlängelnde Bewegungen macht, an denen dieser Körpertheil nachweisbar theilnimmt. Hören sie auf, sich zu bewegen, so fallen sie wieder auf ihre Breitseite. Für die meisten Individuen endet die Bewegung aber damit, dass sie sich, mit dem Kopfe voran, in den Sand einbohren. Wenn aber, wie nicht selten zu beobachten, der *Amphioxus* sich irrt, wenn er statt mit dem Kopfe mit dem Schwanzende vorauseilt und mit diesem sich in den Sand einzubohren versucht, so missglückt dieser Versuch jedesmal und kraftlos fällt er auf die Seite, bis der nächste Reiz ihn zu neuem Leben anregt. Bringt man die *Amphioxen* in ein kleines Bassin mit Glaswänden, dessen Boden mit einer mehrere Centimeter hohen Schicht von Sand bedeckt wird, so sieht man, wie uns Herr Dr. van Wijhe in Neapel aufmerksam machte, dass die Fischchen vielfach, fast senkrecht mit dem Kopfe nach oben, im Sande stehen.

In dem beschriebenen Zustande der Ruhe und Unbeweglichkeit können die Thiere viele Tage lang verharren. Diesen geringen Leistungen entspricht auch eine grosse Anspruchslosigkeit in ihren Bedürfnissen: man braucht das Wasser nicht einmal täglich zu wechseln, ohne dass sie darunter sichtbar zu leiden hätten.

Ohne eigene Erfahrungen, wie und wovon diese Thiere sich ernähren, ziehe ich vor, darüber hier wörtlich das einzufügen, was Joh. Müller berichtet (l. c. S. 84): „Während der ganzen Zeit, dass wir die Thierchen beobachteten, haben wir sie nicht fressen gesehen, gleichwohl gaben sie immerfort Excremente von sich, die in langen Schnüren abgehen. Hieraus, wie aus anderen weiterhin mitzutheilenden Beobachtungen geht hervor, dass sie bloss von Infusorien und anderen mikroskopischen Thierchen und animalischen Theilchen des Meerwassers leben, welche durch eine schon im Munde beginnende Wimperbewegung ihnen zugeführt und weiter bewegt werden." Aehnlich schreibt Dohrn[1]): „Durch das Agens der Flimmerbewegung und das Spiel der Cirren vor seinem aus dem Sande hervorstehenden Munde erzeugt er einen Wasserstrom, der ihm Diatomeen, Larven, Infusorien, kurz Alles, was im Wasser umherschwimmt und klein genug ist, um in die Mundöffnung eingehen zu können, zuführt."

So erscheint das Leben des *Amphioxus* als eine grosse Monotonie und ebenso monoton sind seine Bewegungen, die immer nur das eine Ziel verfolgen, zu entfliehen, wenn er gereizt wird.

Nach Costa ist der *Amphioxus* gegen Licht empfindlich.

§. 3.

Ein physiologischer Versuch.

Die Morphologie hat den *Amphioxus*, weil ihm das Gehirn fehlt, von allen übrigen Wirbelthieren, den Schädelthieren (*Cranioten*), als Schädellosen (*Acranier*) abgesondert. Sein Centralnervensystem stellt einen gleichmässigen Strang dar, welcher am Kopfende etwas abgestumpft erscheint, indess sich hier der Centralcanal ein wenig erweitert[2]) und an die Anlage eines Gehirns erinnert.

Wir legen uns die Frage vor: Lässt sich beim *Amphioxus* ein Punkt nachweisen, welcher allen Bewegungen vorsteht, wie wir beim Frosch und dem Fisch gefunden haben, oder ist das nicht der Fall, d. h. ist hier wie dort ein allgemeines Locomotionscentrum vorhanden oder nicht? Um die Frage zu beantworten, würde es nöthig sein, am Centralnervensystem des *Amphioxus* Versuche anzustellen, wie wir sie oben an den Fischen geschildert haben. Solche Versuche verbieten sich hier von selbst. Ich habe deshalb eine Methode in Anwendung

---

[1]) Ueber den Ursprung der Wirbelthiere und das Princip des Functionswechsels. Leipzig, 1875, S. 51.

[2]) R. Leuckart und Alex. Pagenstecher, Untersuchungen über niedere Seethiere. Müller's Archiv, 1858, S. 561.

gebracht, welche gegenüber dem zarten Objecte etwas roh erscheint, indess ist eine andere nicht ausführbar und zudem hat der Erfolg über ihre Brauchbarkeit entschieden. Ich nehme einen *Amphioxus* auf die flache Hand, zerschneide ihn mit einer guten Scheere zunächst in zwei Stücke, ein Kopf- und ein Schwanztheil, lege beide Theile in das Wasser zurück und überlasse sie einige Minuten der Erholung: wenn sie jetzt z. B. mit einer Mikroskopirnadel oder durch Berührung mit der Pincette gereizt werden, so führen beide Theile ganz regelmässige Locomotionen aus unter gleichzeitiger Erhaltung des Gleichgewichtes, und beide stets mit dem Kopfende voran. Hört die Bewegung auf, so fallen die Stücke auf die Breitseite. (Auch hier kommt es, wie oben erwähnt, beim unversehrten Thiere vor, dass die Bewegung mit dem Schwanzende vorangeht.) Man kann den *Amphioxus* auch in drei oder vier Theile zerschneiden: jeder dieser Theile macht unter den angegebenen Bedingungen die Locomotionen. Ist die Erregbarkeit der Theile bedeutend gesunken, so hat man nur nöthig, sie in Pikrinschwefelsäure von mindestens ein Procent zu werfen, um die Stückchen die schönsten schlängelnden Bewegungen ausführen zu sehen, denen allerdings in absehbarer Zeit ein jähes Ende bereitet wird. Aber das Verfahren ist werthvoll, um Aufschlüsse namentlich auch da zu bringen, wo der tiefe Stand der Erregbarkeit solche uns vorenthalten würde. Wir werden von dieser Methode später wiederholt Gebrauch machen.

Obgleich dieser Versuch unter dieser Fragestellung das erste Mal angestellt worden ist, finde ich zufällig, dass etwas Aehnliches am *Amphioxus* schon einmal gesehen und beschrieben worden ist, freilich ohne jede Beziehung zu unserem Thema. In der Sitzung der Jenenser medicinisch-naturwissenschaftlichen Gesellschaft vom 10. December 1880 zeigt Häckel unter Anderem auch junge *Amphioxen* und sagt[1]): „Die jungen *Amphioxen*, von 1 bis 2 cm Länge, waren vollkommen durchsichtig und zeigten ausserordentliche Lebensfähigkeit; die abgerissene hintere Hälfte eines Exemplars, aus deren Mitte die nackte *Chorda dorsalis* mehrere Millimeter weit vorragte, blieb über acht Tage am Leben und zeigte nach dieser Zeit (als „partielles Bion“) noch leb-

[1]) Jenaische Zeitschrift f. Naturwissenschaften etc. Bd. XIV, 1880. Supplement-Heft I, 1881, S. 141.

hafte Bewegungen". Da die *Amphioxen*, wie oben bemerkt, nur eine Bewegung, nämlich die Locomotion, kennen, so hat in jenem Falle auch Häckel schon beobachtet, dass das Schwanzende des Thieres dieselben Bewegungen auszuführen vermag, wie das ganze Thier sie zu machen pflegt.

§. 4.

Analyse des Versuches.

Der beschriebene Versuch lehrt, dass einzelne Stücke des *Amphioxus* dieselben Locomotionen auszuführen im Stande sind, wie das ganze Thier, woraus unmittelbar folgt, dass, theoretisch ausgedrückt, jedes Metamer die Function des Gesammtthieres wiederholt oder, was unseren Zwecken am meisten dienen wird: der Leib des *Amphioxus* besteht aus lauter gleichwerthigen Metameren, worin implicite angedeutet ist, dass der *Amphioxus* nicht **ein** allgemeines Bewegungscentrum besitzt. Vielmehr verfügt jede Metamere über ein eigenes Bewegungscentrum und die gemeinsame Thätigkeit derselben, welche unter einander in zweckmässiger Verbindung stehen müssen, erzeugt die Locomotion des Gesammtthieres.

Man hat den *Amphioxus* von manchen Seiten ein Rückenmarkswesen genannt und ich habe diesen Ausdruck seiner Zeit wiederholt[1]. Nunmehr ist es mir zweifelhaft geworden, ob dieser Ausdruck richtig ist. Steht nämlich der *Amphioxus* an der Wurzel des Wirbelthierstammes und sind die Cranioten aus Acraniern gleich oder ähnlich dem *Amphioxus* hervorgegangen, so ist das Centralnervensystem des letzteren kein einfaches Rückenmark, sondern ein undifferenzirtes oder einfaches Centralnervensystem, aus dem sich phylogenetisch Gehirn und Rückenmark entwickeln sollen. Das Centralnervensystem der Cranioten würde dagegen als ein differenzirtes oder zusammengesetztes zu bezeichnen sein.

---

[1]) J. Steiner, Ueber das Centralnervensystem des Haifisches und des Amphioxus lanceolatus etc. Berichte der Berliner Akademie der Wissenschaften. 1886, I, S. 498.

Viertes Capitel.

Das Centralnervensystem der Haifische.

---

§. 1.

Einleitende Bemerkungen.

Wer zum ersten Male das Gehirn des Haifisches sieht, wird mit Vergnügen dasselbe betrachten ob seiner Grösse und seiner günstigen Lage für das Experiment. Aber die Grösse hat ihre Schattenseiten, denn es lassen sich unter diesen Verhältnissen die projectirten Abtragungen der betreffenden Hirntheile, worauf ich grossen Werth lege, nicht in einem Zuge machen. Man müsste demnach ganz junge Fische wählen, indess geht dies nicht an, weil das Gehirn sehr junger Haifische etwas anders configurirt ist, als in späterer Zeit. Man wählt am besten den Hundshai (*Scyllium canicula*), der bei 40 bis 50 cm Länge schon ausgewachsen ist — wenigstens lautet so die Angabe der zoologischen Station in Neapel — und ich habe an den vielen Exemplaren, welche während einiger Monate durch meine Hände gegangen sind, diese Angabe bestätigen können. Oder man wählt, vielleicht mit noch besserem Erfolge, den Katzenhai (*Scyllium catulus*) von derselben Länge, der zwar noch nicht ausgewachsen ist, da er die Länge von 1 ½ Meter erreicht, dessen Gehirn aber um diese Zeit schon identisch ist mit jenem des ausgewachsenen Thieres. Indess ist der Katzenhai etwas seltener. Die Fig. 13 (a. f. S.) zeigt dem Leser die beiden Haie in ihrer natürlichen Umgebung.

Die Resistenz dieser Haifische, besonders bei Operationen im Centralnervensystem, ist eine ganz beispiellose und übertrifft bei Weitem jene des vielgerühmten Frosches. Während bei Ausschaltung der Circulation das Rückenmark des Frosches in der durchschnittlichen Temperatur von 15 bis 20° C. seine Erregbarkeit schon nach 1/4 Stunde einbüsst, behält das Rückenmark dieser Haifische die ihrige zwei Stunden und darüber. Am resistentesten ist der Katzenhai, dann kommt der Hundshai. Der Sternhai (*Mustelus vulgaris*) steht den beiden weit nach; andere Arten habe ich nicht geprüft. Doch weiss

Fig. 13.

ich vom Dornhai (*Acanthias vulgaris*), dass er sich im Aquarium nur einige Tage hält, wie der Sternhai, während die *Scyllien* bis zu einem Jahre und darüber in den Aquarien aushalten.

Bei der knorpeligen Beschaffenheit des Schädels und dem eigenartigen Integumente, welches sich wie Leder nähen lässt, kann man die oben bei den Knochenfischen geschilderte Methode der Schädelöffnung und Schliessung etwas abändern. Nachdem, wie oben, künstliche Respiration eingeleitet ist, in welcher die Haifische sich so ruhig verhalten wie die Knochenfische, schneidet man mit einem guten Messer direct auf die Mitte des Gehirns und setzt, wenn es sich um Abtragung des Vorderhirns handelt, einen Längsschnitt von entsprechender Ausdehnung. Der Schnitt eröffnet, während er durch die Haut und den Knorpel geht, die Schädelhöhle. In den Schnittcanal legt man zwei geeignete breite Haken ein, durch welche die Wundränder aus einander gehalten werden, worauf man mit einem passenden Instrumente die Abtragung des Vorderhirns ausführt. Ist dieselbe beendet, so legen sich, nach Entfernung der Haken, die Wundränder an einander, welche man nunmehr durch ein paar Nähte fest vereinigt und die Hirnhöhle vollkommen schliesst. Anfangs setzte ich auf diesen Schnitt noch eine Gelatinekappe (wie bei den Knochenfischen), aber ein so behandelter Haifisch wirft sich, ins Bassin zurückgebracht, sofort auf den Rücken und scheuert die Schädeldecke so lange auf den Boden, bis die Gelatinekappe gelöst ist. Ich liess dieselbe deshalb ganz fort; aber auch ohne diese behandeln sie ihre Kopfwunde nicht selten in gleicher Weise, bis sie allmälig sich in ihr Schicksal finden und dies Treiben aufgeben.

Will man Operationen im Zwischen- oder Mittelhirn oder noch weiter hinten ausführen, so kommt man mit dieser Art der Eröffnung des Schädels nicht aus, weil man in Folge der zunehmenden Dicke des Schädeldaches die Wundränder nicht weit genug aus einander ziehen kann. Man legt deshalb mit einer festen Scheere hier einen aus Haut und Knorpel bestehenden Deckenlappen an, wie bei den Knochenfischen einen Knochenlappen, der nach hinten mit dem Körper in Verbindung bleibt. Nach Vollendung der Operation muss dieser Lappen sorgfältig eingenäht werden, was natürlich keine Schwierigkeit hat, da sich die Haut vorzüglich näht.

§. 2.

Abtragung des Vorderhirns.

Die beiden Figuren 14 und 15 (s. S. 48 u. 49), nach Originalen gezeichnet, zeigen das Gehirn von den beiden Haifischen *Scyllium catulus* und *Scyllium canicula* in ihrer natürlichen Lage im Schädel.

Die Abtragung des Grosshirns wird an einem Katzenhai von ca. ½ m Länge ausgeführt. Die Fig. 17 zeigt die geschehene Abtragung, der abgetragene Hirntheil ist durch eine punktirte Linie eingeschlossen. Der Fisch wird zurück in das grosse Bassin zur Beobachtung gebracht, wo man sogleich constatiren kann, dass alle seine Bewegungen ungestört sind und jenen eines unversehrten Thieres genau gleichen. Nach einigen Gängen lässt er sich auf dem Grunde nieder, wo er viele Stunden unbeweglich verharrt; vielleicht auch Tage, denn ich habe ihn ohne äussere Anregung kaum in Bewegung gesehen.

Fig. 15.

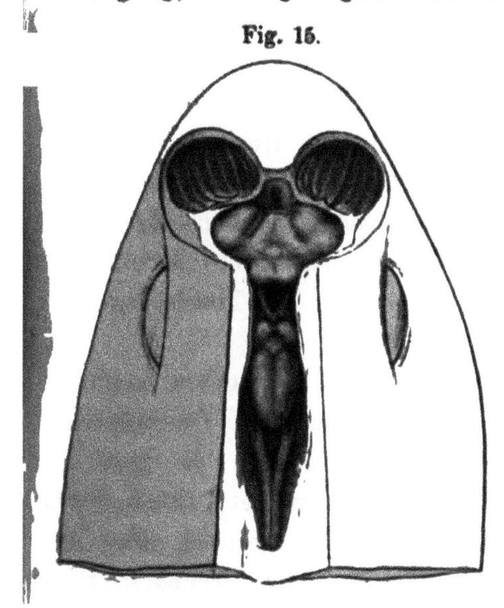

Kopf mit Gehirn eines erwachsenen Hundshaies von ½ m Länge.

Wir haben, analog den Versuchen an den Knochenfischen, weiter zu prüfen, wie es bei unserem Haifische mit der spontanen Nahrungsaufnahme steht. Diese Aufgabe ist hier niemals so einfach und demonstrabel zu lösen, wie

Fig. 16.

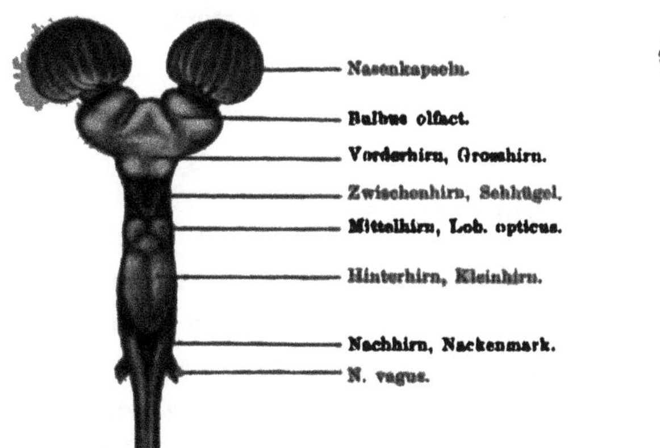

Fig. 17.

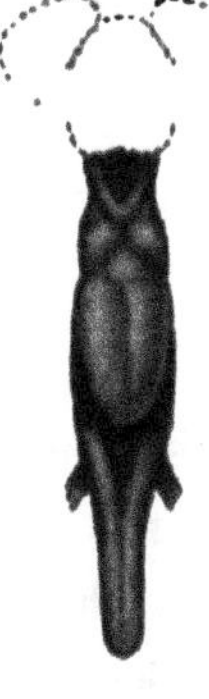

bei den Teleostiern, weil die Haifische, wenigstens alle diejenigen, welche man lebend in Neapel zu Gesichte bekommt, tagsüber blind sind. Ihre Pupille ist nämlich auf einen haarfeinen Spalt contrahirt, durch den kaum Licht in das Auge gelangen kann. In der That sieht man, dass die Haifische am Tage häufig an die Wände des Bassins anstossen. Bei Nacht aber öffnet sich die Pupille weit, so dass sie, falls nur genügend Licht vorhanden wäre, müssten ganz gut sehen können. Es wurde deshalb der grosshirnlose Hai in ein isolirtes Glasbassin gebracht, welches nachweisbar frei von essbaren Objecten ist, und in dasselbe von Zeit zu Zeit (eine, zwei, drei und mehrere Wochen nach der Operation) sechs todte Sardinen, das Lieblingsgericht unserer Haie, versenkt, welche über Nacht dort liegen bleiben. Die Sardinen werden nicht genommen! Die Beobachtungen wurden zwei Monate lang verfolgt.

In einer anderen Versuchsreihe wurden mit dem oben beschriebenen, sichelförmigen Messerchen beiderseits nur die Verbindungen der *Bulbi olfactorii* mit dem Vorderhirn durchschnitten, die *Bulbi* in der Hirnhöhle belassen und letztere, wie oben berichtet, durch Naht verschlossen. Die resistenten Thiere leben viele Wochen, aber sie machen, wie ihre Genossen ohne Vorderhirn, deren Nachbaren sie sind, so weit man sehen kann, kaum spontane Bewegungen; sie bleiben unbewegt bei dem Eintritt von Sardinen in ihr Bassin und nehmen also ebenfalls spontan keine Sardine! Die Beobachtungen dauerten sechs Wochen.

Hingegen vermag die einseitige Abtrennung des *Bulbus olfactorius* die spontane Nahrungsaufnahme nicht zu stören.

§. 3.

Analyse der Versuche.

Vergleichen wir das Resultat der Grosshirnabtragung bei den Haifischen mit jenem, das wir bei den Knochenfischen gefunden haben, so ergiebt sich der wesentliche Unterschied, dass jene ohne Grosshirn spontan keine Nahrung zu sich nehmen. Es würden somit diese Functionen bei den Haien an das Grosshirn gebunden sein. Dieses Verhalten scheint sie den Amphibien an die Seite zu stellen, wo nach Abtragung des Grosshirns (Frosch) jene Function ebenfalls verloren gegangen war. Diese Gleichheit ist indess nur eine scheinbare, denn bei den Haien ist das Resultat der Grosshirnabtragung identisch mit der einfachen Abtrennung der centralen Riechorgane, bei den Amphibien hingegen stört die Durchschneidung der Geruchsnerven nichts anderes als das Geruchsvermögen, Willkür und spontane Nahrungsaufnahme aber bleiben dem Thiere erhalten. Es liegen also für die Haifische besondere Verhältnisse vor, welche sich wesentlich von denen bei den Teleostiern sowohl als von denen bei den Amphibien unterscheiden. Wir ziehen es vor, auf diese Verhältnisse erst im allgemeinen Theile näher einzugehen.

§. 4.

Abtragung des Zwischenhirns.

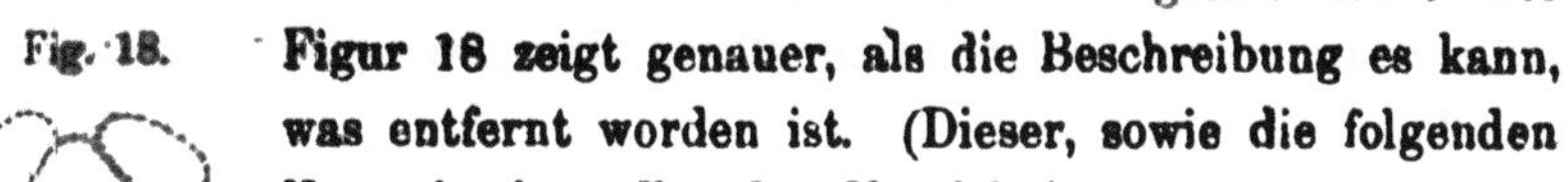

Um das Zwischenhirn abzutragen, lege ich an dem vorderen Abhange des Mittelhirns einen senkrechten, bis auf die Basis reichenden Schnitt an und entferne alles vor diesem Schnitte liegende Mark. Die Figur 18 zeigt genauer, als die Beschreibung es kann, was entfernt worden ist. (Dieser, sowie die folgenden Versuche betreffen den Hundshai.)

Fig. 18.

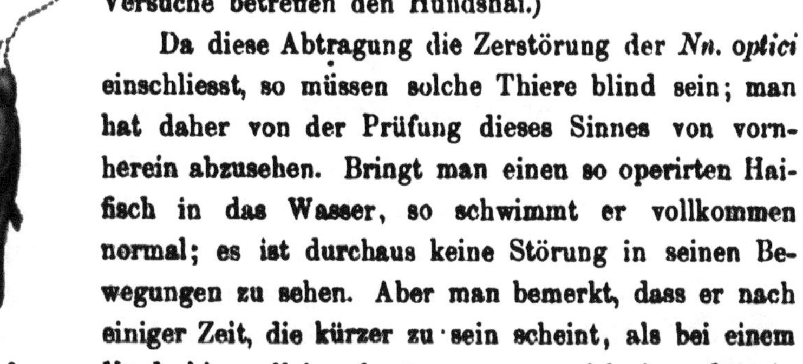

Da diese Abtragung die Zerstörung der *Nn. optici* einschliesst, so müssen solche Thiere blind sein; man hat daher von der Prüfung dieses Sinnes von vornherein abzusehen. Bringt man einen so operirten Haifisch in das Wasser, so schwimmt er vollkommen normal; es ist durchaus keine Störung in seinen Bewegungen zu sehen. Aber man bemerkt, dass er nach einiger Zeit, die kürzer zu sein scheint, als bei einem Fische, dessen Vorderhirn allein abgetragen war, sich irgendwo in einer Ecke oder an der Wand feststellt, dort die längste Zeit stehen bleibt und wenigstens innerhalb der beobachteten Zeit nur auf Reizung zu Bewegungen übergeht. Weiteres konnte nicht beobachtet werden: Die Störung ist also nur geringfügig.

§. 5.

Analyse des Versuches.

Die Störungen als Folgen der Zwischenhirnabtragung sind in der That nur gering und bestehen nicht sowohl in Störung der Bewegungen selbst, als in einem Mangel an Antrieb zur Bewegung. Daraus folgt, dass in dem Bewegungsapparat selbst nichts gestört worden ist, sondern nur in dem zu Bewegungen anregenden Apparate, d. h. da der Wille nicht in Betracht kommt, kann es sich nur um Anregungen handeln, welche von der Peripherie kommen, indem ohne Zweifel die Berührung mit dem bewegten Wasser eine Erregungsquelle darstellt. Daraus würde zu folgern sein, dass in dem Zwischenhirn ein Theil der centripetalen Erregungen landet, welche durch die Berührung mit dem Wasser erzeugt werden. Das ganze Verhalten dieses Haifisches erinnert an den Frosch mit abgetragenem Zwischenhirn, wenn er sich im Wasser zu bewegen hat. Auch dort keine Bewegungsstörung, sondern nur Mangel an Anregung zur Bewegung. Einen präcisen Beweis dafür werden wir bei der Darstellung der Zwangsbewegungen noch zu sehen bekommen.

§. 6.

Abtragung des Kleinhirns.

Der Reihenfolge nach würden wir jetzt zur Untersuchung der Functionen des Mittelhirnes zu schreiten haben. Da dasselbe aber bei sämmtlichen Haifischen mehr oder weniger von dem Kleinhirn so überragt wird, dass die Abtragung des Mittelhirns kaum ohne Läsion des Kleinhirns durchzuführen ist, so müssen wir zunächst die Leistungen des letzteren kennen.

Fig. 19.

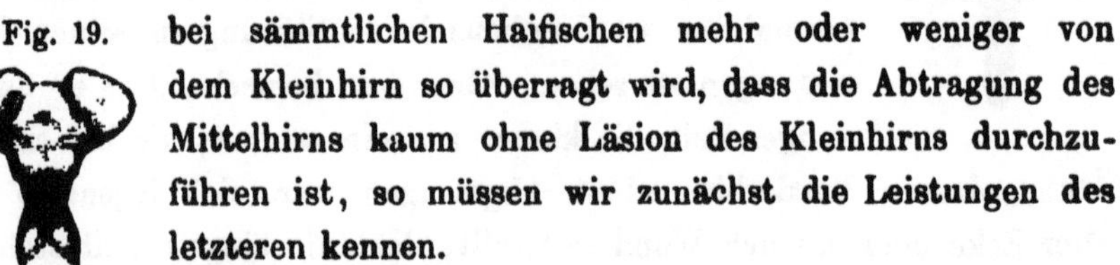

Das Resultat dieser Abtragung, welche sich mit Scheere und Pincette ausführen lässt, giebt die Fig. 19 wieder.

Störungen sind nach Abtragung des Kleinhirns nicht zur Beobachtung gekommen.

B. Abtragung der Basis des Mittelhirns.

Die Abtragung, welche mit einem passenden Messer der obigen Form (S. 31) ausgeführt wird, hat hier keine Schwierigkeiten, weil die Athemnerven gegen die nach hinten gelegenen Kiemenspalten verlaufen. Nur die eine Schwierigkeit bleibt hier, wie überall, bestehen, dass man nämlich leicht asymmetrische Abtragungen mit ihren Folgen erhält, wovor man sich nur durch Uebung einigermaassen schützen kann. Die geschehene Abtragung zeigt die Fig. 20. Ist die Abtragung gemacht, so überlässt man den Fisch $1/2$ bis 1 Stunde der Ruhe. Wenn man ihn nach dieser Zeit wiedersieht, so liegt er in normaler Stellung auf dem Boden und ganz regelmässig athmend, aber spontane Bewegungen macht er niemals. Reizt man ihn nun mechanisch durch Druck auf den Schwanz, so macht er ganz gute und regelmässige Locomotionen in horizontaler Richtung, nach aufwärts und nach abwärts. Diese Bewegungen sind vollständig äquilibrirt, so lange er sich z. B. in der horizontalen Ebene bewegt; sobald er aber die Bewegungsebene wechselt, namentlich wenn er aufsteigt, verliert er leicht das Gleichgewicht und kommt auf den Rücken zu liegen.

Fig. 20.

Legt man diesen Fisch auf den Rücken, so zeigt er deutlich das Bestreben, sich wieder auf die Bauchseite in seine normale Lage umzukehren. Wenn es ihm auch nicht in jedem Falle gelingt, die Bauchseite zu gewinnen, so macht er doch stets alle Anstrengungen, sie zu erreichen; erst die Ermüdung scheint seinen Bestrebungen ein Ziel zu setzen.

Dagegen will ich mit Bestimmtheit behaupten, dass das Wasser allein auf seine Bewegungen nicht mehr anregend wirkt, dass er zu Locomotionen nur mehr durch künstlichen Reiz zu bewegen ist; ein Verhältniss, welches bei den Knochenfischen dasselbe ist, hier aber in Folge der günstigeren Verhältnisse mit mehr Sicherheit hervortritt.

Nach 24 Stunden waren die Erscheinungen die gleichen.

§. 8.

Abtragung des vordersten Theiles des Nackenmarkes.

Man legt den Schnitt, welcher den vordersten Theil des Nackenmarkes abtragen soll, direct durch den hinteren Abhang des Kleinhirns, ca. $^1/_2$ cm hinter dem Beginn des Nackenmarkes, so wie es Fig. 21 zeigt. Ist die Durchschneidung gelungen, was nicht immer der Fall ist, worauf man naturgemäss aber alle Sorgfalt zu verwenden hat, so sieht man die Athmung des Fisches ruhig weiter gehen, aber die Bewegungen haben aufgehört. Selbst auf mechanische Reizung des Schwanzes erfolgt keine Locomotion, sondern nur allgemeine Contraction auf dem Platze ohne Locomotion. Nach 24 Stunden ist das Bild dasselbe geblieben.

Fig. 21.

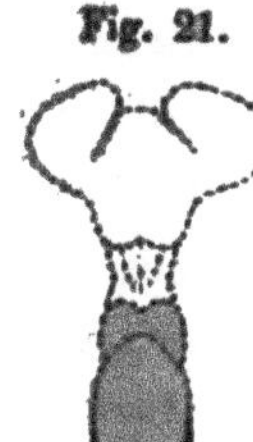

§. 9.

Analyse der Versuche im siebenten und achten Paragraphen.

So schwierig es war, bei den Knochenfischen ein allgemeines Bewegungscentrum in Theile zu verlegen, welche hinter dem Mittelhirn liegen, so deutlich tritt die Thatsache beim Haifisch hervor, dass wir in den vordersten Theil des Nackenmarkes das allgemeine Bewegungscentrum zu postiren haben. Aber auch weiter können wir folgern, dass dieses Centrum das einzige Locomotionscentrum des Körpers ist, da die sichtbaren Störungen, welche nach Abtragung des Mittelhirns auftreten, zurückzuführen sind auf den Ausfall von sensiblen Elementen, welche jenem Centrum Anregungen zu Bewegungen übermitteln.

Was diese sensiblen Elemente betrifft, so sind es vor Allem, was hier am Haifisch sehr deutlich hervortritt, die Anregungen, welche durch den Contact des Wassers mit der Hautoberfläche hervorgerufen werden und welche die nächste Ursache der Schwimmbewegungen darstellen. Die Zerstörung der diese Anregung vermittelnden Elemente macht auch das Schwimmen aufhören. Weiter sind es aber auch die Muskel- und Gelenkgefühle, welche über das Gleichgewicht des Thieres wachen, deren Centralstation wir in der Mittelhirnbasis zu suchen haben. Indess mit der Einschränkung, dass es wesentlich die mehr complicirten Fälle der Aequilibrirung sind, wie sie bei den Bewegungen in wechselnden Ebenen nothwendig werden, welche ihr Centrum im Mittelhirn finden. Hingegen müssen in den weiter rückwärts gelegenen Theilen, also zunächst im Nackenmarke selbst, Muskelempfindungen landen, da unsere Fische, allein im Besitze des Nackenmarkes, noch äquilibrirt schwimmen, wenigstens so lange sie in einer Ebene schwimmen und das Bestreben zeigen, das Gleichgewicht wieder zu gewinnen, wenn sie es verloren haben. Unverkennbar besteht hier wieder eine grosse Aehnlichkeit mit dem Verhalten beim Frosche[1]).

Hiermit war meine Arbeit beendet, welche sich zunächst nur die Aufgabe gestellt hatte, wie beim Frosche, die Functionen des Gehirns zu studiren. Auch liess der letzte Versuch beim Haifisch nicht vermuthen, dass in seinem Rückenmarke vom Frosche abweichende Verhältnisse vorhanden wären. Erst als ich bei Versuchen an der Eidechse auf sehr merkwürdige Erscheinungen im Verhalten des Rückenmarkes stiess, für welche ein Verständniss nur durch Untersuchung des Haifischrückenmarkes zu erwarten stand[2]), zog ich auch dieses in den Bereich meiner Untersuchungen.

§. 10.

Das Rückenmark.

Man nehme einen kräftigen, recht lebhaften Haifisch der oben angegebenen Länge, schneide ihm ausserhalb des Wassers mit einem Schnitt, etwa in der Höhe der Brustflossen, den Kopf ab und setze nunmehr den kopflosen Rumpf in das Wasser zurück, so beobachtet

[1]) Froschhirn, S. 38.

[2]) J. Steiner, Ueber das Centralnervensystem der grünen Eidechse nebst weiteren Untersuchungen über das des Haifisches. Sitzungsberichte der Berliner Akademie der Wissenschaften, 1886, I, S. 541.

Blosslegung desselben leicht täuscht, so machte ich eine Reihe von Versuchen, in denen nach Blosslegung vom Nackenmark und angrenzendem Rückenmark in dieser Gegend Schnitte angelegt wurden, um den Sachverhalt genau zu prüfen. Es zeigte sich die Richtigkeit meiner früheren Beobachtung und die Sache ist die, dass, wenn man sich mit den Schnitten vom Rückenmark her dem Nackenmark nähert, Locomotionen sicher noch von dem Rumpfe gemacht werden, so lange die Querschnitte sich unterhalb des Vagusaustrittes aus dem Nackenmarke halten. Gelangt man mit den Schnitten über die Austrittsstelle dieses Nerven, so verschwindet die Locomotion (der *Vagus* als solcher hat mit der Sache natürlich nichts zu thun, er bietet sich nur bequem zur Grenzbestimmung dar) und um so sicherer, je mehr man sich davon nach dem Kopfende hin entfernt hat. Es ist also innerhalb des Nackenmarkes eine Zone vorhanden, welche sich etwa durch den Vagusursprung abgrenzt, innerhalb deren Schnitte durch seine ganze Breite die Locomotion aufheben. Die Locomotion beginnt aber wieder, wenn man sich mit den Schnitten dem Rückenmark nähernd den Vagusursprung erreicht oder überschritten hat.

Schneidet man endlich den Haifisch glattweg in zwei Theile, so macht, wie wohl vorauszusetzen war, der Schwanz in gleicher Weise Locomotionen, wie der Rumpf. Besonders sei hier hervorzuheben, dass die Locomotionen des geköpften Haifisches mit vollständiger Aequilibrirung geschehen und man deutlich beobachten kann, wie er stets das Gleichgewicht der Lage sucht und findet, wenn er es durch Anstossen an die Wand oder dergleichen Zufälle verloren hat.

§. 11.

Analyse der Versuche.

Nachdem wir oben den Nachweis geliefert zu haben glaubten, dass die Haifische ebenso wie die Knochenfische nur ein allgemeines Bewegungscentrum besitzen, finden wir jetzt, dass neben jenem Locomotionscentrum auch im Rückenmarke der Haifische zweifellos eine ganze Reihe von Locomotionscentren vorhanden sind, ja dass wahrscheinlich sogar jede Metamere des Rückenmarkes mit einem Locomotionscentrum ausgestattet ist.

Wenn auf der einen Seite an dieser klaren Thatsache nicht zu rühren ist, so können wir auf der anderen Seite sehr wohl fragen, ob die locomobilen [1]) Elemente des Rückenmarkes, wenn sie mit dem allgemeinen Bewegungscentrum des Gehirns organisch verbunden sind, zu selbständiger Aeusserung dieser ihrer Fähigkeit herangezogen werden oder ob sie nur Unterthanendienste zu leisten haben, jener führenden Metamere des Gehirns; d. h. sind die beiden Bewegungsapparate, mit denen wir es zweifellos hier zu thun haben, einander coordinirt oder ist der eine dem anderen subordinirt. Wir werden beweisen, dass das Rückenmark dem Gehirn subordinirt ist und dass die locomobilen Leistungen des Rückenmarkes, so lange es mit dem Gehirn verhunden ist, physiologisch nicht in Betracht kommen.

Schon die Thatsache, dass nach Abtrennung des vordersten Nackenmarkendes das Rückenmark immobil wird, lehrt seine Abhängigkeit vom Gehirn, und es sind unter normalen Verhältnissen allein die dem Rückenmarke vom Gehirn zugetragenen Erregungen, welche die locomobile Thätigkeit jenes Theiles regeln. Diese Erregungen werden durch den mechanischen Reiz des Schnittes ersetzt, wenn wir die locomobile Thätigkeit auf Schnitt anscheinend spontan hervorbrechen sehen. Jene Zone des Nackenmarkes aber, deren Durchschneidung keinerlei Locomotion giebt, enthält offenbar eine oder mehrere Metameren, welche ihre locomobilen Fähigkeiten ganz verloren resp. an das allgemeine Bewegungscentrum abgegeben haben, ähnlich wie es im Rückenmarke der Knochenfische und des Frosches sämmtliche Metameren gethan resp. erlitten haben. Die Abhängigkeit der Bewegungen des Rückenmarkes von dem Gehirn tritt noch auffallender dann hervor, wenn wir dem Haifische eine von der geraden Linie abweichende, nämlich eine krummlinige Bewegung vorschreiben und wir dann sehen, dass das Rückenmark diese Bewegung fortsetzt, selbst, nachdem wir ihm jene Erregungsquelle durch Köpfung des Thieres genommen haben. Die ausführlichen Versuche dieser Art werden später folgen. Hier nur so viel, dass dieser Versuch das beweist, was wir oben aufgestellt haben, dass das Rückenmark dem Ge-

[1]) Um einen kurzen Ausdruck zu haben, wollen wir die Fähigkeit der Locomotion mit „Locomobilität“ und das zugehörige Adjectivum mit „locomobil“ bezeichnen.

hirn subordinirt ist, woraus ganz direct die Existenz des allgemeinen Locomotionscentrums im Gehirn sich ableitet. Diese subordinirte Stellung gegenüber dem Gehirn verurtheilt die Locomobilität des Rückenmarkes zu künftigem Untergange.

Davon ganz unabhängig ist eine andere Folgerung, welche aus unserer Theorie über die Erhaltung des Gleichgewichtes fliesst: Weiss nämlich der Rumpf des Haifisches, wenn er ohne die Führung des Kopfes seine Schwimmbewegungen macht, dieselben im Gleichgewicht auszuführen, so müssen im Rückenmarke auch die der Aequilibrirung dienenden Muskel- und Gelenkempfindungen ihre Centralstation finden.

Es ist jetzt an der Zeit, die Frage zu erörtern, welche Vervollkommnung in der Organisation mit dem Auftreten des allgemeinen Bewegungscentrums erreicht wird. Entsprechende Beobachtungen führen zu der Ansicht, dass die Thiere mit allgemeinem Bewegungscentrum in allen Ebenen sich bewegen und die Bewegungsebene mit Leichtigkeit zu wechseln vermögen, während Thiere ohne jenes Centrum die Bewegung in ein und derselben Ebene bevorzugen und der Uebergang in andere Ebenen ihnen erschwert zu sein scheint, obgleich derselbe nicht vollkommen ausgeschlossen ist. Jenes ist bei jedem normalen Wirbelthiere zu sehen, dieses beobachtet man bei Amphioxus und geköpften Haien (Weiteres s. S. 92 und 93).

Fünftes Capitel.

Das Rückenmark der Rochen.

Die nahe Verwandtschaft, in welcher Haie und Rochen zu einander stehen (die Morphologie hat sie bekanntlich zu der Gruppe der Plagiostomen vereinigt), musste den Wunsch rege machen, auch das Nervensystem der Rochen zu prüfen. Aus Gründen, die später hervortreten werden, knüpft sich das wesentliche Interesse bei den Rochen an das Verhalten des Rückenmarkes, um so mehr, als man bei der zum Verwechseln grossen Aehnlichkeit des Gehirns der Haie und Rochen für das Gehirn beider Classen gleiche Function voraussetzen kann.

Daher ging ich, nach einigen mehr gelegentlich am Gehirn angestellten Versuchen, welche, wie vorausgesetzt, nichts Neues lehrten, sogleich zur Untersuchung des Rückenmarkes über. Von den Rochen, welche mir in Neapel zu Gebote standen, wählte ich den Zitterrochen (*Torpedo oculata*), obgleich die Entladung seiner Organe dem Experimentator manche Unbequemlichkeiten verursacht. Indess lernt man rasch, diesen aus dem Wege zu gehen, während man dagegen die grosse Annehmlichkeit eintauscht, einen Fisch zu haben, der gegen operative Eingriffe sehr resistent ist und dessen Haut sich gut einschneidet und näht.

Es handelt sich also um einen Versuch, der nur bezweckt, das Rückenmark vom Gehirn zu trennen. Diesen Versuch so anzustellen, wie beim Haifisch, nämlich den Rochen einfach zu decapitiren, hielt ich nicht für gerathen, weil man dabei die hauptsächlichsten Muskeln, welche der Locomotion dienen, quer durchschneiden würde. Nur die

Durchschneidung der Wirbelsäule in irgend einer Höhe zu machen, was ja immer am bequemsten ist, war bedenklich, wenn man den Verlauf der Rückenmarksnerven nicht genau kennt, welcher in Folge der eigenthümlichen Körperform und besonders wegen der Lage der elektrischen Organe vom gewöhnlichen Modus etwas abweichen kann. Ich habe deshalb den ganzen *Plexus brachialis* präparirt und mich überzeugt, dass die Durchschneidung nur hoch oben unmittelbar am Nackenmarke gemacht werden muss, wenn nicht die obersten Spinalnerven unter der Botmässigkeit des Nackenmarkes, d. h. des allgemeinen Bewegungscentrums, verbleiben sollen. In solchem Falle würde der Versuch falsch sein.

Bei einer frischen Torpedo eröffne ich den Wirbelcanal und trenne das Rückenmark vom Gehirn genau oberhalb des ersten Spinalnerven. Die Wunde wird durch Naht der Haut gut geschlossen und der Fisch in's Wasser gesetzt: er athmet ganz regelmässig und macht auf Reiz Schwimmbewegungen. So operirte Rochen befanden sich nach drei Wochen noch sehr wohl, worauf die Beobachtung, als ohne weiteres Interesse, aufgegeben wurde.

Zu den Schwimmbewegungen ist Zweierlei zu bemerken: 1. Die Rochen ohne Gehirn schwimmen niemals so andauernd und so ausgiebig wie die Haie, und 2. sie halten sich während des Schwimmens wesentlich auf dem Boden. Was den ersten Punkt anbetrifft, so mache ich darauf aufmerksam, dass auch die unversehrten Rochen keine Schwimmer sind von der Gewaltigkeit, wie die Haifische. Was den zweiten Punkt anbetrifft, so haben wir dieselbe Erscheinung auch schon bei den Haifischen besonders angemerkt.

Alles dies ist augenblicklich hier belanglos; worauf allein es ankommt, ist, dass das Rückenmark der Rochen volle Locomobilität besitzt.

Sechstes Capitel.

Das Rückenmark der Ganoiden.

Wenn ich mich hier vorläufig auf die Untersuchung des Rückenmarkes beschränke, so geschieht das aus mehreren Gründen. Zunächst, und das ist der wesentlichste Grund, können wir mit Zuversicht voraussetzen, dass das Gehirn der Ganoiden sich principiell in seinen Functionen dem Gehirn der Selachier und Teleostier anschliessen wird. Nur das Verhalten des Grosshirns kann zweifelhaft sein und hier müssen specielle Untersuchungen gemacht werden, aber die Erörterung der phylogenetischen Entwickelung dieses Hirntheiles wird in einer späteren Abtheilung erfolgen, wohin ich deshalb auch die Untersuchung des Grosshirns der Ganoiden verlegt habe. Das musste um so mehr geschehen, als die Beschaffung des Materials seine besonderen Schwierigkeiten hat.

Selbstverständlich kann es sich für uns nur um Knorpelganoiden handeln, da die Knochenganoiden in Europa gar nicht vorkommen. Was jene betrifft, so sind es besonders der eigentliche Stör (*Acipenser sturio*) und der Sterlett (*Acipenser ruthenus*), welche für uns in Betracht kommen. Der erstere, welcher eine Länge von 3 m erreicht, lebt im ganzen Atlantischen Meere, im Mittelmeere, in der Nord- und Ostsee, von wo er zur Laichzeit in die Flüsse aufsteigt. Der Sterlett, von 1 m Länge, gehört ausschliesslich dem Gebiete des Schwarzen und Kaspischen Meeres an; er steigt von dort auch in die Donau auf, so dass einzelne Exemplare bei Wien und selbst Regensburg gefangen werden.

Da im Bereiche der zoologischen Station von Neapel leider keine Störe vorkommen (nur im Gebiete des Adriatischen [Meeres werden Ende Mai und Juni einige gefangen), so wandte ich mich nach Hamburg, wo, wie eingezogene Erkundigungen ergeben hatten, in den Monaten Mai bis August täglich 50 und mehr grosser Störe lebend auf den Markt kommen. In der Pfingstwoche dieses Jahres sah ich denn an der Störhalle von Hamburg diese Riesen von 2 bis 3 m landen: Wie sie dann weiter entblutet und durch Schlag auf den Schädel getödtet werden, wie man ihnen die Bauchhöhle aufschneidet, um die Ovarien behufs der Caviargewinnung zu entnehmen und sie endlich zur Räucherung anatomisch zerlegt wurden. Da war reichlich Material, um sich über die einschlägigen anatomischen Verhältnisse zu orientiren, aber physiologische Versuche lassen sich an diesen Riesen aus leicht ersichtlichen Gründen nicht machen.

Um kleinere Störe bis zu $^1/_2$ m zu bekommen, bedarf es der Erlaubniss der Regierung, welche mit Sorgfalt die Schonung der jungen Thiere überwacht. Nachdem dieselbe eingeholt war, erhielt ich einige kleinere Exemplare von ca. 30 bis 50 cm, an denen ich nur die Frage zu entscheiden hatte, ob das Rückenmark Locomobilität besitzt und sich verhält, wie jenes der Selachier oder ob es sie verloren hat gleich dem der Teleostier.

Bei künstlicher Respiration durchschneide ich dem Stör hinter den Brustflossen durch die ganze Dicke der Muskulatur hindurch das Rückenmark, ohne die Leibeshöhle zu eröffnen, nähe mit Faden die Wunde wieder zu und setze den Fisch, dessen Kopf an dem Rumpfe nunmehr nur noch als todte Masse hängt, ins Wasser: er athmet ganz regelmässig und macht vollständige Locomotionen, mit denen er sich aber wesentlich auf dem Boden hält und nur wenig in die Höhe aufsteigt. Während er sich bewegt, erhält er sein Gleichgewicht, aber wenn er zur Ruhe kommt, fällt er leicht auf die Seite und bleibt häufig in dieser Lage liegen.

Nachdem der Fisch in diesem Zustande zwei Tage gelebt hatte, holte ich ihn aus dem Wasser und schnitt nunmehr, um den vollen objectiven Beweis zu liefern (obgleich ich keinen Zweifel hatte), den Kopf völlig vom Rumpfe: der Torso machte dieselben Locomotionen.

Wir sehen demnach: Das Rückenmark des Störes besitzt die gleiche Locomobilität, wie jenes der Selachier[1]).

[1]) Ich nehme hier gern Gelegenheit, dem Director des naturhistor. Museums zu Hamburg, Hrn. Prof. Al. Pagenstecher, auf dessen Institut die geschilderten Versuche ausgeführt wurden, für die Aufnahme in dasselbe meinen verbindlichsten Dank zu sagen. Ebenso dem Assistenten des Instituts, Hrn. Dr. v. Brunn, der mich mit Unermüdlichkeit in meinen Bestrebungen unterstützte.

Siebentes Capitel.

Das Rückenmark der Petromyzonten.

Von den *Petromyzonten* (Neunaugen) habe ich untersuchen können 1. *Ammocoetes branchialis* (Querder), die Larve von *Petromyzon Planeri*; 2. *Petromyzon Planeri* selbst und 3. *Petromyzon fluviatilis*. Jene beiden stammten aus der Murg bei Gernsbach im Schwarzwalde[1]), dieses aus dem Neckar, welcher uns in dem protrahirten Herbste des vorigen Jahres reichlicher Neunaugen bot, als in irgend einem anderen Jahre.

Bevor ich in die Schilderung meiner Versuche eintrete, möchte ich einige auf eigener Beobachtung fussende biologische Notizen voraussenden, weil wir sie später brauchen werden. Diese Daten sind theilweise schon bekannt, in einigen Fällen aber ist ihre Richtigkeit bestritten worden.

§. 1.

Biologische Notizen.

Man brachte mir einen Eimer, dessen Boden bis zu halber Höhe etwa mit Sand bedeckt war, über welchem einige Centimeter hoch Wasser stand mit dem Bemerken, dass in diesem Gefässe die gesuchten Fische sich befänden. Es herrschte idyllische Ruhe in dem Gefäss, welche durch keinerlei Thier gestört wurde. Als ich aber mit der

---

[1]) Ich möchte diese Gelegenheit benutzen, um Hrn. Gewerbelehrer Zimmermann in Gernsbach meinen verbindlichsten Dank auszudrücken für seine freundlichen Bemühungen um die Beschaffung dieser Fische.

ganzen Hand durch den Sand fahrend denselben aufwühlte, da belebte sich die Scene und in rascher, schlängelnder Bewegung huschten kleine Fischchen durch das Wasser, um bald wieder in dem Sande zu verschwinden oder platt auf demselben liegen zu bleiben. Man sieht Fischchen von 6 bis 15 und 12 bis 15 cm Länge; die ersteren sind die *Ammocoetes*, die letzteren die geschlechtsreifen *Petromyzonten*, woraus man ersehen kann, dass Larven vorkommen, welche grösser sind, als die entwickelten Thiere; eine Thatsache, welche der grösste Kenner der Neunaugen, Aug. Müller, ebenfalls schon beobachtet hat: „Die Querder sind nicht selten grösser, als die Neunaugen“ [1]). Wenn so die beiden Thiere nicht durch ihre Länge unterschieden werden können, so besitzen sie doch anderweitige Charaktere, welche ihre genaue Bestimmung und Unterscheidung möglich machen: Jene haben eine gelbliche Farbe und sind augenlos, diese haben den bläulich schimmernden Metallglanz und besitzen deutliche Augen. Vor Allem besitzen die Querder aber noch keinen Saugmund, während wir denselben bei den *Petromyzonten* schon vorfinden. Daher können sich die Larven, wie auch v. Siebold gegen Rathke hervorhebt, niemals ansaugen und die oft an ihren Kiemen beobachtete rothe Farbe kann nicht vom Blute der Thiere herrühren, an welche sie sich sollten angesaugt haben. Was den Saugmund von *Petromyzon Planeri* betrifft, so scheint mir das Thier wenig oder gar keinen Gebrauch davon gemacht zu haben: ich habe wenigstens niemals gesehen, dass es sich so regelmässig, wie das Flussneunauge, an feste Gegenstände ansaugt; im Gegentheil, es liegt im Sande vergraben oder ruht mit seiner Breitseite auf demselben. Um mich indess von der Leistungsfähigkeit des Saugmundes zu überzeugen, drückte ich das Neunauge mit dem Munde gegen die Glaswand und sah es an derselben haften. Aber nicht lange und bald liess es die Wand fahren und wandte sich wieder dem Sande zu.

Was weiter die Querder betrifft, welche ich 14 Tage lang in meinem Bassin beobachtet habe, so müsste ich über ihre Lebensweise eigentlich das wiederholen, was schon beim *Amphioxus* gesagt worden ist: so sehr sind sie darin einander gleich. Beide machen schlängelnde

[1]) Aug. Müller, Ueber die Entwickelung der Neunaugen. Vorläufige Mittheilung. Joh. Müller's Archiv, 1856, S. 334.

Bewegungen, mit denen sie sich eiligst in den Sand einbohren; der *Ammocoetes* sogar so tief, dass weder Kopf- noch Schwanzende hervorguckt, wie beim *Amphioxus*. Ist kein Sand in dem Gefäss vorhanden oder gelingt es dem *Ammocoetes* nicht, sich einzubohren, so legt er sich, wie der *Amphioxus*, auf die Seite, eine Lage, welche für ihn, wie für den *Amphioxus* auch, eine zweite Gleichgewichtslage bildet. Ich habe ferner, wie beim *Amphioxus*, in meinem an *Ammocoeten* reichen Aquarium, dessen Boden mit Sand bedeckt war, tagelang nicht die geringste Bewegung wahrnehmen können, so dass ich dem Querder, innerhalb der nämlichen Grenzen, wie dem *Amphioxus*, jede Spontaneïtät absprechen kann.

Da ich auf diese Thatsachen aus später ersichtlichen Gründen einen gewissen Werth lege, so habe ich mich bei anderen Autoren, insbesondere bei Aug. Müller, nach ähnlichen Angaben umgethan. Und nicht vergeblich, denn er schreibt vom Querder[1]: „Ist der Boden mit Sand bedeckt, so wühlen sie sich, wie sie das auch im Freien thun, in den Grund ein, so dass sie nur theilweise sichtbar bleiben oder auch ganz verschüttet werden und respiriren das Wasser unter dem Schutze ihres Gitterwerkes. Sie leben von dem, was ihnen so in den Mund läuft, ähnlich dem *Branchiostoma* (*Amphioxus*) und haben Flimmerepithel im Schlunde. Schalen von Bacillarien fand ich in allen Querdern, die ich darauf untersuchte.“ Also auch dieser Autor, welcher sich bekanntlich sehr eingehend mit der Biologie der *Petromyzonten* beschäftigt hat, betont die Gleichheit in den Lebensverhältnissen des Querders mit jenen des *Amphioxus*.

Aehnliches aber gilt auch von dem geschlechtsreifen Thiere, dem *Petromyzon Planeri*, während sich *Petromyzon fluviatilis* wesentlich davon unterscheidet dadurch, dass es sich niemals in den Sand eingräbt, sondern stets an feste Gegenstände sich ansaugt; freilich sieht man auch bei ihm sonst sehr wenig von ausgesprochenen Willensäusserungen.

---

[1] l. c.

§. 2.

Die Versuche.

Man hebe einen Querder beliebiger Grösse aus dem Wasser, zerschneide ihn etwa in der Mitte des Leibes mit scharfem Scheerenschnitt in zwei Theile und bringe dieselben wieder ins Wasser zurück, so macht das Kopfstück regelmässige Locomotionen, das Schwanzstück aber verharrt in Unthätigkeit. Reizt man dasselbe mechanisch, z. B. durch Druck mit dem Finger, so macht es wohl eine ungeordnete Bewegung, aber keine Locomotion. Ueberträgt man nunmehr das Schwanzstück in Pikrinschwefelsäure von wenigstens 1 Proc., so beginnen sogleich regelmässige Locomotionen, welche so lange anhalten, als es die verheerende Wirkung der Säure eben zulässt. Da mir sehr viel Material zu Gebote stand, so habe ich den einen und den anderen Versuch häufig wiederholt, ohne jemals unter den natürlichen Verhältnissen im Wasser am decapitirten *Ammocoetes* Locomotionen gesehen zu haben. Da diese Fische eine ähnliche Resistenz besitzen, wie *Amphioxus*, indem sie selbst im Sommer ohne Gefahr sich versenden lassen, so kann man schliessen, dass das negative Resultat dem wirklichen Sachverhalt entspricht und nicht auf den blutigen Eingriff zu beziehen ist.

Genau dasselbe wiederholt sich für *Petromyzon Planeri:* Das decapitirte Thier macht im Wasser niemals Locomotionen, aber sogleich, nachdem man es in die Pikrinschwefelsäure transferirt hatte.

Da nicht vorauszusehen war, wie sich die Dinge für das Flussneunauge gestalten würden und da wir hier niemals mit Sicherheit auf eine grössere Anzahl dieser Fische rechnen können, so stellte ich jedenfalls ein Bassin zurecht, welches über doppelt so lang ist als die zu erwartenden Flussneunaugen und dessen Boden ca. drei Finger hoch mit einer 3 bis 2 proc. Lösung der Pikrinschwefelsäure bedeckt wurde.

Ein eben gefangenes Flussneunauge wird durch einen Schnitt geköpft, welcher gerade hinter das letzte Kiemenloch fällt. In das Wasser zurückgebracht, macht der Kopf, indem er zugleich seine

Athembewegungen sogar längere Zeit fortsetzt, Locomotionen, aber der Rumpf bleibt unbeweglich; auf mechanische Reizung macht er ungeordnete Bewegungen, aber zu Locomotionen kommt es nicht. Bringt man ihn nunmehr in das Bad von Pikrinschwefelsäure, so durchschwimmt er in regelrechter Locomotion und mit vollkommener Aequilibrirung die ganze Länge des Bassins. Ich habe diesen Versuch allmälig an ca. zehn Neunaugen wiederholt, ohne jemals eine Locomotion des decapitirten Thieres im Wasser gesehen zu haben. Ebensowenig habe ich den Rumpf ausserhalb des Wassers Locomotionen machen sehen. Das Flussneunauge verhält sich demnach ganz ebenso wie seine nächsten Verwandten *Petromyzon Planeri* und *Ammocoetes branchialis*.

§. 3.

Analysirende Bemerkungen.

Der Versuch hatte entscheiden sollen, ob das Rückenmark der *Petromyzonten*, wenn es aus der Verbindung mit dem Gehirn abgelöst wird, locomotorische Fähigkeiten zeigt, wie jenes des Haifisches. Der Versuch hat entschieden, dass das nicht der Fall ist, so lange der Rumpf im gewöhnlichen Süsswasser sich befindet, aber es beginnen ganz regelmässige Locomotionen in der Pikrinschwefelsäure. Da die Säure nicht im Stande ist, die für die Ortsbewegung nöthige Combination von nervösen Elementen des Rückenmarkes zu erzeugen, so müssen wir schliessen, dass der nervöse locomotorische Apparat im Rückenmarke der Neunaugen zwar noch vorhanden ist, aber auf einer Stufe so herabgesetzter Erregbarkeit, dass nur starke periphere Reize ihn aus seiner Lethargie zu erwecken vermögen. Dass im Kopfe der *Petromyzonten* ein allgemeines Bewegungscentrum liegt, folgt aus dem ersten Versuche.

Achtes Capitel.

Das Rückenmark des Aales.

Der Aal gehört zu denjenigen Thieren, deren Organe oder Theile davon den Tod des Individuums am längsten überleben. Es werden daher nicht allein im grossen Publicum, sondern auch in wissenschaftlichen Kreisen mancherlei Wunderthaten überlebender Theile oder seiner Organe erzählt. Diese Leistungen können für uns hier ebenfalls von Interesse sein, wenn sie sich beziehen sollten auf locomotorische Leistungen des geköpften Thieres. Indess muss man damit sehr vorsichtig sein, denn die Erzählung von dem Aalstück, welches noch aus der Bratpfanne springt, lehrt noch lange keine Locomotion. Eine eingehende Untersuchung des Aales in dieser Richtung wird uns in den Stand setzen, Wahrheit und Dichtung von einander zu scheiden.

§. 1.

Die Versuche.

Wenn man einen kräftigen Aal durch einen Schnitt unmittelbar hinter den Brustflossen köpft und ihn auf den Tisch legt, so wird er in vielen Fällen kraftlos auf die Seite fallen und so liegen bleiben. Reizt man ihn durch Druck auf den Schwanz, so krümmt sich derselbe wohl, aber ohne weiteren Effect. Bringt man den Rumpf ins Wasser, so wiederholt sich hier nur dasselbe Bild. In einem zweiten Falle der Decapitation bringe ich den geköpften Aal auf der Tischplatte in seine natürliche Bauchlage: da beginnen schlängelnde

Bewegungen des Schwanzes, die sich längere Zeit wiederholen — aber der Rumpf schreitet nicht vom Platze. Ins Wasser gebracht, orientire ich ihn ebenfalls in seine natürliche Lage und ebenso beginnen schlängelnde Bewegungen des Schwanzes, welche längere Zeit anhalten und bei denen der Rumpf ganz kleine Verschiebungen vom Platze erfährt. In einem seltenen Falle beginnt der geköpfte Aal auf der Tischplatte sich sogleich in Bewegung zu setzen und zweifellos eine Ortsbewegung auszuführen. Im Wasser geschieht dasselbe, aber hier kann man leicht beobachten, dass die schlängelnden Bewegungen nur im Schwanztheile ablaufen, während der Vordertheil des Körpers an den schlängelnden Bewegungen keinen Antheil nimmt. Die Erscheinungen bleiben dieselben, wenn man die Köpfung halbwegs zwischen Brustflossen und der Rückenflosse vornimmt. Macht man die Köpfung noch weiter hinten, so ist der Erfolg im Allgemeinen ungünstiger, weil der Fisch in Folge mangelhafter Aequilibrirung leicht auf die Seite fällt und die Schwanzbewegung dann aufhört. Die Aequilibrirung ist hier aus rein mechanischen Gründen mangelhaft, weil die Unterstützungsfläche allmälig an Ausdehnung verliert.

Wir sehen also, dass der decapitirte Aal in einer Reihe von Fällen Locomotionen macht, in einer anderen Reihe nicht. Indess haben wir ein Mittel an der Hand, um den decapitirten Aal in allen Fällen (mit sehr seltenen Ausnahmen) gehen zu machen, wenn wir ihn nämlich in das Bad von Pikrinschwefelsäure (2 bis 3 Proc.) setzen. Sorgt man nun für ein hinreichend langes Bassin (wie oben schon bemerkt worden ist), so wird man ihn langsamer oder rascher deutlich fortschreiten sehen, aber doch immer so, dass der Vorderkörper frei bleibt von den schlängelnden Bewegungen.

§. 2.

Analyse der Versuche.

Wir ersehen aus den mitgetheilten Versuchen, dass das Rückenmark des Aales Locomobilität besitzt, aber doch nur in seinem Schwanztheile. Was den Eintritt dieser Bewegungen betrifft, so sind sie, wie man wiederholt beobachten kann, abhängig von einem mechanischen Reize auf den Schwanz, den man auf denselben applicirt, indem man ihn ein wenig drückend durch die Hand gleiten lässt. In vielen Fällen wird dieser Reiz schon auf den Schwanz ausgeübt bei den Manipulationen, welche nothwendig mit der Köpfung des sich wehrenden Aales verbunden sind. Daher kann es vorkommen, dass die Bewegungen schon beginnen, wenn der kopflose Rumpf etwas unsanft auf die Tischplatte gleitet. Aber dies Ereigniss ist seltener; in der Mehrzahl der Fälle fällt er nach der Köpfung kraftlos auf die Seite, in welcher Lage aber beginnende Schlängelungen des Schwanzes sehr bald durch die Tischplatte selbst gehindert werden, weil sie in einer senkrecht zur Tischplatte stehenden Ebene erfolgen sollten. Deshalb ist es vortheilhaft, den Rumpf in seine natürliche Lage zu bringen, worauf die Schwanzbewegungen nun ungehindert sich fortsetzen können. Es scheint, dass die Bewegungen selbst hierbei als Reiz wirken und die folgenden auslösen. Daher können sie, besonders im Wasser, wo der Widerstand der Reibung sehr gering ist, längere Zeit weitergehen.

Aus alle dem folgt, dass die locomotorischen Elemente des Schwanzes ihre normale Erregbarkeit erhalten haben, die allerdings eben an der Schwelle sich befinden mag. Dagegen haben die vorderen Rumpfmetameren ihre Locomobilität völlig eingebüsst, welche selbst durch den heftigen Reiz, die Pikrinschwefelsäure, nicht mehr geweckt werden kann. Ob eine wirkliche Locomotion eintritt, d. h. eine wesentliche Verschiebung des Körpers in gerader Linie stattfindet, oder ob der Rumpf auf ein und demselben Platze stehen bleibt, während der Schwanz fortwährend sich schlängelt, hängt ausschliesslich von dem Verhältniss der Energie der Schwanzbewegungen und den zu überwindenden Widerständen ab. Letztere bestehen in dem Gewichte des Rumpfes und der Reibung, welche derselbe gegen Wasser und Unterlage ausübt. Kommt die Locomotion zu Stande, so wird der vorderste Theil des Rumpfes von dem Schwanze als todte Masse nach vorn verschoben; die Bewegung des Rumpfes geschieht also rein passiv.

Geschieht die Köpfung durch Transversalschnitt in den unteren Theil des Nackenmarkes, worauf ich es niemals zu Ortsbewegungen habe kommen sehen, so scheint die Energie der Schwanzbewegung nicht hinreichend zu sein, um auch das Gewicht des Kopfes zu überwinden.

Im Ganzen zeigt das Rückenmark des Aales, was die Locomobilität betrifft, die grösste Analogie zu dem der Eidechse[1]), wo jene Funktion des Rückenmarkes sich ebenfalls nur in dem hinteren Theile erhalten hatte, während sie dem vorderen Theile vollständig abhanden gekommen war.

Aehnlich wie das Rückenmark des Aales verhält sich jenes des Schlammpeitzgers (*Cobitis fossilis*). Die Aalruppe (*Gadus lota*) in dieser Richtung hin zu prüfen, hätte ich gern gewünscht, aber ich habe keine erhalten können.

Endlich sei noch bemerkt, dass einer unserer gewöhnlichen Knochenfische, wie z. B. *Squalius cephalus*, dekapitirt und in das Bad von Pikrinschwefelsäure gesetzt, keine Lokomotion macht.

---

[1]) J. Steiner, Ueber das Centralnervensystem der grünen Eidechse etc. A. a. O. S. 541.

Neuntes Capitel.

Die Zwangsbewegungen der Fische.

---

a, wie wir beim Frosche gesehen haben, Zwangsbewegungen
einseitige Abtragung gewisser Hirntheile oder durch einseitige
te in dieselben entstehen, so wird es auch hier sich zunächst
n die analogen Operationen handeln. Indem ich bezüglich aller
folgenden Regeln auf das beim Froschhirn Gesagte verweise [1]),
ke ich hier nur, dass man schon bei der Operation darauf be-
sein muss, thatsächlich das abzutragen, was man abzutragen
zu durchschneiden beabsichtigt hatte und dass man in jedem
durch die folgende Section die Operation zu verificiren hat.

§. 1.

Versuche an Knochenfischen.

ie Knochenfischversuche sind alle an unserem *Squalius cephalus*
ihrt worden. Abweichungen davon werden besonders angegeben
l.

A. Einseitige Abtragung des Grosshirns.

ese Operation verursacht keine Störungen der regelmässigen
eradlinigen Bewegungen.

---

[1]) Froschhirn S. 81.

B. Einseitige Abtragung des Mittelhirns.

So lange man mit der Abtragung innerhalb der Decke des Mittelhirns bleibt, erhält man hier so wenig Zwangsbewegungen, wie beim Frosche. Solche treten erst auf, wenn man die Basis angreift und zwar entstehen Kreisbewegungen nach der unverletzten Seite; ebenfalls genau wie beim Frosch. Der Fischkörper selbst ist hierbei regelmässig in einem Bogen gekrümmt, welcher in die Peripherie der Kreisbahn fällt. Vom Frosch weicht der Versuch insofern ab, als der Fisch bei seiner Kreisbewegung auf dem Rücken liegt und die Bewegung dann scheinbar nach der verletzten Seite erfolgt. Der Fisch muss aber auf den Rücken zu liegen kommen, weil, wie oben gezeigt worden ist, in der Mittelhirnbasis die Centralstation für die Aequilibrirung seiner Lage enthalten ist.

Andere Formen der Zwangsbewegung erscheinen bei Verwundung des Mittelhirns nicht, obgleich ich einzelne Schnitte in mancherlei Richtung durch dasselbe geführt habe. Nichtsdestoweniger findet man in der Litteratur Angaben, denen zu Folge Rollbewegungen nach einseitiger Verletzung des Mittelhirns gesehen worden sind. So schreibt Baudelot[1]): „*Lorsque l'on vient à piquer, soit directement, soit à travers la voûte du crâne, le plancher de l'un des lobes optiques, l'animal décrit aussitôt en nageant un mouvement de rotation autour de son axe.*" Was Baudelot hier beschreibt, mag ganz richtig sein; nichtsdestoweniger ist das ein Irrthum, welcher sich in folgender Weise aufklärt: Es ist schon wiederholt darauf hingewiesen worden, wie sehr die Aequilibrirung der Knochenfische von der Integrität der Mittelhirnbasis abhängig ist. Der Fisch verliert um so sicherer sein Gleichgewicht, je mehr man vom Mittelhirn abträgt. Dasselbe wiederholt sich aber auch für die asymmetrischen Verletzungen des Mittelhirns. Legt man solche als Schnitte an, so ist das Gleichgewicht nur periodisch gestört und der Fisch schwimmt bald auf dem Rücken, bald aber rafft er sich auf und schwimmt äquilibrirt auf dem Bauche.

---

1) l. c. p. 107.

Mischt sich da hinein die Kreisbewegung, so kann man in der That meinen, dass der Fisch Rollbewegungen macht. Dass diese Auffassung die richtige ist, geht auch weiter aus der Richtung hervor, in welcher diese Rollbewegungen erfolgen sollen. Darüber schreibt derselbe Forscher weiter: „*Ce mouvement s'effectue toujours vers le côté opposé à la lésion etc.*" Ich habe aber schon für den Frosch gezeigt, dass die Rollbewegung ausnahmslos nach der Seite der Verletzung geschieht und für den Fisch wird dasselbe zu gelten haben, denn die Verletzung des Nackenmarkes, des Hirntheils *par excellence*, von welchem Rollbewegungen zu erhalten sind, giebt auch beim Fisch die Rollbewegung in dem angegebenen Sinne.

Baudelot befand sich also in einem allerdings leicht verzeihlichen Irrthume und die Wahrheit ist die, dass einseitige Verletzungen des Mittelhirns der Fische ausschliesslich Kreisbewegungen erzeugen.

Für das Mittelhirn sei endlich bemerkt, dass ein einseitiger Schnitt knapp innerhalb des vordersten Drittels keine Zwangsbewegungen hervorruft.

C. Einseitige Abtragung des Kleinhirns.

Was das Kleinhirn anbetrifft, so ist es geglückt, nicht allein die *Pars posterior*, sondern auch die *Pars anterior* und selbst den diese beiden Theile verbindenden Pfeiler einseitig abzutragen, ohne dass es zu Zwangsbewegungen gekommen wäre.

D. Einseitige Schnitte in das Nackenmark.

Einseitige Schnitte in das Nackenmark geben, genau wie beim Frosche, Rollbewegungen nach der verletzten Seite. Auch hier ist der Wall der Rautengrube der empfindlichste Theil, dessen Verletzung demnach auch am sichersten die Rollbewegung hervorruft.

Besonders sei hervorgehoben, dass weder hier, noch bei den folgenden Zwangsbewegungen periphere Störungen in der Muskelthätigkeit beobachtet werden.

E. Die Zwangsbewegungen der Pleuronectiden[1]).

Die Pleuronectiden werden hier besonders einer Untersuchung unterworfen, weil sie uns einen speciellen, sehr interessanten Fall von Zwangsbewegungen bieten. Diese Fische, zu denen die Butten (*Rhombus*), die Schollen (*Platessa*) und die Seezungen (*Solea*) gehören, zeichnen sich vor allen übrigen Fischen durch ihre asymmetrische

Fig. 22.

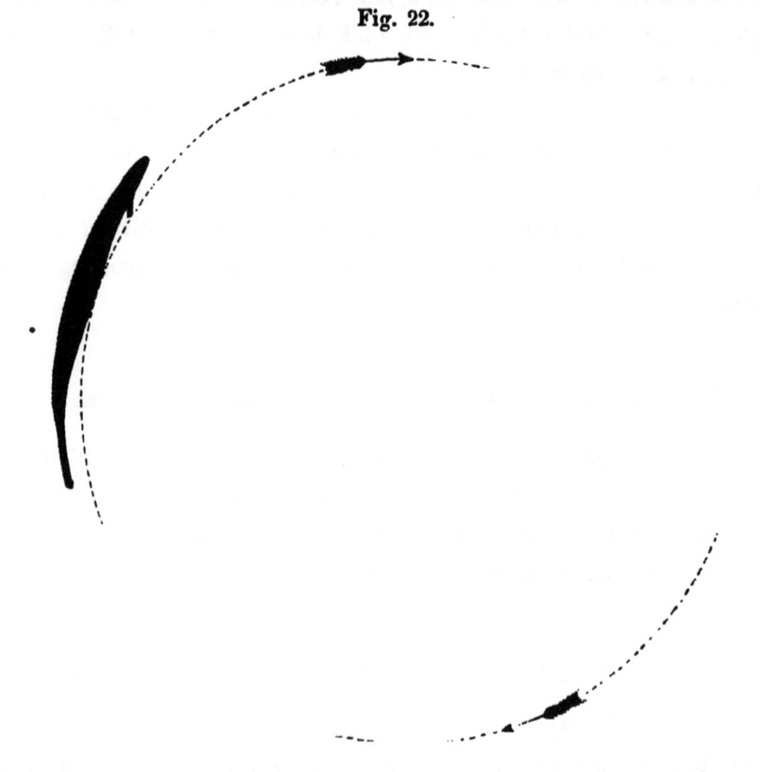

Form aus. Sie liegen und schwimmen stets auf der einen Seite, welche in der Regel ungefärbt ist und kein Auge trägt (Blindseite), während die obere Seite gefärbt erscheint und mit den beiden Augen besetzt ist (Augenseite). Die Morphologie hat nun gefunden, dass

[1]) Diese Versuche sind schon in der Festschrift des naturhistor.-med. Vereins zu Heidelberg, gewidmet zur fünften Säcularfeier der Universität Heidelberg, (C. Winter 1886), mitgetheilt worden.

diese Asymmetrie der Körperform nicht von vornherein in der Entwickelung angelegt ist, sondern dass sie sich erst später im Verlaufe des Wachsthumes ausgebildet hat[1]), denn die jungen Pleuronectiden sind noch vollkommen symmetrisch und schwimmen so, wie alle übrigen Fische.

Die Zwangsbewegungen bieten uns ein Mittel, die Richtigkeit dieser morphologischen Auffassung zu beweisen. Wir können jeden Cranioten, also auch jeden Fisch zwingen, seine geradlinige Bewegung in eine kreisförmige zu verwandeln, wenn wir ihm die eine Hälfte des Mittelhirns nehmen. Denken wir diese Abtragung an einem jungen noch symmetrischen oder an einem asymmetrischen Pleuronectiden ausgeführt, welcher wieder senkrecht auf seiner Bauchflosse schwimmend gedacht sein möge, so muss der Fisch nach jener Operation die Kreisbewegung in einem in horizontaler Ebene gelegenen Kreise ausführen (S. Fig. 22). Diese Ebene bildet mit jener, in welcher die Breitseite des Fisches steht, einen Winkel von 90°. Haben die Pleuronectiden ihre jetzige Form dadurch erhalten, dass sie sich in einem Winkel von 90° um ihre Längenaxe gedreht haben, so muss diese Lageveränderung in der dem Fische neuerdings durch die Operation angewiesenen Kreisbewegung so zum Ausdruck kommen, dass letztere nunmehr in einem Kreise erfolgt, welcher in der verticalen Ebene steht.

Der Versuch hat diese Deduction vollkommen bestätigt.

Wir können aber weiter bei den symmetrischen Fischen auch die Richtung der Kreisbewegung vorschreiben; wir können festsetzen, dass sie einmal im Sinne des Uhrzeigers erfolgt, wenn wir nämlich die linke Hälfte des Mittelhirns abtragen und das andere Mal in entgegengesetztem Sinne, wenn die rechte Seite des Mittelhirns entfernt wird. Genau dasselbe muss aber auch für die in verticaler Ebene erfolgende Kreisbewegung wiederkehren: die Bewegung erfolgt im Sinne des Uhrzeigers, wenn wir die linke Hälfte des Mittelhirns

---

[1]) P. J. Vanbeneden, Note s. l. symmetrie des poissons Pleuronectes dans leur jeune âge. Bulletins de l'Académie de Belgique. T. XX, 1853, p. 205. — J. J. S. Steenstrup, Observations s. l. développement des Pleuronectes. Annal. d. sciences nat. Zoologie, II, 1864. — A. Agassiz, On the young stages of bony fishes. II, Development of the Flounders. Proceedings of the americ. academy etc. Vol. XIV, Boston 1878—1879.

abtragen; bei Abtragung der rechten Hälfte in entgegengesetztem Sinne, wenn wir den Fisch von der Rückenflosse her betrachten.

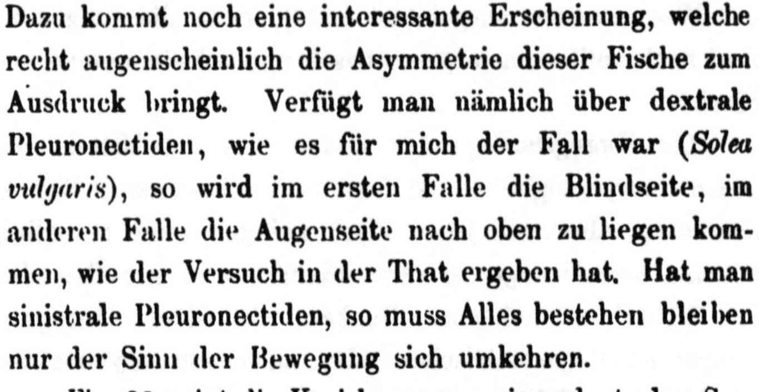
Fig. 23.

Dazu kommt noch eine interessante Erscheinung, welche recht augenscheinlich die Asymmetrie dieser Fische zum Ausdruck bringt. Verfügt man nämlich über dextrale Pleuronectiden, wie es für mich der Fall war (*Solea vulgaris*), so wird im ersten Falle die Blindseite, im anderen Falle die Augenseite nach oben zu liegen kommen, wie der Versuch in der That ergeben hat. Hat man sinistrale Pleuronectiden, so muss Alles bestehen bleiben nur der Sinn der Bewegung sich umkehren.

Fig. 23 zeigt die Kreisbewegung einer dextralen Seezunge, deren Mittelhirn links verletzt worden ist: Die Kreisbewegung erfolgt im vertikalen Kreise und im Sinne des Uhrzeigers mit nach oben gerichteter Blindseite.

Wenngleich diese Versuche schon in sich selbst controlirt werden, so kann man noch eine weitere Controle hinzufügen, indem man dieselben Versuche an symmetrischen Flachfischen wiederholt, bei denen die Kreisbewegung in horizontaler Ebene bleiben muss. Solche Flachfische besitzen wir in den gewöhnlichen Rochen, bei denen der leicht anzustellende Versuch die Voraussetzung bestätigt.

§. 2.

Versuche an Knorpelfischen.

A. Einseitige Abtragungen im Gehirn.

Es handelt sich hier wesentlich nur um Versuche an Haifischen, welche genau denselben Gang nehmen, wie jene des vorigen Paragraphen. Das Resultat ist durchweg dasselbe, wie bei den Knochenfischen, braucht also nicht wiederholt zu werden. Nur über den einen Hirntheil habe ich Rechenschaft abzulegen, den die Knochenfische nicht besitzen oder wenigstens nicht in einer Form, dass er dem Experimente zugänglich wäre, nämlich das Zwischenhirn, welches bei den Haifischen wohl ausgebildet und für die Abtragung erreichbar ist.

Die einseitige Abtragung des angegebenen Hirntheils veranlasste vorübergehende Kreisbewegung nach der gesunden Seite. Innerhalb 24 Stunden etwa war jede Störung in der Sphäre der Bewegung vorüber.

Diese Beobachtung findet einzig und allein ihr Analogon in der vorübergehenden Uhrzeigerbewegung nach einseitiger Abtragung desselben Hirntheiles beim Frosche.

B. Einseitige Durchschneidung des Rückenmarkes.

Wenn das Rückenmark des Frosches, des Hundes, des Kaninchens und anderer Thiere bei einseitiger Verletzung, wie bekannt, keine Zwangsbewegungen verursacht, so kann man daraus noch nicht folgern, dass das Rückenmark des Haifisches sich ebenso verhalten müsse, da dasselbe in vieler Beziehung sich neu und eigenartig erweist. Der Versuch musste darüber Aufschluss geben.

Man legt bei einem Hundshai das Rückenmark etwas unterhalb des Schultergürtels bloss und durchschneidet es rechtsseitig bis zur Mittellinie. Zwangsbewegungen treten danach nicht ein, weder sogleich, noch nach Tagen, wenn man den Fisch, was leicht geschieht, längere Zeit am Leben erhält. Doch zeigt sich eine Erscheinung, welche bei oberflächlicher Betrachtung des Thieres einen wenig erfahrenen Beobachter leicht zu dem Glauben verführen könnte, Zwangsbewegungen gesehen zu haben. Die Sache ist folgende: Beginnt der operirte Fisch zu schwimmen, so sieht man, wie die Muskeln auf der operirten Seite, ausschliesslich in der Umgebung der Schnittstelle, sich contrahiren und den Körper an dieser Stelle leicht concav biegen. In Folge davon bekommt der Fisch die Neigung, sich ein wenig nach der verletzten Seite zu wenden. Bald aber hört der Krampf der Muskeln auf und der Fisch schwimmt vollkommen normal und geradlinig durch die Fluth. Wenn sich dieser Krampf ab und zu (ohne Gesetzmässigkeit) wiederholt, so wird immer die Neigung zur Abweichung nach der verletzten Seite eintreten.

Wer mit den Erscheinungen der Zwangsbewegungen vertraut ist, wird unschwer übersehen, dass das keine Zwangsbewegungen sind.

Wir schliessen demnach: die einseitige Verletzung des Rückenmarkes der Haie erzeugt keine Zwangsbewegung.

§. 3.

Theoretische Schlüsse.

Wir haben bei den Fischen nur zwei Formen von Zwangsbewegungen zu sehen bekommen, nämlich die Kreisbewegung und die Rollbewegung; erstere ist an das Mittelhirn, letztere an das Nackenmark gebunden. Die Uhrzeigerbewegung scheint zu fehlen, indess kann das eben nur scheinbar sein. An und für sich hätten wir wesentlich auf Verwundung des Zwischenhirns diese Form zu erwarten gehabt; statt ihrer trat dort ebenfalls Kreisbewegung auf. Da diese ganze Frage indess vorläufig gar keine Bedeutung für uns hat, so wollen wir sie auch auf sich beruhen lassen.

Was die Theorie der Zwangsbewegungen betrifft, so verweise ich auf das entsprechende Capitel in meinen Untersuchungen über das Froschhirn, da wir es jetzt principiell mit den gleichen Verhältnissen zu thun haben.

Hier wollen wir dagegen einen allgemeinen Satz ableiten, den ich schon in der Arbeit über das Froschhirn habe ableiten wollen, es aber noch aufgeschoben habe, in Erwartung einer breiteren Basis von Erfahrungen.

Vergleicht man nämlich mit Aufmerksamkeit die doppelseitigen und die einseitigen Abtragungen des Gehirns mit einander, so findet man, dass Zwangsbewegungen nur durch Verletzung solcher Theile entstehen, welche nachweisbar in unmittelbarer Beziehung zur Locomotion des Thieres stehen. Die Beziehung nenne ich unmittelbar, wenn die doppelseitige Abtragung dieses Hirntheiles die Bewegungen des Thieres in irgend einer Weise beeinträchtigt. Ist letzteres nicht der Fall, wenngleich der Hirntheil zur Locomotion in Beziehung steht, so ist sie nur eine mittelbare. So z. B. stehen die Augen, wie ich das beim Frosche schon aus einander gesetzt habe, zweifellos in Beziehung zum allgemeinen Locomotionscentrum, dem sie mancherlei Erregungen zusenden. Aber der Ausfall derselben stört bekanntlich, wie wir wiederholt gesehen haben, die Locomotion durchaus nicht. Daher macht auch die Durchschneidung eines Opticus so wenig Zwangsbewegungen, wie die einseitige Abtragung des *Tectum opticum*, des Sehcentrums. Ganz ebenso aber muss es sich mit dem Gehör verhalten, mit dem Geruch und dem Geschmack. Endlich aber auch mit dem Grosshirn, d. h. bei den niederen Wirbelthieren, wo seine doppelseitige Abtragung die Locomotion als solche gar nicht beeinträchtigt. Daher bleibt auch die einseitige Abtragung des Grosshirns ohne störende Folgen. Anders aber ist es mit den Empfindungen der Haut, der Muskeln und der Gelenke, welche einen unmittelbaren Einfluss auf die Locomotion ausüben. Wir können daher sagen: Zwangsbewegungen entstehen durch einseitige Verletzung derjenigen Theile des Gehirns, welche in unmittelbarer Beziehung zur Locomotion stehen.

Da wir wissen, dass unter den natürlichen Verhältnissen die Locomotion von dem allgemeinen Bewegungscentrum abhängig ist, so wird dieser Satz heissen: Zwangsbewegungen entstehen durch einseitige Verletzung solcher Theile des Gehirns, welche in unmittelbarer Beziehung zum allgemeinen Bewegungscentrum stehen. Wenn wir diesen Satz noch weiter vereinfachen und zweckmässig umformen, so erhalten wir den allgemeineren und kürzeren Ausdruck: **Die Zwangsbewegungen sind eine Function des allgemeinen Bewegungscentrums.** Daraus folgt unmittelbar: Wo ein allgemeines Bewegungscentrum, dort auch Zwangsbewegungen, und umgekehrt; wo Zwangsbewegungen, dort auch ein allgemeines Bewegungscentrum.

Um übrigens das vorliegende Problem möglichst allgemein zu lösen, mag noch folgender Fall behandelt werden: Man könnte sich vorstellen, dass bei einem Thiere Zwangsbewegungen zur Beobachtung kämen, obgleich dieses Thier über zwei allgemeine Bewegungscentren verfügt. Nämlich dann, wenn das Thier zwei ganz verschiedene Formen der Locomotion besitzt, und für jede derselben ein besonderer Vereinigungspunkt aller Muskeln gegeben ist. Liegen diese beiden Punkte räumlich hinreichend getrennt, so könnte man einseitig den einen verletzen, während der andere unversehrt bliebe. Die darauf folgende

6*

Zwangsbewegung dürfte sich dann aber auch nur auf die eine Form der Bewegung beziehen, während die andere Locomotionsform ganz normal abliefe. Ein hierher gehöriges Beispiel, bei welchem der Sachverhalt experimentell geprüft werden könnte, bietet der Krebs mit seiner doppelten Locomotionsform: einmal unter wesentlicher Benutzung seiner Beine, während der Schwanz einfach gerad gehalten wird, das andere Mal unter wesentlicher Benutzung des Schwanzes, der periodisch sich krümmt und das Wasser schlägt, während sämmtliche Beine, besonders die Scheeren, unthätig nach vorn gestreckt werden. Hier könnte es möglich sein, dass der Krebs im Kreise herumgeht, wenn er seine Füsse benutzt, während er sich geradlinig bewegt, wenn er mit Hülfe seines Schwanzes schwimmt. Aber der directe Versuch hat die Existenz einer solchen Combination bei dem Krebse nicht bestätigt und ich habe auch sonst jenen hypothetischen Fall in der Natur noch nicht verwirklicht gesehen. Doch ist es nicht ausgeschlossen, dass er noch gefunden wird. Angesichts dieser Erörterung würde derselbe keine Ausnahme unseres Gesetzes darstellen, sondern dasselbe von Neuem bestätigen.

Der obige Satz wird seinen vollen Werth erhalten, wenn wir noch beweisen können: Wo kein allgemeines Bewegungscentrum, dort auch keine Zwangsbewegungen und umgekehrt.

Wir haben vom *Amphioxus* nachgewiesen, dass seine Bewegung sich aus der Locomobilität aller seiner gleichwerthigen Metameren zusammensetzt, derselbe mithin kein dominirendes Bewegungscentrum besitzt. An diesen müssen wir uns wenden, um nachzuweisen, dass einseitige Läsion seines Centralnervensystems keine Zwangsbewegungen verursacht. Aus naheliegenden Gründen ist der Versuch aber hier unausführbar. Wir wenden uns deshalb an das Rückenmark des Haifisches, welches in dieser Beziehung vollständig dem Centralnervensystem des *Amphioxus* gleich zu stellen ist: auch hier haben wir es mit lauter gleichwerthigen locomobilen Metameren zu thun. Nun haben wir oben (S. 82) schon gezeigt, dass die einseitige Verletzung des Rückenmarkes des Haies keine Zwangsbewegungen giebt; folglich ist bewiesen, was eben behauptet worden ist [1]).

---

[1]) Ich gebe gern zu, dass dieser Beweis nur relativ ist; in absoluter Form wird ein solcher dem Leser bei den Wirbellosen vorgestellt werden.

Dieser Satz ist vollkommen richtig, selbst für den Fall, dass es sich um Thiere handelt, welche nur aus einer Metamere bestehen, wie es bei gewissen Wirbellosen der Fall ist. Dann ist das einzig vorhandene Bewegungscentrum zugleich das allgemeine Bewegungscentrum und seine einseitige Abtragung wird zwar auch zu einer krummlinigen Bewegung führen, die freilich mit Paralyse auf der verletzten Seite einhergehen wird; eine sehr differente Erscheinung, die bei den mehrmetamerigen Wirbelthieren niemals eintritt.

Allgemein aber folgt aus diesen Deductionen, **dass der Nachweis von Zwangsbewegungen die sicherste und kürzeste Methode zum Nachweis des allgemeinen Bewegungscentrums darstellt.**

§. 4.

Zwangsbewegungen des Rückenmarkes nach Abtragung des Gehirns.

Obgleich, wie oben gezeigt worden ist, einseitige Verletzungen des Rückenmarkes niemals Zwangsbewegungen hervorrufen, so ist es mir durch eine zufällige Beobachtung geglückt, echte Zwangsbewegungen des Rückenmarkes auf einem ganz neuen Wege aufzufinden. Die Beobachtung konnte nur eine zufällige sein, denn trotz des Besitzes mehrerer allgemeiner Sätze wäre eine Untersuchung in dieser Richtung logisch nicht zu rechtfertigen gewesen.

Beim Haifische (*Scyllium canicula*) wurden die Zwangsbewegungen studirt, welche auf einseitige Abtragung der Mittelhirnbasis folgten. Der Fisch wurde am Leben erhalten, nach 24 Stunden wieder beobachtet, und endlich geköpft, um nochmals zu sehen, wie das Rückenmark vollkommen normale Locomotionen ausführte. Das war zu einer Zeit, als ich noch unter dem Banne stand, welchen diese ausserordentlich bedeutungsvolle Thatsache auf mich ausübte: ich konnte sie mir nicht häufig genug vor Augen führen. Aber nicht genug, dass dieser Torso sich ganz regelmässig durch die Fluth bewegte, geschah diese Bewegung zu grösster Verwunderung nunmehr in demselben Kreise, welchen der ganze Fisch beschrieben hatte. Das Ungeheuerliche der neuen Erscheinung war so gross, dass ich meinen eigenen Augen nicht trauend zunächst an einen Irrthum glaubte; indess lehrten wiederholte Versuche derselben Art mit Sicherheit, dass der geköpfte Haifisch genau **die Kreisbewegung** wiederholt, welche der kopftragende Fisch vorgeschrieben hatte.

Es ist dabei die fast selbstverständliche Voraussetzung gemacht, dass die Locomotionen des Rumpfes recht kräftig und lebhaft sind. Wo das nicht der Fall ist, hat man schwerlich auf die Ausführung der Kreisbewegung zu rechnen.

Eine Fehlerquelle liegt hier an folgender Stelle: Bei einseitiger Abtragung des Mittelhirns behufs Etablirung der Kreisbewegung ereignet es sich nicht selten, wie ich oben und wiederholt schon hervorgehoben habe, dass man die Abtragung unvollständig macht und dass die folgende Kreisbewegung nach einer oder einigen Stunden wieder verschwindet. Köpft man einen solchen Fisch nach 24 Stunden, so macht das Rückenmark keine Kreisbewegung. Um diesem Irrthume vorzubeugen, hat man sich unmittelbar vor der Köpfung jedesmal von dem Vorhandensein der Kreisbewegung zu überzeugen.

Da wir noch über eine andere Form der Zwangsbewegung verfügen, nämlich die Rollbewegung, so war zu untersuchen, ob das Rückenmark nach Decapitation auch diese wiederholt. Die Rollbewegung war erzeugt worden durch einseitigen Schnitt in das Nackenmark; nach 24 Stunden erfolgte die Köpfung: der Rumpf macht keine Rollbewegung. Man hat hierbei folgende Vorsichtsmaassregeln zu beachten: 1) muss man sich vor der Köpfung überzeugen, dass der Fisch die Rollbewegungen noch macht (vergl. die analogen Bemerkungen bei der Kreisbewegung); 2) sollen die Locomotionen des geköpften Fisches recht energische sein, weil bei schwachen Locomotionen selbst beim kopftragenden Fische die Rollbewegungen ausbleiben können; 3) achte man darauf, dass der geköpfte Fisch nicht auf dem Boden des Bassins, sondern möglichst auf der Oberfläche des Wassers schwimmt, eine Lage, welche die günstigsten Bedingungen für die Rollbewegungen einschliesst. Alle diese Momente waren berücksichtigt worden, aber die Rollbewegungen wurden von dem geköpften Fische nicht wiederholt, woraus wir schliessen können, dass der geköpfte Fisch die vorgeschriebene Rollbewegung des kopftragenden Fisches nicht auszuführen vermag.

Die weitere Untersuchung hatte die Aufgabe, zu entscheiden, ob die Zwangsbewegungen des Rückenmarkes auftreten, wenn man die Köpfung direct auf die einseitige Verletzung des Gehirns folgen lässt oder ob zwischen diesen beiden Acten — Etablirung der Zwangsbewegung und Köpfung — eine gewisse Zeit verstreichen muss.

Es werden daher Haifische (*Scyllium canicula* und *catulus*) von circa 40 cm Länge durch rechts- oder linksseitige Abtragung des Mittelhirns in die entsprechende Kreisbewegung versetzt und eine, drei, sechs und zehn Stunden nach der Operation geköpft, worauf die Prüfung in einem hinreichend geräumigen Bassin erfolgt. Weder nach einer, noch nach zehn Stunden machten die geköpften Haifische die vorgezeichneten Kreisbewegungen [1]. Daraus folgt, dass diese Zwangsbewegungen nach der zehnten und innerhalb der vierundzwanzigsten Stunde nach der Köpfung eintreten. In Beantwortung der gestellten Frage wissen wir nunmehr, dass die Zwangsbewegungen des Rückenmarkes nur auftreten, wenn zwischen Etablirung der Zwangsbewegungen und der Köpfung ein Zeitraum von wenigstens zehn Stunden verflossen ist. Eine noch genauere resp. absolute Bestimmung dieses Zeitraumes, die viel Material verschlungen haben würde, schien mir vor der Hand ohne Interesse.

---

[1]) Will man die geköpften Fische wiederholt auf Locomotion prüfen, so darf man sie niemals im Wasser liegen lassen, weil sie dort auffallend rasch ihre Erregbarkeit verlieren. Nicht so, wenn man sie aus dem Wasser entfernt und auf dem Tische liegen lässt; da erhält sich die Erregbarkeit längere Zeit. Man sieht sogar im Gegentheil, dass ein Rückenmark, welches nicht sehr kräftige Locomotionen macht, dieselben zeigt, wenn man den Rumpf circa 10 bis 15 Minuten ausserhalb des Wassers hat liegen lassen, ihn danach aus ca. ein Fuss Höhe auf die Tischplatte fallen lässt und endlich ins Wasser, setzt. Die Erklärung dieser Dinge scheint mir nicht schwer: im Wasser erstickt resp. vergiftet sich der Rumpf durch die nicht exhalirte Kohlensäure. Ausserhalb des Wassers fällt die Vergiftung weg und die Erhöhung der Erregbarkeit durch O-Mangel vermag hier zur Geltung zu kommen.

§. 5.

Analyse der Versuche.

Wenn man erwägt, dass die Zwangsbewegungen ausschliesslich eine Function des Gehirns sind und dass sie durch einseitige Verletzungen des Rückenmarkes niemals entstehen, so müssen die im vorigen Paragraphen mitgetheilten Versuche unser Staunen geradezu herausfordern, weil wir einen Effect auftreten sehen, nachdem die Ursache dieses Effectes, das Gehirn, entfernt worden ist. Zunächst folgt daraus mit Sicherheit, dass im normalen Thiere die Bewegungen des Rückenmarkes den Anregungen des Gehirns folgen, d. h. dass das Gehirn auf die Bewegungen des Rückenmarkes einen dominirenden, einen führenden Einfluss ausübt — ein Unterthänigkeitsverhältniss des Rückenmarkes gegenüber dem Gehirn, wie wir es oben zum Theil aus anderen Gründen schon abgeleitet haben, zugleich mit dem Hinweis auf künftige Mittheilungen, die eben hier gefolgt sind.

Wir können ferner voraussagen, dass Versuche dieser Art nur bei solchen Cranioten gelingen werden, deren Rückenmark sich noch im vollen Besitze der Locomobilität befindet, also nach dem augenblicklichen Stande unseres Wissens nur bei den Selachiern und den Knorpelganoiden.

Wenn wir uns nunmehr zur Erklärung jenes Versuches wenden, so müssen wir zunächst von einer Fernwirkung des Gehirns auf das Rückenmark, etwa im Sinne des Magnetismus oder der Inductionselektricität, absehen, denn eine solche Auffassung wäre unseren bisherigen Anschauungen nicht allein völlig fremd, sondern würde sogar, wenn wir uns mit derselben befreunden könnten, zum Verständniss gar nicht ausreichen, wie leicht einzusehen ist. Der allgemeinste Ausdruck, den wir der neuen Thatsache geben können, ist der, dass es sich hier um eine Nachwirkung handelt. Nun ist schon lange bekannt, dass die Ganglienzellen es namentlich sind, in denen die Wirkung den Reiz längere Zeit zu überdauern vermag, eine Zeit, für welche bisher noch keine Grenze gegeben worden ist, vielleicht nur deshalb, weil man sie nicht gesucht hat. Neu an dieser Nachwirkung hier sind aber folgende Momente: 1) der durch dieselbe erzeugte Effect ist derart, wie ihn das betreffende Organ, das Rückenmark, sonst niemals zu erzeugen vermag; 2) die Nachwirkung löst eine ganze Reihe von coordinirten Bewegungen aus und 3) die Nachwirkung tritt erst auf, wenn der Reiz, welcher jene hervorruft, eine gewisse längere Zeit eingewirkt hat. Indess mag Punkt 2 seine Erklärung darin finden, das der einwirkende Reiz einem physiologischen gleichkommt und Punkt 3 erklärt sich wieder aus 2, insofern die Erzeugung von coordinirten Bewegungen eben eine längere Einwirkung des Reizes nothwendig macht.

Betrachten wir einmal den Erfolg dieser Nachwirkung objectiv, so können wir ihn auch auffassen als die Reproduction einer vorausgegangenen Bewegung in einem Organe, das sonst nicht die Mittel besitzt, eine Bewegung von dieser Form zu erzeugen. Indem ich solchen Betrachtungen nachgehe, kommt mir in den Sinn, dass Hering[1]) Reproduction und Gedächtniss identificirt und Hensen[2]) das Reproductionsvermögen folgendermaassen bestimmt: „Das eigentliche Wesen der Reproduction liegt darin, dass die verschiedenen Gangliengruppen in bestimmter Weise zusammengefasst werden und dass sich die Erregung von einer solchen Gruppe auf eine zweite, gleichfalls wieder ganz bestimmt zusammengefasste Gruppe überträgt. Wäre dies nicht der Fall, so wäre eine continuirliche Erregung unmöglich.“ Wenn jener Versuch die Reproduction einer vorausgegangenen Bewegung genannt werden darf und wenn die Definition jener geistreichen Gelehrten richtig ist, so besitzt das Rückenmark des Haifisches Reproductionsvermögen oder Gedächtniss, und da das Rückenmark der elementarste Theil des Centralnervensystems ist, so würde daraus folgen, dass das Gedächtniss eine allgemeine Function der Ganglienzelle ist.

So lange die Definition jener Physiologen erschöpfend und unanfechtbar ist, so lange werden die hier gezogenen Schlüsse zu Recht bestehen bleiben.

---

[1]) Ew. Hering, Ueber das Gedächtniss als eine allgemeine Function der organischen Materie. Vortrag, zweite Auflage. Wien 1876.

[2]) V. Hensen, Ueber das Gedächtniss. Vortrag. Kiel 1877.

Die Versuche am Haifisch, welche ich hier mitgetheilt habe, sind durchaus neu; doch würden sie kein absolutes Novum darstellen, wenn die Beobachtungen von R. Dubois, die derselbe kurz vor meinen Mittheilungen in der biologischen Gesellschaft von Paris vorgetragen hatte, das enthalten würden, was sie enthalten sollen. Das ist aber keineswegs der Fall.

Der genannte Gelehrte decapitirt in Zwangsbewegungen begriffene Käfer (*Dytiscus marginalis*), um zu zeigen, dass jene Bewegungen vom Willen unabhängig sind und sieht, dass die Thiere auch nach der Köpfung die krummlinige Bewegung fortsetzen. Diese auffallende Beobachtung führt ihn zur Anstellung desselben Versuches beim Aal und der Ente: ersterer macht decapitirt auf der Tischplatte sogar Rollbewegung und die Ente schwimmt im Wasser einige Male im Kreise herum[1]). Ich will hier, wo ich selbst mich auf die Wirbelthiere beschränke, nur die beiden Versuche am Aal und der Ente einer näheren Betrachtung unterziehen.

Mit Hinweglassung des Unwesentlichen setze ich des Autors eigene Worte hierher: „*L'hémisphère droit fut enlevé et l'on observa seulement un peu de parésie du côté opposé, mais non de la paralysie. L'animal marchait facilment, il n'y avait qu'une légère claudication et la pointe de l'aile du côté parétique etait abaissée. Il existait bien une tendance accentuée à tourner du côté qui n'était pas blessé, à fuir sa lésion, comme on a dit souvent, ... A ce moment, une forte ligature ayant été appliquée au-dessus de la canule trachéenne, on fit la section du cou à trois centimètres environ au-dessus de la base du crâne; l'animal eut aussitôt quelques convulsions et comme les mouvements de marche étaient difficiles, on le jeta dans un large bassin plein d'eau ..... La direction circulaire imprimée à sa course fut de même plus que celle qui avait été produite par la lésion cérébrale, avant l'ablation de la tête. Il était facile de voir que cette direction était due à la persistance de la parésie dans le côté opposé à la lésion, parésie qui modifiait la synergie des mouvements des pattes.*“

---

[1]) R. Dubois, Application de la méthode graphique à l'étude des modifications imprimées à la marche par les lésions nerveuses expérimentales chez les insectes. Compt. rend. hebdomad. des séances et mémoires de la société de Biologie (8), T. II, 1885, p. 642, und Persistance des troubles moteurs d'origine cérébrale après l'ablation de la tête chez le canard. Ebenda T. III, 1886, p. 19.

Dazu habe ich Folgendes zu bemerken: 1. Es geht aus dem oben (S. 83) von mir aufgestellten Lehrsatz über die Zwangsbewegungen hervor, dass einseitige Abtragung des Grosshirns der Vögel gar keine Zwangsbewegungen geben kann, weil die doppelseitige Abtragung des Grosshirns dort keine Störung in den Bewegungen verursacht. Zu Zeugen dessen rufe ich die entsprechenden Experimente von Schiff[1]), Munk[2]) u. A. an, die niemals bestritten worden sind. 2. Die Störungen, welche Dubois an seiner Ente beschreibt, sind keine echten Zwangsbewegungen, weil sie mit peripheren Störungen (Parese der gegenüberliegenden Seite) einhergehen. Ich habe beim Frosch schon darauf aufmerksam gemacht, was Schiff lange vorher bei Vögeln und auch Säugethieren hervorgehoben hatte, dass Zwangsbewegungen von peripheren Störungen niemals begleitet sind.

Da die Parese der linken Seite auch nach der Köpfung fortbesteht, so ist, wenn die so geköpfte Ente links im Kreise herumschwimmt, diese Erscheinung selbstverständlich, weil das Ruder der linken Seite sichtbar weniger kräftig rudert, als das der rechten Seite. Demnach ist Dubois das Opfer einer Täuschung geworden und der Versuch zeigt nichts Neues, bestätigt besten Falls die durch Tarchanoff schon früher gefundene Thatsache, dass eine decapitirte Ente im Wasser noch regelmässige Schwimmbewegungen auszuführen vermag.

Der Aal verliert, wie Dubois berichtet, nach einseitiger Verletzung des Gehirns das Gleichgewicht und rollt auf einer feuchten Fläche ausserhalb des Wassers um seine Axe. Nach Decapitirung (*au-dessus du coeur*, schreibt Dubois), setzt der Rumpf diese Rollbewegungen „*pendant quelques instants*“ fort. Nach meiner Ansicht müssen hier ein oder einige Fehler vorliegen, welche aber aus der Beschreibung nicht so deutlich herausspringen, wie bei der Ente.

Nach unseren früheren Versuchen am Rückenmarke des Aales (S. 71) kann derselbe, decapitirt, weder die Kreisbewegung nach Köpfung fortsetzen, noch viel weniger gar die Rollbewegung, welche selbst der Haifisch nicht macht. Nichtsdestoweniger habe ich, um den von

---

[1]) Schiff, Muskel- und Nervenphysiologie. Lahr 1858 bis 1859, S. 337.

[2]) H. Munk, Ueber die centralen Organe für das Sehen und Hören bei den Wirbelthieren. Sitzungsberichte der Berliner Akademie der Wissenschaften. I, 1883, S. 821.

Dubois gemachten Fehlern vielleicht auf die Spur zu kommen, den Versuch wiederholt und gesehen, dass der geköpfte Aal die vorgeschriebene Kreisbewegung nicht macht. So war mein Bemühen, den Fehler zu finden, vergeblich, bis ich eines Tages ganz zufällig folgende Beobachtung mache: Ich hatte bei einem Aale durch einen Transversalschnitt das Nackenmark vom Rückenmark getrennt. Der Aal machte keine Locomotionen, natürlich auch keine Zwangsbewegungen. Darauf schnitt ich ihm hinter den Brustflossen den Kopf ab und als ich den Rumpf auf den Tisch lege, rollt dieser Rumpf langsam einige Augenblicke, etwa drei- bis viermal, um seine Längenaxe, ähnlich wie es bei den als Rollbewegungen beschriebenen Zwangsbewegungen der Fall ist. Dieses Ereigniss mag bei dem Versuche von Dubois gespielt und den Irrthum herbeigeführt haben.

Also der Fall liegt so, dass, obgleich das kopftragende Thier keine Zwangsbewegungen machte, hat der kopflose Rumpf sich in scheinbaren Rollbewegungen um seine Axe gewälzt. Diese Rollbewegungen sind scheinbar und geschehen passiv unter dem Einflusse gewisser Muskelcontractionen, welche ihn, wenn er aus der Bauchlage auf die Seite gefallen ist, auf die Rückenkante stellen, von wo er in Folge der Schwere auf die andere Seite fällt u. s. w.

Auf diese Weise ist auch der Irrthum für den Aalversuch aufgeklärt und damit bewiesen, was oben behauptet worden ist, dass R. Dubois trotz richtiger Beschreibung dessen, was er gesehen hat, doch das Opfer einer Täuschung geworden ist — soweit es sich um seine Versuche an der Ente und dem Aal handelt.

Wir wollen uns endlich noch näher mit der Thatsache beschäftigen, dass das Rückenmark die vorgeschriebene Rollbewegung nicht wiederholt. Welche Erklärung wir den Zwangsbewegungen des Rückenmarkes auch geben mögen, so ist a priori nicht zu verstehen, weshalb die eine Form der Zwangsbewegung wiederholt wird, die andere aber ausbleibt. Die Erklärung ist folgende: Oben (S. 60) habe ich als den wesentlichen Fortschritt, welcher in der Entwickelung eines allgemeinen Bewegungscentrums liegt, darin gesucht, dass das letztere leicht Bewegungen in allen Ebenen auszuführen vermag. Bei der Rollbewegung ist aber ein fortwährender jäher Wechsel der Bewegungsebene nothwendig, welche das Rückenmark, da ihm eine leitende Metamere fehlt, eben nicht ausführen kann. Neben der directen Beobachtung über die Bewegung des Rückenmarkes in einer Ebene, wie sie oben schon am mehreren Stellen mitgetheilt worden ist, gilt mir das Fehlen der Rollbewegung bei dem decapitirten Haifisch als ein weiterer Anhalt für die Folgerung, dass die Anlage einer führenden Metamere, des allgemeinen Bewegungscentrums, den Fortschritt der leichten Beweglichkeit in allen Ebenen mit sich bringt. Als im Versuche die Rollbewegung ausblieb, war nur das geschehen, was ich voraus gesagt hatte.

Zehntes Capitel.

Allgemeine Schlüsse und Reflexionen.

§. 1.

Die Deutung des Fischgehirns.

Wenn man bedenkt, dass das Centralnervensystem resp. das Gehirn aller Wirbelthiere aus einer Anlage hervorgeht, so sollte man glauben, dass das Studium der Entwickelung des Gehirns vollkommen ausreichen müsste, um die Homologie der einzelnen Theile des Gehirns in den verschiedenen Classen festzustellen. Tritt dazu noch die Leistung der vergleichenden Anatomie, so kann es gewiss an dem endlichen Erfolge nicht fehlen. Nichtsdestoweniger herrscht in der Bestimmung des Fischgehirns eine grosse Unsicherheit, die wir hoffen überwältigen zu können, wenn wir die dritte Methode, nämlich das Studium der Functionen des Gehirns, zur Bestimmung mit heranziehen. Doch hat auch diese Methode ihre Tücken und ist mit Vorsicht zu gebrauchen, namentlich seitdem wir wissen, dass Functionen phylogenetisch ihren Standort wechseln, d. h. wandern können[1]. Daher kommt es, dass Form und Function sich nicht immer decken, obgleich das in vielen Fällen so sein muss und auch so ist. Wir müssen deshalb grundsätzlich festhalten, dass, wenn die Morphologie über gewisse Homologien mit Sicherheit entschieden hat, die fehlende Analogie an dem morphologischen Resultate nichts zu ändern vermag.

Mit welchem Gehirn aber sollen wir das der Fische vergleichen? Die Arbeit ist von vornherein dadurch aussichtsvoll, dass wir uns

---

[1]) Vergl. J. Steiner, Ueber das Grosshirn der Knochenfische. A. a. O. S. 9.

schon an die nächste Classe anlehnen können, da alle Morphologen über die Deutung des Gehirns der Amphibien einig sind. Wir benutzen das Gehirn des Frosches und werden alle unsere Kunst zu verlegen haben in die Deutung der mittleren Hirntheile der Fische, wo die Morphologie die grösste Unsicherheit zurückgelassen hat.

Nehmen wir zuerst das Gehirn der Haifische (*in specie* z. B. *Scyllium*), so können wir das Nachhirn oder das Nackenmark, dessen Deutung die Morphologie vollkommen sicher giebt, als Ausgangspunkt weiterer Vergleichung benutzen. Die Bestimmung der Morphologie stützt sich auf die Gleichheit der Nerven, welche da und dort aus dem Nackenmarke austreten. Functionell ist das Nackenmark des Frosches bestimmt durch den Besitz des allgemeinen Bewegungscentrums und dadurch, dass es, einseitig verletzt, vornehmlich Rollbewegungen erzeugt. Dieselben Functionen finden wir im Nackenmarke des Haifisches, so dass auch physiologisch die Identität dieser Hirnabtheilung in beiden Classen gegeben ist. Wenn wir uns beim Frosch in der Flucht des Nackenmarkes nach vorn bewegen, so stossen wir auf die Basis des Mittelhirns, welche charakterisirt ist einmal dadurch, dass ihre Abtragung eine wesentliche Schädigung in den Gleichgewichtsbedingungen des in der Bewegung begriffenen Thieres herbeiführt, und ferner dadurch, dass die einseitige Abtragung ausnahmslos Kreisbewegung nach der unverletzten Seite giebt. Ueber der Basis des Mittelhirns liegt die Decke des Mittelhirns, welche zu den Bewegungen des Thieres keine Beziehung hat, dagegen aber das Sehcentrum darstellt, weshalb man diesen Theil auch *Lobus opticus* nennt. Wandern wir beim Haifisch in der gleichen Weise nach vorn, so ist der in der Flucht des Nackenmarkes gelegene Theil mit denselben Functionen betraut, wie dort, da seine Abtragung ganz gleiche Störungen verursacht und ebenso der unmittelbar über ihm gelegene Theil enthält das Sehcentrum. Daher ist dieser Theil des Haifischhirnes als Mittelhirn zu deuten, und daran zu unterscheiden die Basis und die Decke, welche ebenso als *Lobus opticus* bezeichnet werden kann. Rücken wir in der Flucht des Froschhirns weiter nach vorn, so gelangen wir an das Zwischenhirn, den *Thalamus opticus*, welcher sich wesentlich charakterisirte dadurch, dass seine doppelseitige Abtragung den Ausfall einer gewissen Summe von Anregungen zur Bewegung veranlasste und die einseitige Abtragung zu einer vorübergehenden Zwangsbewegung führte. Ganz dasselbe haben wir beim Hai an demjenigen Hirntheile beobachtet, welcher an das Mittelhirn nach vorn sich anschliesst, den wir demnach ebenfalls als Zwischenhirn, *Thalamus opticus*, aufzufassen haben. Nach vorn von diesem, eben Zwischenhirn genannten Hirntheil, liegt das Vorderhirn, über dessen Auffassung die Morphologie vollkommen im Klaren ist, nur hat dieses Vorderhirn die *Lobi olfactorii* seitlich, jenes vorn hervorsprossen lassen. Analog sind aber Vorderhirn des Frosches und jenes des Haifisches, wie wir wissen, nicht.

Indem wir zu dem Nackenmark zurückkehren, sehen wir zwischen demselben und dem Mittelhirn aus der Ebene jener Theile, und die Rautengrube überbrückend, das Kleinhirn heraustreten. Diesem Hirntheile kommt beim Frosche kaum eine Bedeutung zu, soweit es sich um die Bewegungen handelt. Ob er andere Functionen hat, vielleicht im Bereiche der vegetativen Sphäre, das wissen wir nicht. Beim Haifisch haben wir einen ähnlichen Hirntheil, der aber viel grösser und so mächtig entwickelt ist, dass er nach vorn die Mittelhirnoberfläche zum grossen Theile und nach hinten einen Theil der Rautengrube bedeckt. Der Lage nach können wir diesen Hirntheil auch als Kleinhirn ansprechen und der Mangel jeder Function, wenigstens in der Richtung der Bewegungssphäre, nachdem man das Organ abgetragen hat, spricht für diese Deutung. Allerdings verhält sich dieser Hirntheil beim Frosche zu dem beim Haifisch wie ein verkümmertes zu einem hoch entwickelten Organe.

Wenden wir uns nunmehr zu dem Gehirn der *Teleostier*, speciell zu dem der *Cyprinoiden*, so hätten wir im Grunde genommen nur zu wiederholen, was wir für das Gehirn der Haifische festgestellt haben, mit Ausnahme eines Punktes, den wir gleich erwähnen werden: Auf das Nackenmark nach vorn hin folgt das Mittelhirn mit Decke als *Lobus opticus* oder *Tectum opticum* und der Basis. Aber auf das Mittelhirn folgt bei den Knochenfischen kein Zwischenhirn, sondern sogleich das Vorderhirn mit den davon ausgehenden Riechnerven und den vorn anliegenden Riechlappen. Als Zwischenhirn bezeichnet **Mayser** einen Streifen Hirnsubstanz an der Basis des Mittelhirns (s. **Fig.** 8). Eine experimentelle Prüfung dieser Ansicht ist ausgeschlossen. Endlich entspricht auch der unpaare zwischen Nackenmark und Mittelhirn hervorsprossende Theil dem Kleinhirn, an dem wir mit Mayser (s. S. 28) die in der Mittelhirnhöhle liegende Abtheilung als *Pars anterior cerebelli*, die frei hervorragende als *Pars*

Fig. 24. Fig. 25.

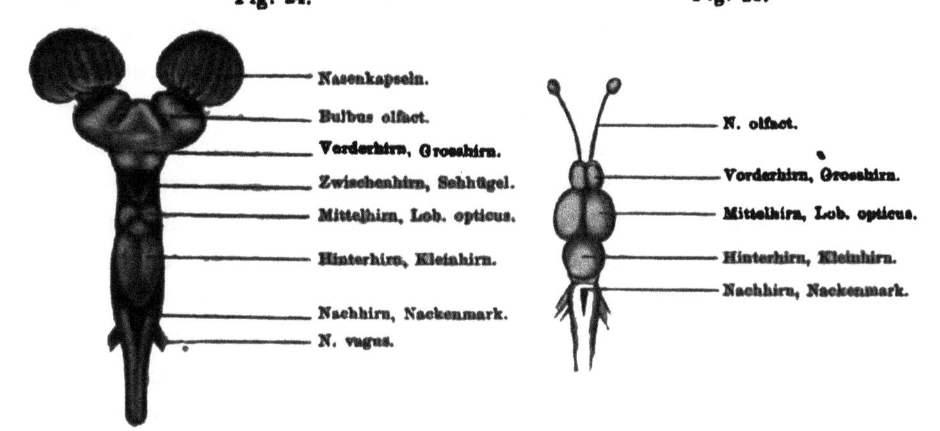

posterior cerebelli unterscheiden können: beide Theile sind ohne jede Beziehung zu den Bewegungserscheinungen. Wir werden demnach das Fischhirn deuten, wie in den Figuren 24 und 25 angegeben ist.

Diese Deutung stimmt vollkommen mit jener der neueren Hirnanatomen überein [1]).

---

[1]) L. Stieda, Ueber die Deutung der einzelnen Theile des Fischgehirns. Zeitschrift f. wissenschaftl. Zoologie, Bd. 23, 1873.

Balfour, A monograph of the development of elasmobranches fishes. London 1878.

Ehlers, Die Epiphyse am Gehirn der Plagiostomen. Zeitschrift für wissenschaftliche Zoologie, Bd. 30, 1880.

Rabl-Rückhard, Das gegenseitige Verhältniss der Chorda, Hypophysis und des mittleren Schädelbalkens bei Haifischembryonen, nebst Bemerkungen über die Deutung der einzelnen Theile des Fischgehirns. Morphologisches Jahrbuch, Bd. 6, 1880.

Mayser, l. c.

Rabl-Rückhard, Zur Deutung und Entwickelung des Gehirns der Knochenfische. Archiv f. Anatomie, 1882.

Cattie, Recherches s. la glande pinéale des Plagiostomes, des Ganoides et des Téléostéens. Archives de Biologie T. III, 1882.

Abweichend davon und irrig haben das Gehirn gedeutet:

Miklucho-Maklay, Neurologie der Wirbelthiere, Leipzig 1870.

J. V. Rohon, Das Gehirn der Selachier. Denkschriften der Wiener Akademie, 1878.

G. Fritsch, Das Fischgehirn, Berlin 1878.

Steiner, Centralnervensystem.

§. 2.

Die Anlage des Grosshirns bei den Fischen.

Wir haben gesehen, dass das Grosshirn der Knochenfische weder der Sitz des Willens ist, noch die spontane Nahrungsaufnahme vermittelt, sondern dass diese und ähnliche Functionen, welche schon bei der nächst höheren Thierclasse dem Grosshirn zukommen, bei den Teleostiern Hirntheilen zugesprochen werden müssen, welche räumlich hinter dem Grosshirn liegen. Wir haben deshalb diesem Hirntheil bei den Teleostiern jede wesentliche Function abgesprochen und zu erklären übernommen, wie es unter diesen Umständen zur Anlage des Grosshirns, das Form ohne Inhalt ist, hat kommen können.

Bevor wir darauf antworten, untersuchen wir das Grosshirn des Haifisches. Wir finden, dass nach Abtragung desselben spontan keine Nahrung genommen worden ist. Aber denselben Ausfall erzeugen wir beim Haifisch schon dadurch, dass wir die Riechlappen vom Riechorgan abtrennen. Daraus aber folgt nothwendig, dass das Grosshirn des Haifisches nichts anderes ist, als Riechcentrum.

Wenn das richtig ist, so muss der Geruchssinn, welcher hier eine exorbitante Entwickelung genommen hat, auch eine ganz andere Rolle im Leben des Haifisches spielen, als in dem der anderen Fische. Und das ist in der That der Fall. Wir stehen vor einem Haifischbassin im Aquarium der zoologischen Station, von dem drei Wände durch Felsstücke gebildet werden, zwischen denen Grotten und Höhlen bleiben, in welche die Haifische besonders gern hineinschlüpfen. Wir sehen daher in dem Bassin selbst, neben einigen kleineren Teleostiern, nur da und dort einen kleinen Hunds- oder Katzenhai unbeweglich, wie schlafend, in einer Ecke auf dem Sande liegen, so dass im Ganzen wenig Leben in dem Bassin herrscht. Auf ein Zeichen fallen aus den Händen des Wärters ein halb Dutzend todter Sardinen in die Mitte des Bassins: Da kommt Bewegung in die Scene, die steinernen Wände werden lebendig, aus allen Vertiefungen derselben tauchen Haifische bis zu $^1/_2$ m Länge auf und gerathen anscheinend planlos unter einander. Während die kleineren, nur 10 cm langen Teleostier sich geradeaus, wie man deutlich sehen kann, auf

entschieden, indess wünschte ich selbst diese Versuche in ausgedehnterem Maasse und bei mehreren Haifischspecies fortzusetzen, da ein solches Verhalten immerhin auffallend wäre.

Welche Antwort wir auch als definitive bekommen werden, so wird davon völlig unberührt bleiben, was wir über die Bedeutung des Geruchsorgans der Haifische hier vorgetragen haben.

Soll richtig sein, was oben gefolgert worden ist, so haben wir uns noch mit einer Thatsache aus der Embryologie abzufinden: es dürfen nämlich ontogenetisch die Anlage des secundären Vorderhirns, welches das spätere Grosshirn wird, und die Anlage des peripheren Geruchsorganes, der Riechgruben, zeitlich nicht wesentlich aus einander fallen. Wir finden darüber bei Balfour hinreichenden Aufschluss[1]. Derselbe schildert eine successive Reihe von Embryonen zunehmenden Alters *A*, *B*, *C* u. s. f., und bemerkt etwa für ein Stadium, welches älter als *E* ist (S. 52): „Das Vorderhirn hat an Grösse und Selbständigkeit zugenommen und sein vorderster Abschnitt lässt sich nun als unpaarige Anlage der Grosshirnhemisphären betrachten.“ Für das folgende Stadium *F* wird bemerkt (S. 54): „Die Riechgrube (*ol*) bemerkt man etwas vor dem Auge.“ Dem füge ich hinzu, dass hier zum ersten Male von dem Auftreten jener beiden Organe die Rede ist, während Auge und Ohr schon viel früher, im Stadium *D* und *E*, angelegt worden waren.

Die Entwickelungsgeschichte zeigt demnach, dass Anlage des secundären Vorderhirns und Anlage des Riechorgans zeitlich zusammen oder wenigstens sehr nahe an einander fallen.

Nehmen wir diese drei Beobachtungen zusammen, so können wir nunmehr mit Sicherheit wiederholen: Das secundäre Vorderhirn oder das Grosshirn des Haies ist nichts anderes als Riechcentrum.

Wenn das richtig ist, so folgt, da das secundäre Vorderhirn aller Wirbelthiere homolog ist, unmittelbar daraus der Satz: **Das Grosshirn der Wirbelthiere hat sich phylogenetisch aus dem Riechcentrum entwickelt.**

Wenn aber das eine Sinnescentrum, wie das Riechcentrum, die einfachsten Aeusserungen von Grosshirnthätigkeit, als welche wir hier

[1] F. M. Balfour, Handbuch d. vergl. Embryologie, deutsch v. B. Vetter, 1881, Bd. II.

vor Allem die spontane Nahrungsaufnahme bezeichnen wollen, auszuüben vermag, so müssen wir auch den anderen Centren der sogenannten höheren Sinne, vor Allem dem Sehcentrum, dieselbe Leistung zumuthen können, d. h. wir dürfen die Möglichkeit nicht von der Hand weisen, dass auch das Sehcentrum eine erste Anlage für Grosshirn resp. Grosshirnfunctionen abgeben könne.

Dass ein Grosshirn aus dem Sehcentrum, wenigstens bei den Wirbelthieren, sich nirgends entwickelt hat, wissen wir; dass aber das Sehcentrum einfachste Grosshirnleistungen übernehmen kann, sehen wir bei den Teleostiern. Und das ist die Erklärung, welche wir der auffallenden Erscheinung bei den Knochenfischen nunmehr zu geben im Stande sind: Das aus dem Riechcentrum phylogenetisch hervorgegangene Grosshirn tritt eines Tages, aus einem uns zunächst unbekannten Grunde, einen regressiven Weg an, der anatomisch durch die Degeneration der Decke bezeichnet wird und seine Function übernimmt zum grossen Theil das Mittelhirn resp. das Sehcentrum.

Es ist hierbei vorläufig vollkommen müssig, darüber zu disputiren, ob die sogenannte spontane Nahrungsaufnahme der Fische ein einfacher Reflex oder ein Willensact ist. Worauf es vor Allem ankommt, das ist die uns nunmehr gewordene Erkenntniss, dass eine Function, die spontane Nahrungsaufnahme, welche bei den höheren Thieren einem specifischen, hoch entwickelten Organe zukommt, bei niederen Wirbelthieren von den Centren höherer Sinnesnerven, Geruch oder Gesicht, geleistet werden kann. Und dies ist wieder nichts anderes, als der physiologische Ausdruck für die anatomische Thatsache, dass das Grosshirn sich phylogenetisch aus dem Riechcentrum entwickelt.

Wir wollen endlich noch nachweisen, dass der Schwund des Grosshirnmantels der Teleostier nicht die Ursache, sondern nur ein Zeichen der Wanderung der Functionen aus jenem Organ in das Sehcentrum ist. Sollte nämlich ersteres der Fall sein, so müsste ein Frosch, dessen Grosshirndecke abgetragen worden ist, sich geradeso verhalten, wie wenn man ihm das ganze Grosshirn abgetragen hätte [1]).

---

[1]) Die hier folgenden Versuche und Schlüsse waren schon im September 1886 aufgeschrieben worden und sollten auf der Naturforscherversammlung in Berlin vorgetragen werden, woran ich indess durch eine plötzlich eingetretene Heiserkeit verhindert worden war.

Die geforderte Operation ist mit Hülfe meiner Bajonettscheere leicht ausführbar. Zur Abtragung gelangt nichts weiter, als die sichtbare Oberfläche, nichts von den Seitentheilen rechts oder links. Nach hinten kann man kaum von einem Abhang reden. Der Erfolg dieses Eingriffes ist sehr merkwürdig, denn der Frosch verhält sich nicht wie ein des Grosshirns beraubter, sondern wie ein unversehrter Frosch: er entflieht, wenn man auf ihn zugeht; lässt sich auch sonst zu den Versuchen nach dem Muster enthirnter Frösche nicht verwenden und fängt schliesslich spontan Fliegen. Daraus folgt, dass die dem Froschgrosshirn eigenthümlichen Functionen ihren Sitz nicht in der Rinde, sondern in der Basis haben.

Zum Theil von ganz anderen Gesichtspunkten aus war ich dazu gelangt, für die Eidechse dieselbe Frage zu stellen. Die Oberfläche des Grosshirns hat hier schon eine ansehnliche Ausdehnung und ich will bemerken, dass auch die hintere Abdachung des Grosshirns abgetragen werden konnte, welche etwa dem Occipitallappen der höheren Thiere entsprechen würde.

Auch hier ist der Erfolg überraschend: das so operirte Thier flieht auf Bedrohung, trinkt, mit der Zunge leckend, begierig Wasser und verschlingt spontan grosse Exemplare von Blatta orientalis. Das heisst, dass auch bei den Eidechsen die dem Grosshirn gehörigen Functionen ihren Sitz nicht in der Rinde, sondern in der Basis haben.

Hiermit ist aber bewiesen, was oben behauptet worden ist.

§. 3.

Die Genealogie der Fische.

Wir beabsichtigen auf Grund des vorliegenden Materials mit zu arbeiten an der Feststellung der Verwandtschaft der Wirbelthiere, zunächst der Fische. Es dürfte wohl das erste Mal sein, dass die Physiologie in dieses Gebiet eintritt, auf welchem die Morphologie schon so reiche Ernte gehalten hat. Der Schritt ist für die Physiologie um so schwieriger, als sie über keine Gesetze oder Regeln verfügt, welche diese Verwandtschaft zu bestimmen hätten. Diese Normen sind erst zu schaffen, indem wir die Functionen mit einander vergleichen, das Gemeinsame zusammenfassen und das Differente aussondern oder versuchen, auf gemeinsamen Ursprung zurückzuführen u. s. w. Kurz, wir müssen uns der Methoden bedienen und dieselben Wege gehen, welche auch die Morphologie gegangen ist.

Bei dem Studium des Centralnervensystems der Fische sind es namentlich die Bewegungen und einige Sinnesfunctionen gewesen, welche uns beschäftigt hatten. In der That könnten wir eine Bewegungsform, welche sich als eine einfachste und primitive auffassen liess, zur Grundlage für die Vergleichung wählen. So z. B. wissen wir, dass gewisse Fische sich durch Schlängelung ihres Körpers fortbewegen, andere durch Schlagen mit dem Schwanze, worauf sich vielleicht bauen liesse. Indess würden wir uns damit auf die Fische beschränken und müssten bei der nächst höheren Classe wieder eine neue Vergleichsbasis suchen. Da stehen wir den Schwierigkeiten rathlos gegenüber!

In der That wollen und können wir die Aufgabe ganz anders anfassen: Wir wenden uns an die Morphologie und werden bei dieser anfragen, ob sie uns mit Sicherheit einen Fisch angeben kann, welcher der Wurzel des Stammbaues der Wirbelthiere so nahe steht, dass wir ihn als Urwirbelthier oder primitives Wirbelthier anzusehen hätten. Die Morphologie bejaht diese Frage und sämmtliche modernen Morphologen bezeichnen uns einstimmig unter den jetzt lebenden Fischen den Haifisch als den gesuchten Fisch [1]). Nachdem wir diesen Urfisch kennen, werden wir nunmehr die Functionen seines Centralnervensystems als Grundfunctionen zu betrachten und dem Vergleiche zu Grunde zu legen haben.

Das Centralnervensystem des Urfisches besteht zunächst aus zwei vollkommen differenten Theilen, dem Gehirn und dem Rückenmark. Diese beiden Theile sind durchaus anatomisch aufgefasst und wir haben dafür die physiologische Definition einzuführen. Hierbei machen wir die Bemerkung, dass die Physiologie eine solche Definition für das Gehirn überhaupt gar nicht besitzt; ja ich erinnere mich nicht einmal,

---

1) Vergl. C. Gegenbaur, Untersuchungen z. vergl. Anatomie der Wirbelthiere. Drittes Heft. Leipzig 1872, S. 10: Die systematische Stellung der Selachier.

gehört zu haben, dass auf diesen Mangel hingewiesen worden wäre. Es fällt uns demnach vor Allem die Aufgabe zu, „Gehirn“ physiologisch zu definiren. Diese Definition muss selbstverständlich so allgemein sein, dass sie, vorläufig wenigstens, sämmtliche Cranioten umfasst.

Man pflegt in der Regel das Gehirn als das Seelenorgan zu bezeichnen und der Seele als vornehmste Qualität den sogenannten Willen zuzuschreiben. Wir fragen, ist der Wille ein nothwendiges Attribut des Gehirns? wobei wir als willkürlich alle jene Handlungen bezeichnen (wie wir es bisher stets gethan haben), welche nachweisbar ohne äussere Anregung eintreten. Man beobachtet, dass es Thiere giebt, deren Wille trotz eines wohl ausgebildeten Gehirns ein so unvollkommener ist, dass viele Forscher ihnen denselben ganz absprechen. Ein hierher gehöriges Beispiel ist der *Ammocoetes*, welcher tagelang bewegungslos im Sande liegt und zu Bewegungen erst auf äussere Anregung übergeht. Schon dieser Zweifel genügt, um zu lehren, dass der Wille kein charakteristisches Merkmal des Gehirns sein kann.

Wir forschen weiter, ob etwa die höheren Sinne, Geruch, Gesicht oder Gehör das Gehirn charakterisiren. Da finden wir denn, dass beim Delphin der Riechnerv vollkommen degenerirt ist[1]), also der ganze Geruchsapparat nicht mehr functionirt, ohne dass man dem Delphin das Gehirn absprechen wird. Blind sind viele Thiere, z. B. derselbe *Ammocoetes*, *Myxine glutinosa* und der *Proteus anguineus*; der Sehnerv ist sogar rudimentär bei dem Gehirn der Gymnophionen (Schleichenlurche[2]), d. h. wir haben hier eine ganze Anzahl von Thieren, wo trotz Gehirn der Sehapparat niemals functionirt oder ganz fehlt. Also kann auch dieser Sinn kein nothwendiges Attribut des Gehirns sein. Ebenso aber verhält es sich mit dem Gehörorgan, dessen Nerv bei denselben Gymnophionen degenerirt ist[3]). Was bleibt uns als Charakter des Gehirns der Cranioten nunmehr noch übrig? Nichts anderes als das allgemeine Bewegungscentrum, das wir zuerst im Gehirne des Frosches aufgefunden haben. Wir haben es ferner gesehen bei den Knochenfischen[4]), bei den Haifischen[5]), bei den

---

[1]) Zuckerkandl, Ueber das Riechcentrum. Stuttgart 1886.

[2]) R. Wiedersheim, Ueber das Gymnophionen-Gehirn. Tageblatt der Berliner Naturforscherversammlung 1886, S. 196.

[3]) Ebenda S. 196. [4]) S. oben S. 35. [5]) S. S. 59.

Cyclostomen[1]) und endlich bei den Reptilien (Eidechsen[2]); d. h. die sogenannten niederen Wirbelthiere sind alle im Besitze eines allgemeinen Bewegungscentrums. Ueber die höheren Wirbelthiere, Vögel und Säugethiere, liegen keine entsprechenden Untersuchungen vor. Ohne diese Kenntniss können wir aber dem Gehirn die verlangte Definition nicht geben.

Wir sind indess in der Lage, uns diese Kenntniss ohne jeden Versuch zu verschaffen, wenn wir nämlich den oben (S. 83) entwickelten Lehrsatz von dem Verhältniss zwischen Zwangsbewegung und allgemeinem Bewegungscentrum zu Hülfe nehmen und daran erinnern, dass seit lange Zwangsbewegungen auch bei den höheren Wirbelthieren bekannt sind. Jener Lehrsatz lautete: Die Zwangsbewegungen sind eine Function des allgemeinen Bewegungscentrums, woraus unmittelbar folgt, dass die höheren Wirbelthiere, da man an ihnen Zwangsbewegungen kennt, ein allgemeines Bewegungscentrum besitzen müssen. Was die Lage desselben betrifft, so spricht nichts dagegen, es in etwa dieselbe Gegend zu verlegen, wo es sich bei den niederen Wirbelthieren findet[3]).

Nachdem wir bewiesen haben, dass auch die höheren Wirbelthiere sich im Besitze des allgemeinen Bewegungscentrums befinden, kommen wir zu der Folgerung, dass jenes das nothwendige Substrat für das Gehirn ist und wo es fehlt, da wird auch von einem Gehirne nicht die Rede sein können. Aber das ist noch kein Gehirn, wo das allgemeine Bewegungscentrum allein vorhanden ist und nichts mehr, d. h. wenn dasselbe auch das nothwendige Substrat für das Gehirn bleibt, so ist es noch nicht hinreichend zu seiner Definition. Wir

---

[1]) S. S. 70.

[2]) Vergl. J. Steiner, Ueber das Centralnervensystem der grünen Eidechse etc. A. a. O., S. 541.

[3]) Ich begrüsse es mit grosser Genugthuung, dass auf der letzten Wanderversammlung südwestdeutscher Neurologen und Irrenärzte am 11. Juni c., der ich leider beizuwohnen verhindert war, Professor Goltz einen Hund vorstellte, welcher nach einseitiger Durchschneidung des Hirnstieles ganz gut laufen konnte. (Vergl. Prof. Goltz [Strassburg]: Ueber die Folgen einer Durchschneidung des Grosshirnschenkels mit Demonstrationen. Neurologisches Centralblatt 1887, S. 309.) Denn dieser Versuch bestätigt unsere Voraussage und zeigt im Wesentlichen, dass das Locomotionscentrum unterhalb der Hirnlappen resp. der Hirnstiele gelegen ist. Ebenso vorauszusehen waren die Reitbahnbewegungen und das Fehlen jeder peripheren Lähmung, das Goltz mit Recht besonders hervorhebt.

müssen demselben als hinreichende Bedingung noch einen der höheren Sinnesnerven, Geruchs-, Gesichts- oder Gehörsnerven, (in praxi wird es sich nur um die beiden ersteren handeln) hinzufügen, welche wir zwar einzeln im Gehirn der oben angeführten Thiere haben fehlen sehen, aber nirgends, bisher wenigstens, alle zu gleicher Zeit. Wir werden nunmehr sagen: **Das Gehirn ist definirt durch das allgemeine Bewegungscentrum in Verbindung mit den Leistungen wenigstens eines der höheren Sinnesnerven.** Wo diese beiden Bedingungen zusammentreffen, dort haben wir ein Gehirn; wo sie fehlen, da fehlt auch das Gehirn.

Kehren wir nach Feststellung dieser Definition zum Ausgangspunkte dieser Untersuchung wieder zurück, nämlich zu der Frage, ob sich auf Grund vergleichender Betrachtung des Gehirns die Verwandtschaft der Wirbelthiere unter einander bestimmen lässt, so finden wir bei den Urwirbelthieren keine Eigenschaft, etwa als Grundeigenschaft dieses Gehirnes, vor, welche den neueren Wirbelthieren verloren gegangen wäre. Wir finden nichts anderes als Weiterentwickelung schon vorhandener Functionen, aus denen wir einen Fortschritt der Entwickelung, aber nicht die Verwandtschaft der Thiere heraus lesen können. Als Resultat dieser Betrachtung erfahren wir nichts weiter, als dass die Wirbelthiere sämmtlich sich einseitig und monoton in ein und derselben Richtung entwickelt haben.

Wir wenden uns deshalb mit dieser Frage an das Rückenmark, dessen Grundfunction wir zu bestimmen und damit das Rückenmark der übrigen Wirbelthiere zu vergleichen haben. Diese Grundfunction aufzufinden, hat aber keine Schwierigkeit, weil das Rückenmark des Haifisches auf alle Anregungen immer nur mit einer Leistung antwortet, nämlich mit einer Locomotion, welche sich aber von jener des Gehirns dadurch unterscheidet, dass sie aus einer Vielheit von Locomotionscentren hervorgeht. Es kommt nämlich jedem Metamer ein Locomotionscentrum zu und die Locomotion des ganzen Rückenmarkes ist die Summe von n Metameren, aus welchen sich jenes zusammensetzt.

Die Locomobilität als Resultante aus n gleichwerthigen Metameren ist die fundamentale Eigenschaft des Rückenmarkes der Urfische. Fische resp. Wirbelthiere, deren Rückenmark diese Function völlig oder zum Theil eingebüsst hat, so dass die *n* Metameren mehr oder weniger ungleichwerthig werden, stehen dem Urzustande des Wirbelthieres mehr oder weniger fern. Dieses Merkmal wird indess nur die relative Entfernung vom Stamme messen können, ihre absolute Entfernung von der Wurzel wird ausschliesslich gemessen durch morphologische Charaktere.

Die Untersuchung hat nun gelehrt, dass diese Function dem Rückenmarke vieler Wirbelthiere mehr oder weniger verloren gegangen ist, was wir auf den folgenden Seiten im Einzelnen durchgehen wollen.

Mit den Rochen beginnend, hatten wir gefunden, dass ihr Rückenmark die Locomobilität im natürlichen Zustande noch besitzt. Wir stellen sie deshalb, den Haifischen nächst verwandt, der Wirbelthierwurzel am nächsten, worin wir uns in vollem Einverständniss mit der Morphologie befinden, welche Haie und Rochen als nächste Verwandte bekanntlich zu einer Gruppe vereinigt hat.

Den Haien und Rochen entgegengesetzt stehen die Teleostier, deren Rückenmark die Locomobilität vollkommen verloren hat. Sie sind deshalb als eine aberrante Gruppe seitlich vom Stamme der Wirbelthiere abzurücken, eine Bestimmung, in welcher wir uns auch hier mit der Morphologie treffen. Eine Ausnahme unter den Teleostiern bilden die Aale, bei denen jene Function im hinteren Theile des Rückenmarkes noch vollkommen erhalten ist, durch welche sie dem Stamme wieder genähert erscheinen.

Zunächst an die Seite der Selachier treten die Knorpelganoiden, deren Rückenmark die Locomobilität noch in demselben Maasse besitzt, wie die Individuen jener Gruppe — eine erneute erfreuliche Uebereinstimmung zwischen morphologischer und physiologischer Forschung.

Um eine breitere Unterlage für gewisse Betrachtungen zu bekommen, wollen wir das Verhalten des Rückenmarkes nach dieser Seite hin über die Fische hinaus unbegrenzt verfolgen und constatiren, dass die ungeschwänzten Amphibien die Locomobilität des Rückenmarkes vollständig eingebüsst haben. Eine Spur davon sieht man im hinteren Theile der geschwänzten Amphibien (*Salamandra maculata*) beginnend am Becken und kenntlich an einer Erscheinung, welche wir in einer späteren Mittheilung genauer darstellen werden. Sehr deutlich erhalten ist diese Function im hinteren Theile von *Lacerta viridis*, welcher, vom Vordertheile getrennt, plötzlich zu energischen Ortsbewegungen übergeht. Ich zweifle nicht, dass man bei weiterem Suchen in derselben Richtung auch bei den höheren Wirbelthieren eine ganze Reihe solcher und ähnlicher Thatsachen finden wird. Alle diese Reste von Locomobilität des Rückenmarkes sind Erbschaften vom Haifisch her, welche in der Reihe der Wirbelthiere mehr oder weniger sich erhalten haben.

Hier sollte aus diesen Thatsachen als allgemeines Gesetz abgeleitet werden, dass, wenn in der phylogenetischen Entwickelung der Wirbelthiere das Rückenmark an Locomobilität allmälig einbüsst, diese Einbusse am Kopftheile des Rückenmarkes beginnt und nach dem Schwanzende hin allmälig fortschreitet.

Betrachten wir nunmehr endlich die bisher absichtlich vernachlässigten Petromyzonten (Neunaugen), so hatten wir gefunden, dass ihr Rückenmark in seiner ganzen Länge die Locomobilität besitzt, weshalb wir sie tief an die Wurzel der Wirbelthiere, d. h. also wenigstens so tief, wie die Haifische stellen müssen. Aber die Erregbarkeit ihres Rückenmarkes ist so sehr gesunken, dass wir die Locomobilität nur mit stärkeren Reizen haben darstellen können. Und zwar ist die Erregbarkeit gesunken zu gleicher Zeit über die ganze Länge des Spinalrohres, d. h. es kann sich hier nicht um Vorgänge handeln, wie sie dem obigen Gesetze zu Grunde liegen, also phylogenetischer Einbusse an Locomobilität, sondern es wird das ganze Spinalrohr auf einmal von einem Processe heimgesucht, welcher die normale Erregbarkeit auf allen Punkten zugleich unter die natürliche Schwelle herabgedrückt hat. Das kann aber nichts anderes sein, als ein Process der Degeneration, welcher wohl in Folge ihrer Lebensweise das Rückenmark in toto ergriffen hat. Bei *Myxine glutinosa*, welche ein exquisit parasitisches Leben führt, bei welchem Bewegungen des Leibes fast ganz überflüssig geworden sind, würden analoge Versuche von Interesse sein, da sich leicht herausstellen könnte, dass dort die Degeneration des Rückenmarkes noch weitere Fortschritte gemacht haben möchte.

Wenn wir auf diese Weise erschlossen haben, dass das Rückenmark der Petromyzonten in seiner ganzen Länge einer beginnenden

Degeneration unterliegt, so müssen wir sie genealogisch von den Urfischen, den Selachiern, seitlich etwas abrücken, wenngleich sie in ihrer primitiven Stellung an der Wurzel zu belassen sind.

Betrachten wir jetzt von Neuem die Selachier, so weist zweifellos die Differenzirung ihres Centralnervensystems in die zwei Theile darauf hin, dass es noch einen primitiveren Zustand geben muss oder kann, in welchem sämmtliche Metameren gleichartig entweder nur Gehirn oder Rückenmark sein würden. Da jenes nicht der Fall sein kann, so wird das geforderte Centralnervensystem aus lauter Rückenmarksmetameren zusammen gesetzt sein müssen. Sehen wir uns in der Thierwelt nach einem solchen Individuum um, so sind zu nennen der *Amphioxus lanceolatus* und die Anneliden, welche, wie ich hier im Voraus bemerken will, der obigen Forderung genau so entsprechen, wie der *Amphioxus*. Wenn wir diese beiden weiter prüfen, so ergiebt die einfache Betrachtung der relativen Lagerung der Organe zu einander, dass der *Amphioxus* den Wirbelthieren näher stehen muss, als die Anneliden. Wir werden daher den *Amphioxus lanceolatus* als das gesuchte Thier anzusprechen und demselben in der Genealogie der Fische einen Platz anzuweisen haben, der noch tiefer liegt, als jener ist, welchen die Selachier einnehmen, womit naturgemäss nicht gesagt sein soll, dass die jetzt lebenden Selachier von dem *Amphioxus* direct abzuleiten wären. Zwischen diesen beiden befindet sich ein Raum von voraussichtlich sehr bedeutender Ausdehnung, der vorläufig nicht auszufüllen ist.

Während über die systematische Stellung der Selachier kein Zweifel herrscht, wird die Stellung, welche wir eben dem *Amphioxus* gegeben haben, wohl von der Mehrzahl der Morphologen getheilt, doch fehlt es nicht an Stimmen, welche anderer Ansicht sind. Abgesehen davon, dass ihn Semper überhaupt aus der Reihe der Wirbelthiere gestrichen zu sehen wünscht, erklärt ihn Dohrn für einen degenerirten Fisch und giebt uns davon folgende Vorstellung[1]): „Lassen wir *Ammocoetes* als *Ammocoetes* geschlechtsreif werden, *Ammocoetes* Nachkommen erzeugen und denken wir uns den Kampf um das Dasein, die natürliche Züchtung und den Functionswechsel zwischen den Nach-

[1]) L. c. pag. 51.

kommen dieser geschlechtsreifen *Ammocoetes* in Thätigkeit, so wird es uns nicht mehr schwer werden, die Fisch-Organisation in starker Umbildung und Degeneration auf der einen Seite in *Amphioxus*, auf der anderen in den Tunicaten wieder zu erkennen.

Amphioxus hat das Zerstörungswerk fortgesetzt, das von den Cyclostomen in seinen sehr verschiedenen Anfängen dargestellt wird. Schädel, Gehirn, Sinnesorgane, Wirbelsäule, Nieren, Urnieren, Leber — kurz fast Alles, was die höhere Organisation der Wirbelthiere ausmacht, hat *Amphioxus* verloren und hat dafür nur eine Formation höher entwickelt — den Kiemenkorb.“

Wir theilen die Ansicht, dass die Cyclostomen in starker Degeneration begriffen sind und wir haben den morphologischen Kennzeichen dieses Vorganges ein functionelles hinzugefügt. Wir wollen auch weiter, wie Dohrn verlangt, zugeben, dass der *Amphioxus* Schädel, Gehirn etc. — kurz fast Alles, was die höhere Organisation der Wirbelthiere ausmacht, verloren hat; dabei hat aber Dohrn vergessen, das Rückenmark zu nennen. Dieses aber befindet sich auf einer höheren Stufe der Leistungsfähigkeit, als das der Petromyzonten, denn es macht Locomotionen, angeregt durch den natürlichen Reiz des Seewassers sowohl in toto, als in seinen Theilen, während jenes solche Bewegungen nur unter dem Einflusse eines sehr starken Reizmittels, der Pikrinschwefelsäure, ausführt. Daraus folgt, dass der *Amphioxus* niemals durch Degeneration aus den Petromyzonten hervorgegangen sein kann. Aber auch durch Degeneration anderer Fische kann er nicht wohl entstanden sein, denn er theilt mit den Urfischen, den Selachiern, jene fundamentale Eigenschaft: Die Locomobilität des Rückenmarkes in seiner ganzen Ausdehnung.

§. 4.

Die Phylogenese des Centralnervensystems.

Der Stamm der Wirbelthiere beginnt mit einem Acranier, einem aus gleichwerthigen Metameren zusammengesetzten Individuum, für das wir als Typus den wohlbekannten *Amphioxus* aufstellen können. Physiologisch kommt dieser primitive Zustand dadurch zum Ausdruck, dass sämmtliche Metameren die gleiche Locomobilität besitzen, so dass die Locomotion des Gesammtthieres ist die Resultante der sämmtlichen coordinirt thätigen Metameren, welche am leichtesten in ein und derselben Ebene zu geschehen pflegt.

In einem gewissen Stadium phyletischer Zeit fangen die Metameren an, die Innervation ihrer Locomobilität nach vorn abzugeben, wodurch die innervirende Leistung der vordersten Metamere verstärkt und sie selbst in die Lage versetzt wird, die Führung über die anderen Metameren zu übernehmen. Die Abgabe der Function nach vorn erfolgt nach Maassgabe ihres Abstandes vom Vorderende, so zwar, dass von ihrer Function die Metamere um so williger abgiebt, je näher sie dem vorderen Ende steht. Der objective Ausdruck dieser Abgabe ist **eine Wanderung der Function nach dem Vorderende.**

Der Beweis, dass die vorderste Metamere die Führung übernommen hat und die übrigen Metameren beherrscht, liegt in der Thatsache, dass nur die einseitige Zerstörung oder Verletzung des Centralnervensystems dieser Metamere die bisher geradlinige Bewegung in eine krummlinige umzuwandeln vermag; dass keine der übrigen Metameren einen gleichen Einfluss auf die Richtung der Bewegung ausübt.

Tritt zu dieser führenden Metamere oder dem allgemeinen Locomotionscentrum als neue Bildung das Centrum eines oder mehrerer der höheren Sinnesapparate, so ist ein Gehirn und damit das primitive hirntragende oder craniote Wirbelthier construirt, welches mit gleicher Leichtigkeit in allen Ebenen sich zu bewegen in der Lage ist[1]).

Dieses Wirbelthier tritt weiterhin einen höheren Entwickelungsgang an durch Ausbildung und Entfaltung seines Gehirns, während das Rückenmark in untergeordneter Stellung verbleibt und seine Metameren ihre Locomobilität, jene primitive Function, immer mehr und mehr einbüssen.

Welches jene Vorgänge sind, die zur phylogenetischen Ausbildung des Gehirns führen, davon wollen wir an einer späteren Stelle reden.

---

[1]) Nur der Deutlichkeit halber sind die beiden Vorgänge der Stärkung der Vordermetamere und der Bildung der Sinnesapparate von einander gesondert dargestellt; sie können ebenso wohl in einer Zeit erfolgen oder auch in umgekehrter Folge.

Anhang.

Die halbzirkelförmigen Canäle der Haifische.

§. 1.

Vorbemerkungen.

„Trotz ausgiebigen Studiums der Litteratur und trotz eigener, seit 10 Jahren gemachter Erfahrungen kann ich die für eine Schlussfolgerung genügende Basis nicht gewinnen." So schreibt noch vor wenig Jahren mit Bezug auf das alte Problem von den halbzirkelförmigen Canälen einer unserer vorzüglichsten Physiologen [1]), und wer wollte ihn eines unbegründeten Pessimismus zeihen? Die bisher noch nicht überwundene Schwierigkeit besteht darin, dass die Grundfrage des ganzen Gebietes nicht eindeutig zu beantworten ist ob nämlich die Entfernung der halbzirkelförmigen Canäle nothwendig von Bewegungsstörungen gefolgt ist oder nicht. Und so lange dieser Punkt nicht klar und deutlich entschieden worden ist, so lange ist naturgemäss jede theoretische Vorstellung über die Function jener Organe verfrüht.

Unter diesen Umständen hatte ich es ängstlich vermieden, während der ganzen Zeit meiner Beschäftigung mit dem Froschhirn an die Halbzirkelorgane resp. an die obige Frage heranzutreten (da, wo ich einmal mit dem *N. acusticus* in Berührung kam, handelte es sich um eine andere Frage), denn Kaninchen, Tauben und Frösche waren schon in übergrosser Zahl jener Frage geopfert worden, und mir standen zunächst keine neuen Wege offen, die einzig und allein das Recht geben, eindeutige Resultate zu erwarten.

---

[1]) Hensen, Physiologie des Gehörs. Hermann's Handbuch der Physiologie. Bd. III (2), S. 138. 1879.

So viel scheint indess gewiss, dass die warmblütigen Thiere, wie Tauben und Kaninchen, von diesen Versuchen überhaupt auszuschliessen sind, weil die Eröffnung der knöchernen Canäle und das Abfliessen der Lymphe allein schon Bewegungsstörungen nach sich ziehen soll [1]). Bleibt nur noch der Frosch, bei welchem Böttcher nach beiderseitiger Durchschneidung des hinteren verticalen Bogenganges jede Bewegungsstörung vermisste [2]), während eine grosse Zahl anderer Beobachter diesen Angaben ebenso entschieden widersprach. Ganz ebenso zweideutig verhält es sich mit den Folgen der Durchschneidung des *N. acusticus:* Während Schiff [3]) und Valentin danach die Bewegungen ungestört sehen, sprechen viele andere Forscher, obenan Brown-Séquard [4]) und andere neueren Datums, von den schwersten Bewegungsstörungen.

Es war ein neuer Weg und berechtigte zu den schönsten Hoffnungen, als Fräulein Tomaszewicz unter Hermann's Leitung sich an die Knochenfische wandte, bei denen der mediale Theil des Labyrinthes frei in die Schädelhöhle sieht und die Entfernung der halbzirkelförmigen Canäle mit grosser Leichtigkeit sollte geschehen können, ohne das Gehirn zu lädiren: Von sechs operirten Fischen blieben nur zwei so lange am Leben, dass sie beobachtet werden konnten; sie zeigten gar keine Störungen [5]). Im folgenden Jahre machte Cyon Versuche an Neunaugen, bei denen nach Entfernung ihrer Canäle, sowohl einseitig als doppelseitig, regelmässig Roll- und Kreisbewegungen erschienen [6]). Einige Jahre später wiederholte Kiesselbach die Versuche an Knochenfischen und sah in einigen Fällen Störungen fehlen,

---

[1]) Berthold, Ueber die Function der Bogengänge des Ohrlabyrinthes. Archiv für Ohrenheilkunde, Bd. IX, S. 77 bis 96. 1875.

[2]) A. Böttcher, Kritische Bemerkungen und neue Beiträge zur Litteratur des Gehörlabyrinthes. Dorpat 1872, S. 12.

[3]) Schiff, Lehrbuch der Physiologie. Lahr 1858 bis 1859, S. 399.

[4]) Brown-Séquard, Course of lectures on the physiology and pathology of the central nervous system. Philadelphia 1860.

[5]) A. Tomaszewicz, Beiträge zur Physiologie des Ohrlabyrinthes. Dissertation, Zürich 1877, S. 89.

[6]) E. de Cyon, Rech. expériment. s. les fonct. des canaux semicircul. etc. Bibliothèque de l'école des hautes études. Section des scienc. natur. T. XVIII, Paris 1878, pag. 94.

in anderen solche auftreten[1]). Ebenso erging es im nächsten Jahre H. Sewall, als er gleiche Untersuchungen an Haifischen anstellte.

Solche Versuche sind wohl geeignet, dem Experimentator selbst subjectiv eine gewisse Ueberzeugung zu verschaffen, aber objectiv das wissenschaftliche Publicum zu überzeugen, war ihnen, wie die Erfahrung gelehrt hat, versagt geblieben, um so mehr, als sie die abweichenden Resultate nicht zu erklären vermochten.

So standen die Dinge etwa, als ich im Verlaufe meiner Beschäftigung mit dem Centralnervensystem der niederen Wirbelthiere auch die Haifische zu untersuchen hatte und darauf aufmerksam wurde, dass diese Thiere in der Frage der Halbzirkelorgane Vortheile bieten, welche vielleicht zu eindeutigen Resultaten führen könnten.

§. 2.

Die Versuche.

Werfen wir zunächst einen Blick auf die Anatomie des Gehörorgans der Fische, so werden wir dieselbe am besten an der Hand seiner Entstehungsgeschichte verstehen. Wir lesen darüber Folgendes[2]): „Das Hörorgan der Wirbelthiere nimmt seine Entstehung aus dem Ectoderm und wird während der ersten Embryonalperiode als eine in der Höhe des Nachhirns nach innen sich erstreckende Wucherung angelegt. Ein solch' oberflächliches, somit die Endigungen eines Hautnerven tragenden Organs muss als der Ausgangspunkt der hochgradigen, sehr frühzeitig eingeleiteten Sonderung gelten. Aus der ersten Anlage geht ein nach aussen communicirendes Bläschen hervor, welches allmälig sich abschnürt und mit der Differenzirung der knorpligen Schädelkapsel von deren hinterem seitlichem Abschnitte umschlossen wird. Die primitive Otocyste ist die Anlage eines complicirten Hohlraumsystems, in dessen Wänden der *Acusticus* mit Endapparaten in Verbindung steht. Aus ihm ensteht das häutige Labyrinth. Die es umgebenden Schädeltheile bilden das knorplige

---

[1]) W. Kiesselbach, Zur Function der halbzirkelförmigen Canäle. Archiv für Ohrenheilkunde. Bd. XVIII, S. 152 bis 156. 1882.

[2]) C. Gegenbaur, Grundriss d. vergl. Anatomie. Leipzig 1878, S. 557.

oder knöcherne Labyrinth." Von dem Labyrinthbläschen aus kommt es zunächst bei den Fischen weiter zur Bildung von drei halbzirkelförmigen, mit Ampullen versehenen Canälen, welche als vorderer und hinterer verticaler, sowie als horizontaler Bogengang auftreten, die alle in den Vorhof (*Vestibulum*) münden, wie nunmehr der Rest des Labyrinthbläschens genannt wird. Der Hörnerv, welcher in das Labyrinth eintritt, geht sowohl an der Wand des Vorhofes (*Maculae acusticae*), als auch an den Ampullen der Bogengänge (*Crista acustica*) in Endapparate über. Die Ausbreitungen des Nerven im Vorhof sind von häufig ansehnlichen Concrementen von kohlensaurem Kalk, den Otolithen, umgeben.

Die Vortheile, welche gerade das Ohr des Haifisches bietet, sind folgende: 1) Das Labyrinth ist durch eine ansehnliche Knorpelwand von der Hirnhöhle getrennt, so dass bei Operationen im Ohr keine Hirnverletzungen vorkommen können; 2) die knorplige Beschaffenheit der Ohrregion, so dass leicht und mühelos die Eröffnung des Labyrinthes bewerkstelligt werden kann, und 3) die oberflächliche Lage der Canäle, welche sich nach Entfernung von Haut und Muskel noch dadurch leicht finden lassen, dass der sie umschliessende Knorpel deutlich blau schimmert. Dazu kommt als allgemeiner Vortheil die grosse Resistenz der Haifische gegen jedweden operativen Eingriff.

Kein anderes Thier vereinigt diese Vorzüge, die jeder Sachverständige ohne weitere Erläuterung wird zu würdigen wissen.

Das operative Verfahren, um die Canäle zu erreichen, zeigt die Fig. 26 (a. f. S.). Während künstlicher Respiration macht man durch die Haut zuerst einen Frontalschnitt, der etwa die beiden Spritzlöcher verbindet, ohne sie selbst aber zu erreichen. Darauf setzt man einen Medianschnitt, so dass man nun vier Hautlappen hat, welche möglichst zurückgeschlagen werden [1]). Wir operiren auf der linken Seite, welche der Leser in der Figur zunächst betrachten möge. Mit einem nur etwas stärkeren Meissel, als jener in Fig. 5 ist, schabt man die Muskeln ab, bis man auf den Knorpel der Ohrregion stösst. Dieselbe zeigt zunächst eine scharfe Kante (in der Figur gerade gegenüber der Stelle, wo man rechts die verticalen Canäle eröffnet sieht), an welche

[1]) Eine Blutung pflegt nur dann einzutreten, wenn man mit dem Frontalschnitt das Spritzloch erreicht, was zu vermeiden ist.

sich nach aussen eine Vertiefung anschliesst. Wenn man nun mit demselben Meissel* diese Kante ganz flach anschneidet, so eröffnet man regelmässig den vorderen verticalen Bogengang. Fasst man mit einer

Fig. 26.

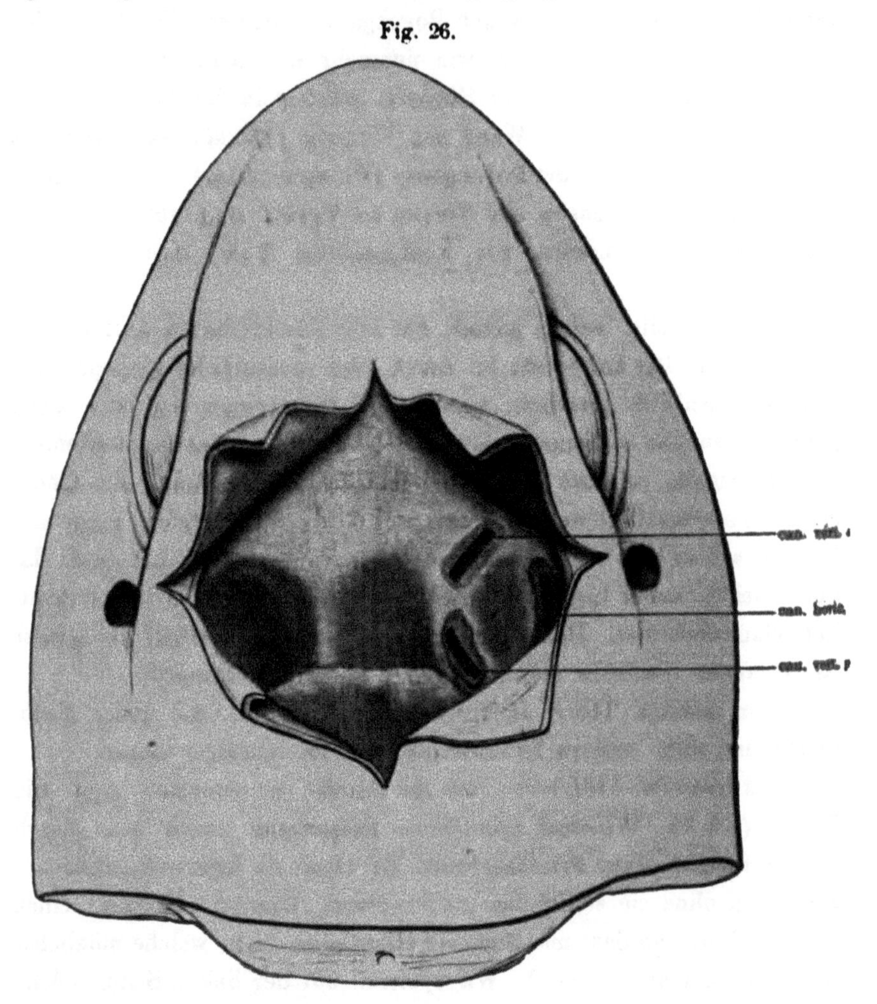

guten Pincette den häutigen Canal und zieht sicher, so gelingt es auf diese Weise ab und zu, alle drei Canäle sammt den Ampullen herauszubolen (*Scyllium canicula*).

Die Wunde (welche bei einseitiger Abtragung auch nur einseitig angelegt wird) wurde gut vernäht und der Fisch ins Bassin gesetzt: Niemals ist an diesem Fisch auch nur die geringste Bewegungsstörung beobachtet worden. Was sich einseitig ausführen lässt, muss nothwendig auch doppelseitig ausführbar sein und das Resultat ist dann gleichfalls ein negatives.

Es sind aber durchaus nicht alle Versuche, welche diesen glücklichen Verlauf nehmen, denn gelingt die reine Extraction aller drei Canäle auf der einen Seite, so gelingt sie nicht immer auf der anderen Seite. In solchem Falle suchte ich durch weiteres Ausschneiden des Canals und durch tieferes Eindringen mit der Pincette die Extraction zu ermöglichen. Dann aber folgten öfter Bewegungsstörungen in Gestalt von Kreis- oder Rollbewegungen, obgleich mit Sicherheit die Verwundung des Gehirns ausgeschlossen war. Die Sachlage complicirte sich indessen noch mehr, als ich eines Tages bei einem 1 m langen *Mustelus vulgaris* nach idealer einseitiger Extraction aller drei Canäle periodische Rollbewegungen auftreten sah; d. h. dieser Haifisch schwamm eine Zeit lang, z. B. zehn Minuten, ununterbrochen ganz normal, dann machte er einige Rollbewegungen, worauf er wieder ganz normal sich weiter bewegte. Von einer Verwundung des Gehirns konnte, wie gesagt, keine Rede sein, nur waren mit den Canälen ansehnliche Kalkconcremente des Vorhofs mit herausgezogen worden. Indess, was sollte das thun? Die Section dieses sehr interessanten Fisches konnte ich leider nicht machen, weil derselbe in der darauf folgenden Nacht von einem grösseren Haifische einer anderen Art (*Squatina vulgaris*) hinterlistiger Weise verspeist worden war.

Fassen wir Alles zusammen, so ergiebt sich, dass in gewissen gut gelungenen Fällen die Entfernung aller sechs Canäle keine Störung erzeugt, während in anderen Fällen, wo die Entfernung auf Schwierigkeiten stiess oder sonst nicht ganz rein verlief, zweifellose Bewegungsstörungen auftraten. Leider beherrschen wir die Bedingungen eines jeden einzelnen Versuches nicht, sondern sind dem Zufalle unterworfen, so dass wir in keinem Falle mit Sicherheit voraussagen können, was kommen wird. Und damit sind wir, offen gestanden, nicht um einen Schritt in dieser schwierigen Frage weiter gekommen, als unsere Vorgänger bei den Knochenfischen.

Wie ich später erfahren habe, war ich nicht der erste Experimentator an dem Ohre der Haifische, sondern H. Sewall[1]) in Boston,

---

[1]) Experiments upon the ears of fishes with reference to the function of equilibrium. Journal of physiology, IV, 339—349.

welcher seine Versuche im Jahre 1883 veröffentlicht hatte[1]). Sein Resultat war im Wesentlichen gleich dem meinigen: auch er sah, wie oben schon erwähnt, Störungen eintreten oder ausbleiben, ohne die Bedingungen des Versuches beherrschen zu lernen.

Aber ich legte das Messer nicht aus der Hand, denn nur die allzugrosse Rücksicht bei Eröffnung des Ohres, sie nur in möglichst geringer Ausdehnung vorzunehmen, hatte mich bisher an dem oben geschilderten Gange der Untersuchung festgehalten. Nun gab ich diese in der That übertriebene Vorsicht auf, eröffnete, wie rechterseits die Fig. 26 zeigt, alle drei Canäle nach einander, durchschneide in jedem Canal den häutigen Gang und ziehe die Canäle einzeln nach einander heraus. Die Ausführung geht leicht, mühelos und vollkommen sicher vor sich: der Experimentator hat die Sache vollständig in der Hand. Wenn auf diese Weise sämmtliche sechs Canäle entfernt worden sind (*Scyllium catulus*), die Hautwunde sorgfältig vernäht und der Fisch zurück in das Bassin gesetzt wurde, so waren alle seine Bewegungen vollkommen normal. Das Resultat blieb **ausnahmslos** dasselbe, so oft der Versuch auch wiederholt worden ist, und kein Versuch versagt.

Auf welche Weise aber war es zu den oben beschriebenen Störungen gekommen, da doch, wie gesagt, eine Verletzung des Gehirns ausgeschlossen ist? Nachdem man einseitig die drei Canäle entfernt hat, eröffne man mit demselben Meissel, indem man zwischen den beiden verticalen Bogengängen eindringt, den Vorhof, einen Raum von beträchtlicher Ausdehnung, an dessen vorderer Wand, ein wenig nach aussen, deutlich sichtbare weisse Kalkkörper liegen. Wenn man diese mit der Pincette fasst und herauszieht oder wenn man sie nur herauszuziehen versucht, darauf die Wunde durch Nähte schliesst, und den Fisch ins Wasser bringt, so beobachtet man **ausnahmslos** Störungen, welche in der Regel sind Rollbewegungen nach

---

[1]) Ich bemerke, dass mir diese Arbeit vor Anstellung meiner Versuche bekannt war, aber nicht im Original, sondern im Referat des Jahresberichtes von Hofmann und Schwalbe. Leider spricht der Referent dort nur von „Fischen", nicht von Haifischen, so dass mir bei der Unentschiedenheit der Resultate eine Einsicht des Originals seiner Zeit nicht geboten schien. Erst neuerdings wurde ich von befreundeter Seite aufmerksam gemacht, dass es sich dort um Haifische handelte.

der Seite der Operation. Macht man diese Operation beiderseitig, so folgen ebenfalls Rollbewegungen, deren Richtung man nicht mehr bestimmen kann, weil die doppelseitige Operation nichts weiter ist, als eine Complication, eine Verdunkelung des ganz klaren und einfachen Versuches bei einseitigem Operiren.

Die Störungen in der angegebenen Weise treten auch dann ebenso auf, wenn man den Vorhof ohne vorausgegangene Eröffnung der Bogengänge zugänglich gemacht und die Kalkkörper angegriffen hat — was übrigens vorauszusetzen war. Es treten Störungen ausnahmslos dann auf, wenn man den Vorhof eröffnet und an seinem Inhalte, insbesondere den Kalkkörpern, zieht.

Wir können also nunmehr, am Ohre des Haifisches operirend, nach Belieben Bewegungsstörungen vermeiden oder dieselben erzeugen; in letzterem Falle auch ihre Natur voraus angeben; d. h. nichts anderes, als dass wir die Bedingungen unseres Versuches leicht und mühelos beherrschen, in einer Weise, wie es meines Wissens bisher noch in keinem Falle erreicht worden ist.

Von der Erwägung ausgehend, dass der Vorhof, unabhängig von dem Endorgan, den Bogengängen, eine irgend wie geartete Function haben könnte und bei der Unthunlichkeit, den Vorhofsinhalt mechanisch anzugreifen, habe ich nach Eröffnung und Entfernung der Bogengänge, sowie gleichzeitiger Eröffnung des Vorhofes die ganzen Hohlräume mit schmelzendem Paraffin einseitig oder doppelseitig ausgegossen. Die Haut wurde gut genäht, der Fisch ins Bassin gebracht, Bewegungsstörungen sind nunmehr in keinem Falle beobachtet worden.

Ausnahmen unter den angestellten und mitgetheilten Versuchen kommen nicht vor; die Resultate sind stets eindeutig in dem einen oder dem anderen Sinne, je nach der Absicht des Experimentators.

§. 3.

Analyse der Versuche.

Es folgt aus den mitgetheilten Versuchen unmittelbar, dass, da die zweckmässig geleitete Entfernung der halbzirkelförmigen Canäle niemals zu Bewegungsstörungen führt, alle jene Theorien überflüssig sind, welche auf gegentheiligen Angaben fussen. Was aber die Halbzirkelorgane nicht zu leisten im Stande sind, könnte man vielleicht dem Vorhofe zuschreiben? Ohne zu untersuchen, wie viel oder wie wenig eine solche Auffassung theoretisch zulässig wäre, habe ich, wie oben beschrieben, den ganzen Hohlraum des Ohres mit Paraffin ausgegossen, um damit jede Function des Vorhofes aufzuheben. Mag man selbst darüber im Zweifel sein, ob dieses Verfahren geeignet ist, eine etwaige Function des Vorhofes ganz zu stören, so wird man zugeben können, dass das Verfahren jedenfalls eine ganz erhebliche Störung in etwaigen Beziehungen des Vorhofes zur Bewegung oder zur Aequilibrirung erzeugen müsste. Nichtsdestoweniger haben wir keinerlei Störung danach gesehen, so dass die zweckmässige Ausschaltung des ganzen akustischen Apparates keine Bewegungsstörungen nach sich zieht.

Es bleibt somit von der ganzen complicirten Frage nach der Bedeutung des Ohres für das Gleichgewicht nichts weiter mehr übrig, als die Gründe ausfindig zu machen, woher die Bewegungsstörungen nach mechanischem Angriff des Vorhofes der einen Seite stammen.

Wenn man objectiv die Bewegungsstörungen betrachtet, so sieht man, dass es regelmässig Rollbewegungen (oder in leichteren Fällen Kreisbewegungen) sind, welche von den Rollbewegungen nach einseitiger Verletzung des Nackenmarkes, also von den uns wohl bekannten Zwangsbewegungen, absolut nicht zu unterscheiden sind. Selbst ein weiteres Merkmal der Zwangsbewegungen haben sie an sich, welches ich schon beim Frosche gesehen, aber bisher nicht berührt habe, weil dort kein Gebrauch davon zu machen war. Macht nämlich ein Frosch nach irgend einer einseitigen Verletzung von Hirntheilen, die sonst Zwangsbewegungen geben, wenig kräftige Locomotionen, so kann es geschehen, dass die Zwangsbewegungen gar nicht zum Ausdruck kommen. Treibt man das Thier aber zu kräftiger Locomotion an, so beginnen die Zwangsbewegungen sogleich. Dasselbe babe ich auch schon bei Fischen gesehen und ganz dasselbe kommt auch bei diesen Versuchen zur Beobachtung; so z. B. waren bei Haifischen am zweiten Tage nach der mechanischen Zerrung im Vorhofe, als ich an das Bassin trat, keine Störungen zu sehen. Als die Fische aber zu energischen Bewegungen veranlasst wurden, traten sogleich Rollbewegungen ein.

Wie sollen aber diese Rollbewegungen überhaupt nur Zwangsbewegungen sein können, da mit Sicherheit bei dem Angriff des Vorhofes eine Verletzung des benachbarten Gehirns resp. des Nackenmarkes auszuschliessen ist? Ja noch mehr, obgleich beim Anfassen der Kalksäckchen naturgemäss Acusticusfasern gezerrt werden, ist nicht erwiesen, ob der centrale Ursprung des *N. acusticus* zugleich irgend eine Erschütterung erfährt. Ich frage nochmals, wie sollte es da zu Zwangsbewegungen kommen?

Ich habe bisher unterlassen, von einer Beobachtung zu sprechen, welche in keiner directen Beziehung zu unserer Frage zu stehen schien; um so wichtiger wird jene Beobachtung an dieser Stelle. Während der oben am Ohre ausgeführten Operationen beobachtete ich nicht selten, dass der Haifisch die Augenlider plötzlich schloss, so zu sagen plötzlich mit den Augen zwinkerte, wie wenn ihm die Operation einen plötzlichen Schmerz verursachte. Dieses Augenzwinkern fiel gewöhnlich zusammen mit denjenigen Operationen, welche von Bewegungsstörungen begleitet waren. Dieselbe Beobachtung hat auch Sewall gemacht (ohne dass dieselbe mir zur Zeit meiner Versuche bekannt war) und er sagt ganz direct, dass nur dann Bewegungsstörungen auftraten, wenn seine Haifische die Augenlider plötzlich schlossen. Mir machten diese Bewegungen den ganz bestimmten Eindruck von Schmerzensäusserungen, wie sie auf Reizung einfach sensibler Nerven aufzutreten pflegen, wodurch wir zu der Hypothese gedrängt werden, dass im *N. acusticus* neben den Sinnesfasern gemeine sensible Nervenfasern enthalten sind. Und über diese Fasern hätte die Discussion von Neuem zu beginnen.

Mit allen diesen Schlussfolgerungen habe ich mich in der That getragen, so lange als ich nicht wusste, dass der *N. facialis* des Haifisches, wie Schwalbe erst vor einigen Jahren gefunden hat[1]), nicht rein motorisch, sondern ein gemischter Nerv ist. Dieser giebt einen

---

[1]) G. Schwalbe, Das Ganglion Oculomotorii. Jen. Zeitschrift, Bd. XIII, 1879 und J. W. van Wijhe, Ueber die Mesodermsegmente und die Entwickelung der Nerven des Selachierkopfes. Amsterdam 1882, S. 21 (veröffentlicht durch die Königl. Akademie der Wissenschaften zu Amsterdam).

Zweig zum *R. ophthalmicus superficialis* ab, so dass letzterer sich aus zwei Theilen bildet, nämlich der *Portio Facialis* (*P. major Schw.*) und der *Portio Trigemini* (*P. minor Schw.*). Daraus erklärt sich in einfacher Weise das Augenzwinkern des Haifisches beim Angriff des Vorhofes, nämlich als Folge der Zerrung des mit dem *N. acusticus* enge verbundenen *N. facialis*, welche gemeinsam aus dem Nackenmarke herauskommen (*N. acustico-facialis*) und sich erst später von einander sondern. Wenn aber auf diese Weise der *N. facialis* an seiner Wurzel eine Zerrung erfährt, welche in dem entfernten Augengebiete sich markirt, um wie viel mehr muss der *N. acusticus* an seinem centralen Ende gezerrt werden, da man im Vorhofe doch seinen Stamm oder dessen Ausbreitungen anfasst?

Diese Zerrung am centralen Acusticusende aber kann ausreichen, um Bewegungsstörungen hervorzurufen, welche nothwendig dieselben sein müssen, wie wenn man das Nackenmark an dieser Stelle direct verletzt haben würde. Dass sie thatsächlich dieselben sind, haben wir oben schon nachgewiesen und ich wiederhole: Niemand ist im Stande, einen Unterschied zwischen den Bewegungsstörungen zu erkennen, je nachdem sie durch directen Angriff des Nackenmarkes oder durch Angriff des Vorhofes erzeugt worden sind.

Hiermit sind aber die Bewegungsstörungen nach mechanischem Angriff des Vorhofes zurückgeführt auf eine mechanische Läsion des Nackenmarkes durch Zerrung an der Wurzel des *N. acusticus*. Warum es anders ist, wenn die Canäle einzeln oder alle drei gemeinsam, aber vollkommen rein extrahirt werden, bedarf wohl keiner besonderen Auseinandersetzung.

Wir haben endlich zu untersuchen, ob eine so geringfügige Alteration des Nackenmarkes ausreicht, um Zwangsbewegungen zu erzeugen.

Zunächst erinnere ich daran, dass, wie ich seiner Zeit nachgewiesen habe, die Intensität der Zwangsbewegungen, welche vom Nackenmarke ausgelöst werden, durchaus nicht proportional der Grösse der Verletzung ist; dass vielmehr die Läsion des erhabenen Randes der Rautengrube viel stärkere Bewegungsstörungen erzeugt, als die vollständige halbseitige Durchschneidung des Nackenmarkes an dieser Stelle. Zugleich aber habe ich an derselben Stelle angegeben, dass nicht alle Punkte des Rautengrubenwalles gleich empfindlich sind, sondern dass es sich um einen ganz bestimmten Punkt handelt, der bei näherer Besichtigung mit dem Acusticusaustritt nahe zusammenfällt, so dass also die Gegend der Austrittsstelle des *Acusticus* die empfindlichste Stelle des Nackenmarkes ist, von der aus man Zwangsbewegungen zu erzeugen vermag.

Nehmen wir Alles zusammen, so folgt, dass die halbzirkelförmigen Canäle der Haifische so wenig wie der *N. acusticus* zu den Bewegungen resp. deren Gleichgewicht in irgend welcher unmittelbaren Beziehung stehen und dass die Störungen, welche man nach mechanischem Angriff auf den Vorhof thatsächlich beobachtet, Zwangsbewegungen sind, welche ihre Ursache in einer mittelbaren Läsion des Nackenmarkes an der centralen Ursprungsstelle des Hörnerven haben.

Ich schliesse diese Mittheilungen über die Bogengänge der Haifische mit einer in physiologischen Kreisen wenig beachteten, vergleichend-anatomischen Thatsache: Unter den Cyclostomen haben nämlich die Petromyzonten nur zwei und die Myxinoiden gar nur einen Bogengang[1]). Ich habe aber bisher niemals gehört, dass ihre Bewegungen weniger äquilibrirt wären, als die der übrigen Fische.

Die Nutzanwendung dieser Beobachtungen auf die übrigen Wirbelthiere kann ich wohl getrost dem Leser überlassen. Nur will ich bemerken, dass die halbzirkelförmigen Canäle bei den Fischen die höchste Ausbildung erlangt haben[2]); dass es deshalb nicht thunlich sein dürfte, Functionen, welche man den Bogengängen der Fische genommen hat, den an Volumen rückgebildeten Bogengängen der übrigen Thiere belassen zu wollen.

---

[1]) Joh. Müller, Vergl. Anatomie der Myxinoiden. Berlin, 1835 bis 1845.

[2]) Vergl. Rüdinger, Das häutige Labyrinth. Stricker's Handbuch der Gewebelehre. Bd. II, S. 883, Fig. 296.

Anmerkungen.

Zu Seite 3 und 5.

Die Erfahrung, dass Arbeiten, wenn sie nicht ausdrücklich erwähnt und beurtheilt worden sind, obgleich sie schon der allgemeinen Kritik unterlagen, glauben zu Recht bestehen bleiben zu können, veranlasst mich zu folgenden Zusätzen:

Monoyer[1]) behauptet *„La locomotion des Poissons en avant a lieu par le mouvement de la queue et principalement de la nageoire caudale"*. Die unrichtige Auffassung über den Werth der Schwanzflosse für die Locomotion geht aus meinen Versuchen mit Immobilisirung des Schwanzes durch solide Stäbchen deutlich genug hervor. Man kann überdies Monoyer direct widerlegen, wenn man ein kurzes Stäbchen über Schwanzflosse und den hintersten Theil des Muskelschwanzes so fixirt, dass die Schwanzflosse gar nicht functionirt: Die Locomotion zeigt trotzdem keine Störung.

Ebenso unrichtig ist folgende Beobachtung desselben Autors: *„On vient de voir ce qui arrive quand on supprime le jeu de toutes les nageoires (à l'aide de ciseaux): le Poisson se renverse alors sur le dos"*. Der Grund dieses Irrthums liegt in der blutigen Abtragung der Flossen, ganz wie bei Borelli, dessen Resultat übrigens noch günstiger gewesen ist, als jenes von Monoyer.

Aehnliche Irrthümer sind es, wenn P. Bert sagt[2]): *„Si, à une tanche, on coupe toutes les nageoires paires et impaires, l'animal tourne sur le flanc et devient incapable de s'enfoncer dans l'eau"*. Weder fällt unser Fisch, wenn ihm die Flossen angeleimt werden, auf den Rücken, noch entstehen ihm Schwierigkeiten, in die Tiefe zu tauchen.

Um dem Ausspruche desselben Autors (pag. 68) *„il est nécessaire d'indiquer l'espèce sur laquelle on opère, car les résultats varient avec la forme du corps"* gerecht zu werden, habe ich bei Rothauge (*Leuciscus rutilus*) und *Abramis brama*, deren Verhältnisse im Punkte der Aequilibrirung sehr schwierige sind, ebenfalls sämmtliche Flossen angeleimt und gesehen, dass auch hier keine Störungen im Gleichgewichte auftreten. Es ist auch nach dem, was wir jetzt über die Function der Flossen wissen, durchaus von der Hand zu weisen, dass die Form der Fische von Einfluss sein könnte.

Nach weiteren Beobachtungen an diesen Fischen muss ich bemerken, dass die leichten Schwankungen, welche oben mit drei bis fünf Winkelgraden bemessen worden sind, unter diesem Maasse bleiben und mit Recht keiner Berücksichtigung bedürfen.

---

[1]) Monoyer, L'équilibre et la locomotion chez les Poissons. Annal. des scienc. natur. Zoologie, 5. Série T. IV, 1866, pag. 1—15.

[2]) P. Bert, Notes diverses sur la locomotion chez plusieurs espèces animales. Mémoires de la Société des scienc. phys. et natur. de Bordeaux, T. IV, 1866.

Zu Seite 13.

Das Heberrohr war da, wo ich es zuerst gesehen hatte, nur für grosse Dimensionen bestimmt. Eine einfache Uebertragung auf unsere Zimmerbassins durch entsprechende Reduction der Grössenverhältnisse erwies sich als unzweckmässig. Vielmehr habe ich nach längerem Probiren bestimmte Maasse ausfindig gemacht, deren Einhaltung allein die gewünschte Sicherheit bietet. Solche Heber liefert in Glas und Metall die schon oben genannte Handlung von Desaga, welche dazu einen Reiter construirt hat, mit dem die Heber jeder Bassinwand normal aufsitzen.

Zu Seite 16.

Dem Leser dürfte in den Fig. 3 das Riechcentrum, der *Lobus olfactorius*, fehlen. Derselbe liegt bei sämmtlichen Cyprinoiden, Siluroïden und Gadoïden weit nach vorn gerückt, unmittelbar vor dem Eintritt der Geruchsnerven in das Riechorgan, weshalb im Text bemerkt worden ist, dass die *Nn. olfactorii* thatsächlich *Tractus olfactorii* sind. Die übrigen Knochenfische haben Riechcentren, welche als kleine Anschwellungen unmittelbar vor dem Grosshirn liegen, und dementsprechend auch echte *Nn. olfactorii* (H. Stannius, Handbuch der Anatomie der Wirbelthiere. Zweite Auflage, Berlin 1854, S. 165).

Diese Figuren sowie alle folgenden mit Ausnahme von 12A und 13 geben die Objecte in natürlicher Grösse wieder.

Zu Seite 23 und 24.

Fortgesetzte Beobachtungen, welche in diesem Herbste an unversehrten *Squalius cephalus* angestellt wurden, haben zu der Erkenntniss geführt, dass auch normale Fische eine grosse Fertigkeit im Auffangen von Regenwürmern zeigen können. Es ist daher der Unterschied in der Erregbarkeit, welcher im Texte zwischen einem grosshirnlosen und einem unversehrten Fische gemacht worden ist, nicht vorhanden; ihre Erregbarkeit ist die gleiche. Die theoretische Auffassung, dass das Grosshirn der Teleostier sich im Zustande functioneller Reduction befindet, wird davon nicht allein nicht berührt, sondern macht sie nur noch annehmbarer.

Zu Seite 27.

Unter die Fig. 8 waren nur diejenigen Bezeichnungen gesetzt worden, welche nothwendig waren, um den Leser über die am Kleinhirn vorzunehmenden Versuche zu orientiren. Da aber eventuell auch die übrigen Theile der Figur interessiren könnten, so mögen die anderen Bezeichnungen hier nachfolgen. Es heisst:

Com. ant. Commissura anterior; *Com. post.* Commissura posterior; *V.* Vorderhirn; *Zb.* Zirbeldrüse; *T. opt.* Tectum opticum; *N. IV.* Nervus trochlearis; *M.* Mittelhirn; *VC.* Valvula cerebelli; *H.* Hinterhirn; *Klh.* Kleinhirn; *Lob. trig.* Lobus trigemini; *Lob. vag.* Lobus vagi; *R.* Rückenmark; *N.* Nachhirn; *MB.* Meynert'sches Bündel; *Z.* Zwischenhirn; *N. II.* Nervus opticus; *Tr. olf.* Tractus olfactorius.

Zu Seite 49.

Die Fig. 17, auf welche als dem Gehirne eines Katzenhaies gehörig hingewiesen wird, gehört de facto einem Hundshai von gleicher Grösse an. Es ist diese Unterschiebung vorgenommen worden, um eine Figur zu sparen, während wissenschaftlich kein Vergehen begangen worden ist, da im Vorderhirn Hunds- und Katzenhai, namentlich so weit es sich um Fixirung einer Abtragung dieses Theiles handelt, einander vollkommen gleichen.

Zu Seite 50 und 100.

Bei der hohen Bedeutung, welche die Versuche am Vorderhirn des Haifisches haben, gab ich den im Texte beschriebenen Versuchen noch eine prägnantere Form, als mir der zoologische Garten in Frankfurt die hierzu nothwendige Gelegenheit bot. Das genannte Institut verfügte im September über einen ansehnlichen Bestand an Katzenhaien von circa $^3/_4$ m Länge. Davon stellte mir das Directorium zwei Exemplare zur Disposition, eine Freundlichkeit, für welche ich hiermit meinen verbindlichsten Dank ausspreche; insbesondere noch dem technischen Director Herrn Dr. L. Wunderlich, welcher die Versuche mit mir machte und alle weiteren Beobachtungen persönlich besorgte.

Am 5. October wurden Mittags zwischen 12 und 1 Uhr den zwei Katzenhaien der rechte *Bulbus olfactorius* durchschnitten. Nach Verschluss der Wunde wurden sie in ein isolirtes Bassin gesetzt. Nachmittags um $3^1/_2$ Uhr, um welche Zeit im Aquarium allgemeine Futterung stattfand, wurden auch den operirten Haien einige kleine todte Fische zugeworfen. Vor dem Aquarium stehend beobachteten wir direct, wie nach einigen suchenden Bewegungen jeder der Haie einen Fisch nahm und verspeiste. Darauf hatten wir gewartet, um nunmehr beiden auch den linken *Bulbus olfactorius* vom Vorderhirn zu trennen.

In ein besonderes Bassin zurückgebracht wurden nun in den folgenden Wochen jedesmal am Mittwoch Nachmittag eine bestimmte Anzahl kleiner Fische in ihr Bassin gebracht und am nächsten Morgen controllirt, ob sie davon gefressen hatten. Der eine starb am 12. December, ohne je einen Fisch genommen zu haben; der andere lebt heute noch, wie mir Herr Dr. Wunderlich schreibt, stark abgemagert und stetig hungernd.

Aus diesen und den im Texte mitgetheilten Versuchen wiederhole ich den obigen Schluss, dass Haifische nach Verlust ihrer Nase verhungern müssen. Sind bei Nacht die Pupillen auch weit geöffnet, woher soll Licht in das Auge gelangen können, um so weniger, wenn sie auch nur in mässiger Tiefe des Meeres sich befinden?

Wie schon oben bemerkt, beziehen sich alle meine Versuche nur auf Scyllien. Es ist möglich, dass andere Haifische, die auch am Tage offene Pupillen haben, ohne Nase ihre Nahrung zu finden wussten. Aber Neapel bot mir lebend nur diese Haifische und keine anderen. Es wäre aber wünschenswerth, in dieser Richtung noch andere Haie zu prüfen. Doch will ich nicht unterlassen, aufmerksam zu machen, dass einige Haifische in der Gefangenschaft überhaupt keine Nahrung nehmen, wie z. B. der Dornhai (*Acanthias vulgaris*). Man wird also im gegebenen Falle jedem Versuche eine Beobachtung am normalen Thiere vorangehen lassen müssen.

Zu Seite 123.

Cyon (l. c. pag. 95) berichtet von seinen Neunaugen, dass, wenn sie schwimmen, sie stets vorwärts, rückwärts, nach oben oder unten schwimmen, dagegen niemals eine diagonale Richtung oder eine solche nach rechts oder links einschlagen. Er glaubt diese Eigenthümlichkeit auf das Fehlen des dritten halbzirkelförmigen Kanales beziehen zu müssen. Wer unser erstes Capitel über die Function der Flossen mit Aufmerksamkeit gelesen hat, wird vielmehr jene Eigenthümlichkeit, die ich nicht besonders beobachtet habe, richtiger auf das Fehlen der paarigen Flossen beziehen können.

DIE FUNCTIONEN

DES

CENTRALNERVENSYSTEMS

UND IHRE

PHYLOGENESE

DRITTE ABTHEILUNG

DIE WIRBELLOSEN THIERE

Abbildungen
aus dem xylographischen Atelier
von Friedrich Vieweg und Sohn
in Braunschweig.

DIE FUNCTIONEN

DES

CENTRALNERVENSYSTEMS

UND IHRE

PHYLOGENESE

VON

PROF. DR. MED. J. STEINER

DRITTE ABTHEILUNG

DIE WIRBELLOSEN THIERE

MIT 46 EINGEDRUCKTEN ABBILDUNGEN UND EINER TAFEL
IN FARBENDRUCK

BRAUNSCHWEIG
DRUCK UND VERLAG VON FRIEDRICH VIEWEG UND SOHN
1898

DEM ANDENKEN

VON

E. DU BOIS-REYMOND

GEWIDMET

VORREDE.

Das Manuscript für dieses Heft war im Mai 1897 an den Herrn Verleger abgegangen. Die Herstellung der Abbildungen, sowie mancherlei äussere Schwierigkeiten hatten die Fertigstellung bis heute verzögert, so dass reichlich ein Jahr darüber hingegangen ist. Deshalb konnten Arbeiten, welche im Laufe dieses letzten Jahres erschienen sind, hier keine Aufnahme finden.

Da das Centralnervensystem der Wirbellosen, namentlich in physiologischen Kreisen, weniger gekannt ist, so sind sämmtliche Typen desselben hier abgebildet worden, wozu sich aber sehr bald der natürliche Wunsch hinzugesellte, die Thiere selbst kennen zu lernen, so dass ich mich entschloss, auch diese aufnehmen zu lassen. Der Vollständigkeit wegen wurden diese Abbildungen schliesslich auch auf ganz bekannte Thiere, wie Krebs und Schabe, ausgedehnt.

Die Figuren stammen aus den verschiedensten Quellen, nämlich aus dem grossen Werke von Cuvier (*Règne animal*), aus der Fauna und Flora des Golfes von Neapel, aus Brandt u. Ratzeburg, med. Zoologie, aus v. Ihering's Molluskenwerk, aus Claus' Zoologie, aus dem Hertwig'schen Werke über die Medusen; eine Anzahl sind Originale nach Zeichnungen, die ich der zoologischen Station in Neapel verdanke.

Auch diesmal war ich wiederholt auf Hülfe von aussen angewiesen, wofür ich sehr gern hier meinen Dank ausspreche. Zunächst dem hohen Ministerium der Justiz, des Cultus und des Unterrichtes der Grossherzoglichen Badischen Regierung in Karlsruhe, welche mir im August 1889 ihren Arbeitsplatz auf der zoologischen Station in Neapel überliess. Ferner der Königl. Preussischen Akademie der Wissenschaften in Berlin, welche mir in demselben Jahre Reisemittel gewährt hatte. Weiter meinen Freunden, den Professoren Bütschli in Heidelberg, B. Grassi in Rom und Blochmann in Rostock, deren Rath ich vielfach in Anspruch nehmen durfte. Endlich der zoologischen Station in Neapel, wo man stets bemüht war, meine Arbeiten zu fördern.

Besonderer Dank gebührt der Verlagshandlung, deren Bestreben es jeder Zeit war, diese Schrift entsprechend auszustatten.

Köln, im Juli 1898.

J. Steiner.

INHALT.

Seite

Einleitung 1

Erste Abtheilung: **Historischer Abriss** 4

§. 1. Die Insecten 5

§. 2. Die Crustaceen 17

§. 3. Die Würmer 26

§. 4. Die Mollusken 28

§. 5. Die Echinodermen 30

§. 6. Die Coelenteraten 32

Zweite Abtheilung: **Experimenteller Theil** 34

Erstes Capitel: **Die Crustaceen** 34

§. 1. Anatomie des Centralnervensystems der Gliederthiere 34

§. 2. Nervensystem des Krebses und der Krabbe 36

§. 3. Die Versuche 38

§. 4. Analyse der Versuche 44

Zweites Capitel: **Die Insecten** 45

§. 1. Anatomische Bemerkungen 46

§. 2. Die Versuche 47

§. 3. Analyse der Versuche 49

Drittes Capitel: **Die Myriopoden** 49

§. 1. Anatomische Bemerkungen 50

§. 2. Die Versuche 50

§. 3. Analyse der Versuche 50

Viertes Capitel: **Die Anneliden** 50

§. 1. Anatomische Bemerkungen 51

§. 2. Die Versuche 52

§. 3. Analyse der Versuche 53

Fünftes Capitel: **Die unsegmentirten Würmer (Turbellarien und Nemertinen)** 53

§. 1. Anatomische Bemerkungen 53

§. 2. Die Versuche 54

§. 3. Analyse der Versuche 56

Sechstes Capitel: **Die Mollusken** 57

§. 1. Das Nervensystem der Mollusken 60

§. 2. Die Versuche 62

§. 3. Analyse der Versuche 66

Siebentes Capitel: **Die Appendicularien** 67

Achtes Capitel: **Die Echinodermen** 69

A. Die Seesterne 69

§. 1. Die Versuche 71

B. Die Seeigel 72

§. 2. Die Versuche 73

Seite

Neuntes Capitel: **Die Coelenteraten** 73
§. 1. Die Anatomie 74
§. 2. Die Versuche 78
§. 3. Analyse der Versuche 79
Zehntes Capitel: **Die Zwangsbewegungen** 79
§. 1. Die Crustaceen 80
A. Die Versuche 80
B. Analyse der Versuche 84
§. 2. Die Insecten 85
A. Die Versuche 85
B. Analyse der Versuche 86
§. 3. Die Myriopoden 87
A. Die Versuche 87
B. Analyse der Versuche 87
§. 4. Die Anneliden 87
A. Die Versuche 87
B. Analyse der Versuche 89
§. 5. Die unsegmentirten Würmer 90
§. 6. Die Mollusken 90
A. Die Versuche 90
B. Analyse der Versuche 93
§. 7. Ascidien, Appendicularien, Echinodermen, Coelenteraten 94
Elftes Capitel: **Das Bauchmark der Wirbellosen** 94
§. 1. Symmetrische (doppelsinnige) Durchschneidungen des Bauchmarkes 94
§. 2. Asymmetrische (einseitige) Durchschneidungen des Bauchmarkes . 99
Zwölftes Capitel: **Reizungsversuche innerhalb des Centralnervensystems** 102
§. 1. Die Versuche 102
§. 2. Theoretische Betrachtungen 106
Dreizehntes Capitel: **Zwangsbewegungen nach Abtragung des Gehirns** 108
Dritte Abtheilung: **Theoretischer Theil** 112
Erstes Capitel: **Das Gehirn der Wirbellosen** 112
A. Die Crustaceen 114
B. Die tracheaten Arthropoden 116
C. Die Myriopoden 118
D. Die Anneliden 118
E. Die unsegmentirten Würmer 119
F. Die Mollusken 120
G. Die Appendicularien, Echinodermen und Coelenteraten 123
Zweites Capitel: **Das Bauchmark** 124
Drittes Capitel: **Das Centralnervensystem als Einheit** 126
§. 1. Allgemeine Betrachtungen 126
§. 2. Die Leitungsbahnen im Centralnervensystem 131
§. 3. Theorie der Zwangsbewegungen 135
§. 4. Der Schlundring 138
§. 5. Phylogenetische Betrachtungen 141
Vierte Abtheilung: **Ueber das Gleichgewicht der Evertebraten** . . . 146

Einleitung.

Der ursprüngliche Plan zu diesen Arbeiten hatte sein Augenmerk nur auf die Wirbelthiere gerichtet. Die Wirbellosen sollten ganz aus dem Spiele bleiben, schon deshalb, weil von den Wirbelthieren keine Analogie zu ihnen hinüber führte, und man nicht wusste, was dem Gehirn, was dem Rückenmark der Wirbelthiere gleichgesetzt werden könnte.

Als ich im Verfolg meiner Studien über das Nervensystem der Amphibien, der Knochen- und Knorpelfische in den Jahren 1885 und 1888 (Heft I und II dieser Sammlung) zu einigen neuen Gesichtspunkten gelangt war, wozu besonders die Auffassung des allgemeinen Bewegungscentrums gehört, da erschien es eine natürliche Aufgabe, an der Hand dieser neuen Kenntnisse, die Evertebraten zu durchmustern. So wandte ich mich im Herbst 1886 noch in Heidelberg den Krebsen und den einheimischen Anneliden (Regenwürmer und Blutegel) zu; im Frühling 1887 bei einem erneuten Aufenthalte in Neapel bearbeitete ich Crustaceen, Mollusken, Würmer (segmentirte und unsegmentirte); im Sommer desselben Jahres die Insecten.

Im September des gleichen Jahres konnte ich auf der Naturforscherversammlung in Wiesbaden (siehe das Tageblatt dieser Versammlung) die Resultate dieser Arbeiten mittheilen.

Da es mir indess noch an einer sicheren Erkenntniss über das Verhalten der Anneliden nach halbseitiger Abtragung ihres Dorsalganglions mangelte, so war ich im August 1889, schon von hier aus, nochmals nach Neapel gegangen, um diese Aufgabe zu lösen.

In einem Berichte an die Königl. Akademie der Wissenschaften in Berlin habe ich dann eine Uebersicht meiner Resultate gegeben [1], dabei aber die unsegmentirten Würmer ausgelassen. Den Grund für diese

---

[1]) J. Steiner, Die Functionen des Centralnervensystems der wirbellosen Thiere. Sitzungsber. d. Königl. preuss. Akademie d. Wissenschaften in Berlin 1890, II, S. 39 bis 49.

Unterlassung weiss ich heute nicht anzugeben, aber die Versuche stehen schon in meinen Notizen aus dem Frühling 1887.

Die ausführliche Darstellung meiner Versuche, die bald folgen sollte, hat sich durch die Veränderung meiner äusseren Lebensstellung bis jetzt verzögert. Aber die Beschäftigung mit dem Nervensysteme des Menschen, welcher ich mich in diesen Jahren in praktischer Thätigkeit zu widmen hatte, ist sicherlich diesem Buche sehr wesentlich zu Gute gekommen, wie ich es im Allgemeinen wünschte, dass die Physiologie den Zusammenhang mit der Pathologie, d. h. mit dem Menschen, nicht aus den Augen verlieren sollte. Zugleich boten mir diese Jahre Gelegenheit, verschiedene der alten Versuche öfter zu wiederholen und die Resultate so zu befestigen.

Bei der Länge dieser Verzögerung hat es sich denn auch ereignet, dass Versuche neuerdings veröffentlicht wurden, welche ich schon lange liegen hatte, ohne sie mitzutheilen. So erschien im Jahre 1894 eine Arbeit von J. Loeb über die Würmer, in der theilweise dieselben Objecte bearbeitet wurden, mit denen auch ich mich beschäftigt hatte. Mir kann dieses Ereigniss nur angenehm sein, da ich meine Versuche über diesen Gegenstand an verschiedenen Stellen durch Loeb's Arbeit ergänzen konnte.

Dass aus der vorliegenden Darstellung die Protozoen ausfallen, verstand sich stets von selbst, da dieselben kein Nervensystem haben. Aber auch die Echinodermen und Coelenteraten sollten ursprünglich hier keinen Platz finden und waren auch von mir nicht untersucht worden, weil ich seiner Zeit keine rechte Fragestellung im Vergleich zu den höheren Evertebraten hatte finden können.

Als ich jetzt an die Darstellung meiner Versuche ging, welche sich über sämmtliche Evertebraten erstreckte, mit Ausnahme der beiden eben genannten Gruppen, da gefiel mir der alte Plan nicht mehr, weil er einen Torso schuf, während es mir ein nützliches Unternehmen schien, eine vollständige Arbeit zu leisten und auch jene beiden Thierclassen aufzunehmen; allerdings nicht nach meinen eigenen Erfahrungen, sondern nach den Erfahrungen einer Anzahl von Autoren, die sich mit diesen Thieren eingehend beschäftigt haben.

So wird diese Schrift ein vollkommenes Bild unserer augenblicklichen Kenntnisse über die Functionen des Nervensystems der Evertebraten geben; freilich mit einer gewissen Einschränkung insofern, als diese Untersuchung ausschliesslich darauf ausgegangen war, unserer ganzen Erkenntniss dadurch eine erste und feste Grundlage zu geben, dass diejenigen Nervenabtheilungen zu bestimmen resp. zu untersuchen seien, welche der Locomotion, der Ortsbewegung, dienen, und jene, welche nur Theilbewegungen des Körpers resp. Bewegungen der

Körperanhänge (Extremitäten, Schwanz) erzeugen. Die Frage nach den „willkürlichen Handlungen“ wurde nur da erläutert, wo ein Urtheil darüber zweifellos möglich war, und das „Bewusstsein“ wurde nirgends geprüft, um nicht in den Fehler zu verfallen, an dem die Physiologie der Wirbelthiere so lange gekrankt hat. Denn über das Bewusstsein können wir nur von dem seine Empfindungen durch die Sprache sich äussernden Menschen etwas erfahren, und ob Handlungen von Thieren willkürlich sind oder unwillkürlich, lässt sich mit Sicherheit nur in gewissen manifesten Fällen beurtheilen, während in einer grossen Anzahl von Beobachtungen diese Bestimmung dem subjectiven Ermessen des Beobachters unterliegt, wobei man sich noch gar nicht auf den extremen Standpunkt derjenigen zu stellen braucht, welche fragen, ob es überhaupt eine völlig willkürliche Handlung giebt. Man erinnere sich nur der Kämpfe, welche bei Gelegenheit der Rückenmarkseele gekämpft wurden, um mein Bestreben zu würdigen, die Functionen des Nervensystems von einer ganz anderen Seite her verstehen zu lernen. So wurden auch die Sinnesempfindungen nicht speciell studirt, sondern nur so weit herangezogen, als für unsere Aufgabe nothwendig erschien.

Dem entsprechend hat sich die geschichtliche Darstellung der Evertebraten, welche den Untersuchungen voraufgeht, nur auf die eben angegebenen Materien beschränkt, so dass ich im Voraus bitte, gegen mich keinen Vorwurf zu erheben, wenn der Leser diese oder jene Thatsache historisch nicht angemerkt finden sollte: sie stand ausserhalb des Rahmens unseres Unternehmens.

Erste Abtheilung.

Historischer Abriss.

Soviel ich die Verhältnisse übersehe, besitzt unsere neuere Literatur eine einheitliche Darstellung der Physiologie des Centralnervensystems der wirbellosen Thiere bisher noch nicht, vielleicht nur deshalb, weil keiner der physiologischen Forscher eine systematische Untersuchung dieser Thiere vorgenommen hat.

Da ich seit Jahren meine Arbeitszeit diesem Unternehmen gewidmet habe, so erschien es mir eine dankenswerthe Aufgabe in dem Augenblicke, wo ich meine eigenen Untersuchungen ausführlich darzustellen unternahm, auch zu sammeln, was vorher schon auf diesem Gebiete geleistet worden ist. Solche Arbeit dürfte auch den Nutzen stiften, dass dieselben Fragen nicht immer wieder von Neuem bearbeitet werden, weil der einzelne Forscher nicht wusste, was seine Vorgänger schon producirt hatten. Dass es so kommen konnte, erscheint nicht wunderbar, wenn man sieht, dass eine sehr grosse Anzahl von experimentellen Beobachtungen in rein morphologischen Arbeiten von grossem Umfange verstreut sind, da die Evertebraten so zu sagen noch eine Domäne der Morphologen waren, während die Physiologen ihre Aufmerksamkeit wesentlich nur den Vertebraten zuwandten.

Unter diesen Umständen erscheint es fast unmöglich, die Geschichte der Evertebraten erschöpfend behandeln zu wollen, da man hierzu die Legionen von morphologischen Arbeiten sämmtlich durchsehen müsste; ein Versuch, der für mich schon daran scheitert, dass ich fern einer grossen fachmännischen Bibliothek meine Arbeiten zu machen habe.

Die folgende Darstellung will sich daher bemühen, möglichst viel und insbesondere die grösseren und wichtigeren Arbeiten zu sammeln, um so ein fortlaufendes Bild der Entstehung unserer experimentellen Kenntnisse von dem Centralnervensysteme der Evertebraten zu vermitteln.

Hierbei schwebte mir der Gedanke vor, dass man deutlich würde beobachten können, wie die Arbeiten über die Wirbellosen aus dem vielfach gepflegten und reichlich entwickelten Boden der Wirbelthiere mit innerer Nothwendigkeit gleichsam herauswachsen müssten. Das aber war eine Illusion: die beiden Reihen von Arbeiten laufen neben einander her und nur in zwei hervorstechenden Fragen greifen die Evertebraten auf die Vertebraten zurück, nämlich einmal in der Frage, ob bei den Wirbellosen die Wurzeln der Bauchganglien getrennten Functionen dienen, wie jene des Rückenmarkes, und zweitens in dem Bestreben, denjenigen Theil des Nervensystems der Wirbellosen herauszufinden, welcher dem Gehirn der Wirbelthiere gleichgesetzt werden kann.

Wir werden sehen, dass beide Fragen zu beantworten bleiben.

§. 1.

Die Insecten.

Wir beginnen mit den Arthropoden, den höchst entwickelten Evertebraten, und unter diesen mit den Insecten, deren wunderbaren Lebenserscheinungen Fachmänner wie Laien schon frühzeitig ihre besondere Aufmerksamkeit geschenkt haben. Ueber dieselben besitzen wir ältere Werke von J. Swammerdamm[1]), Réaumur[2]), Ch. Bonnet[3]), A. Rösel von Rosenhof[4]), Ch. de Geer[5]), J. R. Rengger[6]) und Walckenaer[7]), welche ich nur zum Theil im Original habe einsehen können, deren Resultate ich indess durch spätere Autoren kennen gelernt habe; es handelt sich mehr um Beschreibung der Lebensgewohnheiten, als um vivisectorische Beobachtungen. Bei Rengger ist es eine Doctordissertation, welche derselbe unter dem Einflusse von Autenrieth, Gmelin und einigen weniger bekannten Namen verfasst hat auf Grund eigener Experimente, von denen uns hier nur diejenigen über das Nervensystem interessiren.

Rengger durchschneidet bei mehreren Raupen (deren Namen er übrigens nicht angiebt) das Gangliensystem der Bauchseite an ver-

[1]) J. Swammerdamm, Historia Insectorum generalis. Utrecht 1669.

[2]) Réaumur, Mémoires pour servir à l'historie des Insectes, 16 Vols. Paris 1734—1742.

[3]) Ch. Bonnet, Traité d'Insectologie, 2 Vols. Paris 1740.

[4]) A. Rösel von Rosenhof, Insectenbelustigungen. Nürnberg 1746 bis 1761.

[5]) Ch. de Geer, Mémoires pour servir à l'histoire des Insectes, 8 Vols. 1752—1776.

[6]) J. R. Rengger, Physiologische Untersuchungen über die thierische Haushaltung der Insecten. Tübingen 1817.

[7]) C. A. Walckenaer, Mémoires pour servir à l'histoire des Abeilles solitaires. Paris 1817.

schiedenen Stellen, und beobachtet danach, dass der hinter der Durchschneidungsstelle gelegene Theil des Thieres ganz lahm ist (*ipsa verba*) und keine Lebensfunctionen mehr verrichtet. Die Füsse versagen den Dienst und am Rumpfe zeigen sich keine oder nur unregelmässige Bewegungen, wogegen die Irritabilität gegen äussere Reize erhalten ist. Der vordere Theil der Raupe macht nach einigen Minuten der Erholung Ortsbewegungen und schleppt den lahmen Hintertheil mit sich umher.

Wird das Dorsalganglion isolirt zerstört, so schwindet die Ortsbewegung.

Wenn bei einem Schrötter (ein Insect, das mir unter diesem Namen unbekannt ist) von der Bauchseite her die Nerven durchschnitten werden, welche zu den Muskeln gehen, so werden diese gelähmt.

Hierauf folgt G. R. Treviranus[1]), dessen Resultate dadurch überraschen, dass sie so weit zurück liegen, während wir gewohnt sind, diese Ergebnisse viel jüngeren Autoren und der neueren Zeit zuzuschreiben. Er schreibt: „Ein lebhafter *Carabus granulatus*, dem ich den Kopf abgeschnitten hatte, lief nach der Operation ebenso wie vorher herum, suchte über die Wände einer Schale, worin er sich befand, hinaus zu kommen, um zu entfliehen, und spritzte aus den Blasen am After den darin enthaltenen ätzenden Saft hervor. Selbst nach Abschneiden des vorderen Theiles des Thorax, woran die beiden vorderen Beine befestigt sind, setzte der Rumpf mit den vier hinteren Beinen die scheinbar willkürlichen Bewegungen noch fort. Erst nachdem der Thorax noch weiter bis an die Wurzeln der beiden hinteren Beine abgeschnitten war, gingen diese Bewegungen in Zuckungen über.

Eine Bremse (*Tabanus bovinus*) machte, als ich sie nach Wegnahme des Kopfes auf den Rücken legte, Anstrengungen, wieder auf die Beine zu kommen, ergriff mit den Füssen eine Pincette, womit ich einen dieser Theile berührte, und kroch daran herauf. Uebereinstimmung und Zweckmässigkeit in den Bewegungen dauerten hier also nach dem Verluste des Kopfes fort.

Insecten, denen ich nur die rechte oder linke Hälfte des Kopfes wegnahm, liefen immer im Kreise nach der Seite der übrig gebliebenen Hälfte. Weitere Versuche aber beweisen, dass die Ursache nicht der Verlust der einen Hirnhälfte, sondern der Sinnesorgane der einen Seite war[2]).

[1]) G. R. Treviranus, Das organische Leben, neu dargestellt. Bremen 1831 Zweiter Band 1832. Erste Abtheilung, S. 192.

[2]) Auch Goeze (Belehrung über gemeinnützige Natur- und Lebenssachen) sah eine Hornisse, der er das zusammengesetzte Auge der einen Seite mit einem

Eine *Bombyx pudibunda*, der ich das linke Fühlhorn abgeschnitten hatte, lief ebenfalls immer im Kreise nach der rechten Seite. Das Drehen nach dieser Seite wurde noch lebhafter, nachdem ich die ganze linke Hälfte des Kopfes weggenommen hatte. Ich schnitt hierauf den Kopf ganz weg. Das Thier gerieth dann in heftige Agitation, flatterte unaufhörlich mit den Flügeln, lief fortwährend in Kreisen bald nach der rechten, bald nach der linken Seite und setzte diese Bewegungen ununterbrochen eine Viertelstunde fort. Die *Bombyx* lebte ohne Kopf drei Tage und fuhr bis zu ihrem Tode fort, von Zeit zu Zeit so heftige Bewegungen zu machen, dass sie sich an den Wänden der Schachtel, worin sie sich befand, die Flügel ganz zerschlug. Ihre Bewegungen waren also zunächst nicht mehr zweckmässig, nachdem sie die Theile verloren hatte, wodurch die Zweckmässigkeit derselben bestimmt werden konnte, die Sinneswerkzeuge; die Uebereinstimmung in den Bewegungen war aber nach dem Verluste des Kopfes nicht mehr aufgehoben.

Weniger Einfluss auf die Richtung der Bewegungen, als bei diesem Nachtfalter, hatte die Wegnahme des Fühlhornes der einen Seite bei einer Kellerassel (*Porsellio scaber*) und einer *Vespa parietum*. Die Assel schien zwar vorzugsweise nach der rechten Seite zu laufen, doch kroch sie auch oft in gerader Richtung und zuweilen nach der linken Seite. Die Wespe lief nach wie vor sowohl nach der rechten als nach der linken Seite. Eine *Aeschna forcipata* aber, der ich die untere Hälfte der Hornhaut des rechten Auges mit möglichster Schonung des Sehnerven weggeschnitten hatte, lief wieder stets nach der linken Seite. Sie lebte ohne Kopf vier Tage und gab fortwährend in der Zeit Excremente von sich. Sie setzte sich aber nur noch in Bewegung, wenn ich ihre Palpen am After mit einer Pincette zusammendrückte, und konnte sich ihrer Flügel nicht mehr bedienen.

Walckenaer erzählt von der *Cerceris ornata*, einer Art der Wespenfamilie, die einer einzeln in Löchern lebenden Biene, dem *Halictus Terebrator*, sehr nachstellt und immer in die Löcher derselben einzudringen sucht: „Er habe einer solchen Wespe in dem Augenblicke, wo sie eindringen wollte, den Kopf abgestossen und doch dieselbe nicht nur ihre Bewegungen mit unveränderter Geschwindigkeit fortsetzen, sondern auch, nachdem er sie nach der entgegengesetzten Seite umgedreht hatte, zu dem Loche umkehren und darin eindringen gesehen. Nach meinen eben angeführten Erfahrungen ist in dieser Beobachtung nichts Unwahrscheinliches."

---

undurchsichtigen Firniss bestrichen hatte, immer nach der Seite des unbedeckten Auges fliegen.

Dass ein Insect seinen Lauf noch fortsetzt nach Abtragung des Kopfes, ist allmälig bei uns ein so sicherer wissenschaftlicher Erwerb geworden, wie die Thatsache, dass die einseitige Abtragung des Kopfes resp. des dorsalen Schlundganglions Kreisbewegung nach der unverletzten Seite hervorruft. Doch war es ein Irrthum, die Kreisbewegung von der Entfernung der Sinnesapparate derselben Seite ableiten zu wollen, wozu die Versuche selbst auch gar nicht berechtigen, da die Thiere meistentheils regellos nach allen Richtungen ihre Bewegungen fortsetzten.

Hier möchte ich einen eingewurzelten historischen Irrthum berichtigen: Es ist an dieser Stelle bei Treviranus (1832) das erste Mal, dass wir die Kreisbewegungen nach halbseitiger Abtragung des Kopfes antreffen, während die neuere Literatur die Entdeckung dieser Thatsache viele Jahre später den Arbeiten von Yersin und E. Faivre (1857) zuschreibt. Selbst die Richtung der Bewegung giebt Treviranus ganz zutreffend an. Wenn er auf die gleichartigen Bewegungen der Wirbelthiere nicht hinweist, wie es die beiden späteren Forscher gethan haben, so ändert das nichts an der Thatsache, dass eben er bei Wirbellosen die Kreisbewegung zuerst gesehen und richtig beschrieben hat. Aber es war, wie gesagt, ein Irrthum, die Kreisbewegungen von dem einseitigen Verluste der höheren Sinnesorgane abzuleiten. Joh. Müller (Physiologie 1844, Bd. I, S. 687) kennt die Versuche von Treviranus; spricht von denselben aber in dem Sinne, dass „die Insecten zeigen nach Wegnahme des Kopfes noch willkürliche Bewegungen, während Treviranus, wie wir oben sahen, sie nur scheinbar willkürliche Bewegungen nennt. Von den Kreisbewegungen der Insecten nach halbseitiger Abtragung des Kopfes nimmt Joh. Müller, soweit ich bei genauer Durchsicht habe sehen können, keine Notiz.

Es ist merkwürdig, dass die grossen Hirnphysiologen jener Zeit, die Rolando, Magendie, Desmoulins, Flourens u. A., an den Wirbellosen und dem Buche von Treviranus ganz achtlos vorbeigegangen sind; sie kennen das Nervensystem der Evertebraten nicht, wenigstens finden wir in ihren Schriften dieselben niemals erwähnt.

Nur Dugès macht im Jahre 1838 die Angabe[1]), dass eine Heuschrecke nach einseitiger Abtragung des Dorsalganglions und des Auges ungestört ihre normalen Bewegungen fortsetzte; eine Beobachtung, die sich in der Folge als unrichtig erwiesen hat. Es ist wahrscheinlich, dass die projectirte halbseitige Abtragung des Dorsalganglions eben nicht gemacht worden ist.

---

[1]) Ant. Dugès, Traité de physiologie comparée de l'homme et des animaux. Tom. I., Montpellier et Paris 1838, p. 73 et p. 336—340.

Es verflossen eine ansehnliche Reihe von Jahren, bis die nächsten Arbeiten erschienen: es sind die Versuche jener beiden Forscher, welche wir oben schon erwähnt haben, A. Yersin[1]) und E. Faivre[2]), bei denen eigentlich erst für die nachfolgenden Autoren die Geschichte der Evertebraten beginnt und die deshalb ausnahmslos erwähnt werden.

Faivre hat sich noch in den folgenden Jahren mit seinem *Dytiscus marginalis*, als Typus eines Insectes, fortlaufend beschäftigt, weshalb sein Name wohl bekannter geworden ist, als jener von Yersin, dessen erste Notiz in dem *Bulletin de la société vaudoise* etwas früher erschienen ist, als jene von Faivre, aber wegen des localen Publicationsortes wohl nicht bekannt geworden war, bis er eine Notiz über seine Versuche an die Pariser Akademie sandte, als er die Mittheilung der Faivre'schen Versuche las, welche auf S. 721 des 44. Bandes gedruckt war, während seine Notiz zwar in demselben Bande, aber erst auf S. 921 wiedergegeben ist. Die historische Gerechtigkeit aber zwingt uns, hier hervorzuheben, dass Faivre schon in seiner Mittheilung an die Akademie die Versuche von Yersin kennt, da er diesen Namen unter den ihm vorangehenden Autoren anführt.

Demgemäss beginnen wir mit den Versuchen von Yersin, die er an *Gryllus campestris* und *Blatta orientalis* ausgeführt hat. Nach Abtragung des Dorsalganglions bleibt die Locomotion erhalten sowohl bei der Heuschrecke, als bei der Küchenschabe. Nach einseitiger Abtragung dieses Ganglions folgen Kreisbewegungen nach der unverletzten Seite.

Abtragung des Unterschlundganglions, die er so ausführt, dass er die Küchenschabe einfach köpft (dieses Ganglion liegt noch im Kopftheile), hebt die Ortsbewegung auch nicht auf; ja noch mehr: die Thiere, welche er vorher in ihren Gewohnheiten beobachtet hatte, fahren fort, in diesem verstümmelten Zustande Bewegungen zu induciren, welche denselben Leistungen, z. B. jener des Putzens ihres Körpers, dienen sollen. Auch eine Durchschneidung des Bauchstranges im Bereiche des Metathorax lässt den restirenden Theil noch Ortsbewegungen ausführen.

Ich will gleich hier einfügen, dass diese Resultate vollkommen richtig sind.

Faivre macht seine Versuche ausschliesslich am *Dytiscus margi-*

---

[1]) A. Yersin, Recherches s. les fonctions du système nerveux dans les animaux articulés. Bull. de la société vaudoise des scienc. natur., T. V, 1856—1857, Nr. 39, p. 119 u. Nr. 41, p. 185. Compt. rend., T. 44, 1857, p. 921—922.

[2]) E. Faivre, Du cerveau des Dytisques considéré dans ses rapports avec la locomotion. Compt. rend., T. 44, 1857, p. 721—722. Ann. de scienc. natur., 4 Sér., T. 8; Zoologie 1857, p. 245—274.

nalis, einem Schwimmkäfer, und findet, dass derselbe nach Abtragung des Dorsalganglions sowohl zu gehen als zu schwimmen vermag, doch ist der Gang schwieriger als das Schwimmen. Gewissermaassen immer nach derselben Richtung gezogen, stösst er unaufhörlich gegen die Wand des Gefässes an, in dem er sich befindet.

Kauen und Schlingen sind ungehindert, die Antennen aber völlig gelähmt.

Die Operation wurde 24 Stunden überlebt. Nach Abtragung der einen Hälfte dieses Ganglions läuft und schwimmt das Thier im Kreise herum, und zwar in der Richtung der gesunden Seite, wobei die Bewegungen der Beine der correspondirenden Seite geschwächt sein sollen. Die Antenne der verletzten Seite ist sensibel und motorisch gelähmt, die Antenne der anderen Seite bleibt functionstüchtig.

Dieser Art sind die Erscheinungen, welche die Thiere gleich nach der Operation zeigen, die um 3 Uhr Nachmittags ausgeführt worden ist. Um 8 Uhr Abends ist die Scene eine andere: die operirten Käfer schwimmen viel schwächer und nicht mehr nur in jenem ersten Kreise, sondern auch gerade aus und in der entgegengesetzten Richtung.

Die Durchschneidung der Dorsoventralcommissur der einen Seite hat denselben Effect, wie die einseitige Abtragung des Dorsalganglions: es folgt eine Rotation nach der unverletzten Seite, doch kommen auch Abweichungen darin vor, das operirte Thier geht gerade aus oder nach der anderen Seite.

Nach totaler Abtragung des Unterschlundganglions hört die progressive Bewegung zu Lande und zu Wasser auf, obgleich die Extremitäten theils auf Reiz, theils sogar spontan bewegt werden. Die einseitige Abtragung dieses Ganglions erzeugt eine Rotationsbewegung nach der gesunden Seite, welche aber einige Zeit nach der Operation in jedem Sinne erfolgen kann, schliesslich aber ganz aufhört, wie nach doppelseitiger Abtragung des Ganglions.

Wie man sieht, besteht bei Faivre in dem experimentellen Resultate (abgesehen von seiner Interpretation) gar kein Unterschied zwischen dem Ober- und Unterschlundganglion, was sicher unrichtig ist, und zwar sind es die Resultate am Unterschlundganglion, welche nicht zutreffen, worauf auch Yersin in seiner Mittheilung an die Akademie schon aufmerksam gemacht hat. Wie denn überhaupt die Versuche von Yersin denen von Faivre sich als überlegen erweisen. Mit Bezug auf Faivre ist noch besonders hervorzuheben, dass er jene Kreis- oder Rotationsbewegungen nicht als bleibende Erscheinung erkannt hat, sondern sie als vergänglich, als vorübergehend darstellt, womit sie an Werth erheblich verlieren müssen.

Schliesslich macht Faivre, um eine Kreuzung der Fasern der

einen Seite des Nervensystems zur anderen nachzuweisen, noch folgenden merkwürdigen Versuch, welcher erst in unseren Tagen verstanden werden kann: er trägt einem *Dytiscus* die linke Hälfte des Dorsalganglions ab und durchschneidet die rechte Dorsoventralcommissur; das Thier geht nach rechts im Kreise herum. Einem anderen *Dytiscus* trägt er das Dorsalganglion wiederum links ab und durchschneidet die Commissur derselben Seite; auch dieses Thier geht nach rechts im Kreise herum.

Faivre konnte diesen Versuch nicht analysiren; wir wollen es weiterhin an einer anderen Stelle thun.

Endlich lasse ich einige zusammenfassende Sätze folgen, gegen deren Richtigkeit schon Yersin seine Stimme erhoben hatte; Seite 272 heisst es: „*Un premier point bien établi c'est que les ganglions sus- et sous-oesophagiens, ainsi que les connectifs qui les lient, représentent une seule et même partie analogue à l'encéphale des animaux supérieurs. Ainsi il serait inexact de ne considérer comme tel que le ganglion sus-oesophagien . . . . . Le cerveau supérieur ou ganglion sus-oesophagien est le siége de la volition et de la direction des mouvements. Le cerveau inférieur ou ganglion sous-oesophagien est le siége de la cause excitatrice et de la puissance coordinatrice . . . . . Si on enlève le cerveau du Mammifère, il peut encore marcher, mais il n'a plus la volonté de le faire. Quand on enlève le cerveau de l'Insecte, il peut encore marcher, mais il ne se dirige plus. L'ablation du cervelet et la lésion de la moëlle allongée anéantissent les mouvements chez les Mammifères. L'ablation du ganglion sous-oesophagien détruit la locomotion des Insectes.*“

Ein Jahr darauf erscheinen die berühmten Vorlesungen über die Physiologie und Pathologie des Nervensystems von Claude Bernard, in denen am Schlusse des ersten Bandes von dem Nervensysteme der Evertebraten die Rede ist[1]). Cl. Bernard berichtet von den Versuchen von Faivre und zeigt selbst einen *Dytiscus*, dem er nach Faivre die eine Hälfte des Oberschlundganglions, das er *Cerveau supérieur* nennt, abgetragen hat. Er bestätigt die Rotation nach der entgegengesetzten Seite und fügt als neu hinzu, dass von irgend einer Schwächung der einen Seite nicht die Rede sein könne, wie Faivre gemeint hat; er sagt (S. 510): „*Et ici l'on ne peut pas voir, dans cette tendance à la rotation, le résultat de l'affaiblissement d'un côté du corps: la rotation est le résultat de mouvements d'ensemble, parfaitement coordonnés, et n'accuse pas du tout la prédominance d'une moitié du corps, ayant conservé son énergie, sur l'autre moitié qui serait paralysée.*“ Der Meister in der Be-

[1]) M. Claude Bernard, Leçons s. la Physiologie et la Pathologie du Système nerveux. Paris 1858, T. I, p. 505—515.

obachtung hat sofort das Richtige herausgefunden und betont, dass von einer peripheren Störung in der Function der Beine nicht die Rede sein könne, was stets ein cardinaler Punkt hätte bleiben müssen. Er wiederholt diesen Versuch noch in der Form, dass er der einseitigen Abtragung des *Cerveau supérieur* die Durchschneidung der Commissur derselben oder der anderen Seite zwischen Mesothorax und Metathorax hinzufügt; beide Male verhält sich das Thier in seiner Rotationsbewegung so, wie wenn nur das Oberschlundganglion einseitig abgetragen worden wäre (abgesehen von einer Differenz im Verhalten der Extremitäten, was hier nicht weiter interessirt). Daraufhin macht er folgenden Schluss (S. 511): „*Le cerveau supérieur des insectes agit donc sur la direction des mouvements.*"

Die totale Exstirpation des Unterschlundganglions hat Cl. Bernard nicht wiederholt.

Faivre kommt in den Jahren 1863, 1864 und 1875 nochmals auf seine ersten Versuche am *Dytiscus* zurück, ohne indess etwas principiell Neues zu diesem Thema zu bringen [1]).

Im Jahre 1858 erscheint Dugès' vergleichende Physiologie, in welcher wir lesen, dass die Durchschneidung der Bauchkette zwischen Pro- und Mesothorax weder in dem Vordertheile noch in dem Hintertheile des Thieres Paralyse erzeugt und dass die Sensibilität erhalten bleibt selbst in den Vorderfüsschen, auch wenn der prothoracische Ring, in welchem jene Beine wurzeln, sowohl von dem Kopfe als von dem Hintertheile des Körpers getrennt ist [2]).

Demnach genügen bei den Insecten die Prothoraxganglien, um die sensiblen Eindrücke der Peripherie aufzufassen und umzusetzen.

Dieses Prothoraxsegment, in der angegebenen Weise isolirt, lebte über eine Stunde weiter und schien keine seiner Fähigkeiten verloren zu haben, die es in normalem Zustande besass.

Einige Jahre darauf war das grosse Werk von Vulpian, „Die Vorlesungen über die allgemeine und vergleichende Physiologie des Nervensystems" erschienen [3]), in welchem die Evertebraten einen breiteren Raum einnehmen, als es bisher irgendwo der Fall gewesen ist.

---

[1]) Recherches expérim. s. la distinction de la sensibilité et de l'excitabilité dans les différentes parties du système nerveux d'un insecte, le Dytiscus marginalis. Compt. rend., T. LVI, 1863, p. 472—475. Expérienc. s. le système nerveux des insectes. Ann. des scienc. natur., 5 Série, T. I, 1864, p. 89—104. Etudes expérim. sur les mouvements rotatoires de manège chez un insecte (le Dytiscus marginalis) et le rôle dans leur production, des centres nerveux encéphaliques. Ibid., T. LXXX, 1875, p. 1149—1153.

[2]) Dugès, Traité de physiologie comparée, T. I, p. 337. Paris 1858.

[3]) A. Vulpian, Leçons s. la Physiologie générale et comparée du système nerveux, Paris 1866, p. 733—799.

Obgleich Vulpian die Literatur ganz genau kennt und selbst den oben mitgetheilten Versuch von Treviranus gelesen hat, so hält er sich in seiner Darstellung im Wesentlichen an die Resultate von Faivre, und begeht selbst einen principiellen Irrthum, indem er nur Versuche an Krebsen macht und dieselben den Insecten von Faivre und Yersin an die Seite stellt, unter der Voraussetzung, dass diese beiden Gruppen der Articulaten, welche er unter diesem Titel zusammenfasst, sich gleich verhalten müssen, was in der That aber nicht zutreffend ist, wie wir später zeigen werden. Ueber diese Versuche an Krebsen werden wir an der passenden Stelle berichten; an Insecten hat Vulpian nicht experimentirt.

Dagegen tritt hier das natürliche und ich muss sagen logische Bedürfniss noch deutlicher hervor, die Frage zu discutiren, ob und inwiefern das Dorsalganglion der Articulaten dem Gehirn der Wirbelthiere gleich zu setzen ist. Einen Forscher, wie Vulpian, der sich seit Jahren so erfolgreich mit dem Gehirne der Wirbelthiere beschäftigt hat, musste diese Frage vor Allem interessiren und in ihm das Bestreben erhalten, dieselbe zur Entscheidung zu bringen; er fährt demnach auch folgendermaassen fort (S. 790): *„Il y aurait à rechercher dans ces expériences ce que devient l'instinct, celui de la préhension des aliments, par exemple; ce serait le seul moyen de décider d'une façon définitive jusqu'à quel point la masse ganglionaire cérébroïde représente le cerveau proprement dit des Vertébrés. Les expériences de Dugès sur la Mante religieuse ne sauraient résoudre la question; car, ainsi que je l'ai dit ailleurs, les mouvements qu'il observait dans le prothorax détaché du reste de l'animal peuvent être, à juste titre, rapprochés des réactions adaptés, defensives, qui se produisent chez les Vertébrés par l'intermédiaire de la moëlle épinière. Quant aux autres faits rapportés par Walckenaer par Dujardin et d'autres auteures, ils ne prouvent non plus en aucune manière que les Insectes conservent quelques traces des véritables facultés cérébrales, après l'ablation des ganglions sus-oesophagiens et sous-oesophagiens. Qu'une mouche s'envole, après qu'on lui à enlevé la tête; qu'elle se remette sur ses pattes (ce qu'elle ne fait pas toujours), lorsqu'on la renverse sur le dos; qu'elle frotte l'un contre l'autre les tarses de ses pattes; qu'elle nettoie ses ailes avec ses pattes postérieures; ce sont là des actes purement machinaux, tout à fait analogues à ceux qu'exécute une Poule à laquelle on a enlevé le cerveau proprement dit . . . . . Et l'on peut donner la même signification à tous les autres faits du même genre cités par différents auteurs.“*

Angesichts dieser Folgerungen, welche heute noch als richtig anerkannt werden müssen, gelingt es Vulpian auch nicht, das Dorsalganglion, seine „*masse ganglionaire cérébroide*“ dem Gehirne der Wirbelthiere, wie er sich ausdrückt, „*le cerveau proprement dit des Vertébrés*“ gleich zu setzen.

Als er weiterhin über Faivre's Versuche am suboesophagealen Ganglion berichtet, kommt er zu folgenden Ableitungen (S. 791): „*Donc, d'après M. Faivre, si l'on étudie les masses ganglionaires de la tête, relativement à leur influence sur la locomotion, les lobes cérébraux seraient le siége de la volonté et de la faculté de se diriger, et les ganglions sous-oesophagiens, le siége de la cause excitatrice et de la puissance des mouvements de locomotion. En outre le ganglion cérébroïde présiderait aux sensations spéciales, le ganglion sous-oesophagien à la préhension et à la mastication. Comme l'admettaient Newport et Siebold, on doit donc considérer, suivant M. Faivre, les ganglions sus- et sous-oesophagiens, avec les connectifs qui les unissent les uns aux autres comme une seule et même partie représentant l'encéphale des Vertébrés. J'ai déjà dit que l'on ne pouvait pas, en tout cas, assimiler sous tous les rapports le ganglion sus-oesophagien au cerveau proprement dit des Vertébrés à cause de son influence directe sur les mouvements des appendices mobiles de la tête et de son excitabilité.*“

Die letzten beiden Bemerkungen haben heute keine Gültigkeit mehr, weil wir mittlerweile die Hirnrinde der Wirbelthiere, welche Vulpian mit dieser Bemerkung gemeint hat, excitabel gefunden haben, und andererseits vom Gehirne aus Nerven, direct zu peripheren Apparaten verlaufen, wie jener Nerv, welcher bei den Articulaten vom Dorsalganglion zu der Antenne zieht und ihre Bewegungen hervorruft.

Aber charakteristisch bleibt das dringende Bestreben des Auffindens einer Analogie zwischen dem Gehirn der Wirbelthiere und den Kopfganglien der Articulaten. Vulpian hofft diese analogen Beziehungen im Aufsuchen der Instincte, wie er sich ausdrückt, z. B. in der spontanen Nahrungsaufnahme finden zu können, indess führt ihn auch dieser Weg nicht zum Ziele. Die Bemühungen Vulpian's scheitern wohl auch daran, dass er, wie mir scheint, die Leistungen des Gehirns und jene des Grosshirns nicht genügend aus einander hält.

Indem sich Vulpian weiter zu den Functionen der Thoracalganglien wendet, erwähnt er, dass sie nach Faivre nicht allein die Bewegungen der Extremitäten, sondern auch die Athembewegungen beeinflussen, und zwar ist es beim *Dytiscus* speciell das *Ganglion metathoracicum*, welches als Athmungscentrum zu gelten hat, ganz analog dem *Noeud vital* der Wirbelthiere.

Vulpian schliesst sich dieser Auffassung an, indem er einen entsprechenden Versuch bei einer Grille ausführt. Interessanter ist aber hierbei eine Erzählung über hierher gehörige Beobachtungen, die ich ihres Interesses wegen textlich wiedergeben möchte (S. 793): „*Cette manière de considérer les ganglions thoraciques devient plus frappante encore, lorsqu'on connaît les observations de M. Dufour et de M. Fabre sur les Sphex, les Cerceris et les Ammophiles. Le premier de ces Insectes, pour assurer la nourriture de ses larves qui sont déposées dans un trou, et pour que l'aliment se conserve jusqu'au réveil des larves, renverse les Grillons sur le dos et les pique de son aiguillon dans les parties thoraciques des centres nerveux. En imitant le Sphex, en piquant une Mouche, un Grillon ou un Charançon, ou avec une aiguille trempée dans un liquide irritant, l'ammoniaque par exemple, on obtient le même effet; et il ne se produit pas lorsqu'on pique d'autres parties. Il suppose l'experience faite sur un Grillon: on observe alors une mort apparente; huit ou quinze jours après, quelquefois plus, il y a encore des manifestations de la vie; de temps en temps on voit une profonde pulsation de l'abdomen; quelquefois, par l'excitation, on détermine des mouvements des antennes, des filets abdominaux; parfois ces mouvements peuvent paraître spontanés; les pattes même peuvent se remuer et la défécation peut avoir lieu. M. Faivre a pu conserver pendant un mois et demi, dans des tubes où la dessiccation était lente, des Grillons ainsi plongés dans une sorte de léthargie*[1])“.

Uebrigens glaubte Fabre (gegen Dufour), es liefe diese ganze geheimnissvolle Erscheinung darauf hinaus, dass die *Cerceris* als Beute diejenigen Insectenarten heraussucht, wo die Centralisation der Bauchganglien (Confluenz zu einem oder zwei Ganglien) am grössten ist. Er sagt: „*Ils choisissent les Buprestes dont les centres nerveux du mésothorax et du métathorax sont confondues en une seule et grosse masse etc.*“

Eine ansehnliche Reihe von Jahren nach Vulpian erscheint in dem grossen Sammelwerke von Milne-Edwards der elfte Band, welcher das Nervensystem der Wirbellosen behandelt[2]). In demselben fanden wir nichts, was hier nicht schon mitgetheilt worden wäre.

Im Jahre 1875 treffen wir wieder auf Faivre[3]), welcher gegen Baudelot das im metathoracischen Ganglion gelegene Athmungs-

---

[1]) Da Vulpian die Quellen nicht angiebt, will ich sie hier anschliessen. L. Dufour, Études anatom. et physiolog. sur les Insectes Diptères de la famille des Pupipares. Ann. des scienc. natur., 2 Série, T. III, 1843. Fabre, Observations s. les moeurs des Cerceris. Ann. des sciene. natur., 4 Série, T. IV, 1855.

[2]) Milne-Edwards, Leçons s. l'anatomie et la physiologie comparée. Paris 1874. T. XI, p. 401—408.

[3]) De l'influence du système nerveux sur la respiration chez un insecte. Compt. rend., T. LXXX, p. 735—741, 1875. Études expérim. sur les mouvements rotatoires de manège chez un insecte (le Dytiscus marginalis) et le rôle dans leur production, des centres nerveux encéphaliques. Ibid., T. LXXX, p. 1149—1153, 1875. Recherches s. les fonctions du ganglion frontal chez le Dytiscus marginalis. Ibid., T. LXXX, p. 1332—1335, 1875.

centrum vertheidigt, das letzterer in das erste Bauchganglion verlegt. Dasselbe Ganglion beherrscht auch die unteren Flügel und die Schwimmfüsse, deren Thätigkeit in naher Beziehung zu den Athembewegungen steht.

Hier wiederholt Faivre seine Versuche über Zwangsbewegungen und theilt noch mit, dass das *Ganglion frontale* (vor dem *Ganglion dorsale* gelegen und mit diesem durch Commissuren verbunden) automatisches und reflectorisches Centrum für die Schluckbewegungen ist.

In demselben Jahre beschäftigt sich Dönhoff[1]) mit der Biene, und zeigt an den geordneten Reflexen zerstückelter Thiere, dass die Bauchganglienkette eine fortlaufende Reihe von Reflexcentren darstellt, wie das Rückenmark der Wirbelthiere.

In dem gleichen Jahre 1875 finden wir noch eine ausgedehnte Untersuchung von J. Dietl[2]), welcher Käfer (*Blatta*, *Dytiscus*), Ameise, Biene, Fliege, Wanze und Schmetterlinge untersucht: mit einer Nadel sticht er durch ein Auge in das Gehirn und sieht alle die genannten Thiere in Kreisbewegungen gerathen, welche nach der gesunden Seite gerichtet sind. Von den Schmetterlingen sagt er: „..... Schmetterlinge, indem die bunten Falter in Schraubentouren aufwärts und dann in wirbelnden Kreisen davon fliegen.“ Eine ausführliche histologische Untersuchung des Arthropodengehirns begleitet diese Experimente.

Dönhoff[3]) kommt nochmals auf die Biene zurück und will aus seinen Versuchen den Schluss ziehen, dass das Athmungscentrum der Biene im Kopfe liegt, weil nach Abschneiden des Kopfes die dyspnoischen Athembewegungen aufhören, wenn man das Thier unter Wasser taucht. Dieser Schluss steht im Widerspruch mit der Ansicht von Faivre, doch erklärt sich die Divergenz vielleicht aus der Art der Operation und der besonderen Configuration des Bienennervensystems.

Die Arbeit von A. T. Bruce über Beobachtungen an Insecten u. s. w. ist mir leider weder im Original, noch in einem Referate zugänglich gewesen, so dass ich nur den Titel anführen kann[4]).

Wenn wir die Geschichte der Insecten zusammenfassen, so sehen wir, wie die beiden Sätze von Treviranus weiterhin bestätigt wurden, dass nach Abtragung ihres ganzen Kopfes die Insecten noch Orts-

---

[1]) Beiträge zur Physiologie. Coordinationscentra bei der Biene. Archiv für Anatomie und Physiologie 1875, S. 47.

[2]) J. M. Dietl, Insectennervensystem. Berichte d. naturw.-med. Vereins in Innsbruck, 5. Jahrg., 1875, S. 94 bis 115.

[3]) E. Dönhoff, Das Athmungscentrum der Honigbiene. Archiv für Physiologie von E Dubois-Reymond 1882, S. 162 bis 163.

[4]) Observations on the nervous system of insects and spillers and some preliminary observations on Phrynus. Idhus Hopkins, Univ. Circulars VI, 54, 1887, p. 47.

bewegungen machen und dass sie nach einseitiger Abtragung des Kopfes resp. des Dorsalganglions im Kreise nach der unverletzten Seite hin laufen. Dagegen ist nicht mehr die Rede davon, dass diese Kreisbewegungen Folge einseitiger Abtragung der Sinnesorgane seien.

Claude Bernard fügt dann weiter die wichtige Beobachtung hinzu, dass bei diesen Kreisbewegungen eine periphere Störung nicht erkennbar ist, dass im Gegentheil die Bewegungen ganz coordinirt ablaufen.

Weiteres ist nicht festgestellt worden. Am wenigsten Klarheit herrschte über die Rolle, welche das Unterschlundganglion bei den Bewegungen spielt, so dass man zu einer einheitlichen Auffassung des Centralnervensystems überhaupt nicht hat kommen können. Freilich liegt in dem Nervensysteme der Insecten die Schwierigkeit vor, welche jede Erkenntniss verschleiert hat, dass sämmtliche Bauchmetameren scheinbar genau so wie die Kopfmetamere locomobil sind, man also vergeblich nach einer centralen Führung Umschau hielt.

§. 2.

Die Crustaceen.

In dem berühmten Werke von Milne-Edwards über die Kruster finde ich einen Versuch, der hierher gehört: Wenn man bei Squilla (Heuschreckenkrebs) den Schlundring von den rückwärts gelegenen Ganglien abtrennt, so findet man, dass auch der Hintertheil des Thieres noch empfindlich ist und auf Reize durch Bewegungen reagirt[1]).

Darauf folgt ein langes Intervall, und nicht früher, als in dem grossen Werke von Vulpian[2]), findet man weitere experimentelle Nachrichten über die Crustaceen resp. den Flusskrebs. Im Anschluss an die Versuche von Faivre bei Dytiscus verletzt Vulpian „*profondément*“ eine Hälfte des Oberschlundganglions und beobachtet danach eine deutliche Schwäche der Extremitäten derselben Seite, besonders der Scheere. Die Sensibilität ist erhalten mit Ausnahme jener in der Antenne derselben Seite.

Eine viel auffallendere Erscheinung ist die Tendenz des Krebses, sich um sein Hintertheil als Axe zu drehen, und zwar in der Richtung von der verletzten gegen die unverletzte Seite hin; weiter sah er bei der gleichen Läsion eine Rotation um die Längsaxe (d. h. Rollbewegungen) und schliesslich sogar die Tendenz zu einem Purzelbaum auf den Rücken: „*Une tendance à la culbute sur le dos.*“

[1]) H. Milne-Edwards, Histoire naturelle des Crustacés, T. I, p. 149. Paris 1849.

[2]) Vulpian, l. c.

Einen Versuch am Unterschlundganglion scheint Vulpian nicht ausgeführt zu haben, wenigstens habe ich trotz eifrigen Suchens einen solchen nicht finden können.

Weiter durchschneidet Vulpian die Ganglienkette quer im Niveau des Abdomens, wonach die Schwimmbewegungen definitiv verschwinden, da der Krebs seinen Schwanz nicht mehr rhythmisch in Bewegung setzen kann, wie es für die Schwimmbewegungen eben nothwendig ist. Aber die Abdominalfüsschen machen noch anscheinend spontane Bewegungen, die in der That aber doch maschinenförmig sind und durch den Contact des Wassers mit der Wunde hervorgerufen werden.

Vulpian macht darauf aufmerksam, dass jedes der Ganglien der Bauchkette ein unabhängiges Reflex- und Coordinationscentrum darstellt; eine Ansicht, welche vor ihm schon Moquin-Tandon, Dugès u. A. aufgestellt haben.

Schliesslich wird die Frage aufgeworfen, ob die Bahnen der beiden Seiten sich kreuzen. Swammerdamm hat eine solche Kreuzung für einen Kruster abgebildet, die er in das Unterschlundganglion verlegte. In Uebereinstimmung mit Andouin und Milne-Edwards, sowie mit Faivre (Insecten) stellt Vulpian eine solche Kreuzung für den Krebs in Abrede, denn die Lähmung, welche nach Läsion einer Seitenhälfte des Nervensystems stattfindet, ist immer eine directe. Trotzdem beobachtet er, dass nach einer einseitigen Durchschneidung einer Längscommissur in der Abdominalkette die Reizungen dieser (der verletzten) Seite unterhalb der Durchschneidungsstelle Effecte hervorrufen in Theilen, welche oberhalb der Durchschneidung liegen. Vulpian drückt sich folgendermaassen aus (S. 785): „*Bien qu'il n'y ait pas d'entrecroisement reconnaissable entre les deux moitiés des centres nerveux, la section d'un des connectifs de la chaine abdominale n'empêche pas d'une façon absolue les irritations portant sur les parties situées du même côté et en arrière de se communiquer aux parties antérieurs, ni les excitations volontaires de mettre en mouvement les parties, qui reçoivent leurs nerfs de la moitié correspondante de la chaine ganglionaire, en arrière du lieu de la section.*“ Dies scheint mir ein Irrthum, dessen Quelle ich später nachweisen werde.

Zwei Jahre nach der Ausgabe des Vulpian'schen Werkes kommt eine ausführliche Arbeit über den Krebs von V. Lémoine[1]), welche unter Vulpian's Augen angefertigt worden zu sein scheint. Der Autor macht auf die ausserordentlichen experimentellen Schwierigkeiten aufmerksam, welche darin liegen, dass man bei der Eröffnung

[1]) V. Lémoine, Recherches pour servir à l'histoire du système nerveux musculaire et glandulaire de l'écrevisse. Ann. des scienc. natur., 5 Série, T. IX. p. 99. 1868.

des Chitinpanzers stets eine beträchtliche Blutung erhält, welche das Resultat erheblich beeinträchtigt. Um diese Fehlerquelle zu umgehen, giebt er mehrere Methoden an, deren Schilderung wir hier unterlassen wollen, da es ihm trotz seiner Bemühungen nicht gelungen ist, seine operirten Thiere längere Zeit am Leben zu erhalten. Nichtsdestoweniger hat er eine Anzahl brauchbarer Resultate erzielt und damit seinen Vorgängern gegenüber einen Fortschritt zu verzeichnen.

Er legt das Dorsalganglion frei und reizt die rechte Hälfte zunächst mit einer Nadel, dann mit der elektrischen Pincette, worauf er drei Formen von Bewegungen beobachtet: 1. Schmerzgefühl, welches durch den Eintritt allgemeiner Bewegungen sich kundthut; 2. der Krebs ist ein wenig schwach geworden, so dass nur Bewegungen der correspondirenden (d. h. der rechten) Seite eintreten; die Bewegung ist am deutlichsten im Auge und der äusseren Antenne der rechten Seite; 3. bei längerer Fortsetzung der Reizung werden die Bewegungen der Extremitäten der rechten Seite immer schwächer und es bleiben nur die Bewegungen der Augen und der äusseren Antenne der rechten Seite übrig.

In einem weiteren Versuche wird die linke Seite desselben Ganglions mit Hülfe einer Nadel zerstört. Ins Wasser zurückgebracht, flieht der Krebs rückwärts, bleibt dann aber unbeweglich. Das Auge und beide Antennen der linken Seite sind in ihren Bewegungen gelähmt, während die Anhänge der rechten Kopfseite auf Reizung normal reagiren. Wenn man diesen Krebs reizt, so setzt er sich in Bewegung mit etwas nach links gebeugtem Körper, und macht einige Umgänge (*mouvements de circumduction*) von links nach rechts. Legt man ihn auf den Rücken, so bleibt er in dieser Lage; die beiden Scheeren schliessen sich kräftig, wenn man einen Gegenstand zwischen die Arme bringt, aber die rechte lässt zuerst nach.

Bei einem anderen Krebse wird die Durchschneidung beider Dorsoventralcommissuren gemacht, welche zunächst von einem heftigen Spasmus aller Theile des Körpers begleitet ist. Ins Wasser gebracht, verharrt der Krebs in Ruhe, aber bei kräftiger Reizung erfolgen Versuche zur Progression mit Oscillationen des Körpers bald nach rechts, bald nach links. Sobald die Reizung aufhört, verfällt der Krebs wieder in seine Unbeweglichkeit. Auf den Rücken gelegt, bleibt er in Ruhe; die Augen und die Antennen scheinen weniger empfindlich und ihre Verletzung lässt das Thier unbeweglich. Die Scheeren sind auf Reiz thätig, ebenso die Abdominalfüsschen und die Kiemenäste der vorderen Oeffnung der Kiemenkammer. Das Herz schlägt normal.

Nach Durchschneidung der rechten Dorsoventralcommissur macht der Krebs auf Reizung Umgänge von rechts nach links, wobei die rechten Beine zu agiren scheinen, indem sie stossen, die linken, indem sie anziehen (*les pattes droites semblant agir en poussant et les gauches en attirant*). Wenn man seine linke Seite reizt, so erhält man Bewegungen sämmtlicher Anhänge incl. des Schwanzes (derselben oder beider Seiten?); reizt man rechts, so reagirt nur das gereizte Glied.

Bei der eben angegebenen Durchschneidung beobachtet Lémoine in weiteren Versuchen auch Ortsbewegungen gerade nach vorn und nach der Seite der Verletzung, d. h. alle Bewegungsrichtungen sind möglich.

Was das Unterschlundganglion betrifft, so lähmt die Zerstörung desselben den ganzen Kieferapparat und die Kiemenanhänge. Seine Reizung erzeugt Bewegungen in der Gesammtheit der Ganglienkette (die einseitige Zerstörung dieses Ganglions ist nicht gemacht worden).

Nach Durchschneidung der Ganglienkette hinter dem Unterschlundganglion nimmt der Krebs eine ganz besondere Stellung ein: Die vordere Partie des Hinterleibes ist erhoben und bildet den höchsten Punkt des ganzen Körpers. Die Scheeren sind ausgebreitet, die übrigen Extremitäten sind zurückgebogen; die Extremitäten machen partielle Bewegungen, aber keine gemeinsame Bewegung, um eine Progression herbeizuführen. Oft stirbt der Krebs mitten in convulsiven Bewegungen. Im Ganzen sind die Lebensäusserungen dieses Krebses sehr reducirt und Reizungen der Extremitäten geben nur Reflexbewegungen in denselben Gliedern. Die Scheeren pflegen gar nicht oder nur wenig zu zwicken.

Durchschneidet man die Kette hinter dem Ganglion, das die Nerven für das erste Extremitätenpaar abgiebt, so nimmt der Krebs dieselbe besondere Stellung ein, wie wenn man die Section vor diesem Ganglion, wie oben, gemacht hat, und eine Progression findet nicht statt, aber die Scheeren zwicken ganz normal, und dieses Extremitätenpaar macht Anstrengungen, um eine Locomotion zu erzeugen. Die Augen und die Antennen sind im Gegensatz zu dem vorigen Versuche recht empfindlich.

Schliesslich bemerkt Lémoine, dass man eine einseitige Durchschneidung der Längencommissur da machen kann, wo die Sternalarterie durch die Kette tritt und die Längscommissuren aus einander drängt. Das geschieht zwischen dem dritten und vierten resp. vierten und fünften Ganglion. Wenn man diese Commissur links durchschneidet, so bemerkt man, dass die beiden hintersten Füsse nicht mehr coordinirt mit den anderen arbeiten, obgleich sie selbst nicht gelähmt sind. Reizt man das centrale Ende der durchschnittenen Commissur, so erhält man allgemeine Bewegungen; bei Reizung des peripheren Endes Bewegungen nur in der Hälfte des Körpers, welche unterhalb der Durchschneidung liegt.

Zusammenfassend bemerkt Lémoine, dass das Unterschlundganglion zu betrachten ist als das Centrum, in welchem die Coordination der Bewegungen zu Stande kommt; daneben beherrscht es direct den Kau- und den Kiemenapparat. Das Oberschlundganglion ist der Sitz des Willens, sowie der Empfindung, und steht in besonderer Beziehung zur Locomotion.

Er schliesst sich der Ansicht von Newport und Siebold an, dass der Schlundring analog ist dem Gehirn der Wirbelthiere, macht aber auch auf die von Vulpian geäusserten Bedenken aufmerksam.

E. Yung[1]), der mehrere Jahre später mit einer ausführlichen Arbeit erscheint, stellte seine Versuche auf der Zoologischen Station in Roscoff an Hummern, Langusten, Garnelen, Flusskrebsen und Krabben an. Auch er macht mit Recht auf die experimentellen Schwierigkeiten aufmerksam und hält es für geboten, die in dem Panzer gemachte Oeffnung wieder zu schliessen, damit weiterer Blutaustritt vermieden wird. Diesen Verschluss bewerkstelligt er mit etwas weich geknetetem Wachs. Den Palämon unter den Garnelen hat er gerade deshalb gewählt, weil man bei der relativen Transparenz des Panzers die Ganglien ohne Eröffnung sehen und mit einer Nadel direct treffen kann. Auf diesem Wege konnte Yung seine operirten Crustaceen etwas länger am Leben erhalten, als dies sonst der Fall zu sein pflegte; immerhin scheint das Ueberleben aber 24 Stunden nicht überschritten zu haben.

Zunächst findet er bei mechanischer und mechanisch-thermischer Reizung der angegebenen Crustaceen, z. B. Palämon und Hummer, dass das Dorsalganglion sensibel und motorisch ist. Es folgt die Zerstörung desselben Ganglions, wonach bei Palämon, bei Hummer und Krebs eine willkürliche Bewegung (wohl Ortsbewegung?) nicht mehr erfolgt, während alle Reflexbewegungen eintreten, besonders auch die Scheeren sich fest schliessen; nur die Antennen und Augen reagiren nicht mehr. Die Durchschneidung der linken dorsoventralen Commissur erzeugt zunächst unter dem Einflusse des mechanischen Reizes allgemeine Bewegungen als Ausdruck des Schmerzes. Ins Wasser zurückgebracht, fällt der Hummer auf die linke Seite; reizt man ihn, so macht er Anstrengungen, sich zu erheben, aber die Coordination der Bewegungen fehlt und das Thier fällt auf die rechte Seite, dann auf den Rücken. Dabei sieht man regelmässige Bewegungen der Extremitäten auf der rechten Seite, während linkerseits die Bewegungen uncoordinirt sind. Wenn man den Schwanz reizt, so zeigen sich allgemeine Bewegungen auf der rechten Seite, links nur nahe

[1]) Yung, Recherches sur la structure intime et les fonctions du système nerveux central chez les Crustacés décapodes. Archives de zoolog. expérim. par Lacaze-Duthiers, T. VII, p. 401—534, 1878.

der Reizstelle. Die Scheeren functioniren vollkommen, doch rechts kräftiger als links. Fleischstücke werden wegen der ungeordneten Bewegung des Kauapparates beider Seiten nicht genommen. Die Kopfanhänge, Antennen, Augen sind beiderseits intact. Bei Krebsen werden die gleichen Versuche mit demselben Erfolge ausgeführt, nur beobachtet er nach der Durchschneidung einer dorsoventralen Commissur, z. B. der rechten, einen Kreisgang von rechts nach links. Dieselbe Kreisbewegung kommt auch zur Beobachtung bei Läsion der einen Hälfte des Dorsalganglions. Doch giebt er an, dass diese Richtung nicht absolut gesetzmässig eingehalten wird.

Zu dem Unterschlundganglion übergehend, macht Yung ebenfalls auf die Schwierigkeiten aufmerksam, um hier zu zweifellosen Resultaten zu kommen, welche die Rolle erkennen lassen würden, die jenem Ganglion zukommt.

Die Zerstörung dieses Ganglions geschieht mit einer Nadel, welche in seine Masse eingeführt wird. Im Moment des Eindringens entstehen heftige allgemeine Bewegungen. Bringt man den Hummer ins Wasser, so erfolgt ein heftiger Stoss des Schwanzes, der Hummer steigt in die Tiefe, mit dem Kopfe voran, den Schwanz nach oben, in welcher Stellung er den Boden des Aquariums erreicht. Die Reflexbewegungen sind sämmtlich erhalten, nur die Kieferapparate sind gelähmt; ebenso die Kiemenapparate; endlich ist die Sensibilität des ganzen Körpers vollkommen erloschen, da man überall reizen kann, ohne das geringste Schmerzzeichen hervorzurufen. Hingegen sind die Bewegungen der Augen und Antennen ungestört. Die Scheeren schliessen sich um einen eingeklemmten Gegenstand, aber mit wenig Kraft (was diese Schmerzensäusserungen anbetrifft, so ist schwer zu übersehen, welche Zeichen der Autor dafür ansieht, da daneben von unversehrten Reflexbewegungen berichtet wird, und es sich im Grunde genommen bei Schmerzensäusserungen ebenfalls nur um Bewegungserscheinungen handeln kann. Wenn die Bewegungen der Antennen und Augen bei Reizung des Hintertheiles fehlen, so ist dieser Defect einfach auf die Unterbrechung der Leitungsbahn nach vorn zu setzen).

Auch die einseitige Zerstörung dieses Ganglions ist gelungen: Es war die rechte Seite, an welcher der Kieferapparat gelähmt war, während jener der anderen Seite intact blieb. Ebenso waren die Extremitäten der rechten Seite unterhalb der Verletzung in ihren Bewegungen alterirt, während die linke Seite unversehrt blieb. Hieraus resultirte ein Uebergewicht der linken Seite über die rechte und daraus eine Fortbewegung des Thieres in einer krummen Linie, deren Richtung leider nicht angegeben ist (nach meiner Vorstellung müsste die Kreisbewegung um die verletzte Seite herum erfolgen). Reizt man einen Punkt unterhalb der Verletzung, so bekommt man Bewegungen nicht nur von dieser Seite, sondern auch von den Extremitäten der anderen Seite und selbst den Kopfanhängen.

Bei den Krabben (*Cancer maenas*, *Portunus puber* etc.) gestaltet sich dieser Versuch in analoger Weise.

Zu den übrigen Ganglien der Bauchkette übergehend, weist der Autor nach, dass dieselben ebenso wie die Längscommissuren sowohl motorisch als sensibel sind; zugleich ist jedes Ganglion für seinen localen Bezirk Reflexcentrum. Es lässt sich experimentell nicht nachweisen, dass motorische und sensible Theile gesondert neben einander liegen.

Im nächsten Jahre wird die Literatur durch eine Untersuchung von J. Ward[1]) am Flusskrebs bereichert, welche einen erheblichen Fortschritt darin aufweist, dass die operirten Thiere Wochen und Monate lebend erhalten wurden.

Er kratzt den Panzer bis auf eine ganz dünne Schicht ab und durchsticht diese mit einem feinen Haken, der zugleich den betreffenden Nerventheil erreicht, dessen Lage vorher genau bestimmt war. Diese Technik wird gewählt, um die so leicht eintretenden Blutungen zu vermeiden (die Schattenseite dieser Methode, Unsicherheit in der Bestimmung des lädirten Nerventheiles, liegt auf der Hand).

Nach Durchschneidung der einen Dorsoventralcommissur gehen die Krebse in einer Curve in der Richtung nach der unversehrten Seite; gehen diese Krebse rückwärts, so bewegen sie sich nach der verletzten Seite hin.

Giebt man einem solchen Krebse, während er auf dem Rücken liegt, ein kleines Stückchen Nahrung direct zwischen die Kiefer, so wird dasselbe verschlungen, wie von einem normalen Krebse. Gleichzeitig waren die Antenne und der Augenstiel auf der Seite der Verletzung erheblich geschädigt.

Nach Durchschneidung der beiden Dorsoventralcommissuren wurde ein Stückchen Nahrung, das man den Kieferfüssen übergab, gefasst, um geschluckt zu werden, kam aber bald wieder heraus; nur sehr selten wurde es thatsächlich geschluckt und nur dann, wenn es lang genug war, um zwischen die Kauwerkzeuge zu reichen.

Zugleich ist die Locomotion vernichtet, obgleich die Extremitäten beweglich bleiben; doch kommen Umkippungen des Leibes nach vorn und seitlich nicht selten vor.

Nach Durchschneidung der Längscommissuren zwischen dem ersten und zweiten Bauchganglion bleiben die Kiefer bewegungsfähig, die

---

[1]) J. Ward, Some notes on the physiology of the nervous system of the freshwater Crayfish (*Astacus fluviat.*). Journ. of phys., T. II, p. 214—227, 1879.

Thiere sterben aber gewöhnlich einen Tag nach der Operation. Eine Locomotion war unmöglich geworden. Auffallend schwach werden die Scheeren, welche nicht mehr ordentlich kneifen können. Ebenso verliert der Schwanz die Fähigkeit der rhythmischen Bewegung.

Endlich theilt er das Dorsalganglion der Länge nach und beobachtet danach Kreisbewegungen (ich weiss nicht, wie Ward das Dorsalganglion durchschnitten hat; ein solcher Versuch, exact angestellt, ist selbst bei unseren grossen Krebsen nicht gut ausführbar).

In demselben Jahre beschreibt Ch. Richet[1]), dass die Willkürbewegungen bei Krebsen im Wasser von 23 bis 26° C. aufhören, die Reflexbewegungen bei 26 bis 30°, bei 33 bis 37° sterben die Nerven und Muskeln.

In dem bekannten, wohl mehr populär geschriebenen Büchelchen von Th. Huxley, „Der Krebs“ (Leipzig 1882) sind hierher gehörige Daten kaum vorhanden.

Bei Krabben beobachtet L. Frédéricq[2]), dass das Abbrechen ihrer Füsse, wenn man sie anfasst, so dass man nur den Fuss in der Hand behält, während das Thier entflieht, nicht ein mechanisches Abreissen, sondern einen activen Vorgang, einen Reflex darstellt, dessen Centrum in der Bauchkette liegt.

Petit[3]), welcher Versuche an Krabben analog zu denen an Insecten und Krebsen vermisst (die Versuche von Yung an Krabben schienen ihm unbekannt zu sein), trägt bei *Carcinus maenas* das Oberschlundganglion halbseitig links ab und sieht Folgendes: „*L'animal décrit, en marchant de côté, une série de cercles dans le sens des aiguilles d'une montre, mais sa tête est dirigée tantôt en dehors du cercle, tantôt en dedans . . . . . En somme, il s'agit ici d'un mouvement en rayon de roue, comme on en observe chez les Mammiféres, à la suite de lésions de l'encéphale; mais, dans ce dernier cas, la tête de l'animal est toujours opposée à l'axe de rotation; chez le Crabe, la tête peut prendre, par rapport à cet axe, deux directions inverses, le sens de la rotation demeurant constamment le même.*“ Die rechtsseitige Abtragung erzeugt die gleiche Bewegungserscheinung in umgekehrtem Sinne. Stiche in das Ganglion oder die Durchschneidung einer dorsoventralen Commissur erzeugen die gleichen Phänomene.

---

[1]) Contribution à la physiologie des centres nerveux et des muscles de l'écrivisse. Archiv. de physiologie nom. et pathologie 1879, p. 262—294.

[2]) Amputation des pattes par mouvement réflexe chez le crabe. Archiv. de biologie, T. III, p. 235—240, 1882.

[3]) Effets de la lésion des ganglions sus-oesophagiens chez le Crabe (*Carcinus maenas*). Compt. rend. de l'Académie de Paris, T. CVII, p. 278, 1888.

J. Demoor[1]) experimentirt an einem Palämon mit durchsichtigem Panzer, um den Vortheil zu benutzen, die Verletzung ohne Eröffnung durch die durchsichtige Umhüllung mit der Nadel machen zu können. Er kennt vier Formen von Zwangsbewegungen, die er durch verschieden localisirte Verletzungen des Dorsalganglions zu erzeugen vermag, die aber alle in dem Punkte zusammentreffen, dass die hervorgerufene Zwangsbewegung von der verletzten nach der unverletzten Seite gerichtet ist. Wie er daraus schliessen kann, dass, wie er es thut, eine functionelle Kreuzung im Centralnervensysteme nicht besteht, ist mir nicht recht verständlich. Auch die anatomische Untersuchung konnte eine solche Kreuzung nicht aufdecken.

Stiche in die Ganglien der Ventralkette führen zu dem allgemeinen Ergebnisse, dass sie Centren darstellen. Nach Reizung der Bauchkette bleiben die Augen, die grossen und kleinen Antennen ungestört. Das vorderste Bauchganglion besitzt keine specifische Function.

Versuche an Krabben (*Carcinus maenas*, *Portunus puber*) ergeben die gleichen Resultate.

Durchmustern wir jetzt die Reihe der Versuche an den Krebsen, so sehen wir, wie bei diesen die Abtragung des Dorsalganglions im Allgemeinen den Ausfall der Ortsbewegung im Gefolge hat, doch erscheint dies Resultat nicht immer klar zu Tage zu treten. Gewiss ist hingegen die Kreisbewegung nach einseitiger Zerstörung jenes Ganglions. Hingegen kehrt dabei der alte Irrthum wieder, der namentlich von Vulpian ausgeht, dass nach dieser Operation die correspondirende Seite schwächer sei, während der Sachverhalt genau der gleiche ist, wie bei den Insecten.

Ein anderes Resultat, das bei den Insecten nicht genügend hervorgehoben worden ist, das auch bei den Krebsen deutlicher auftritt, ist dies, dass nach einseitiger Abtragung des Dorsalganglions die Richtung der Bewegung noch variabel sein könnte; gewiss ein Irrthum. Endlich mag hier noch bemerkt werden, dass die Mehrzahl der angeführten Autoren, insbesondere Vulpian und Lémoine bei den Krebsen, sowie Faivre bei den Insecten, vergeblich bemüht gewesen sind, einen functionellen Unterschied zwischen den Wurzeln der Bauchganglien aufzufinden: eine solche Analogie zu den Rückenmarkswurzeln der Wirbelthiere besteht nicht, obgleich Newport und Valentin sie gefunden haben wollen.

---

[1]) J. Demoor, Études des manifestations motrices des Crustacés au point de vue des fonctions nerveuses. Archiv. de Zoologie expériment. et général., T. IX, p. 191, 1891.

§. 3.

Die Würmer.

Neben grossen morphologischen Arbeiten giebt es über diesen Gegenstand nur wenige experimentelle Untersuchungen. Selbst die berühmte Monographie von Moquin-Tandon über die Hirudineen, die ich eingesehen habe, enthält nichts, was für uns in Betracht käme [1]).

Die älteste experimentelle Angabe finde ich in Joh. Müller's Physiologie (Bd. I, S. 687, 1844), wo es heisst: „Ein in zwei Hälften getheilter Wurm zeigt in beiden Nervensträngen noch Bewegungen, welche den willkürlichen ähnlich sind."

Danach treffen wir auf Lockhart-Clarke [2]), bei dem neben einer anatomischen Beschreibung von *Lumbricus terrestris* einige Versuche enthalten sind, wonach die Schlundganglien unabhängig von den übrigen Nervencentren, jedoch ihrem Einflusse unterworfen sind; sie beherrschen die Bewegungen des Schlundes und Mundes und scheinen Reflexcentra zu sein.

Im Jahre 1865 erscheint ein grösseres Werk über die Anneliden von Quatrefages [3]), in dem experimentell indess nur wenig enthalten ist.

Das im nächsten Jahre erscheinende grosse Werk von Vulpian enthält nichts über das Nervensystem der Würmer.

Im Jahre 1887 folgen meine ersten Mittheilungen über den Regenwurm und den Blutegel.

Im nächsten Jahre finden wir eine Arbeit, die sich mit dem Kriechen des Regenwurmes beschäftigt [4]): Nach Friedländer kriecht der Regenwurm, indem eine Contractionswelle im Längsmuskelschlauch seines Körpers von vorn nach hinten abläuft. Die Borsten der Körperoberfläche verhindern ein Zurückgezerrtwerden seines Körpers, so dass die Contraction einen Leibesring nach dem anderen nach vorn schiebt, dieser, da festgehalten, als Stützpunkt für die nächsten Leibesringe dient u. s. w. Schneidet man einem Regenwurme den Kopf ab, so macht er keine spontanen Bewegungen mehr, und bedarf äusserer Reize, um zu Bewegungen angeregt zu werden. Schneidet man das Schwanzende ab, so ändert sich in seinen Bewegungen nichts Wesentliches.

---

[1]) Moquin-Tandon, Monographie des Hirudinées. Paris 1827.

[2]) Lockhart-Clarke, On the nervous system of Lumbricus terrestris. Ann. of natural history 1857, p. 250.

[3]) Quatrefages, Historie naturelle des Annelés, T. I, p. 87, 1865.

[4]) D. Friedlander, Ueber das Kriechen der Regenwürmer. Biologisches Centralblatt, Bd. VIII, S. 363, 1888.

Schnitt Friedländer aus der Mitte eines normalen Thieres etwa ein Stück des Bauchstranges von 0,5 bis 1 cm Länge heraus, so kroch das Thier wie vorher und die Contractionswelle setzte sich durch die nervenlose Strecke fort; nur dass diese Segmente schmäler wurden und eine ringförmige Einschnürung des Körpers bildeten, sobald die Contractionswelle sie erreichte.

Die Contractionswelle pflanzte sich oft auch dann fort, wenn der in zwei Theile zerschnittene Regenwurm durch einen Faden so zusammengeheftet wurde, dass zwischen beiden Theilen etwa 1 cm Faden stand.

Loeb[1]) schneidet *Thysanozoon Brocchii* (eine elliptisch geformte Seeplanarie von etwa 3 cm Länge und eben solcher Breite) in zwei Hälften, und sieht danach, wie nur das orale Stück, welches das Gehirn enthält, weiter kriecht, während die aborale Hälfte wie eine todte Masse auf den Boden fällt und dort in Ruhe verharrt. Der Versuch führt zu dem gleichen Resultate, wenn man nur das winzige Stück am vorderen Ende abträgt, welches gerade das Gehirn enthält. Legt man das hirnlose Thier auf den Rücken, so dreht es sich wieder zurück, nur etwas langsamer als das normale Thier.

Durchschneidet man nur die Längsnerven, so dass Substanzverbindungen zwischen vorn und hinten bestehen bleiben, so bewegt sich das orale Stück vom Platze, während das Hinterstück, dem Zuge folgend, in ganz coordinirter Weise an der Progressivbewegung theilnimmt. Kommt letzteres hierbei zufällig in die Rückenlage, so dreht es sich sofort in seine natürliche Lage um.

Eine einseitige Zerstörung des Gehirns führt niemals zu Kreisbewegungen.

Nach Köpfung der *Planaria torva*, einer Süsswasserplanarie, machen beide Stücke Progressivbewegungen, und zwar erfolgen die Bewegungen mit dem oralen Ende voran.

Unter den Nemertinen wurde *Cerebratulus marginatus* gewählt; Exemplare von etwa 0,5 m Länge. Nach Köpfung fährt das Kopfstück fort, sich in den Sand einzubohren, während der Rumpf nicht einmal den Versuch macht, sich im Sande zu verbergen.

Schneidet man Nereis (Annelid) in mehrere Stücke, so hat nur das orale Stück die Fähigkeit, sich in den Sand einzubohren; ebenso machte nur dieses Stück Progressivbewegungen, dagegen genügten schwache Reize, z. B. die Erschütterung des Aquariums, um auch bei dem hinteren Stücke Progressivbewegungen auszulösen. Die Rückenlage lässt sich keines dieser Stücke gefallen.

---

[1]) Beiträge zur Gehirnphysiologie der Würmer. Pflüger's Archiv, Bd. LVI, S. 247 bis 269, 1894.

Wenn man einen Blutegel in zwei Theile schneidet, so machen beide Theile Progressivbewegungen und kehren stets in die Normallage zurück, wenn man sie auf den Rücken gelegt hat. Die beiden Stücke verhalten sich aber verschieden insofern, als der vordere Theil häufig an den senkrechten Glaswänden haftend gefunden wurde, das hintere Stück heftet sich nur am Boden an.

§. 4.

Die Mollusken.

Auf Seite 759 seines Werkes schreibt Vulpian mit Bezug auf die Mollusken: „*La physiologie du système nerveux des Mollusques se réduit encore presque exclusivement à des inductions fondée sur l'anatomie.*“ In der That kenne ich keine Arbeit über diesen Gegenstand, welche über Vulpian hinausreicht, wenn nicht etwa in einer Arbeit von Bonnet aus dem Jahre 1781, welche uns nicht zugänglich war, die eine oder andere Notiz enthalten ist [1]).

Vulpian zweifelt nicht daran, dass die Mollusken Instincte, z. B. den der Ernährung, der Fortpflanzung, besitzen, einige haben sogar specielle Instincte, wie die Pholaden, welche Löcher in die Felsen bohren, um darin zu wohnen. Man schliesst aus der Analogie, dass diese Instincte im Dorsalganglion ihren Sitz haben, aber man weiss es nicht.

Vulpian hat wiederholt den Versuch gemacht (sowohl bei Limax als bei der Weinbergschnecke), das *Ganglion dorsale* zu entfernen, was ihm auch soweit gelungen ist, doch war die Restitution niemals eine solche, um eine Beobachtung anschliessen zu können. Nur einen Unterschied sah er, je nachdem er das Ober- oder Unterschlundganglion entfernt hatte: im ersten Falle lebt das Thier, aber ohne je eine Ortsbewegung gemacht zu haben, vier bis fünf Wochen; im letzteren Falle nur einen Tag. Die Ursache dieser Differenz liegt nach seiner Meinung in der Thatsache, dass im Unterschlundganglion Nerven für das vegetative Leben wurzeln, in dem anderen Ganglion nicht.

Die elektrische Reizung des Oberschlundganglions erzeugt nur sehr schwache Effecte, während die Reizung des anderen Ganglions eine sehr heftige und weit ausgebreitete Muskelthätigkeit hervorruft.

Ueber die Beziehungen des Nervensystems zu den Herz- und Athembewegungen konnte Vulpian zur Einsicht nicht kommen.

---

[1]) Ch. Bonnet, Expériences sur la régénération de la tête du Limaçon terrestre, l. c. 1781, p. 246—283.

Chéron[1]) **und Colasanti**[2]) beschäftigen sich nur mit einzelnen Theilen des Nervensystems; Versuche, die für uns hier ohne Interesse sind. Ein eingehenderes Studium widmet erst L. **Frédéricq**[3]) unserem Gegenstande, und zwar sind es Versuche an *Octopus vulgaris*, einem Thiere, das sowohl wegen seiner Intelligenz als wegen seiner Widerstandsfähigkeit gute Resultate erwarten lässt. Er beschreibt dieselben in folgender Weise: „*En ce qui concerne le système nerveux central, l'anneau oesophagien, je rappelerai que les masses sous-oesophagiennes contiennent les centres des mouvements respiratoires, et ceux des mouvements des muscles des chromatophores, enfin des centres réflexes pour les mouvements des différents muscles du corps, tandis que les masses sus-oesophagiennes sont le siège des processus psychiques et doivent être compareés aux hémisphères cérébraux des Vertébrés. Le poulpe, privé de son ganglion sus-oesophagien se comporte à peu près comme un Pigeon à qui l'on a exstirpé les hémisphères cérébraux. Il n'est nullement paralysé: la respiration, la circulation et la plupart des fonctions continuent à s'exercer normalement. Il réagit encore aux impressions du dehors, mais ses mouvements sont tous ou bien automatiques ou réflexes. C'est devenu un être complètement passif, incapable de mouvements spontanés ou volontaires, restant immobile tant qu'une impression venue du dehors ne vient l'arracher à sa torpeur.*" Die von **Frédéricq** gegebene Beschreibung ist leicht zu bestätigen: **Paul Bert**, *a signalé le même fait chez la Seiche* (Mémoire sur la Physiologie de la Seiche). Siehe die Nachträge.

Weiter beschreibt **Frédéricq** die Leistungen eines abgeschnittenen Octopodenarmes, die derselbe auf Reize Schutz- und Abwehrbewegungen macht; er identificirt dieselben den Reflexen eines geköpften Wirbelthieres, z. B. des Frosches. Die directe Reizung des Nervenstammes dieses Armes ruft in gleicher Weise Bewegungen der Saugnäpfe, wie der Muskeln und Ausdehnung der Chromatophoren hervor.

Bei seinen zahlreichen Giftversuchen an Wirbellosen fiel **Krukenberg**[4]) besonders die pendelartige Bewegung des Fusses der *Carinaria mediterranea* auf, einer sehr zierlichen, der Cymbulia ähnlichen Molluske aus der Gruppe der Heteropoden: der in eine Flosse umgebildete Fuss macht 30 bis 36 Pendulationen, wie **Krukenberg** sich

---

[1]) J. **Chéron**, Des nerfs corrélatif dit antagonistes et du noeud vital dans un groupe d'invertébrés. Compt. rend., T. LXVI, p. 1163—1167, 1868.

[2]) G. **Colasanti**, Anatom. u. physiolog. Untersuchungen über den Arm der Cephalopoden. Archiv f. Anatomie u. Physiologie 1876, S. 480 bis 500.

[3]) L. **Frédéricq**, Recherches sur la Physiologie du Poulpe commun. (*Octop. vulgaris*). Archives de Lacaze-Duthiers, T. VII, p. 535—583, 1878.

[4]) C. Fr. W. **Krukenberg**, Vergl. physiologische Studien, 3. Abtheilung, S. 177 bis 181, 1880.

ausdrückt, in der Minute. Dieselben hörten sofort auf, wenn er den Basalansatz der Flosse abschnitt; jene Stelle, wo das Pedalganglion liegt. Wie wir später sehen werden, ist die Beobachtung ganz richtig.

L. Petit[1]) verletzt bei einer Schnecke das Unterschlundganglion und sieht, wenn die Wunde nach drei bis vier Wochen verheilt war, das Thier viel langsamer als ein normales kriechen und dabei Manègebewegung von der gesunden gegen die verletzte Seite machen. Nach Durchschneidung der Verbindung zwischen dem Kopf- und Fussganglion, sowie nach Durchtrennung der Commissur zwischen den Kopfganglien machen die Thiere ebenfalls Manègebewegungen (diese letzteren Versuche sind gewiss nicht richtig).

Yung's[2]) Monographie der Schnecke enthält keine definitiven Resultate über die Rolle, welche das Oberschlundganglion bei den Bewegungen spielt; er scheiterte trotz vieler Bemühungen an den technischen Schwierigkeiten.

§. 5.

Die Echinodermen.

Wie ich aus den Schriften von Krukenberg ersehe, reicht die erste Beobachtung an Seesternen in das vorige Jahrhundert zurück: Bernard de Jussieu und Guettard[3]) sahen, dass bei mehreren Asteriden ein abgelöster Arm im Stande ist, die ganze Mittelscheibe nebst den vier übrigen Armen zu reproduciren.

Im Jahre 1811 machte Fr. Tiedemann am Adriatischen Meere Versuche an dem pomeranzenfarbenen Seesterne (*Asterias aurantiaca* L.) und stellte fest[4]), dass Berührung des extendirten Saugfüsschens eine Retraction desselben hervorruft.

Die Beobachtungen von Jussieu und Guettard wurden über 100 Jahre später von Dujardin und Hupe bestätigt[5]).

Um dieselbe Zeit hatte auch Vulpian[6]) für die Seesterne gefunden, dass sie ganz wie die Vertebraten und andere Evertebraten

---

[1]) L. Petit, Snr les mouvements de rotation provoqués par la lésion des ganglions sous-oesophagiens chez l'escargot. Compt. rend., T. CVI, p. 1809, 1888.

[2]) E. Yung, Contributions à l'histoire physiologique de l'escargot (*Helix pomatia*). Bruxelles 1887.

[3]) Vergl. Réaumur, Histoire naturelle des Insectes, T. VI, p. 61, 1742.

[4]) Fr. Tiedemann, Beobachtungen über das Nervensystem und die sensiblen Erscheinungen der Seesterne, Deutsches Archiv f. Physiologie, Bd. I, S. 161 bis 175, 1815.

[5]) Dujardin et Hupe, Histoire naturelle des Zoophytes èchinodermes 1862, p. 20.

[6]) Vulpian, Compt. rend. de la Société de Biologie de Paris, 1861 u. 1862.

das Bestreben haben und ausführen, sich in ihre natürliche Bauchlage zurückzuwenden, wenn man sie in die ihnen fremde Rückenlage gebracht hat. Der Vorgang ist von ihren zahlreichen Augen unabhängig, da man dieselben zerstören kann, ohne jene Erscheinung aufzuheben. Vielmehr handelt es sich hierbei um einen inneren Mechanismus des Nervensystems. In ähnlicher Weise dreht sich ein isolirter Arm des Seesternes wieder um, vorausgesetzt, dass man den isolirenden Schnitt beiderseits schräg bis zur Mundöffnung verlaufen lässt; wird der Arm aber einfach quer an seiner Basis abgeschnitten, so führt derselbe ungeordnete Bewegungen aus, dreht sich wohl um, vermag indess seine Normalstellung nicht zu behaupten und fällt auch wieder auf den Rücken. Isolirt man den einen Strahl so, dass die beiden schrägen Schnitte nur die Hälfte der Scheibe durchsetzen, so kehrt sich der ganze Seestern wohl um, aber mit viel Mühe, da der isolirte Arm aus der harmonischen Thätigkeit ausgeschieden ist und durch seine isolirten Bemühungen die Harmonie der anderen Arme stört. Werden mehrere Einschnitte in die Scheibe gemacht und so mehrere Arme von einander getrennt, so erfolgt in Folge der Disharmonie die Umdrehung in die Normallage überhaupt nicht mehr, also aus mechanischen Gründen.

Unabhängig von Vulpian hatte ich dieses Bestreben des Seesternes, seine Normallage wieder einzunehmen, selbständig aufgefunden und festgestellt, dass dasselbe nach Injection von genügenden Dosen Curare aufgehoben wird [1]).

Diese Beobachtungen werden in dem grossen, nun schon mehrfach genannten Werke von Vulpian im Jahre 1866 wiederholt.

Zehn Jahre später veröffentlicht L. Frédéricq Versuche an Echiniden, die ich aus dem oben angegebenen Grunde später ausführlicher wiedergeben werde.

Romanes und Ewert machen einige Jahre darauf Mittheilungen über Versuche an Seesternen [2]), die ich erst durch die Publication von Preyer kennen gelernt habe; ihr Inhalt deckt sich grossentheils gegenseitig.

Krukenberg, welcher das Jahr darauf Vulpian's Versuche an Seesternen wiederholt, bedauert zunächst, dass Jener seine Seesternenart nicht namhaft angeführt hat, weil, wie er findet, die Seesterne der verschiedenen Arten sich mit Bezug auf ihre isolirten Arme verschieden verhalten.

---

[1]) J. Steiner, Ueber die Wirkung des amerikanischen Pfeilgiftes Curare. Archiv f. Anatomie u. Physiologie 1875, S. 168.

[2]) G. J. Romanes and J. C. Ewert, Observations on the locomotor system of Echinodermata. Proceed. Roy. Soc., T. XXXII, p. 1—11, 1881.

Krukenberg[1]) giebt an, dass, wenn man einen *Asterocanthion glacialis* in eine für seinen Bestand unzureichende Wassermenge bringt, derselbe nach wenigen Stunden oder auch wohl erst nach Tagen in der Weise zerfällt, dass die isolirten Arme Theile der Mittelscheibe behalten, die bis zur Mundöffnung reichen, genau wie in dem ersten Schnittversuche von Vulpian. Die einzelnen Arme bewegen sich Tage lang, klammern sich fest und finden ihre Normallage wieder, wenn man sie aus derselben entfernt hat. Dasselbe thut (im Gegensatze zu Vulpian) der glatt an der Basis abgeschnittene Arm von *Asterocanthion glacialis*.

Ganz anders sollen sich aber die einzelnen losgelösten Arme von *Asteropecten aurantiacus*, *pentacanthus* und *bispinosus* verhalten, die Krukenberg in ihre Normallage nicht zurückkehren sah, mochten sie auf die eine oder andere Weise abgeschnitten worden sein.

Wieder anders gestaltet sich der Versuch bei den Schlangensternen *in specie* bei *Ophioderma longicauda*: Wird der eine Arm mit dem Basalstück amputirt, so weiss derselbe seine Normallage zu finden und festzuhalten; erfolgt die Amputation ohne das Basalstück, so macht der Arm nur wenige Krümmungen, um bald darauf gegen alle Reize unempfindlich zu sein.

Eine sehr eingehende Untersuchung über die Seesterne hat W. Preyer im Winter 1885/86 in Neapel angestellt, aus der ich eine Anzahl von Versuchen in dankenswerther Weise im Frühjahr 1886 habe mit ansehen können. Ihre Darstellung soll der meinigen im experimentellen Theile als Grundlage dienen.

§. 6.

Die Cölenteraten.

Die ersten zielbewussten Versuche bei den Cölenteraten scheinen von Th. Eimer gemacht worden zu sein.

Hieran reihen sich die Arbeiten von Romanes über denselben Gegenstand.

Hierauf folgen die Gebr. Hertwig mit ihrer grossen Monographie über die Medusen, die zunächst zwar morphologischen Inhaltes sein sollte, indess so sehr der Physiologie zur Basis dient und mit ihr verschmolzen ist, dass wir sie hier selbst unserer späteren Darstellung zu Grunde gelegt haben.

Diese drei Arbeiten werden in dem experimentellen Theile zur Darstellung kommen, während hier zunächst über eine Arbeit berichtet werden soll, die Krukenberg an *Beroë ovatus* gemacht hat[2]).

---

[1]) Vergl. physiologische Studien. Zweite Reihe 1882, S. 76 bis 82.

[2]) Der Schlag der Schwingplättchen bei *Beroë ovatus*. Vergl. physiologische Studien etc. Dritte Abtheilung, S. 1 bis 23. Heidelberg 1880.

Zur Erläuterung bemerke ich, dass dieses Thier entlang seiner Eiform eine grössere Anzahl von Rippen, Kämmen oder Radien besitzt, welche vom oralen zum aboralen Pole verlaufen und welche von schwingenden Plättchen (Schwing-, Ruder-, Flimmer-, Kammplättchen) besetzt sind, denen die Ortsbewegung anvertraut ist. Man unterscheidet weiter den Mund (oralen Pol) und den After (aboralen Pol). Wenn man die eiförmige *Beroë* in quere Scheiben zerlegt, so stehen die Schwingplättchen zunächst still, um ihr rhythmisches Spiel nach Secunden oder Minuten wieder zu beginnen bei derjenigen Scheibe, welche mit dem Afterpole in Verbindung geblieben ist. Die Plättchen an den anderen Scheiben gerathen erst sehr viel später in Bewegung, welche häufig sehr ungeregelt ist; an anderen Rippen beginnt das Spiel noch später oder bleibt auch ganz aus.

Krukenberg schliesst daraus, dass an dem Afterpole nervöse Centren liegen, welche einen Einfluss auf die Bewegungen der Ruderplättchen ausüben, wie ihn kein anderes Element im Beroëkörper besitzt. Weiterhin muss aber angenommen werden, dass auch die Rippentheile selbst eine gewisse nervöse Selbständigkeit besitzen, welche sie befähigt, die Schwingplättchen in Bewegung zu erhalten selbst ohne das Centrum am Afterpole.

Die sich anschliessenden Giftversuche an *Beroë* gehören nicht hierher.

Endlich sei noch der interessanten Untersuchung von M. Nussbaum an *Hydra* (Süsswasserpolypen) gedacht[1]). Einer eingehenden anatomischen Beschreibung folgen Versuche über die Regenerationsfähigkeit zerschnittener Polypen: Wenn man den Leib des Polypen in Querstücke oder in Längsstücke zerlegt, so pflegen sich die Theilstücke sämmtlich wieder zu ganzen Polypen zu regeneriren (*Hydra grisea*). Hingegen finden an Tentakelstücken solche Regenerationen nicht statt.

Bei Wiederholung des berühmten Trembley'schen Versuches der Umstülpung eines ganzen Polypen, wodurch die Lebensthätigkeit nicht beeinträchtigt wird, findet Nussbaum, dass der Versuch zwar gelingt, dass aber von einem Uebergange des Entoderm in Ectoderm und umgekehrt, wie Trembley gemeint hat, nicht die Rede sein könne, sondern dass nur eine Umlagerung der Theile eintrete: Entoderm und Ectoderm sind anatomisch und physiologisch definitiv von einander differenzirt.

---

[1]) M. Nussbaum, Ueber die Theilbarkeit der lebendigen Materie. II. Mittheilung: Beiträge zur Naturgeschichte des Genus *Hydra*. Archiv f. mikroskopische Anatomie, Bd. XXIX, S. 317, 1887.

Zweite Abtheilung.

Experimenteller Theil.

Erstes Capitel.

Die Crustaceen.

Unter den Crustaceen ist unserem Versuche am bequemsten zugänglich der Flusskrebs (*Astacus fluviatilis*), den wir deshalb als Typus der Gruppe (*Macrura*) aufstellen und zum Object unseres besonderen Studiums gemacht haben. Dazu kommen Versuche an den sogenannten Taschenkrebsen oder Krabben (*Brachyura*), unter denen mir in Neapel die Bogenkrabbe (*Carcinus maenas*) und die Dreieckskrabbe (*Maja verrucosa*) am häufigsten zu Gebote standen. Wie wir später sehen werden, sind diese letzteren Krebse für unsere theoretischen Folgerungen von weit höherem Interesse, als es die Morphologie wissen konnte. Von niederen Krebsen wurden die Isopoden untersucht.

Da das Centralnervensystem aller Arthropoden im Wesentlichen gleich gebaut ist, so wollen wir zunächst dasselbe allgemein schildern.

§. 1.

Anatomie des Centralnervensystems der Gliederthiere[1]).

Um Wiederholungen zu vermeiden, geben wir gleich die Beschreibung des Centralnervensystems der Arthropoden, welches im Wesentlichen den gleichen Bau hat.

Das Centralnervensystem der Arthropoden, zu denen die Crustaceen, die Arachnoiden, die Myriopoden und die Hexapoden (Insecten) gezählt werden, besteht aus dem Cerebralganglion, welches am Vorderende dorsal auf dem Oesophagus liegt, und der Bauchganglienkette, welche unter dem Speisecanal, also ventral gelegen ist. Das Cerebralganglion ist mit der Bauchganglienkette durch Commissuren verbunden, welche, den Oesophagus seitlich umfassend, in das erste

---

[1]) Leçons s. la physiologie et l'anatomie comparée de l'homme et des animaux par H. Milne-Edwards, T. XI, p. 169, 1874.

Ganglion der Bauchkette eintreten, welch letzteres entsprechend seiner Lage auch das Unterschlundganglion (auch infra- oder subösophageale Ganglion) heisst. Cerebralganglion, auch Oberschlundganglion (auch

Fig. 1.

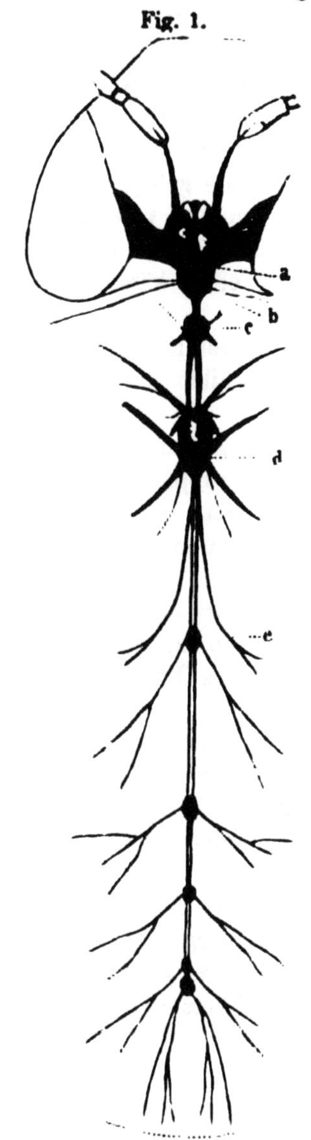

Nervensystem der Honigbiene (*Apis mellifica*).

a Dorsalganglion, *b* Unterschlundganglion, *c*, *d*, *e* u. flge. weitere Bauchganglien.

Fig. 2.

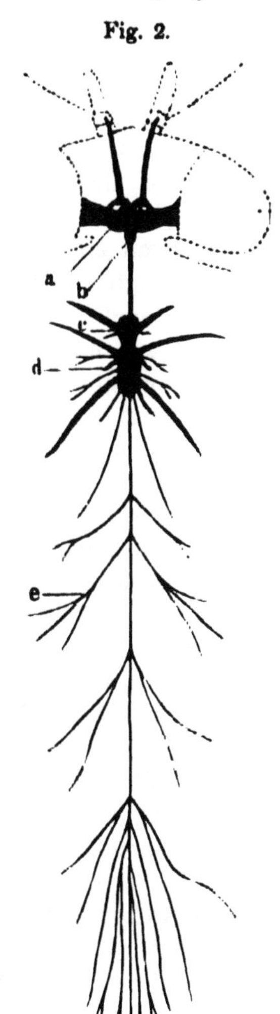

Nervensystem der Stubenfliege (*Musca vomitoria*).

a Dorsalganglion, *b* Unterschlundganglion, *c*, *d* Ganglien des Bauchstranges.

Supraösophagealganglion) genannt, die beiderseitigen Commissuren und das Unterschlundganglion schliessen einen Kreis, welcher der

Schlundring genannt wird. Die Commissuren des Schlundringes sind am kürzesten, wenn die beiden Ganglien desselben genau senkrecht über einander liegen, was nur selten der Fall ist; sie sind um so länger, je weiter das untere Ganglion von dem oberen ab und nach hinten rückt. Man bezeichnet sie auch als Dorsoventralcommissuren.

Die Bauchganglienkette ist in den primitiven Formen so angeordnet, dass jedem Segmente des Rumpfes (Thorax und Abdomen) ein Ganglienpaar zukommt, welches, in der Mittellinie gelegen, durch sehr kurze Quercommissuren mit einander verbunden wird oder völlig mit einander zu einem Ganglion verschmilzt. Die hinter einander gelegenen Ganglien stehen durch längere oder kürzere Längscommissuren mit einander in Verbindung

Wie die Ganglien des Schlundringes die Gebilde des Kopfes, so versorgen die Ganglien der Bauchkette die Gebilde der übrigen Segmente sensibel und motorisch.

Diese ursprüngliche Disposition in der Zusammensetzung der Bauchganglienkette erfährt in den einzelnen Gruppen Veränderungen durch vielfache Concentration oder Verschmelzung in der Anzahl der Ganglien, welche im äussersten Falle sogar zu einem einzigen, dem Brustganglion, verschmelzen können.

Als Beispiel präsentiren wir dem Leser das Nervensystem der Honigbiene mit zahlreichen, und jenes der Stubenfliege mit wenigen Bauchganglien (s. Fig. 1 u. 2), sowie die Bauchkette des Taschenkrebses mit einem Ganglion (s. Fig. 5).

Es ist ein durchgreifender Unterschied zwischen dem Centralnervensysteme der Wirbelthiere und jenem der Wirbellosen, zunächst der Arthropoden, dass letzteres (mit Ausnahme des Cerebralganglions) auf der Bauchseite des Körpers gelegen ist, woher auch die Bezeichnung „Bauchganglienkette“ rührt.

Der Vollständigkeit wegen sei bemerkt, dass neben diesem, dem cerebrospinalen Nervensysteme der Wirbelthiere vergleichbaren Systeme, den höher entwickelten Arthropoden ein besonderes Eingeweidenervensystem zukommt, von dem wir indess in der Folge nicht mehr reden werden, da es für uns kein Interesse hat.

§. 2.

Nervensystem des Krebses[1]) und der Krabbe[2]).

In Fig. 3 ist der Flusskrebs in natürlicher Grösse abgebildet; in Fig. 4 sein Nervensystem. Das Cerebralganglion *cbg* liegt im Kopfe;

[1]) T. H. Huxley, Der Krebs. Leipzig 1882.

[2]) Andouin et H. Milne-Edwards, Ann. des scienc. natur., 1 Série, 1828.

von ihm entspringen 1) der Sehnerv, 2) der Nerv für den Muskel des Augenstiels, 3) der Nerv zu den inneren Antennen resp. dem Gehör- und dem Geruchsorgane, 4) der Nerv der äusseren Antennen und 5) der Nerv, welcher sich in dem Integument des Kopfes verbreitet.

Fig. 3.

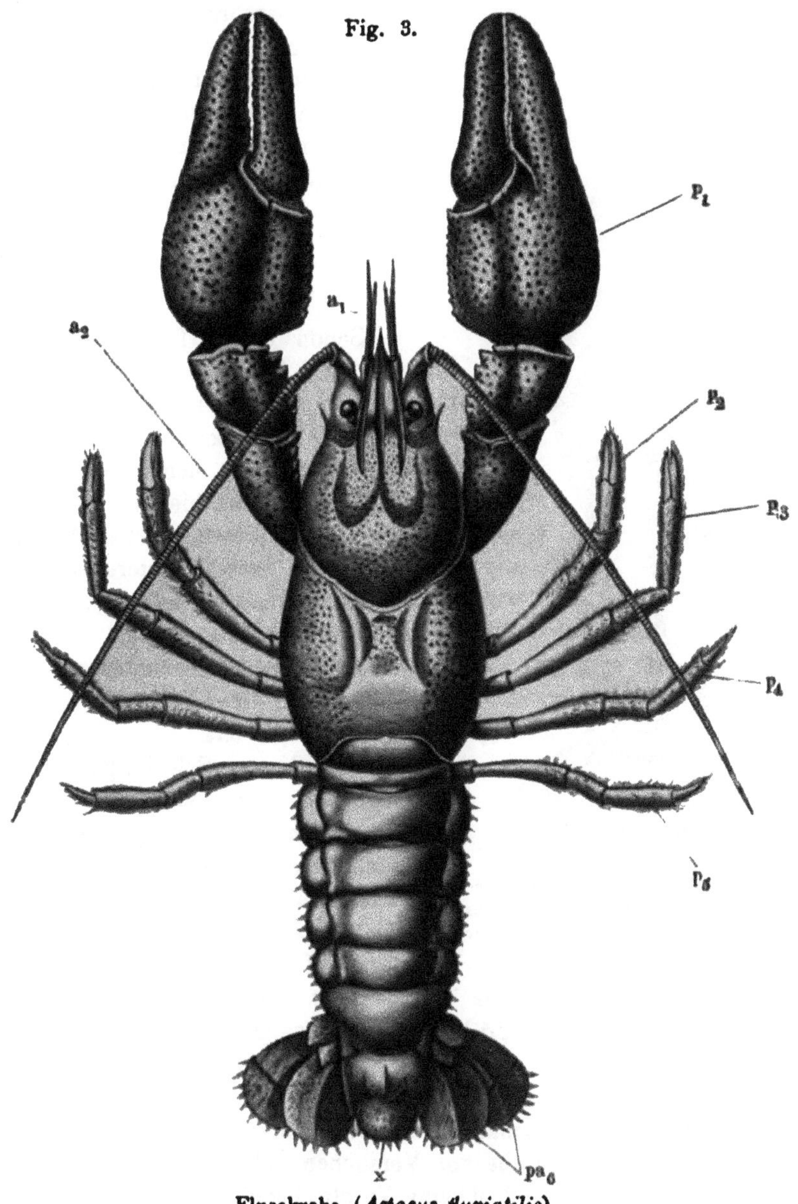

Flusskrebs (*Astacus fluviatilis*).
a_1 innere, a_2 äussere Antenne, $p_1 \ldots p_5$ die fünf Brustbeine, pa_6 letztes Hinterleibsbein mit dem Aftersegment die Schwanzflosse bildend.

Das untere Schlundganglion bg_1, welches Nerven zu den Mundorganen abgiebt, ist etwas nach hinten gerückt und schliesst sich unmittelbar der aus 11 Ganglien zusammengesetzten Bauchkette an.

Fig. 4.

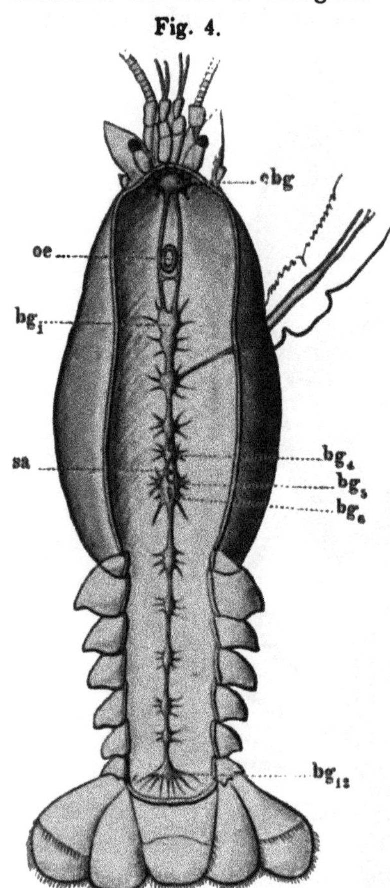

Nervensystem des Flusskrebses.
cbg Gehirnganglion, *oe* Oesophagus, $bg_1 \ldots bg_{12}$ Ganglion der Bauchkette, *sa* Sternalarterie.

Bei dem Taschenkrebse ist die Lage des Cerebralganglions dieselbe, wie beim Flusskrebse, aber die Reihe sämmtlicher übrigen Ganglien ist zu einem einzigen Ganglion, dem Brustganglion, vereinigt, wie die Fig. 5 (S. 42) zeigt.

§. 3.

Die Versuche.

Schon einige frühere Autoren, wie V. Lémoine, E. Yung und Ward, machen auf die Schwierigkeiten aufmerksam, welche die Operationen an den Krebsen dem Experimentator bieten: Wo man den Panzer öffnet, fliesst Blut, häufig so stark, dass die Thiere sich verbluten. Dazu kommt, dass dieses Blut wasserklar ist und man oft während des Experimentes gar keine Uebersicht über die Grösse des Blutverlustes hat.

Um diesen Schwierigkeiten zu begegnen, sind mancherlei Wege angegeben worden, aber die Thiere pflegten die Operationen nur kurze Zeit zu überleben, so dass sie dem Beobachter ein mangelhaftes Bild des Ausfalles an Functionen boten. Dadurch ist naturgemäss der Werth jener Versuche erheblich beeinträchtigt worden. Nur Ward hat seine Thiere genügende Zeit (Wochen und Monate) am Leben erhalten, doch zerstörte er die Nerventheile, ohne sie zu sehen, von aussen her. Diese Methode ist nach meinen Erfahrungen nicht zweckmässig, weil man niemals sicher weiss, was man zerstört hat; eine Reihe von Versuchen neben einander stellt, die nicht vergleichbar sind und etwaige Vergleichsmöglichkeiten erst durch die nachfolgende Necropsie bekommt.

Ich halte es durchaus für nöthig, dass man während des Operirens genau sieht, was man thut, resp. genau den Theil verletzt oder abträgt, den man eben treffen will.

Und wie bei den Wirbelthieren, müssen wir im Allgemeinen auch für die Wirbellosen verlangen, dass die operirten Thiere möglichst lange am Leben erhalten werden, wodurch allein eine Gewähr dafür geboten ist, dass alle wirklichen Ausfallerscheinungen zur Beobachtung kommen, während die Functionen sich wieder herstellen, die nur als mittelbare Folge der Operation ausgefallen waren. So selbstverständlich eine solche Voraussetzung ist, so kann doch nicht eindringlich genug darauf hingewiesen werden.

Dieses Ziel kann bei den Krebsen so gut erreicht werden, wie wir es bei den Wirbelthieren erreicht haben, wenn man den folgenden Weg einschlägt. Um das Oberschlundganglion des Krebses abzutragen, bindet man zunächst mit einfachem Faden die Scheerenarme zusammen, um sie unschädlich zu machen. Darauf wickelt man den ganzen Krebs in ein leinenes Tuch und lässt nur den Kopf frei, damit man während der Thätigkeit nicht durch die Bewegungen der Extremitäten und des Schwanzes belästigt wird. Mit einer festen Pincette hebt man die beiden inneren Antennen an ihrer Wurzel aus der Vertiefung des Panzers, in welche sie eingefügt sind. Eine kleine Knochenzange dient dazu, um die eine Grube zu durchbrechen und nunmehr das Panzerstück, welches zwischen den beiden Gruben liegt, herauszuheben. Das ausfliessende Blut tupft man mit kleinen Schwämmchen auf und späht scharf nach dem Ganglion, das an seiner weisslichgrauen Farbe erkennbar durch Schnitte einer kleinen Scheere aus seiner Umgebung herausgehoben und entfernt werden kann. Hierbei sieht man lebhafte Bewegungen der Augen und äusseren Antennen, während man zugleich heftige Bewegungen der Extremitäten und des Schwanzes fühlt. Nachdem man so weit gekommen ist, implantirt man das herausgehobene Panzerstückchen wieder an seine Stelle und tropft auf die Wunde warme Gelatine, deren Festwerden man noch kurze Zeit abwartet.

Auf diese Weise ist die Wunde vollkommen verschlossen und man bringt den Krebs nunmehr in seinen Wasserbehälter zurück, ohne ihn vorläufig schon zu prüfen. Man wartet am besten bis zum nächsten Tage, obgleich man auch schon nach einer Stunde seine Neugierde befriedigen kann, ohne den Operirten zu schädigen.

Ich halte es für wesentlich, dass man die Krebse in kühlem Wasser hat und dieses in Circulation erhält, was auf verschiedene Weise zum Theil mit sehr einfachen Mitteln geschehen kann.

So operirte Krebse habe ich sechs Wochen lang beobachtet, worauf die Beobachtung abgebrochen wurde, da die Erscheinungen schon seit Wochen ganz stabil geblieben waren. Diese Krebse noch viel längere Zeit am Leben zu erhalten, hat gar keine Schwierigkeiten.

Bei einiger Uebung hat man bei dieser Operation nur sehr wenige Verluste.

Hat man auf diese Weise das Dorsalganglion entfernt, so zeigt sich, dass nunmehr die äusseren Antennen (jedenfalls auch die inneren, die aber während der Operation entfernt werden mussten) und die Augenstiele gelähmt sind. Die wesentlichste Erscheinung ist aber folgende: Die Locomotion ist definitiv vernichtet, obgleich sämmtliche Extremitäten ungelähmt sind. Die letzteren, insbesondere die vier Gehfusspaare, sind sogar in fortwährender Bewegung begriffen, und auch das vorderste Extremitätenpaar, die Scheeren, machen Bewegungen, aber alle Bewegung geschieht ohne Coordination und eine Ortsbewegung erfolgt in keinem Falle.

Hierbei ist zu bemerken, dass der Krebs, wie alle seine nächsten Verwandten (Hummer u. s. w.), eine doppelte Form der Ortsbewegung zeigt, nämlich die Kriech- und die Schwimmbewegung. Die erstere ist eine einfache Locomotion mit Hülfe der vier Gehfusspaare, die als Hebel durch abwechselnde Verwendung in coordinirter Thätigkeit den Körper nach vorwärts schieben. Die Scheeren und der Schwanz sind bei dieser Form der Ortsbewegung nicht nennenswerth betheiligt. Die Schwimmbewegung geschieht im Gegentheil durch ausschliessliche Benutzung des Schwanzes, der kräftige rhythmische Contractionen macht, wodurch der Körper des Thieres in Stössen nach rückwärts geschleudert wird. Obgleich die Extremitäten hierbei mechanisch unbetheiligt zu sein scheinen, so sieht man doch, worauf für gewöhnlich gar nicht geachtet wird, wie die Extremitäten bei den Schwimmbewegungen sämmtlich flach und parallel nach vorn an den Leib gelegt werden, um sich von demselben wieder abzuheben, sobald die Schwimmbewegung aufgehört hat. Am deutlichsten sieht man diese neue Lage der Extremitäten an dem längsten, dem ersten Extremitätenpaare, den Scheeren. Auf diese Weise bekommt der ganze Krebs die Form eines Pfeiles, und die Erscheinung erfüllt zweifellos den mechanischen Effect, den Widerstand, den das Wasser der Bewegung bietet, möglichst zu verkleinern.

Man ersieht hieraus, dass die Schwimmbewegung des Krebses eine coordinirte Thätigkeit des Schwanzes und der Extremitäten verlangt, die ihrerseits wieder auf einen complicirten inneren Mechanismus hinweist.

Ist das dorsale Schlundganglion abgetragen, so ist auch diese zweite Form der Ortsbewegung, die Schwimmbewegung, definitiv vernichtet. Reizt man den Schwanz mechanisch, durch Druck zum Beispiel, namentlich wenn man den Reiz auf der Bauchseite anbringt, so kommt es zu einer einmaligen langsamen Krümmung desselben, die allmälig wieder nachlässt, aber niemals zu wiederholten rhythmischen Contractionen, wie beim normalen Krebse, wo sie die Vorbedingung für die Schwimmbewegung bilden. Obgleich der Schwanz also nicht gelähmt ist, so erzeugt doch eine Reizung desselben jetzt einen anderen Effect, als bei Anwesenheit des Dorsalganglions.

Dass die Extremitäten nicht gelähmt sind, ist oben schon bemerkt worden. Wie wenig davon die Rede sein kann, sieht man am besten an den Scheeren, wenn man irgend einen festen Gegenstand zwischen ihre Arme klemmt; derselbe wird in gleicher Weise festgehalten, wie vor der Operation, und ich würde der Scheere des Operirten meinen Finger so wenig anvertrauen, wie dem normalen Thiere.

Ebenso unversehrt ist der ganze Kiefer- und Kiemenapparat, welche beide man vielfach in Thätigkeit sieht, auch ohne dass man sie reizt.

Es ist unter diesen Umständen wohl selbstverständlich, dass die mechanische Reizung irgend eines rückwärts vom Kopfe gelegenen Punktes der Körperoberfläche mit lebhafter Bewegung der Körperanhänge (Extremitäten) beantwortet wird, mit Ausnahme der gelähmten Kopfanhänge. Bemerkenswerth ist hierbei die öfter beobachtete ausserordentlich hohe Erregbarkeit des Schwanzes, der sich auf leichte Berührungen schon krümmt.

Bevor wir in der Schilderung fortschreiten, muss ich auf eine mögliche Fehlerquelle der Beobachtung aufmerksam machen.

Wie schon eben bemerkt, werden die Beine unseres operirten Krebses vielfach regellos hin und her bewegt. Hierbei kann es vorkommen, dass einmal die sämmtlichen Beine der einen Seite zugleich in ihren Gelenken gestreckt werden, wodurch die betreffende Seite hoch erhoben und der ganze Krebs eventuell nach der Seite, also vom Platze gehebelt werden kann. Oefter auch kippt er auf den Rücken um und bleibt in dieser Lage hülflos liegen. Man begreift, dass unerfahrene Beobachtung glauben könnte, vor einer Locomotion zu stehen, während dieselbe nach jener Operation für immer vernichtet ist.

Legt man den Krebs auf den Rücken, so sieht man die Extremitäten in lebhafter Bewegung, welche durch Berührung resp. Reizung noch verstärkt wird, aber in die Normallage, die Bauchlage, zurückzukehren, ist unser Krebs nicht im Stande.

Wenn ich meinen unversehrten Krebsen feine Streifen von Schinken in ihren Behälter warf, so konnte ich direct beobachten, wie sie auf dieselben zugingen, davon einen Streifen mit dem vorderen Gehfusse fassten und nach der Mundöffnung stopften, wo sofort eine lebhafte Thätigkeit des Kieferapparates begann, die allmälig den Schinkenstreifen nach der Magenhöhle hin verschwinden machte. Da der operirte Krebs den Schinkenstreifen nicht holen kann, so legte ich denselben un-

Fig. 5.

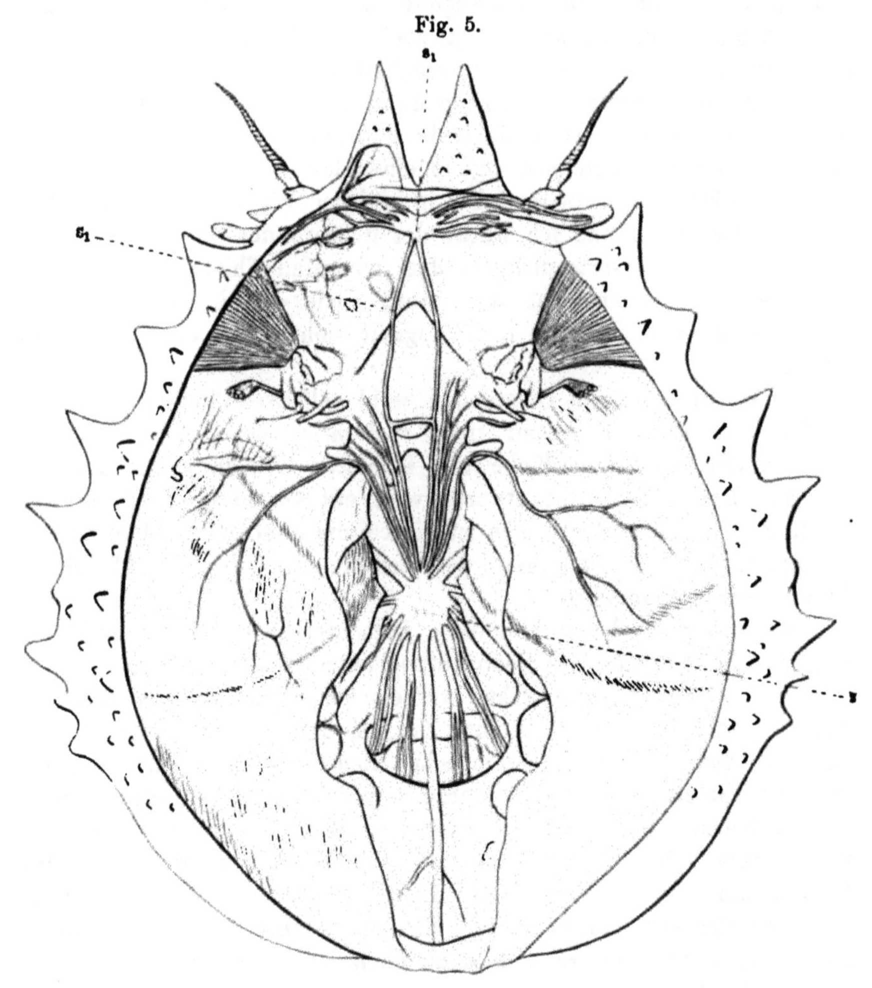

Nervensystem des Taschenkrebses (*Maja verrucosa*).
sp Cerebralganglion, *s* Brustganglion, s_1 Dorsoventralcommissur.

mittelbar unter die Mundöffnung, wo er in der Regel liegen blieb. Ich habe niemals gesehen, dass ein solcher Streifen regelrecht erfasst und zum Munde geführt wurde. Man macht diesen ganzen Versuch auch besser in folgender Weise: Der Krebs wird auf dem Tische auf den Rücken gelegt und mit einer Pincette bringt man den Schinkenstreifen zwischen die Kieferfüsse; sogleich beginnt eine lebhafte Thätigkeit des ganzen Kieferapparates, und selbst das vorderste Gehfusspaar betheiligt sich hierbei, indem es den Streifen mit mehr oder weniger Geschick nachzuschieben sucht. Nach kurzer Zeit aber gelangt der Streifen wieder nach oben und fällt aus den Kiefern heraus — ausnahmslos, d. h. der Greif- und Kauapparat tritt jedesmal, wenn er durch eingeführte Stückchen angeregt wird, in Thätigkeit, aber eine wirkliche Weiterbeförderung nach dem Magen, also eine Ernährung ist auf diese Weise unmöglich. Soll der Schinkenstreifen dem Thiere wirklich zu Gute kommen, so muss derselbe mit der Pincette durch die Kiefer hindurch in die Tiefe versenkt werden, von wo er nicht mehr wiederkehrt.

Die Beobachtungen erstreckten sich über sechs Wochen.

Beim Taschenkrebse (*Carcinus maenas, Maja verrucosa*, s. Fig. 5), wo die Abtragung des Dorsalganglions genau in der nämlichen Weise ausgeführt wird, wie beim Flusskrebse, sind die Folgen die gleichen: Die Locomotion ist definitiv aufgehoben, die Extremitäten sind sämmtlich in lebhafter Bewegung begriffen, also ungelähmt. Mechanische Reizung der Extremitäten vermehrt ihre Bewegungen, die sich aber niemals mehr zu einer Locomotion coordiniren. Auf den Rücken gelegt sind sie nicht im Stande, die Bauchlage wieder einzunehmen, obgleich die Extremitäten sich lebhaft bewegen.

So operirte Thiere sind zwei bis drei Wochen beobachtet worden, ohne dass die beschriebenen Erscheinungen sich verändert hätten.

Die Durchschneidung der beiden Dorsoventralcommissuren musste für den Krebs und die Krabbe natürlich dieselben Folgen haben, wie die Abtragung des Dorsalganglions selbst, nur mit dem einen Unterschiede, dass die Augen und die Antennen ungelähmt waren und sich zeitweise bewegten, aber niemals auf Reizung des Leibes, d. h. aller der Körpertheile, welche unterhalb des Dorsalganglions liegen — wie ja selbstverständlich ist, da die Verbindung zwischen dem Kopfe und dem Rumpfe unterbrochen ist.

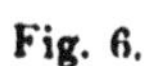

Mauerassel (*Oniscus murarius*).

Für die Durchschneidung der Commissuren ist die Methode des Operirens genau die gleiche, wie für die Abtragung des Ganglions, nur hat man die Wunde im Thorax etwas nach unten zu erweitern und genau zu beobachten, wo die Commissuren das Dorsalganglion verlassen, weil man sie nur auf diese Weise mit Sicherheit auffinden kann, da sie sich, selbst grau, von ihrer grauen Umgebung nicht hinreichend abheben.

Sehr überraschend ist das Resultat der Abtragung des Dorsalganglions bei den Isopoden.

Zur Untersuchung kamen die gewöhnlichen Mauerasseln (*Oniscus murarius*), wie eine solche in der Fig. 6 (a. v. S.) dargestellt ist. Die Abtragung des Dorsalganglions geschieht in der einfachsten und zweckmässigsten Weise so, dass man den Kopf abträgt: Ein so geköpftes Thier setzt, im Gegensatz zu den oben geschilderten Krebsen, seine Ortsbewegung fort, wie im normalen Zustande.

§. 4.

Analyse der Versuche.

Da, wie die Versuche gezeigt haben, nach Abtragung des dorsalen Schlundganglions jedwede Locomotion (sowohl Kriech- wie Schwimmbewegung) definitiv aufgehoben ist, so folgt daraus unmittelbar, dass in jenem Ganglion das allgemeine Bewegungscentrum für Krebse und Krabben enthalten ist. Es folgt aber weiter aus der Beobachtung der Gliedmaassen, die nicht gelähmt sind, dass dieselben ihr erstes oder primäres Centrum in den correspondirenden Ganglien der Bauchkette oder in dem Brustganglion (Krabben) haben, welches die Ganglienkette vertritt; d. h. die Verhältnisse sind demnach hier dieselben, wie bei den Wirbelthieren, wo die Skelettmuskeln ihr primäres Centrum im Rückenmarke finden. In beiden Thiergruppen werden Lähmungen der Körpermuskeln nur dann auftreten können, wenn man Rückenmark oder Elemente der Bauchkette selbst zerstört. Doch tritt bei unseren Wirbellosen dieses Verhältniss viel klarer zu Tage, wo die Träger der centralen Function, die Ganglien, deutlich von den Leitungsbahnen, den Commissuren, geschieden sind.

Die Abtragung des dorsalen Schlundganglions zerstört, indem es die Ortsbewegung aufhebt, die Beweglichkeit des Thieres als eines einheitlichen Organismus, aber es beeinträchtigt niemals die isolirte Thätigkeit der einzelnen Gliedmaassen, die zwar willkürlich nicht mehr bewegt werden können, aber auf dem Wege des einfachen Reflexes in Bewegung gerathen.

Wenn der Krebs nach Abtragung seines Cerebralganglions aus der ihm aufgezwungenen Rückenlage nicht mehr in seine natürliche Bauchlage zurückzukehren vermag, so kann ihm entweder das Gefühl für das Gleichgewicht der Lage verloren gegangen sein oder aber seine natürlichen mechanischen Mittel sind nunmehr unzureichend geworden (in Folge einer mangelhaften Coordination derselben). Dass die Empfindung für das Gleichgewicht der Lage nicht verloren gegangen ist, ersieht man daraus, dass die Bewegungen des auf den Rücken gelegten Thieres ausnahmslos und sofort sehr viel lebhafter werden; auch bemerkt man zweifellos das Bestreben zur Rückkehr in die Normallage an einzelnen Stellungen der Beine, aber die Art und Weise, wie die Bewegungen der Extremitäten geleitet werden, zeugt von einer schweren Schädigung der Coordination: Die Extremitäten bewegen sich ziellos nach allen Richtungen, während das unversehrte Thier zielbewusst sich mit seinen Extremitäten gegen die Unterlage stemmt und auf diese Weise aus der Rückenlage befreit wird.

Nebenbei möchte ich bemerken, dass die Rückkehr aus der Rücken- in die Bauchlage schon für den normalen Krebs eine schwierige Aufgabe ist, die er im Wasser sehr gern dadurch umgeht, dass er zu Schwimmbewegungen übergeht, während welcher die Rückkehr in die Bauchlage sich viel leichter vollzieht.

Abweichend von den bisher untersuchten Crustaceen verhalten sich die Isopoden insofern, als sie nach Abtragung des Dorsalganglions ihre Locomotion fortsetzen und dadurch es fraglich erscheinen lassen, ob sie im Dorsalganglion ein allgemeines Bewegungscentrum besitzen.

Wenn sich diese Gruppe thatsächlich nach Abtragung jenes Ganglions anders verhält, als die Fluss- und Taschenkrebse, so ist damit noch nicht bewiesen, dass ihnen das allgemeine Bewegungscentrum fehlt; eine Frage, die wir später durch andere Versuche zur Entscheidung bringen werden.

Was den Vorgang der Nahrungsaufnahme bei den Thieren ohne Dorsalganglion anbetrifft, so ist zunächst gewiss, dass eine spontane Nahrungsaufnahme ausgeschlossen ist. Wenn die Nahrung, welche man zwischen die Kiefer schiebt, zunächst erfasst und in der normalen Richtung vorgeschoben wird, um aber bald wieder zurückzukehren, so handelt es sich wohl um eine Störung in der Coordination der nothwendigen Bewegungen. Ob es sich hierbei um ungenügende Schluckbewegungen handelt, vermag ich nicht zu entscheiden. Erst wenn man die Nahrung über diese schwierige Stelle hinweggebracht hat, wird sie behalten.

Der Vorgang gleicht dem bei den Wirbelthieren.

Zweites Capitel.

Die Insecten.

Die Untersuchung dieser Abtheilung wird hauptsächlich ausgeführt an der Schabe (*Blatta orientalis*) und dem Goldkäfer (*Carabus auratus*), deren Abbildungen in natürlicher Grösse ich zur Orientirung für den Leser hier nebenbei habe aufnehmen lassen (Fig. 7 a, 7 b, 8), ebenso wie weiterhin das Nervensystem des letzteren.

Neben diesen Insecten wurden zur Untersuchung herangezogen der Todtenkäfer (*Blaps mortisaga*), der Rosskäfer (*Geotrupes vernalis*)

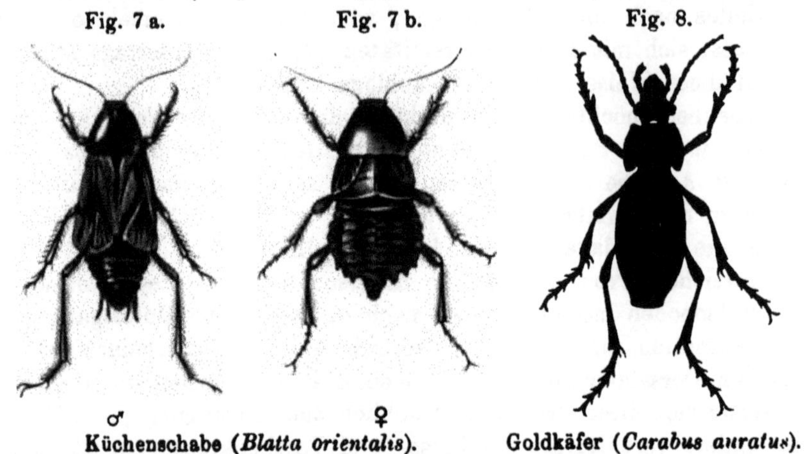

Fig. 7 a. ♂ Fig. 7 b. ♀ Küchenschabe (*Blatta orientalis*).

Fig. 8. Goldkäfer (*Carabus auratus*).

und manche andere, die mir der Zufall in den Weg führte. Von den Fliegen die Stubenfliege (*Musca domestica*), die Wespe (*Vespa vulgaris*), die Heuschrecke (*Locusta viridissima*), und von den Schmetterlingen die Weisslinge (*Pieris brassicae*) und der Schwalbenschwanz (*Papilio Machaon*).

§. 1.

Anatomische Bemerkungen.

In Fig. 9 (a. f. S.) sehen wir das Nervensystem von *Carabus*, entsprechend vergrössert, dargestellt.

Das Cerebralganglion der Insecten ist im Allgemeinen grösser und entwickelter, als bei den übrigen Articulaten, sowohl absolut als im Vergleich zu den übrigen Ganglien und zu ihrer Körpergrösse, wie wir es auch hier an dem Typus sehen können.

Von dem Dorsalganglion gehen aus der Sehnerv, der Nerv für die Antennen und Nerven für die Oberlippe. Das Unterschlundganglion ist sehr klein, liegt direct unter dem oberen und daher stets noch im Kopfe. Dasselbe versorgt die Mundorgane, wie Mandibeln u. s. w. An dasselbe schliessen sich an drei grössere Ganglien für den Pro-, Meso- und Metathorax, sowie acht oft sieben kleine Ganglien für den Hinterleib (Abdomen), bei denen eine Zusammenziehung in der Weise stattfinden kann, dass mit Ausnahme des Unterschlundganglions die ganze

Bauchkette auf wenige Ganglien zusammenschmilzt, wie bei der Stubenfliege im Allgemeinen oben bemerkt worden ist (vgl. Fig. 2).

§. 2.

Die Versuche.

Man nimmt den Käfer in die linke Hand und fixirt sicher den Kopf. Wenn man mit einem spitzen Messerchen das Stück der Chitindecke des Kopfes gerade zwischen den Augen abhebt, so trifft man auf das Hirnganglion, welches man mit einer spitzen Scheere herausschneidet oder mit glühender Nadel zerstört.

Fig. 9.

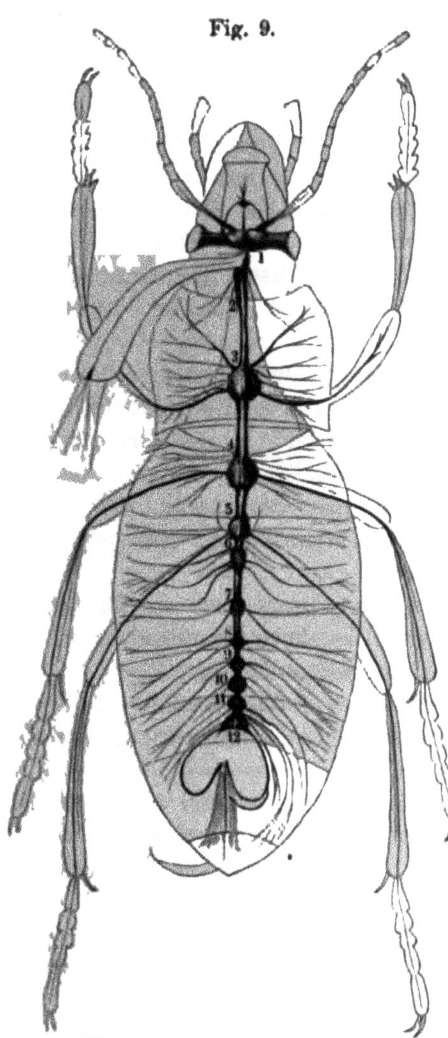

Nervensystem des Goldkäfers.
1 Cerebralganglion, 2 Unterschlundganglion, 3 . . . 12 Ganglien der Bauchkette.

Setzt man den Käfer wieder auf den Tisch, so macht er ganz regelmässige Locomotionen, wie im normalen Zustande. Dass er überall anstösst und seine Antennen nicht mehr zur Orientirung benutzt, ist nach den anatomischen Vorbemerkungen selbstverständlich. Uns interessirt vorwiegend die Thatsache vollkommen regelmässiger Ortsbewegung auch nach Abtragung des Cerebralganglions. Da es eine alte Erfahrung ist, dass Insecten ohne Kopf laufen können, das Unterschlundganglion also für die Locomotion ohne Bedeutung ist, so erscheint es mir einfacher, sich von der fortbestehenden Ortsbewegung trotz Zerstörung des Cerebralganglions in der Weise zu überzeugen, dass man den Käfer durch einen Scheerenschnitt, welchen man hinter die Augen legt, köpft. Diese

Methode sieht zwar etwas roh aus, aber worauf Alles bei einer Methode ankommt, sie ist sehr zweckentsprechend und schont die Beweglichkeit des Thieres weit mehr, als es bei dem ersten Verfahren möglich ist. Dieses Letztere ist um so gerechtfertigter, als es uns auf längere Erhaltung des Operirten gar nicht ankommt. Der geköpfte Käfer läuft ganz lebhaft, und das ist uns vollkommen genügend, da hiermit die wesentliche Frage vorläufig beantwortet ist.

Die Köpfung hindert die Stubenfliege ebenso wenig an ganz regelmässiger Ortsbewegung; auch vermag sie noch zu fliegen, aber doch nur in der Weise, dass sie z. B. von der Hand oder der Tischplatte in regelmässigem Fluge auf den Boden gelangt. Dagegen wieder den Weg zurück vom Boden auf den Tisch habe ich sie nicht machen sehen; sie erhebt sich nur sehr wenig und für kurze Zeit vom Boden. Ebenso verhält es sich mit den Schmetterlingen, von denen ich einige zwei bis drei Tage ohne Kopf lebend erhalten habe. Dieselben können ihre Beine zum Kriechen sehr gut benutzen, aber die Flügel etwas mangelhaft, ähnlich wie eben bei der Stubenfliege geschildert. Dieselben Beobachtungen wiederholen sich für die geköpfte Wespe und die Heuschrecke.

Während also überall nach Abtragung des Dorsalganglions die Locomotion mit Hülfe der Füsse tadellos erhalten ist, scheint das Flugvermögen, wenn es auch da ist, etwas reducirt zu sein. Hierbei ist indess nicht zu übersehen, dass die Verhältnisse nach der Operation für die Thiere recht ungünstige sind: man kann nicht widerlegen, dass unter günstigen allgemeinen Restitutionsbedingungen ein vollkommener Flug sich einstellen könnte.

Das Alles erscheint hier ohne Belang gegenüber der Thatsache, dass das Flugvermögen nach Abtragung des Dorsalganglions nicht vernichtet, sondern thatsächlich doch noch vorhanden ist.

Legt man einen geköpften Käfer (*Carabus auratus*) auf den Rücken, so kehrt er rasch in die normale Bauchlage zurück; dasselbe Verhalten zeigt *Blatta*.

Von anderen Insecten waren unter den Käfern noch geprüft worden *Geotrupes vernalis* (Rosskäfer) und *Blaps mortisaga* (Todtenkäfer), welche nach Abtragung des Kopfes regelmässig ihre Spaziergänge fortsetzen.

Es ist endlich von Interesse, dass auch die Raupen, zunächst jene des Weisslings, nach Abtragung des Kopfsegmentes regelmässige Ortsbewegungen ausführen.

§. 3.

Analyse der Versuche.

Haben unsere Insecten ein allgemeines Bewegungscentrum?

Da wir gesehen haben, dass nach Abtragung des dorsalen Schlundganglions, also auch ohne dasselbe, die Ortsbewegung erhalten ist, so würde daraus direct die obige Frage zu verneinen sein. Indess mussten wir schon früher beim Haifische dieselbe Erfahrung machen, dass trotz der Abtragung des Gehirns und erhaltener Ortsbewegung doch ein allgemeines Bewegungscentrum vorhanden war, welches sich erst durch weitere Prüfung offenbarte. Wir wollen deshalb auch hier unser Urtheil einer späteren Untersuchung vorbehalten.

Drittes Capitel.

Die Myriopoden.

Diese Gruppe ist an Arten arm; ihre Individuen sind sehr klein und sie selbst dem vivisectorischen Eingriffe gegenüber wenig resistent.

Trotzdem ist es gelungen, auch hier zu ganz sicheren Resultaten zu gelangen. Untersucht wurden *Geophilus*, *Lithobius forficatus* und *Julus terrestris*, von denen die beiden letzteren in den Figuren 10 und 11 dargestellt sind.

Da die hiesigen *Julus* sehr klein sind, so sandte mir mein Freund Professor B. Grassi in Rom, seiner Zeit in Catania, in dankenswerther Weise eine reiche Sendung von den viel grösseren dortigen *Julus*, die mich über alle technischen Schwierigkeiten hinwegbrachten.

Fig. 10.

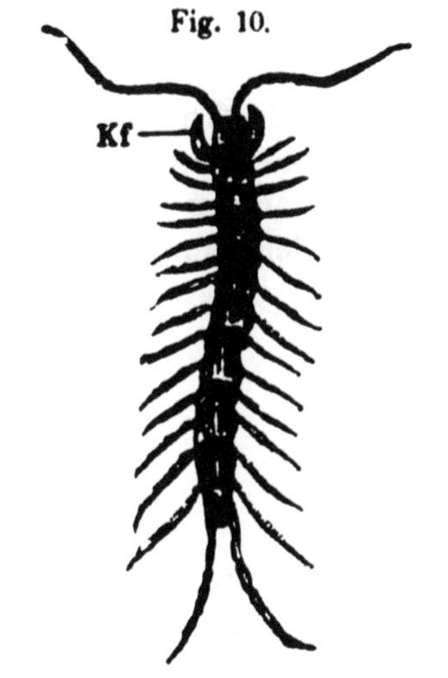

Lithobius forficatus. *Kf* Kieferfuss.

Fig. 11.

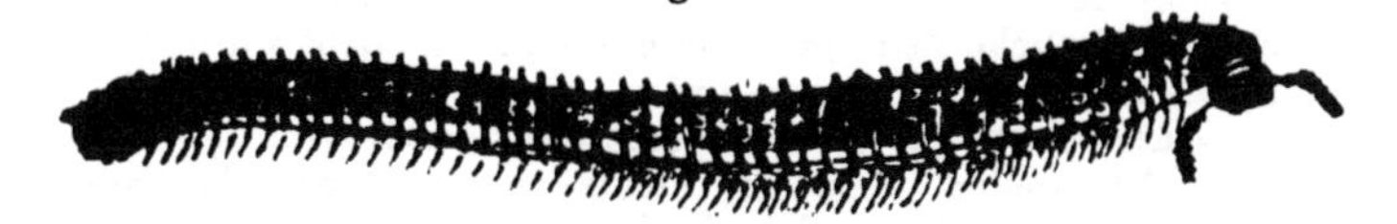

Julus terrestris.

§. 1.

Anatomische Bemerkungen.

Neben dem Dorsalganglion ist eine Bauchkette vorhanden, welche sehr lang gestreckt ist, indem in jedem der zahlreichen Segmente, aus denen der Körper dieser Thiere besteht, ein Ganglion enthalten ist, also bei *Lithobius* etwa 16, bei *Julus* sogar etwa 55 Ganglien.

§. 2.

Die Versuche.

Während *Lithobius* und *Geophilus* die rasche und leichte Gangart schnell laufender Käfer haben, zeigt *Julus* die vornehm ruhige Bewegung der Raupen.

Die Entfernung des Dorsalganglions geschah bei allen drei Thieren durch Abtragung des Kopfsegmentes, welches deutlich gegen den übrigen Körper abgegrenzt ist.

In allen drei Fällen wird die Ortsbewegung durch die Entfernung des Kopfsegmentes nicht unterbrochen [1]).

§. 3.

Analyse der Versuche.

Indem die Thiere nach Abtragung des Kopfes locomobil bleiben, lassen sie uns damit im Zweifel über den Besitz eines allgemeinen Bewegungscentrums; ein Zustand der Unsicherheit, welcher erst später gelöst werden kann [2]).

Viertes Capitel.

Die Anneliden.

Obgleich die Gruppe der einheimischen Anneliden zahlreiche Arten umfasst, so sind doch nur wenige derselben für den physiologischen

---

[1]) Nicht unerwähnt will ich lassen, dass meine Hände bei dem wiederholten Anfassen der *Julus* deutlich nach Blausäure rochen. In der That besitzen diese Thiere, wie um die nämliche Zeit von anderer Seite mitgetheilt wurde (M. Weber, Ueber eine Cyanwasserstoff bereitende Drüse. Arch. f. mikr. Anatomie, Bd. 21), in ihrer Haut Drüschen, welche jene Substanz absondern.

[2]) Von den Arachniden weiss ich nichts zu berichten, da unsere Hausspinnen die Operation niemals überlebt haben. Vielleicht sind grosse exotische Spinnen resistenter, doch standen mir keine solche zu Gebote.

verwenden. Vollkommen durch-
das geplante Experiment nur
el (*Hirudo medicinalis*), welcher
h als Typus dienen wird (siehe
aneben wurde auch der Regen-
ft.

tersuchung gewann eine brei-
als ich die zahlreichen Arten
neliden in Neapel untersuchen
waren dies *Ophelia*, *Eunice*, *Dio-*
litana und *Nephthys scolopen-*
tere ist auf der Tafel als Fig. 1
r Farbe und Grösse dargestellt.

§. 1.

he Bemerkungen.

tralnervensystem der
eicht im Allgemeinen
Articulaten, insofern
n Dorsalganglion und
anglienkette vorhan-
och unterscheidet es
em dadurch, dass bei
Segmentirung des
Anneliden die Anzahl
nglien eine sehr zahl-
vorin sie den Myrio-
ächsten stehen.

ech mag das Nerven-
Blutegels hier auf-
len, welches ein an-
orsalganglion besitzt
3), das durch kurze
mit dem unteren
lion in Verbindung
ndring). Darauf fol-
kleine, den einzel-
nten entsprechende
re der Bauchkette,
er Mitte zusammen-
endlich ein grösseres

Fig. 12.

Blutegel
(*Hirudo medicin.*).

Fig. 13.

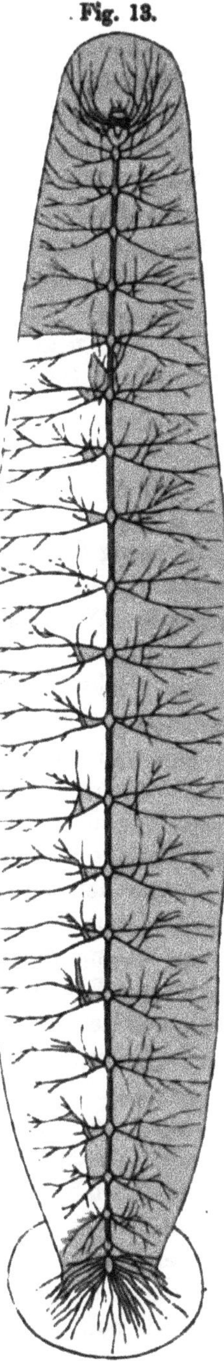

Nervensystem
des Blutegels.

End- oder Schwanzganglion, welches mehrere kleine Ganglien in sich zu vereinigen scheint.

Die vom Dorsalganglion austretenden Nerven versorgen die Sinnesorgane (eine grössere Anzahl von einfachen Augen, sowie etwa 60 becherförmige Organe, welche wahrscheinlich der Geschmacksempfindung dienen); ferner die Muskeln und die Haut der Kopfscheibe; die Nerven der Bauchkette vertheilen sich auf die zugehörigen Segmente, die des Endganglions an der ventralen Saugscheibe (Claus).

Gleichen Bau zeigt das Nervensystem der Meeranneliden; beim Regenwurm ist das Dorsalganglion auffallend klein.

§. 2.
Die Versuche.

Die Abtragung des Dorsalganglions beim Blutegel hat seine grossen Schwierigkeiten, einmal wegen der Kleinheit des Objectes, noch mehr aber wegen des Widerstandes, welchen der Egel dem Experimente durch die energische Contraction seines Leibes entgegensetzt, wobei zugleich eine solche Verschiebung der Gewebe stattfindet, dass man das Ganglion nur schwer auffindet. Man überwindet diese Schwierigkeiten, wenn man zunächst das Kopfende mit einer starken Nadel feststeckt, mit einer zweiten Nadel das Hinterende fasst, damit den ganzen Leib so weit als möglich lang zieht und schliesslich das Hinterende ebenfalls befestigt. Mit einem scharfen Messerchen eröffnet man vorn am Kopfe den Muskelschlauch, sucht das Dorsalganglion und schneidet es heraus.

Zur Ausführung dieser Operation ist es nützlich, Vorübungen an eben getödteten Exemplaren anzustellen. Man macht den Versuch unter wenig Wasser, das eben den Egel bedeckt, und in den auf den zoologischen Laboratorien gebräuchlichen, mit Wachs ausgegossenen Schalen.

Der Erfolg der Abtragung des Dorsalganglions ist ein durchaus negativer: Der Blutegel macht, in ein grösseres Glasgefäss ins Wasser gesetzt, seine Ortsbewegungen, wenigstens so weit man beobachten kann, gerade wie im normalen Zustande. Zerschneidet man ihn nunmehr in zwei Theile, so macht auch das hintere Stück vollkommene Ortsbewegungen, die im Allgemeinen mit dem Kopfende vorangehen. Dasselbe wiederholt sich, wenn man ihn in drei oder mehrere Stücke zertheilt.

Dass man den Regenwurm in einzelne Theile zerschneiden kann, ohne dass dieselben, so lange sie nicht zu klein sind, die Fähigkeit der Ortsbewegung verlieren, ist allgemein bekannt. Ich möchte nur hinzufügen, dass die Bewegung der einzelnen Theile auch hier mit dem Kopfende voran zu gehen pflegt.

Die oben genannten Meeranneliden bewegen sich nach Abtragung des Kopfes resp. des Dorsalganglions in gleicher Weise, wie bisher: Die Versuche sind interessanter, weil die Ortsbewegungen hier ausgiebiger und charakteristischer sind, als bei den einheimischen Anneliden (nebenbei möchte ich hier die wunderbare Regenerationskraft erwähnen, welche *Diopatra neapolitana* besitzt: der abgetragene Kopf regenerirt sich in kurzer Zeit, ebenso die ganze vordere Hälfte).

§. 3.

Analyse der Versuche.

Man würde diesen Versuchen durchaus gerecht werden, wenn man jedem Metamer der Anneliden ein eigenes Bewegungscentrum zusprechen und für das Dorsalganglion jede Herrschaft über diese Centren leugnen wollte. Da wir indess noch nicht alle uns zu Gebote stehenden Hülfsmittel zur Prüfung dieser Frage erschöpft haben, so müssen wir die Entscheidung hierüber vertagen bis zu dem Momente, wo diese Prüfung stattgefunden haben wird.

Fünftes Capitel.

Die unsegmentirten Würmer (Turbellarien und Nemertinen).

§. 1.

Anatomische Bemerkungen.

Unter den Nemertinen wählte ich *Cerebratulus marginatus*, von den Turbellarien eine Planarie, nämlich *Planaria neapolitana* (*Stylochus pilidium*), welche auf der Tafel in natürlicher Farbe und Grösse abgebildet sind (Fig. 2 und 3).

Ihr Nervensystem ist von grossem Interesse, weil es nur aus einem einzigen, am Vorderende des Thieres gelegenen Ganglienpaare besteht, von dem aus zwei lange Seitennerven den Körper entlang nach hinten ziehen.

Als Typus eines solchen Nervensystems mag hier das einer anderen Planarie, der *Cestoplana faraglionensis* aufgeführt werden, wo man bei *g* das besagte Ganglion und in *ln* die beiden Seitennerven sieht (Fig. 14). Die folgende Fig. 15 giebt jenes Ganglion mit den davon ausstrahlenden

Fig. 14.

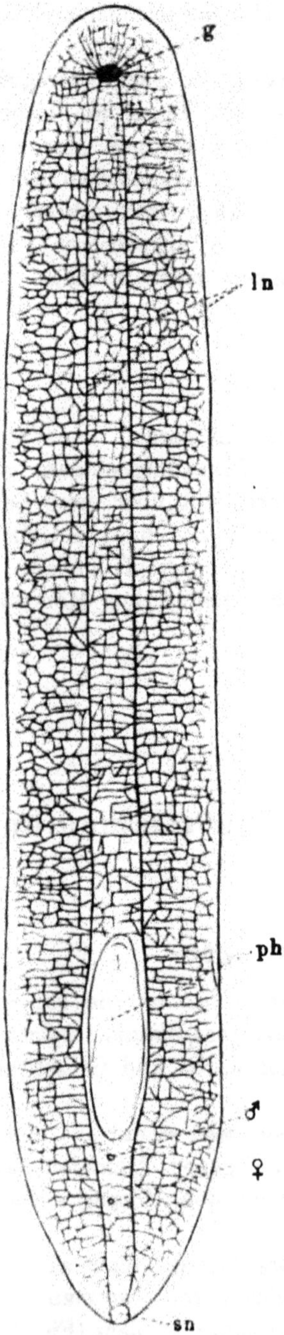

Nervensystem von *Cestoplana faraglionensis.*
g Gehirn, *ln* Längsnerven.

Nerven bei starker Vergrösserung wieder (es ist der Kopf einer weiteren Planarie, der *Planocera Graffii*).

§. 2.

Die Versuche.

Wir wenden uns zunächst zu den Nemertinen, und zwar zu der häufig vorkommenden Art *Cerebratulus marginatus*; die Exemplare pflegen etwa $^1/_2$ m lang zu sein.

Von einer isolirten Abtragung des Ganglions habe ich aus technischen Gründen abgesehen; doch kann man es mit Sicherheit entfernen, wenn man den vordersten Theil des Kopfes in gewisser Ausdehnung abträgt. Die Grenze dieser Abtragung ist genau gegeben durch Augenflecken, welche äusserlich leicht erkennbar sind. Legt man den Schnitt reichlich hinter diese Augenflecken, so hat man zweifellos das Hirnganglion abgetragen, wie man deutlich aus Fig. 15 ersehen kann, wo die Verhältnisse ganz gleich liegen.

Der Erfolg dieses Versuches war der, dass die geköpfte Nemertine nach einiger Zeit der Erholung Locomotion machte, wie das unversehrte Thier. Man kann die Durchschneidungsstelle noch weiter nach hinten verlegen, ohne an dem Resultate etwas zu ändern. Erst wenn man das hinterste Drittel des Thieres erreicht, zeigt sich, dass dieses Schwanzstück keine Locomotion macht, sondern trotz aller Reize sich nur einringelt.

Die geköpfte Planarie macht nach einiger Erholung ebenfalls noch Ortsbewegungen, so dass die Verhältnisse hier die gleichen zu sein scheinen, wie bei den Nemertinen. Weitere Durchschneidungen wurden bei der Planarie wegen ihrer Kleinheit und weil dieselben kein weiteres Interesse boten, nicht gemacht.

Ich möchte endlich noch einer besonderen Beobachtung Erwähnung thun: Bei den wiederholten Durchschneidungen, die ich bei den Nemertinen *in specie* bei *Cerebratulus marginatus* zu machen hatte, kam es wiederholt vor, dass das Thier, wenn es angefasst wurde, irgendwo mitten in seiner Länge abbrach. Es scheint, dass es in der Organisation dieser Thiere so zu sagen natürliche Bruchstellen giebt,

Fig. 15.

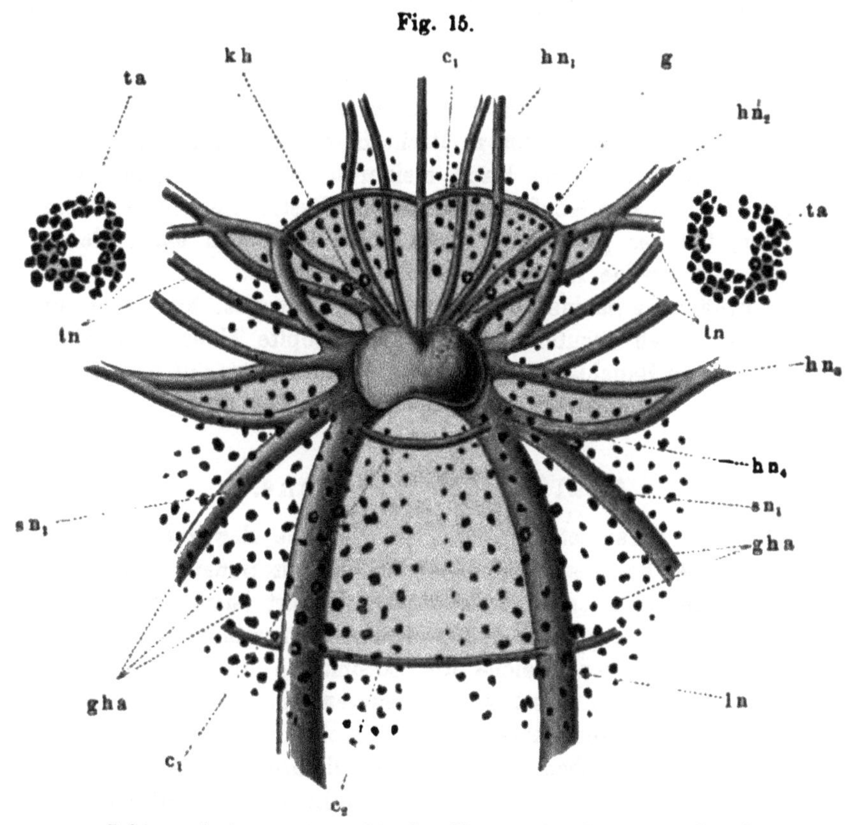

Gehirn mit davon ausstrahlenden Nerven von *Planocera Graffii* (stärker vergrössert).

g Gehirnganglion, *ln* Längsnervenstämme, hn_1, hn_2, hn_3, hn_4 Hauptnervenstämme, c_1, c_2 Commissuren zwischen den Nervenstämmen, *gha* Gehirnhofaugen, *ta* Tentakelhofaugen, *tn* Tentakelnerven.

d. h. Stellen, welche beim Anfassen des Thieres leicht durchbrechen; vielleicht auch mit viel geringerer Schädigung, als wenn andere Stellen des Leibes getrennt werden.

Solche natürliche Bruchstellen scheinen nur zwei vorhanden zu sein, deren Lage ich indess nicht näher bestimmt habe.

Die ganze Erscheinung erinnert an das leichte Abbrechen des

Schwanzes der Eidechsen, wie jenes der Extremitäten der Crustaceen und der Arme von Seesternen (L. Frédéricq, W. Preyer).

Das hier vorgetragene Resultat über die Bewegungen des geköpften *Cerebratulus marginatus* scheint erheblich von jenem, das Loeb erhalten hat, abzuweichen. Soweit ich aus der Darstellung von Loeb ersehe, handelt es sich indess um zwei verschiedene Beobachtungen, die sehr wohl neben einander bestehen können: Loeb fragt nämlich, ob der geköpfte *Cerebratulus* sich noch in den Sand einbohrt, wie es das Kopfstück that, was verneint wird. In meinen Versuchen wird nur gefragt, ob das geköpfte Thier Locomotionen macht, was ich bejaht habe. Es kann demnach sehr wohl sein, dass diese beiden Beobachtungen neben einander zu Recht bestehen, wobei man zugleich leicht einsehen wird an der Hand meiner früheren und späteren Erläuterungen, dass das Kopfstück, da es im Besitz besonderer Sinnesnerven ist, höherer psychischer Leistungen fähig sein mag, als das derselben entbehrende Rumpfstück.

Zur Ergänzung meiner Versuche sei es gestattet, hier noch den Versuch von Loeb anzuführen, dass das geköpfte Thier stets wieder in die natürliche Bauchlage zurückkehrt, wenn man es auf den Rücken gelegt hat.

§. 3.
Analyse der Versuche.

Unter der Voraussetzung, dass rhythmische Bewegungen in der Thierwelt, selbst bei diesen tiefstehenden Organisationen, an das Vorhandensein von Ganglienzellen geknüpft sei, lehrt jener einfache Versuch, dass in der kopflosen Planarie und Nemertine Ganglienzellen vorhanden sein müssen, welche die Locomotion dieses Thieres vermitteln. In der That heisst es in neueren anatomischen Beschreibungen[1]): „Die Nervenstämme enthalten nicht nur Nervenfasern, sondern einen oberflächlichen Belag von Ganglienzellen, welche an den Abgangsstellen von Nervenästen ganglienähnliche Anschwellungen veranlassen können.“ Vom *Cerebratulus marginatus* schreibt Bürger auf S. 327 seines citirten Werkes: „Die Seitenstämme stellen ein Paar sehr starke, vom Ganglienzellenbelag begleitete Nerven dar, welche sich allmälig nach hinten verjüngen u. s. w.“, und auf der folgenden Seite heisst es: „Der Ganglienzellenbelag des Seitenstammes besteht nur aus Zellen des zweiten, dritten und vierten Zelltypus.“ Die Fig. 16 zeigt ein Stück des Seitennerven von *Thysanozoon Brochii* mit Ganglienzellen.

[1]) Lang, Die Polycladen des Golfs von Neapel 1884. Bürger, Die Nemertinen des Golfs von Neapel etc. 1895.

Unter diesen Umständen stehen, was die hier untersuchten Functionen betrifft, die unsegmentirten Würmer durchaus auf gleicher Stufe mit den Ringelwürmern, selbst zarte Queranastomosen können zwischen den beiden Seitennerven in regelmässigen Abständen auftreten, wodurch die Aehnlichkeit noch erhöht wird (s. Fig. 15).

Fig. 16.

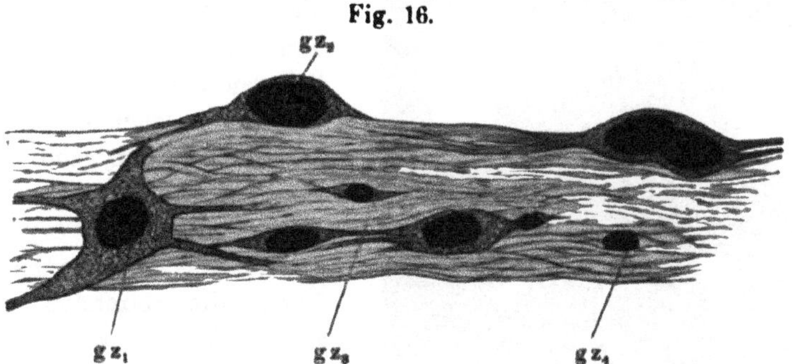

Längsschnitt eines Seitennerven von *Thysanozoon Brochii.* $gz_1\,gz_2\,gz_3\,gz_4$ Ganglienzellen (Vergrösserung 700).

Das, was wir bei den unsegmentirten Würmern eigentlich gesucht haben, finden wir erst realisirt bei den Würmern vom Typus der Dystomeen, z. B. dem Leberegel (*Distoma hepaticum*). Einige Versuche, die ich hier machte, fielen entsprechend unserer Voraussetzung aus: Nach Entfernung des Hirnganglions verschwand jede Ortsbewegung.

Sechstes Capitel.

Die Mollusken.

Unter den einheimischen Mollusken sollten die hier häufigen und hinreichend grossen nackten Schnecken (*Arion*, *Limax ater*) dem Ex-

Fig. 17.

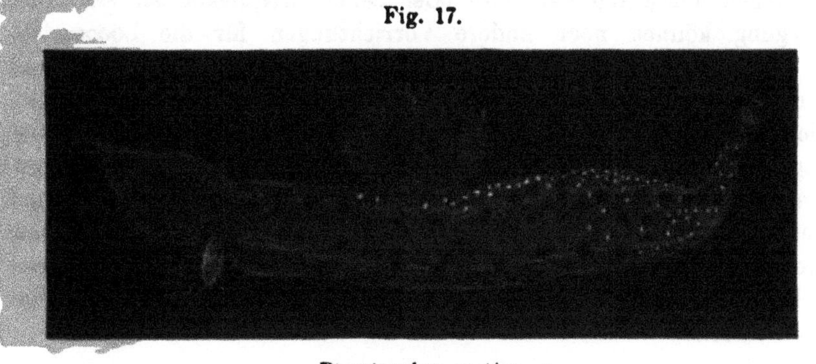

Pterotrachea mutica.

perimente gute Dienste leisten können. Indess ist das ein Irrthum, denn die kräftige Zusammenziehung des ganzen Körpers, wenn man denselben anschneidet, macht es unmöglich, das Nervensystem frei zu legen. Ich habe deshalb von vornherein auf Experimente an diesen Mollusken verzichtet und mich zu den viel handlicheren Seemollusken gewendet, von welchen mir die zoologische Station eine reiche Auswahl bot.

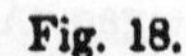
Fig. 18.

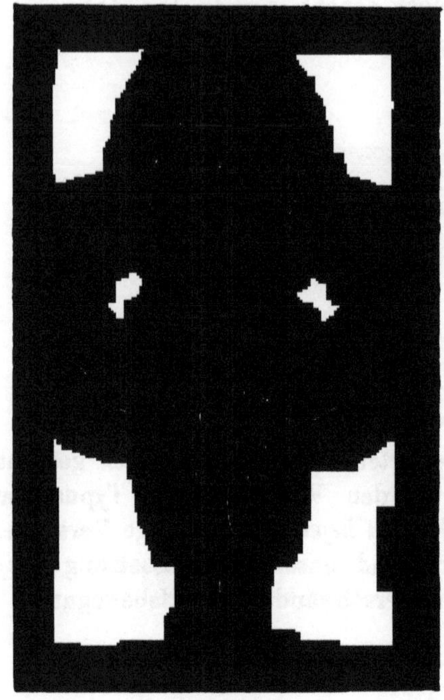

Cymbulia Peronii.

Es waren dies *Sepia officinalis* und *Octopus vulgaris*; ferner die reizenden pelagischen Formen von *Pterotrachaea mutica* und *coronata*, sowie *Cymbulia Peronii*, deren Abbildungen ich dem Leser vorlege. Später glückten auch Versuche an *Aplysia* und *Pleurobranchaea Meckelii*.

Das Bewegungsorgan der Mollusken ist im Allgemeinen ihr Fuss, der indess sehr verschiedene Formen annehmen kann: so z. B. bildet sich derselbe bei *Pterotrachaea* zu einer Flosse um, bei *Cymbulia* zu zwei symmetrisch gelegenen Schmetterlingsflügeln; bei *Octopus* und *Sepia* zu den mit Saugnäpfen bewaffneten Armen und zum Trichter, wie wir sie in der beistehenden Fig. 19 sehen.

Neben der durch den Fuss oder seinen Aequivalenten erzeugten Bewegung können noch andere Vorrichtungen für die Locomotion des Thieres vorhanden sein, so dass ein solches Thier über zwei Formen von Ortsbewegung verfügt. So macht der Muskelschlauch, welcher den Leib der *Pterotrachaea* umgiebt, peristaltische Bewegungen, durch welche das Thier viel kräftiger und energischer fortbewegt wird, als durch seine Fussflosse. Die Octopoden kriechen auf ihren Fangarmen auf dem Boden und an festen Objecten umher, durchqueren aber kräftig und stossweise die Fluth, wenn sie periodische plötzliche Wasserentleerungen aus ihrem Athmungstrichter eintreten lassen.

Fig. 19 a.

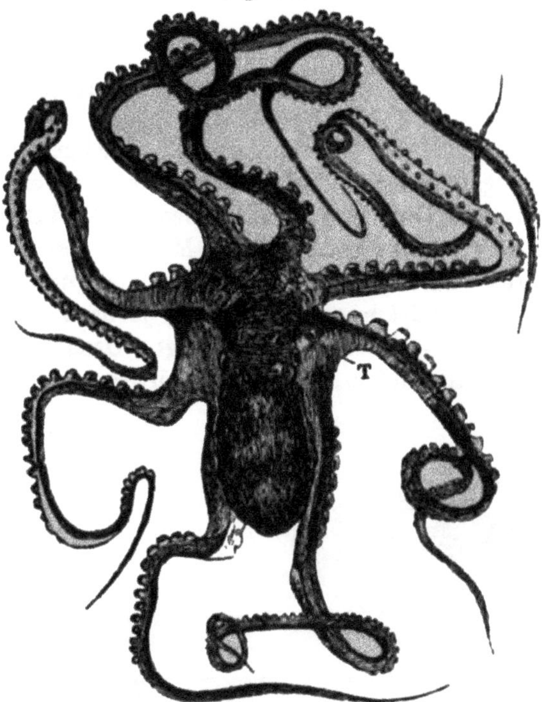

Octopus vulgaris (kriechend). *T* Trichteröffnung.

Fig. 19 b.

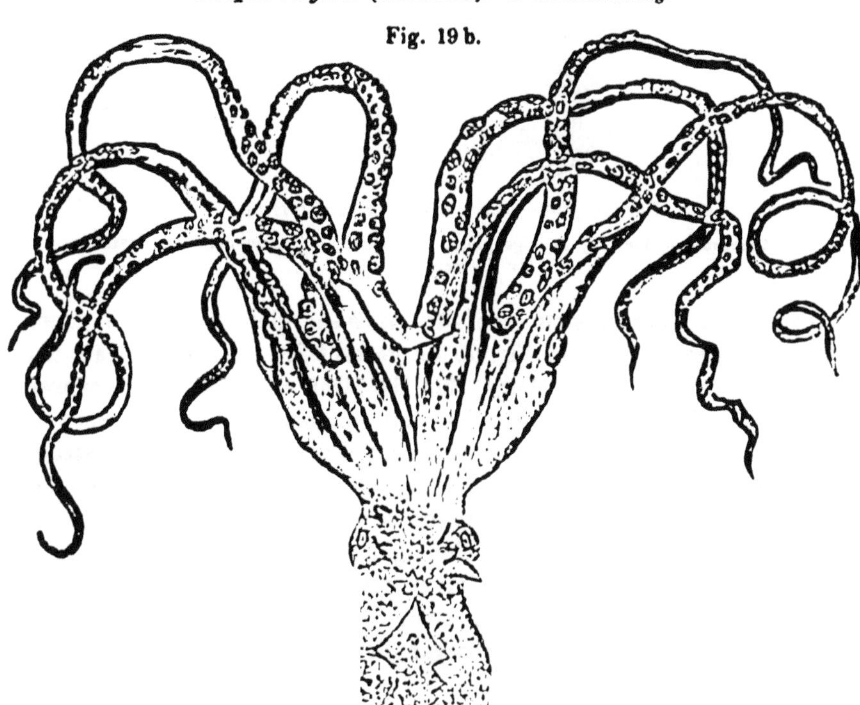

§. 1.
Das Nervensystem der Mollusken.

Das Nervensystem der Mollusken besteht im Allgemeinen aus dem dorsalen Schlundganglion, und einem mit jenem verbundenen, unter dem Oesophagus gelegenen Ganglion, welches in der Regel zum Pedalganglion wird, weil es die Nerven für die Muskeln des Fusses abgiebt. Die Commissuren, durch welche die beiden Ganglien mit einander verbunden werden, sind kürzer oder länger, je nach der Entfernung, in welcher der Fuss vom Hirnganglion liegt. Dazu treten Visceral-, Pleural- und Parietalganglien, von denen wir vor der Hand absehen

Fig. 20.

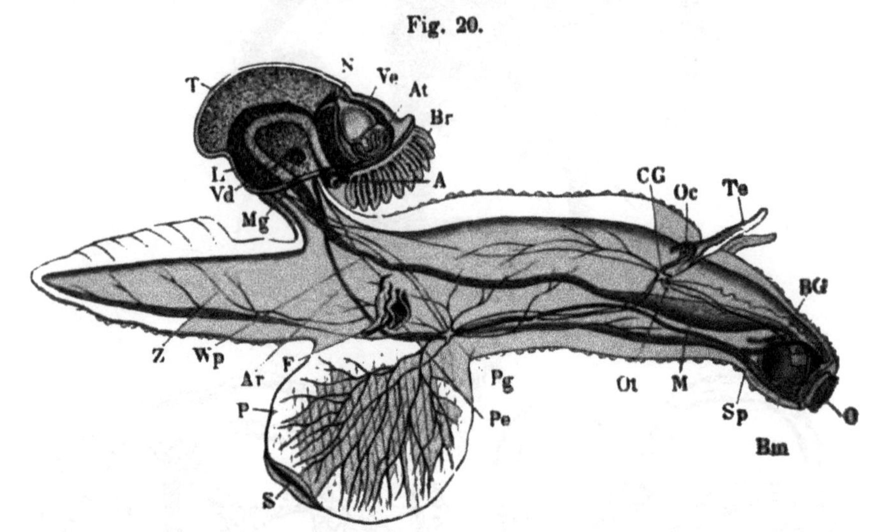

Nervensystem von *Carinaria mediterranea.*

CG Cerebralganglion, *Pg* Pedalganglion, *Oc* Augen, *Ot* Otocysten, *Te* Tentakel, *Br* Kiemen, *P* Fuss.

können. Das Nervensystem von *Pterotrachaea* gleicht dem von *Carinaria mediterranea*, das in Fig. 20 dargestellt ist. Das Dorsalganglion giebt ab Nerven für das Auge, für das Ohr etc.; die Commissuren, welche Dorsal- und Pedalganglien mit einander verbinden, sind so lang, als die Entfernung von Auge und Fuss (resp. Flosse) beträgt. Bei *Cymbulia* ist das Nervensystem das gleiche, nur fehlen ihr Augen; in Folge dessen ist das Dorsalganglion sehr verkümmert und weiterhin entlang der Commissur zu dem Pedalganglion herabgeglitten, dem es direct aufliegt. Der Theil des Nervensystems, welcher uns interessirt, besteht demnach eigentlich aus einer bogenförmigen, supraoesophagealen Commissur und einem Fussganglion (vergl. Fig. 21).

Bei *Octopus* und *Sepia* finden wir ebenfalls ein Dorsalganglion, von dem aus sichtbar nur die Nerven für die Buccalganglien ausgehen. Nach den Angaben der Zoologie entsendet dieses Ganglion auch die Nerven für Auge, Ohr und Geruchsorgan (vergl. Claus, Zoologie 1885, S. 553); direct zu sehen ist dieses Verhalten nicht. Wie es sich in Wirklichkeit gestaltet, darüber werden wir später noch verhandeln. Senkrecht unter dem Dorsalganglion liegt eine grosse Ganglienmasse, welche in ihrer Gesammtheit als Pedalganglienmasse aufzufassen wäre. Thatsächlich aber ist der hintere Theil Visceralganglion, von dem aus eine grosse Anzahl von Nerven zu dem Mantel, den Eingeweiden und den Kiemen gehen. Der vordere Theil ist das Pedalganglion, besteht indess aus dem nach vorn gelegenen Brachial- und dem dahinter liegenden eigentlichen Pedalganglion. Aus dieser Masse gehen zunächst nach vorn die Nerven für die Fangarme ab; weiter zu beiden Seiten ein kurzer dicker N. opticus mit einem grossen Sehganglion, und endlich nach hinten Nerven für die Gehörblasen; vergl. die Figuren 22 und 23; namentlich die ausführliche Figurenbezeichnung.

Fig. 21.

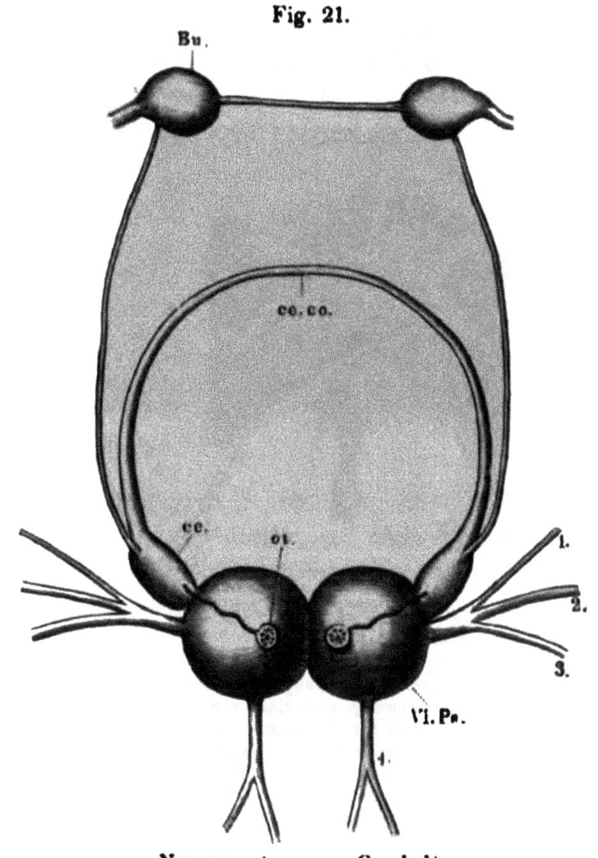

Nervensystem von *Cymbulia*.
ce.co. Cerebralcommissur, *ce.* Cerebralganglion, *Vi. Pe.* Visceropedalganglienmasse, *ot.* Otocyste, *Bu.* Buccalganglion.

Der hohen Entwickelung dieser Thiere entspricht die sehr merkwürdige Erscheinung, dass das Centralnervensystem der Octopoden und Tintenfische in einer starken Knorpelkapsel eingeschlossen und von den übrigen Organen getrennt liegt, was bei keinem anderen

Wirbellosen der Fall ist, aber zweifellos keine Homologie zu der knöchernen Gehirn- und Rückenmarkskapsel der Wirbelthiere bietet.

§. 2.

Die Versuche.

Wie schon bemerkt, sind *Pterotrachaea* und *Cymbulia* pelagische Thiere und als solche vollkommen wasserklar und durchsichtig. Letzteres in dem Maasse, dass man die angegebenen Ganglien, sowie ihre Commissuren ganz direct am unversehrten Thiere ohne jede Präpara-

Fig. 22.

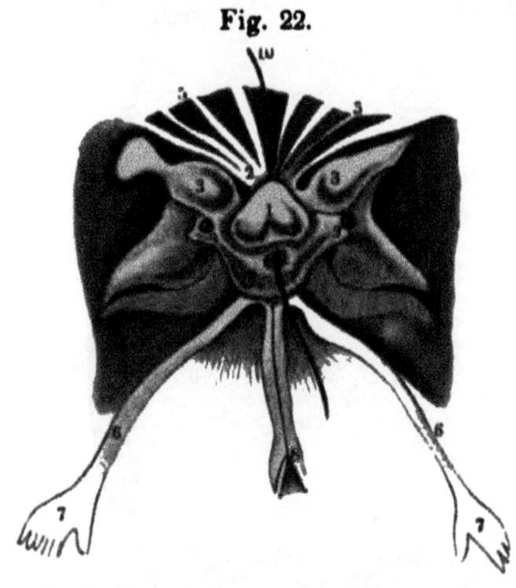

Nervensystem von *Octopus vulgaris*, von oben gesehen.

1. Ganglion supraoesophageum; 2. Ganglion suboesophag. anterius; 3. Ganglion opticum, 4. Ganglion suboesophag. posterius, von dem ausgehen die Nerven für den Mantel (8.) und jene für die Eingeweide (6.); 5. Nerven für die Arme; 7. Ganglion stellatum; 9. Riechlamelle; 10. Eine Borste, welche den Oesophagus markirt.

Fig. 23.

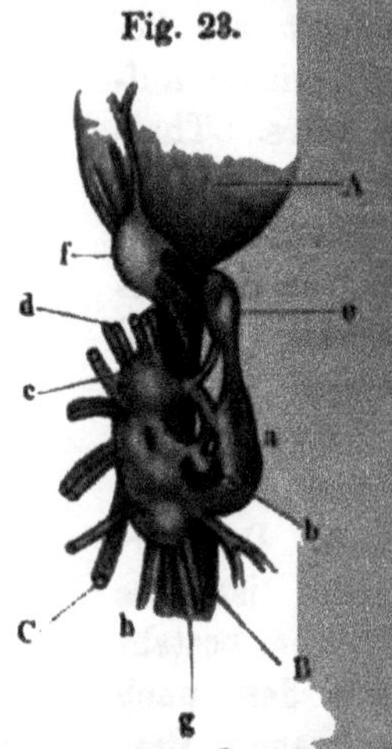

Nervensystem von *Octopus vulgaris*, bei seitlicher Betrachtung.

A Buccalmasse; *B* Oesophagus; *C* Aorta; *a* Ganglion supraoesophageum; *b* Ganglion opticum; *c* Ganglion brachiale; *d* Nerven für die Arme; *e* Ganglion buccale; *f* Ganglion labiale; *g* Mantelnerven; *h* Visceralnerven; zwischen *c* und *h* liegt die übrige suboesophageale Ganglienmasse.

tion sehen kann, wenn man sie gegen das Licht hält oder einfach auf dunklere Unterlage bringt. Es ist dem entsprechend auch sehr leicht, jene Ganglien zu zerstören.

Wenn man also hierin keine Schwierigkeit findet, so dürfte man sie in der augenscheinlichen Zartheit dieser wunderbaren transparenten Wesen zu erwarten haben. Das mag für viele und vielleicht die meisten pelagischen Thiere zutreffen, aber keineswegs für *Cymbulia* und noch weit weniger für *Pterotrachaea*, die geradezu resistent genannt werden müssen. Denn man kann sie relativ lange Zeit ausserhalb des Wassers unter der Zeiss'schen Lupe betrachten, ohne dass sie an Beweglichkeit verloren hätten, wenn man sie wieder ins Wasser bringt.

Die Fig. 24 zeigt uns nochmals die *Pterotrachaea* in natürlicher Grösse auf schwarzen Untergrund gezeichnet, da der Körper vollkommen glashell und durchsichtig ist: Vorn der Rüssel, welcher im stumpfen Winkel gegen den Körper steht, auf dessen proximalem Ende und an dessen unterer Seite zwei schwarze Punkte, die beiden Augen, leicht zu bemerken sind. Zwischen diesen liegt das ebenfalls leicht

Fig. 24.

Pterotrachea mutica.

und deutlich wahrnehmbare Dorsalganglion. Etwa in der Mitte des Körpers sehen wir den nach oben gerichteten, zu einer Flosse umgebildeten Fuss. Das büschelförmige Gebilde am hinteren Ende des Körpers stellt die Kiemen dar; die zahlreichen rothen und weissen Punkte sind Pigmentflecke.

Hält man das Thier nur einigermaassen in günstiger Beleuchtung, so sieht man ohne jede Präparation das Dorsal- wie das Pedalganglion und die verbindenden Commissuren aufs Deutlichste.

Indem wir nun zu den Versuchen selbst übergehen, haben wir zunächst vor, das Dorsalganglion zu zerstören; ein Experiment, das uns in etwas unreiner, aber hinreichend lehrreicher Form nicht selten der Zufall selbst anstellt. Wenn nämlich im März und April täglich eine grössere Anzahl von Pterotracheen von den Fischern zur Station gebracht werden, so findet man ab und zu darunter Exemplare, welche Rüssel und Kopf verloren haben: trotzdem aber schwimmen sie umher, und zwar in beiden Formen der Locomotion, wie normale Thiere. Ich mache nun selbständig das Experiment, indem ich mit einer guten Scheere den Kopf unmittelbar hinter den Augen amputire, oder man schneide das Dorsalganglion zwischen den Augen heraus oder zerstöre es mit einer glühenden Nadel: das Resultat ist stets das gleiche, dass wir keinen Ausfall in der Bewegungssphäre wahrnehmen. Dass die

Thiere die Sinnesempfindungen, welche in jenem Ganglion wurzeln, verloren haben, ist selbstverständlich; offenbart sich dem Beobachter nunmehr durch irgend einen Ausfall an Leistungen gerade so wenig, wie ehedem ihre Anwesenheit positive wahrnehmbare Leistungen aufzuweisen hatte.

Wir gehen an das Pedalganglion. Dasselbe bemerkt man leicht, wenn man mit dem Auge, dem oberen Rande der Flosse folgend, in die Tiefe des Körpers eindringt. Eine Täuschung resp. Verwechslung ist unmöglich, weil man von demselben deutlich die Nerven nach oben und unten abgehen sieht. Man kann sich helfen, indem man das Thier gegen das helle Fenster hält. Sticht man mit einer glühenden Nadel auf dasselbe ein, so steht die Flosse für immer still; ebenso verschwinden die peristaltischen Bewegungen des Leibes.

Man könnte vermuthen, dass bei den immerhin zarten Thieren allein die Verletzung des Körpers die Unfähigkeit zu jeder Locomotion erzeugt. Wenn man indess mit der glühenden Nadel genau wie oben, aber neben das Pedalganglion sticht, so erzeugt man im Gegentheil die energischsten Bewegungen, und das Thier ist von seinen unversehrten Genossen nicht zu unterscheiden.

Es ist demnach bewiesen, dass das Pedalganglion beiden Formen der Locomotion vorsteht und dass seine Zerstörung auch jene Bewegungen aufhebt.

Durchschneidet man eine *Pterotrachaea* quer, so dass der Schnitt vor die Flosse fällt, so macht der flossentragende Theil seine beiden Bewegungen, wie vorher. Der Vordertheil macht auch noch Bewegungen, aber dieselben sind nur wenig ausgiebig, und wenn man genau zusieht, sind es Bewegungen des Rüssels, durch welche eine Verschiebung bewerkstelligt wird. Der Rüssel aber hat sein eigenes Ganglion (Buccalganglion) und die ganze Erscheinung hat mit der Locomotion des Gesammtthieres nichts zu thun.

Legt man einen Schnitt hinter das Pedalganglion, so verliert das Schwanzstück seine Bewegungsfähigkeit für immer.

Octopus und *Sepia* sind für den Vivisector schwer zu handhabende Thiere. Aber eine geeignete Quantität Chloralhydrat, dem Wasser des Glases zugesetzt, in dem sich eines dieser Thiere befindet, zähmt die wilden Leidenschaften auch dieser Geschöpfe: Wenn der Sturm im Glase sich gelegt hat, welches fest bedeckt gehalten werden muss, da der *Octopus* in voller Intelligenz ganz energische Fluchtversuche macht, wird er aus dem Glase herausgeholt, und der noch immer sich mit den Armen wehrende von dem Assistenten auf dem Operationstische festgehalten. Zwischen den Augen wird die Haut gespalten und vorsichtig nach Durchschneidung des Hirnknorpels in die Hirnhöhle eingedrungen. Hat man die Eröffnung richtig geleitet, so stösst man sogleich auf das durch seine gelbliche Farbe von der Umgebung, namentlich dem weissfarbigen Oesophagus abstechende Dorsalganglion. Dasselbe wird am besten mit dem früher angegebenen Meisselmesser[1]) abgetragen, soweit als es auf resp. über dem Oesophagus liegt; nichts mehr von den Massen, welche ihre Lage seitlich vom Oesophagus haben. Darauf wird die Wunde durch Nähen der Haut wieder verschlossen und der *Octopus* in das Bassin gesetzt.

Der Tintenfisch pflegt die Operation nur eine halbe bis eine Stunde zu überleben, doch liess sich in dieser Zeit mit aller Sicherheit feststellen, dass auf mechanischen Reiz alle Formen der Locomotion eintreten konnten.

Viel glücklicher gestaltet sich der Versuch beim *Octopus*, welcher viele Tage — wir begnügten uns mit achttägiger Beobachtung — die Operation überlebt. Es sei nochmals hervorgehoben, dass auch der *Octopus* über zwei Locomotionsformen verfügt: einmal macht er kriechende Bewegungen nach vorwärts mittelst seiner Tentakel oder mit Saugnäpfen ausgerüsteten Arme und zweitens rückwärts durch den Rückstoss, welcher dadurch erzeugt wird, dass das Athemwasser, welches durch die Mantelspalte zu den Kiemen in die Mantelhöhle gelangt, mittelst kräftiger Contractionen des Mantels stossweise durch den Trichter entleert wird, wobei zugleich die Arme völlig coordinirt sich sämmtlich lang ausgestreckt nach vorn legen.

Zunächst ist leicht festzustellen, dass unser *Octopus*, obgleich seines Dorsalganglions beraubt, wenn man ihn mechanisch reizt, sowohl weiter kriecht als in gewaltigem Stosse rückwärts durch das Bassin schiesst. Seine Bewegungssphäre ist also unversehrt, wie bei *Sepia* und *Pterotrachaea*. Es scheint, dass er mit der Abtragung seines Dorsalganglions nichts von seiner Beweglichkeit eingebüsst hat. Ja noch mehr; es lässt sich nachweisen, dass er ohne jenes Ganglion sieht und diese Gesichtseindrücke zweckmässig verwerthet: Geht man auf das Auge des ruhig Dasitzenden vorsichtig mit einem Stabe los, natürlich ohne das Auge zu erreichen, so schliesst er die Augenlider und weicht zurück. Um jedem Zweifel in dieser Richtung zu begegnen, bemerke ich, es gelingt derselbe Versuch auch dann noch, wenn man von aussen her auf das Auge des *Octopus* mit dem Stabe losgeht, wenn er unmittelbar hinter der Glaswand des Bassins sitzt, so dass zwischen Auge und Stab die trennende Glaswand steht; hier ist jede andere Erregung, als jene, welche durch das Bild des auf der Retina des Thieres sich abbildenden Stabes entsteht, ausgeschlossen. Der

---

[1]) J. Steiner, Nervensystem der Fische, S. 17.

Octopus reagirt demnach mit Abwehrbewegungen noch auf Gesichtseindrücke, auch ohne das Dorsalganglion.

Wir können noch mehr feststellen. Kleine Krebse und Krabben, die in das Octopusbassin gesetzt wurden, werden von einem gesunden *Octopus*, namentlich über Nacht, regelmässig verspeist. Die Chitinschalen findet man reinlich gesäubert und geputzt als Reste dieser Mahlzeit am Morgen über den Boden des Bassins verstreut. Bei unserem *Octopus* fanden wir eines Morgens ebenfalls einen kleinen Heuschreckenkrebs (*Squilla mantis*) oder einen anderen kleinen Krebs (*Gebia littoralis*) in seinen Armen, aber er that ihnen nichts zu Leide, obgleich man sie dort mehrere Tage beliess, denn sie hatten sich so zu sagen nur in den Saugnäpfen des *Octopus* gefangen. Dort würden sie bleiben, wenn man sie nicht befreite, da sie selbst zu schwach sind, um sich der umstrickenden Macht der Saugnäpfe zu entwinden.

Nach Entfernung des Dorsalganglions nimmt der *Octopus* spontan keine Nahrung mehr; er rührt selbst seine Lieblingsbeute (Krebse) nicht mehr an, auch wenn sie innerhalb der Saugnäpfe rettungslos seiner Macht anheimgegeben ist.

Ebenso hält er den ihm einmal angewiesenen Platz fest und nimmt, wie es scheint, willkürlich keine Ortsveränderung vor, obgleich er die Umgebung sieht resp. obgleich die Umgebung auf sein Auge einwirken muss, wie der obige Versuch lehrt, in welchem er dem ihn bedrohenden Stabe auszuweichen sucht.

Schliesslich konnte noch folgende interessante Beobachtung gemacht werden: Es sitzt ein unversehrter *Octopus* in der Ecke seines Bassins; wir legen in seine Nähe, aber immerhin etwa 20 bis 30 cm entfernt von ihm, eine der classischen, auf dem Meeresboden gefischten Urnen von Thon. Nicht lange und wir sehen, wie er seine Arme nach der Urne ausstreckt und sie allmälig so vor sich hin postirt, dass er sich dahinter zu verstecken glaubt. Wir bringen die Urne wiederholt an ihren alten Platz und wiederholt schleppt er sie wieder zu sich hin. Derselbe *Octopus* wird nunmehr seines Dorsalganglions beraubt und die Sympathie für den classischen Topf ist geschwunden; er kümmert ihn nicht mehr, obgleich er ihn nach dem obigen Versuche doch sehen muss.

§. 3.

Analyse der Versuche.

Ob in dem Dorsalganglion das allgemeine Bewegungscentrum für den Leib der Mollusken enthalten ist, erscheint durch die mitgetheilten Versuche nicht bewiesen, aber ebenso wenig widerlegt. Wir werden die Frage späterhin mit voller Klarheit entscheiden, ebenso uns über den Werth der einzelnen Abtheilungen dieses Nervensystems aussprechen.

Eine andere Frage lässt sich dagegen hier definitiv beantworten. Oben schon (S. 54) bemerkte ich, dass die Zoologie lehrt, es ginge von diesem Dorsalganglion auch bei den Octopoden, wie bei den anderen Mollusken, der Sehnerv ab, d. h. das Sehcentrum wurzele in diesem Ganglion. An derselben Stelle hob ich hervor, dass man diesen Austritt des Sehnerven direct nicht sehen könne. Nichtsdestoweniger könnte die Annahme der Zoologie richtig sein, dass der Nerv in der Masse des Ganglions verlaufe und in diesen Massen zum Opticusganglion gelange. Diese Annahme widerlegt unser Versuch insofern ganz eindeutig, als der *Octopus* nach Abtragung des sogenannten Cerebralganglions nicht blind wird, sondern nachweisbar sehend bleibt, was niemals der Fall sein dürfte, wenn die Wurzel des Sehnerven in dieses Ganglion eingebettet wäre.

Den gleichen Nachweis werden wir später auch für den letzten Ursprung des Gehörnerven führen, der ebenso wenig in dem Dorsalganglion wurzelt. Dieselbe Frage für den Geruchsnerven zu entscheiden, erschien nicht ausführbar.

Siebentes Capitel.

Die Appendicularien (*Copelatae*).

Die grössten Appendicularien, welche uns erreichbar sind, besitzen eine Länge von wenigen Centimetern[1]); das sind Thiere, die einem vivisectorischen Eingriffe kaum zugänglich sind. Um so weniger schien hier ein Versuch möglich, als Appendicularien der angegebenen Grösse nur in Messina zu finden sind, wohin mir die eben ausgebrochene Cholera (Frühling 1887) den Eintritt verwehrte. Ich musste mich deshalb mit den kleineren Appendicularien begnügen, welche im Golf von Neapel vorkommen; das ist vor Allem *Oicopleura cophocerca*, welche nur 11 mm lang ist; davon kommen 3 mm auf den Rumpf (bei 0,8 mm Breite) und 8 mm auf den Schwanz (bei 1,5 mm Breite).

Die Appendicularien sind bekanntlich deshalb von so grossem Interesse, weil man in dem Schwanze derselben ein Organ gefunden

---

[1]) H. Fol, Études sur les Appendiculaires du détroit de Messina. Mémoir. Soc. de phys. et d'hist. nat. de Genève, T. XXI, 1872.

hat, welches mit der Chorda der Wirbelthiere die grösste Uebereinstimmung zeigt, womit diese Thiere in die nächste Verwandtschaft zu den Wirbelthieren treten.

Wie die Fig. 25 lehrt, besteht eine Appendicularie aus dem Leibe und dem Schwanze, der in der Regel den Rumpf an Länge um Vieles übertrifft. Indem ich bezüglich des Baues dieser Thiere auf die Lehrbücher der Zoologie verweise[1], bemerke ich, dass das Nervensystem aus einem Hirnganglion besteht, welches im Rumpfe liegt. Von diesem geht ein Nervenstamm nach hinten, welcher den Schwanz seiner ganzen Länge nach durchzieht. An der Basis des Schwanzes ist in dem Verlaufe dieses Nerven ein ansehnliches Ganglion (Schwanzganglion) eingeschaltet, an das sich weiterhin noch einige kleinere Ganglien anreihen. Der Schwanz zeigt Metamerenbildung, die indess in neuerer Zeit bezweifelt wird (Seeliger).

Fig. 25.

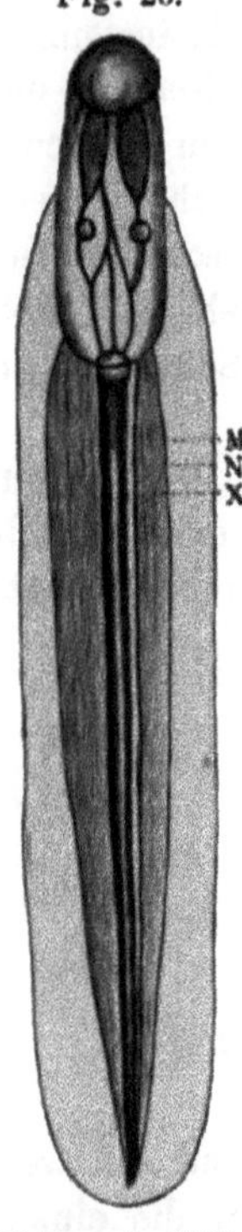

M Muskel, *N* Nerv, *X* Chorda.

Die Thiere bewegen sich sehr rasch im Wasser durch peitschende Schwingungen ihres Schwanzes.

Es kann und soll an der Appendicularie nur ein einziger Versuch gemacht werden: es soll nämlich festgestellt werden, ob der Schwanz, wenn er vom Rumpfe getrennt wird, noch Bewegungen macht, wie während seiner Verbindung mit dem Rumpfe, oder ob er in diesem Falle seine Bewegungen einstellt.

Der Versuch ist in Folge der Kleinheit des Objectes und der raschen Bewegung desselben nicht ohne Schwierigkeit. Ich nehme eine Appendicularie in eine kleine mit Wasser gefüllte Glasschale und suche während der Bewegung mit Hülfe einer guten feinen Scheere den Schwanz zu amputiren. Beharrlichkeit führt auch hier zum Ziele. Erfolgt die Amputation etwas entfernter von der Basis, so ist das Schwanzstück bewegungslos; gelingt die Amputation unmittelbar an der Basis des Schwanzes, so macht der Schwanz Locomotionen, wie im normalen Zustande. In letzterem Falle war die Amputation oberhalb, im anderen Falle unterhalb des Schwanzganglions geschehen.

Es folgt daraus, dass das Schwanzganglion das primäre Centrum für die Muskeln des Schwanzes, und dass dieses Centrum locomobil ist. Aber es ist damit nicht bewiesen, dass dieses Centrum zugleich das allgemeine Bewegungscentrum ist. Von dem im Rumpfe gelegenen

---

[1]) Claus, Lehrbuch der Zoologie 1885, S. 580 u. flgde.

Hirnganglion können wir nichts aussagen, da es für den Versuch nicht erreichbar ist.

Ueber dieses Resultat werden wir auch in der Folge nicht hinauskommen.

Achtes Capitel.

Die Echinodermen.

A. Die Seesterne.

Die nebenstehende Figur 26 zeigt einen Seestern mit fünf Armen resp. Radien. Das Nervensystem besteht aus fünf zu den Strahlen verlaufenden Hauptstämmen, von denen feine Nervenfädchen zu den ver-

Fig. 26.

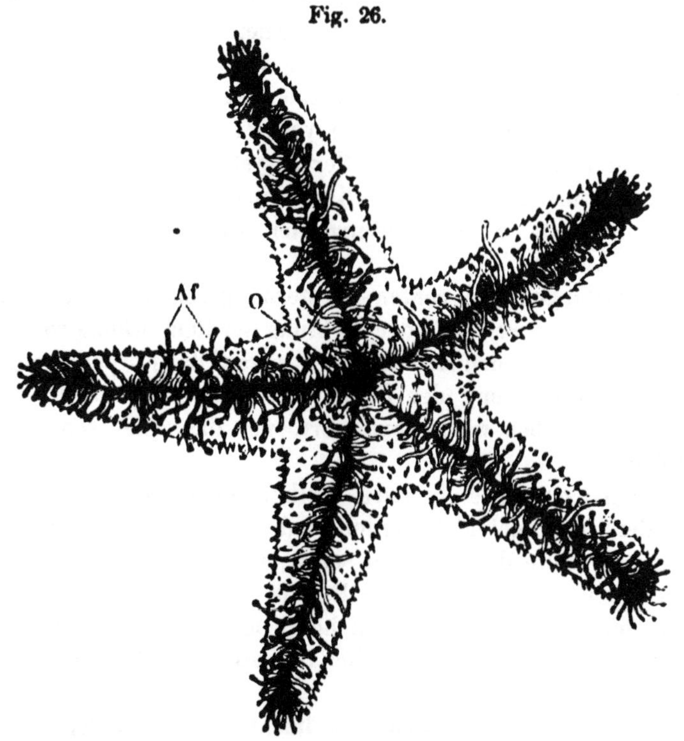

Seestern (*Echinaster sentus*), von der Oralfläche dargestellt.
O Mund, *Af* Ambulacralfüsschen.

schiedenen Geweben (Blutgefässe, Muskeln u. s. w.) hinziehen. Die Stämme theilen sich um den Mund in gleiche Hälften, welche sich zur Bildung eines Ganglienzellen enthaltenden Nervenringes (Nervenpentagon) vereinigen, wie wir es in Fig. 27 sehen. Neuere Untersuchungen lehren, dass das Nervensystem der Echinodermen resp. der Seesterne viel complicirter gebaut und aus drei völlig selbständigen Systemen zusammengesetzt ist (A. Lang, Lehrbuch der vergleichenden Anatomie, 4. Abth., 1894, S. 1045), nämlich 1. dem oberflächlichen, oralen Nervensysteme, welches die Haut, die Ambulacralanhänge und den Darmcanal innervirt; 2. dem tiefliegenden, oralen Nervensysteme, welches das oberflächlich orale an seiner inneren Seite begleitet; es innervirt die in der Oralseite der Leibeswand verlaufenden Muskeln; 3. das aborale Nervensystem, welches auf der aboralen Seite in den Armen einzelne Nervenstränge besitzt, die sich im Centrum vereinigen; dieses Nervensystem innervirt die dorsalen Armmuskeln.

Fig. 27.

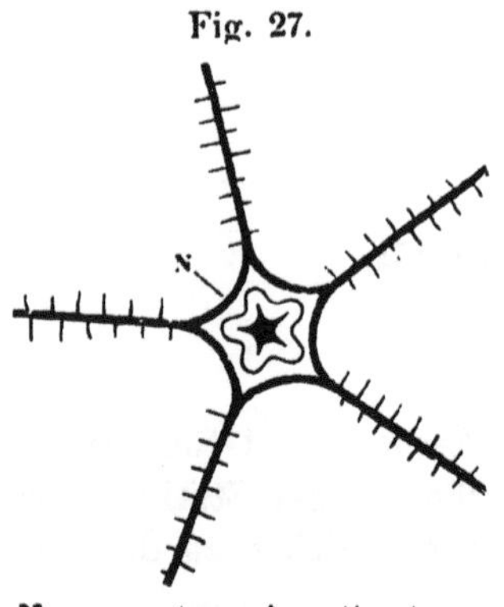

Nervensystem eines Seesternes. N Nervenring.

Die hier mitgetheilten Versuche von Preyer an Seesternen sind auf Grund der alten Lehre des Nervensystems ausgeführt, so dass angesichts des neuen Standes der Kenntnisse des Nervensystems auch eine experimentelle Neubearbeitung der Seesterne wünschenswerth wäre.

Die Bewegungen der echten Seesterne geschehen mit Hülfe der Ambulacralfüsschen, welche in der Richtung der Reizwirkung vorgestreckt werden und an den Boden sich anheften, worauf der Körper nachgezogen und dann die Einziehung der Füsschen bewerkstelligt wird. Sogleich aber werden dieselben wieder extendirt, um das Spiel von Neuem zu wiederholen.

Die Schlangensterne besitzen Ambulacralfüsschen, welche rudimentär oder zurückgebildet worden sind. Bei ihnen erfolgt die Ortsbewegung mit Hülfe der Strahlen selbst, welche alternirend links und rechts von der Locomotion einen Radius vorschieben, wozu in Folge der Lage der Radien eine erhebliche Beugung derselben nothwendig ist. Die Pedicellen sind wahrscheinlich Sinnesorgane ohne locomotorische Function.

Ich entnehme die folgenden experimentellen Daten der schon oben erwähnten Arbeit von W. Preyer (Ueber die Bewegungen der Seesterne. Eine vergleichend physiologisch-psychologische Untersuchung. Mittheil. a. d. zoolog. Station zu Neapel. Bd. VII, S. 1 bis 127, 1886, S. 191 bis 233, 1887).

§. 1.

Die Versuche.

Wenn man bei einem Seesterne (*Asterias glacialis*) einen Strahl resp. Radius glatt an der Basis, da, wo er mit der Centralscheibe zusammenhängt, abschneidet, so macht derselbe ganz correcte Locomotion, doch sind die Bewegungen ziellos. Bei Astropecten sieht man das gleiche Resultat, nur braucht der abgeschnittene Arm etwas mehr Zeit, um sich zu erholen und die Locomotion zu beginnen.

Im Ganzen beobachtet man aber bei diesen Versuchen, die man selbst auf einzelne Armstücke ausdehnen kann, einen gewissen Mangel der Coordination und eine gewisse Trägheit. Die Locomotion der abgetrennten Arme besteht tagelang fort.

Nach Ablösung aller Radien (*Asterias glacialis*) macht die Centralscheibe Ortsbewegungen, wie das unversehrte Thier.

Es ist demnach selbstverständlich, dass ein mit dem zugehörigen Centralscheibenstück abgelöster Arm vollkommen normale Ortsbewegungen ausführt — und zielbewusst, wenigstens muss man dieses Zielbewusstsein voraussetzen, da der an der Basis abgesetzte Arm ziellos kriecht.

Anders verhalten sich die Schlangensterne: Ein glatt abgesetzter Arm macht überhaupt keine Ortsbewegung mehr, sondern windet sich nur schlangenförmig, aber uncoordinirt und stirbt sehr bald ab. Wenn man dem Arme aber den zugehörigen Theil seiner Centralscheibe mitgiebt, so vermag derselbe sich während längerer Zeit von der Stelle zu bewegen, also Ortsbewegungen zu machen.

In dieser Beziehung besteht demnach ein principieller Unterschied zwischen den echten Seesternen und den Schlangensternen. Alle Locomotion, wie überhaupt alle coordinirten Bewegungen, erlöschen bei Ophiuren (Schlangensterne) sofort, wenn man mit der Nadel, ohne Verletzung des dorsalen Integumentes, die fünf Ecken des centralen Nervenfünfeckes, also die Anfangspunkte der fünf Radialstränge, durchsticht, indem man die Nadel ventral gerade da einführt, wo die fünf Ecken der Mundöffnung auslaufen. Ich habe nicht finden können, dass derselbe Versuch bei den echten Seesternen ausgeführt worden ist, was gewiss sehr interessant wäre, obgleich sich mit aller Sicherheit voraussagen lässt, dass ein so „enthirnter" Seestern (um mit Preyer zu reden) Ortsbewegungen machen muss, da jeder Strahl dieser Bewegung fähig ist, aber es wird vom Zufall abhängen, ob im gegebenen Augenblicke genügende locomotorische Kräfte in der gleichen Richtung thätig werden, da die einzelnen Arme so gestellt sind, dass eine Ortsbewegung nach allen Richtungen erfolgen kann.

Wir werden übrigens an einer anderen Versuchsreihe genügend Gelegenheit haben, diese Voraussetzung zu verificiren.

Wenn man einen gesunden Seestern auf den Rücken legt, so pflegt sich derselbe, nach schon im Alterthum bekannter Beobachtung, ebenso wie es andere Thiere, z. B. Frosch, Fisch, Insect, machen, immer wieder in seine normale Bauchlage umzuwenden (abgesehen von einigen Ausnahmen, die unter speciellen Bedingungen auftreten und die hier nicht weiter interessiren). Prüft man in derselben Richtung basal abgeschnittene Arme oder deren Theile von echten Seesternen, z. B. *Asterias glacialis*, so ergiebt sich, dass alle diese Fragmente die Rückkehr in die Normallage bewerkstelligen, aber ungleich rasch, je nach ihrer Länge und je nachdem man ihnen mehr oder weniger die Centralscheibe belassen hat.

Die Schlangensterne verhalten sich auch hierin anders, denn ein basal abgesetzter Ophiurenarm wendet sich nicht mehr; um dies zu können, muss man ihn mit dem zugehörigen Theile der Centralscheibe in Verbindung lassen.

Es wiederholt sich demnach hier genau das Gleiche, was wir bei der Ortsbewegung gesehen haben.

Wenn man bei einem Astropecten vom Munde aus den Nervenring fünfmal durchschneidet, so dass die einzelnen Arme in ihrem centralnervösen Zusammenhange von einander getrennt werden, so vollzieht sich trotzdem die Selbstwendung, aber langsamer als normal und weniger sicher.

Dies Resultat musste ebenso vorausgesagt werden können, wie die Erhaltung der Locomotion bei der gleichen Verletzung, da jedem Arm für sich das Selbstwendungsvermögen zukommt.

Macht man den gleichen Versuch bei einem Schlangenstern (*Ophioderma*), so bleibt die Selbstwendung aus, wie nach den Erfahrungen an den isolirten Armen ebenfalls vorausgesagt werden konnte.

Endlich wurde untersucht, ob die einzelnen Radien für die Locomotion des ganzen Thieres gleichwerthig sind, oder ob einer oder mehrere einen gewissen Vorzug geniessen. Entsprechende Beobachtungen haben ergeben, dass es sich nicht um eine Majorisirung mehrerer Strahlen zu Gunsten eines besonderen handelt, sondern dass höchst wahrscheinlich die Locomotion jedesmal durch einen coordinatorischen Majoritätsbeschluss bestimmt wird.

B. Die Seeigel.

Die Form der Seeigel ist abzuleiten von einer Seesternform, deren Arme ganz in den gemeinsamen Körper übergehen. Das Nervensystem gleicht im Wesentlichen jenem des Seesternes mit seinem centralen Nervenpentagon und den fünf Ambulacralradien.

Wir folgen hier der Darstellung von L. Frédéricq (*Expériences physiologiques sur les fonctions du système nerveux des Echinides. Compt. rend. de l'Académie des sciences, T. 83, p. 908—910. Paris 1876*).

§. 2.

Die Versuche.

Wenn man mit einer feinen Scheere bei einem Seeigel (*Toxopneustes lividus*) fünf Einschnitte in die Buccalmembran in der Weise macht, dass man damit die Nervenstämme der fünf Ambulacralradien durchschneidet, ganz nahe ihrem Ursprunge von dem Nervenpentagon (*le collier*), so sieht man, dass die Ambulacralfüsschen zwar nicht gelähmt sind, das Thier selbst aber keine Ortsbewegung mehr macht; es vermag seinen Platz nicht mehr zu wechseln, während seine unversehrten Genossen normal auf dem Boden des Aquariums umher spazieren.

Legt man einen so operirten Seeigel auf den Rücken, d. h. wendet man ihn so um, dass der orale Pol nach oben zu liegen kommt, so verharrt er in der Lage, ist nicht im Stande, in seine Normallage zurückzukehren, was jeder normale Seeigel mit der grössten Regelmässigkeit thut, wie übrigens auch alle anderen Thiere.

Wenn man einen umschriebenen Punkt der äusseren Körperbedeckung reizt, so sieht man sofort, wie die Ambulacralfüsschen aus gewissen Bezirken sich gegen den gereizten Punkt senken, offenbar nur zur Abwehr. Der Versuch gelingt in gleicher Weise mit Segmenten, welche vollkommen vom Thiere abgelöst werden. Es liegt also in der äusseren Hautbekleidung die Bahn, welche die Uebertragung des Reizes auf die Muskeln vermittelt, was man deutlich daran sehen kann, dass, wenn man mit einem feinen Scalpell lineare Einschnitte in die Haut macht, man auf diese Weise die Ausbreitung des Feldes begrenzen kann, welches an den Abwehrbewegungen theilnimmt.

Neuntes Capitel.

Die Coelenteraten.

Wir behandeln ausschliesslich die Medusen, deren Nervensystem man so weit erforscht hat, dass es unserer Darstellung zugänglich ist. Zugleich liegen für diese Gruppe eine Reihe von physiologischen Versuchen vor, welche mit den anatomischen Daten gut übereinstimmen.

§. 1.

Die Anatomie.

In der Anatomie folgen wir der Arbeit von O. und R. Hertwig[1]), welche nach Gegenbaur die Medusen in die beiden Gruppen

1. *Craspedota*,
2. *Acraspeda*

eintheilen (je nachdem der Schirm oder die Glocke einen ausgebildeten muskulösen Randsaum, Velum, besitzt oder nicht).

Um dem Leser diese Thiere ins Gedächtniss zurückzurufen, setze ich daneben eine der im Mittelmeer häufigsten Medusen, die Wurzelqualle, *Rhizostoma Cuvieri*, Fig. 28, und daneben einen schematischen Querschnitt (Fig. 29), der das grob Anatomische wiedergiebt.

Fig. 28.

Rhizostoma Cuvieri.

Das Nervensystem der beiden Gruppen ist so grundsätzlich von einander verschieden, dass es gesondert dargestellt werden muss.

Das Nervensystem der Craspedoten besteht regelmässig aus einer centralen und einer peripheren Abtheilung (centrales und peripheres Nervensystem). Das erstere befindet sich ausschliesslich an der Peripherie der Schwimmglocke, wo es einen vollkommen geschlossenen Ring bildet, der um die Peripherie der Schwimmglocke herumzieht und durch den Ursprung des Velum in einen oberen und einen unteren Ring getheilt wird, die beide aus Nervenfasern und Ganglienzellen bestehen, sowie durch einzelne quere Nervenfibrillen mit einander communiciren. Zur Veranschaulichung dieser Verhältnisse dient Fig. 30.

Das periphere Nervensystem der Craspedoten, welches in der Subumbrella liegt, besteht aus einem Plexus von Nervenfasern und Ganglienzellen, die mit dem unteren Ringe in Verbindung stehen.

Bei den Acraspeden setzt sich der centrale Theil aus einer Anzahl getrennter Abschnitte zusammen, welche mit einander durch Com-

[1]) Das Nervensystem und die Sinnesorgane der Medusen. Leipzig 1878. Vgl. auch A. Lang, a. a. O. 1. Abth., S. 91, 1888.

missuren nicht in Verbindung stehen (ausgenommen sind die Cubomedusen, wo ein Ringnerv besteht). Die einzelnen Nervencentren sind am Schirmrande entwickelt, wo sie die Basis der Sinneskörper (eigenthümliche Sinnesorgane) einnehmen, welche in den Einkerbungen des Schirmrandes zwischen zwei Sinneslappen liegen und meist zu 8 bis 16 vorkommen. Sie sind Ektodermverdickungen und bestehen, histologisch betrachtet, aus Sinneszellen und einer dicken Schicht feinster Nervenfibrillen, neben Ganglienzellen.

Ein peripheres Nervensystem ist bei den Acraspeden ebenso vorhanden, wie bei den Craspedoten, und zwar ebenfalls in der Subumbrella als ein Plexus von Nervenzellen und Fasern.

Fig. 29.

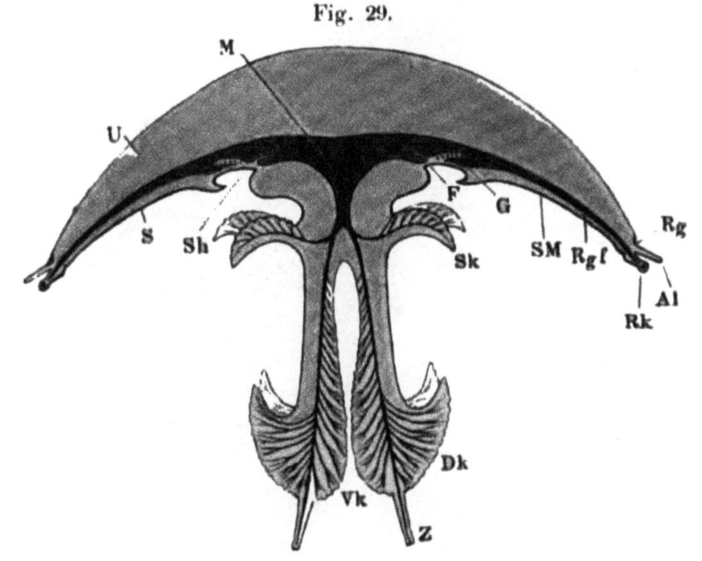

U Umbrella, *M* Magenraum, *S* Subumbrella, *SM* subumbrale Muskulatur, *Rgf* Radialgefässe, *Rk* Randkörper (Sinneskörper), *Rg* Riechgrube, *Al* Augenläppchen.

Wie wir bei den Coelenteraten resp. Medusen zum ersten Male in der Thierreihe auf ein Nervensystem stossen, das, wie bei allen übrigen Thieren, aus dem Ektoderm hervorgeht, so treffen wir hier ebenfalls die ersten resp. primitivsten Sinnesorgane, welche alle dem Ektoderm angehören. Allgemein sind es modificirte Epithelzellen, welche als die Endigungen sensibler Nervenfibrillen nachgewiesen werden können. Von anderen nicht sensiblen Zellen des Ektoderms unterscheiden sie sich anatomisch nur dadurch, dass sie auf ihrem peripheren Ende ein Sinneshaar tragen und an ihrer Basis in eine oder mehrere Nervenfibrillen übergehen. Das sind indifferente Sinneszellen, welche, streckenweise vorkommend, als Sinnesepithel auftreten, das eine besondere

Reizbarkeit und Empfindlichkeit besitzt, durch welches wahrscheinlich Eindrücke unbestimmter und allgemeiner Natur dem Organismus übermittelt werden.

Diese Sinneszellen sind deshalb in morphologischer wie physiologischer Beziehung für die primitivsten Sinneselemente zu halten und sie bilden die Grundlage, aus welcher sich die specifischen Sinnesorgane allmälig hervorgebildet haben.

Fig. 30.

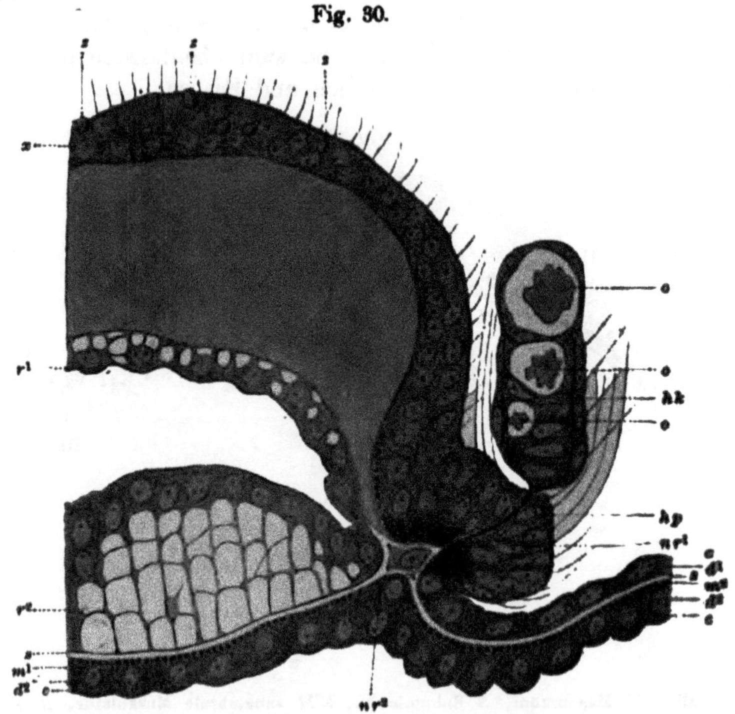

Querschnitt durch den Schirmrand an der Ursprungsstelle des Gehörorgans (*Cuurna lativentris*).
o Otolith, *hk* Hörkölbchen, *nr*[1] oberer Nervenring, *nr*[2] unterer Nervenring, *t* Tasthaare.

Aus dem indifferenten Sinnesepithel haben sich bei den Medusen dreierlei verschiedene Sinnesorgane herausgebildet: Tast-, Seh- und Gehörorgane.

Als Tastorgane werden Sinneszellen bezeichnet, die mit langen, steifen, über die Oberfläche hervorragenden Borsten versehen sind. Solche Tastorgane kommen bei verschiedenen Gruppen der Craspedoten am Scheibenrande sitzend vor, wo sie fast unmittelbar mit dem oberen Nervenringe verbunden sind. Besonders auffallende Tastorgane sind die Tentakel, welche von denselben Sinneszellen bedeckt sind.

Ein zweites specifisches Sinnesorgan der Medusen sind die Ocellen (Sehorgan), in denen die Sinneszellen von Pigment eingescheidet sind und die vor sich lichtbrechende Medien (Linse) haben. Die Figur 31 zeigt

Fig. 31.

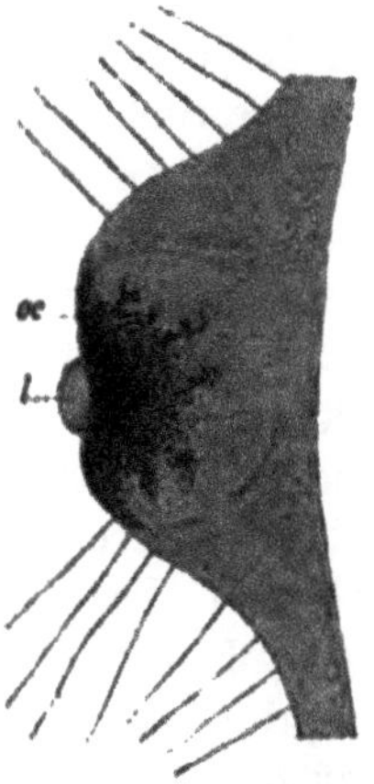

Ocellus von *Lizzia Koellikeri*, von der Seite gesehen.
oc Ocellus, *l* Linse.

Fig. 32.

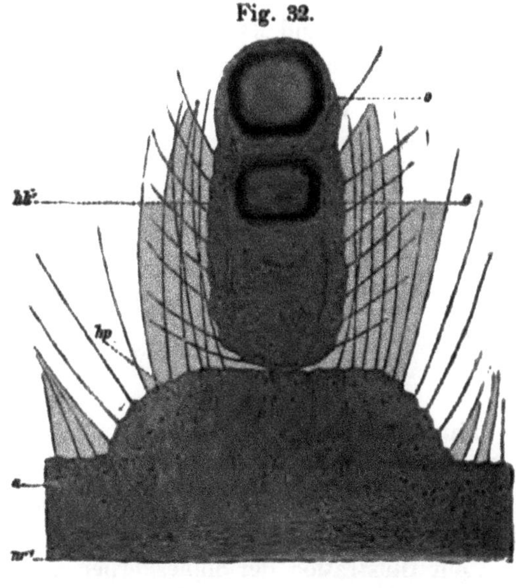

Ansicht des Gehörorgans nach Behandlung mit dünner Osmiumsäure, die Concretion nach einem frischen Präparate eingezeichnet.
o Otolithen, *hk* Hörkölbchen, *hp* Hörpolster, *s* Sinneszellen, Sinnesepithel, *nr*[1] oberer Nervenring.

eine solche Ocelle, mit denen eine Anzahl Acraspeden und eine Abtheilung der Craspedoten, die Ocellaten, versehen sind.

Das dritte specifische Sinnesorgan sind die Gehörorgane: Man findet in einem mit Flüssigkeit erfüllten Bläschen, das offen ist, Sinneszellen, die steife Haare (Hörhaare) tragen und eine leicht bewegliche

Fig. 33.

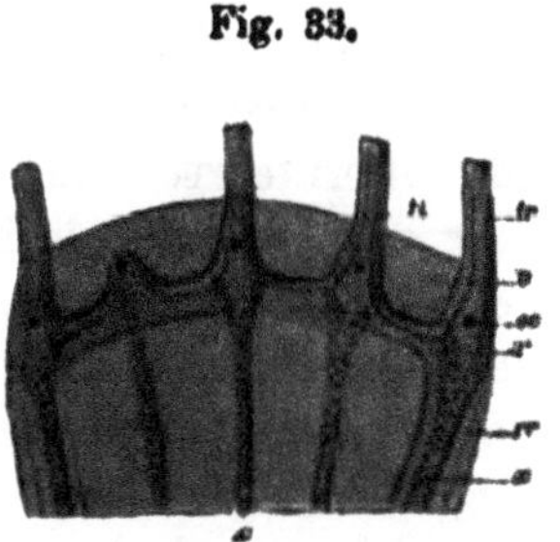

Fig. 34.

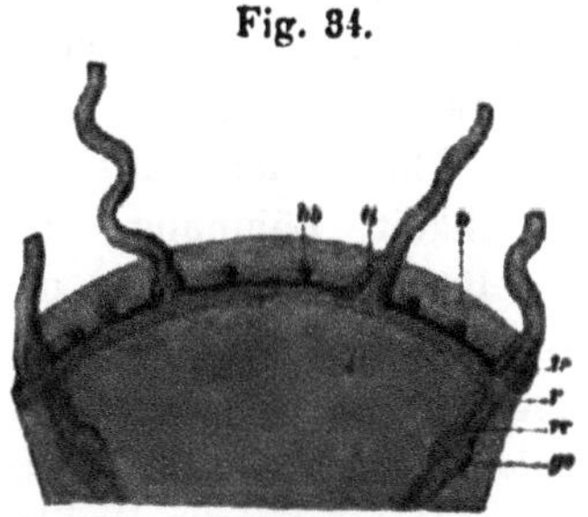

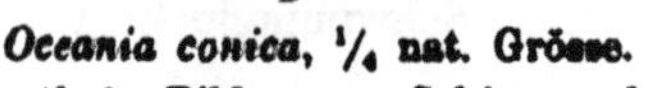

Oceania conica, 1/4 nat. Grösse. *Phialidium viridicans*, 1/4 nat. Grösse.

Schematische Bilder vom Schirmrande der untersuchten Medusen bei Betrachtung von oben. Velum ist überall nach aussen geschlagen.
ti interradiale Tentakel, *tr* radiale Tentakel, *v* Velum, *oc* Ocellus, *r* Ringcanal, *rr* Radialcanal, *x* Nesselstreifen, *hb* Hörbläschen, *gv* Geschlechtsorgane.

aus Kalk bestehende Concretion. Fig. 32 (a. v. S.) zeigt ein solches Hörorgan, welches an seinem Standorte am Schirmrande auch schon in Fig. 30 sichtbar ist. Solche Organe kommen bei Craspedoten und Acraspeden vor.

Die Fig. 33 und 34 (a. v. S.) zeigen die Seh- und Hörorgane in ihrer natürlichen Stellung an dem Schirmrande der Medusen.

Fig. 35.

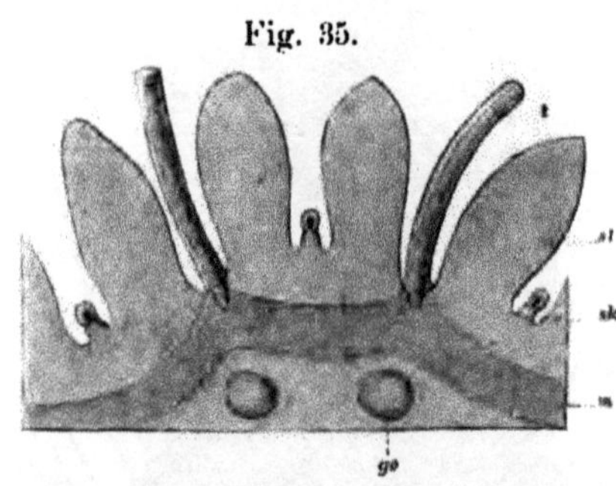

Nausithoë albida, $^1/_4$ nat. Grösse.
t Tentakel, *sl* Sinnesläppchen, *sk* Sinneskörper, *m* Muskelfibrillen.

Eine besondere Stellung nehmen die Sinneskörper der Acraspeden ein, welche zusammengesetzte Sinnesorgane darstellen: einerseits nämlich Gehörorgane mit einem Otolithen oder einem Haufen von solchen, andererseits ein Auge oder mehrere Augen. Die ganze Gegend des Sinneskörpers, welcher beiderseits von den stark vorspringenden Sinneslappen geschützt wird, ist von einem Sinnesepithel überzogen, das mit einem dichten Nervenplexus in Verbindung steht.

Zur Illustration der Sinneskörper und ihrer Anordnung im Schirmrande diene die Fig. 35.

Allgemein finden sich sogen. Riechgruben (s. Fig. 29).

§. 2.

Die Versuche.

An die vorausgehende Darstellung eines Nervensystems der Medusen schliessen sich eng die experimentellen Versuche von Eimer[1]) und Romanes[2]) an.

Romanes allein untersuchte Craspedoten und unter diesen vornehmlich die leicht bewegliche Ocellate, *Sarsia nebulosa*. Wenn er bei diesem Thiere den ganzen Schirmrand entfernte, so trat völlige Unbeweglichkeit, Lähmung, ein. Blieb nur ein, wenn auch kleiner Theil des Randes stehen, so dauerten die selbständigen Bewegungen fort, wenn sie in ihrer Stärke auch bedeutend nachgelassen hatten. Es ist hierbei besonders bemerkenswerth, dass das isolirte Ausschneiden der Ocellen in auffallender Weise die Beweglichkeit herabsetzte.

Wenn man die ihres Randes entkleidete Schwimmglocke reizt, so

[1]) Th. Eimer, Zoolog. Untersuchungen. Würzburg 1874, Heft 1.
[2]) G. J. Romanes, Preliminary Observations of the locomotor System of Medusae. Philosophical Transactions. London 1876, Vol. 166.

beantwortet sie jeden Reiz mit einer einmaligen Contraction, deren mehrere, entsprechend einer Anzahl von Reizen, sich zu einer locomotorischen Bewegung summiren können.

Bei den Acraspeden fand Romanes, dass die Ausschneidung der Sinneskörper nur eine vorübergehende Lähmung erregt, deren Dauer verschieden lang ist. Die Bewegungen, die danach wieder eintreten, sind freilich weniger kräftig.

Eimer beschäftigte sich nur mit den Acraspeden und fand, wie Romanes, dass die Medusen nach Entfernung der Randzone immer dann die ebenfalls nur vorübergehende Lähmung zeigen, wenn man mit dem Randkörper noch die vorliegende, wenige Millimeter breite Gewebszone abgetragen hat, welche er deshalb als contractile Zone bezeichnet. Diese selbst setzt unbehelligt ihre rhythmischen Bewegungen fort.

§. 3.
Analyse der Versuche.

Es geht aus diesen Versuchen hervor, dass sowohl der Nervenring der Craspedoten wie die Sinneskörper der Acraspeden ein nervöses Centralorgan darstellen, von dem aus sich jeder Reiz durch das periphere Nervensystem, den Nervenplexus, fortleitet.

Die verschiedene histologische Beschaffenheit des oberen und unteren Nervenringes der Craspedoten macht es wahrscheinlich, dass beide Theile functionell verschieden sind. In der That werden von dem oberen Ringe, dem sensiblen Abschnitte, die Sinnesorgane erregt, während der untere, der motorische, die Muskeln versorgt. Diese Differenzirung rührt daher, dass die Bewegungsorgane auf der unteren Seite der Schirmglocke liegen, während die Sinnesorgane sich auf der oberen Fläche befinden.

Doch ist diese Differenzirung keine absolute, denn die Gehörorgane der Vesiculaten erhalten ihre Nerven von dem unteren Nervenring, während die muskelreichen Tentakeln bei allen Medusen von dem oberen Nervenringe versorgt werden.

Zehntes Capitel.
Die Zwangsbewegungen.

Die Bedeutung, welche den Zwangsbewegungen zukommt, ist seit der theoretischen Verwerthung derselben, wie sie in der Abtheilung über die Fische entwickelt worden ist[1]), eine ganz hervorragende. Deshalb erfahren dieselben eine ausführliche Behandlung, da wir durch sie allein erst in den Stand gesetzt werden, das Vorhandensein des allgemeinen Bewegungscentrums und mittelbar des Gehirns festzustellen.

In derselben Reihenfolge, in der wir oben die doppelseitige Abtragung der Ganglienknoten gemacht haben, wollen wir nunmehr die halbseitigen oder einseitigen Abtragungen folgen lassen.

§. 1.

Die Crustaceen.

Wir benutzen ausschliesslich den Flusskrebs und die oben genannte Bogen- und Dreieckskrabbe; unter den Isopoden, wie oben, die Mauerassel.

A. Die Versuche.

Man legt das dorsale Ganglion in der oben angegebenen Weise (S. 40) bloss und entfernt mit einer guten Scheere die eine Hälfte, z. B. die linke, vollständig. Ich empfehle, auf die vollständige halbseitige Entfernung viel Sorgfalt zu legen und darauf zu achten, dass man nicht mehr als diese entfernt, so dass eine Verletzung der anderen Seite vermieden wird. Die Wunde verschliesst man, wie oben beschrieben, und bringt den Krebs wieder ins Wasser: Er beginnt nach rechts, d. h. in der Richtung der unverletzten Seite, im Kreise herumzugehen und behält diese Kreisbewegung für immer bei. Ich habe sie bis zu vier Wochen beobachtet. Hat man die rechte Hälfte des Hirnganglions entfernt, so erfolgt die Bewegung nach der linken Seite.

Alle Gliedmaassen nehmen an der Locomotion in vollständig coordinirter Weise theil, eine periphere Lähmung ist nirgends vorhanden; ebenso wenig kann man sehen, dass die eine Seite stärker thätig ist, als die andere. Steht der Krebs ruhig da, so ist er von einem normalen Thiere nicht zu unterscheiden; nichts zeigt den Defect in der Bewegungssphäre an. Legt man den Krebs auf den Rücken, so dreht er sich in die Normallage wieder zurück (es ist selbstverständlich, dass die Kopfanhänge, Antennen, Augenstiele, der operirten Seite gelähmt sind).

Aber auch das Schwimmen des Schwanzes ist ihnen erhalten, freilich geht auch dieses im Kreise herum unter gleichzeitiger Lagerung der Extremitäten, besonders des Scheerenpaares, nach vorn, genau wie beim unversehrten Thiere. Indess kommt diese Form der Bewegung,

---

[1]) Siehe Fische, S. 83.

wenn sie auch vorhanden ist, doch nur wenig zu Stande; am ehesten noch dann, wenn man den Krebs auf den Rücken legt und das Schwanzende reizt, unter welchen Bedingungen der Krebs am leichtesten zum Schwimmen übergeht.

Es liegt übrigens in der Natur seiner Schwimmbewegungen, dass dieser Krebs keinen regelmässigen Kreis beschreibt, sondern dass es sich vielmehr um ein Polygon handelt, weil diese Form der Bewegung sich aus periodischen Stössen zusammensetzt, von denen jeder dem Thiere zunächst eine geradlinige Richtung ertheilt.

Reizt man die Hautoberfläche des Krebses mechanisch auf der einen oder anderen Seite, so gerathen die beiderseitigen Extremitäten in Bewegung, ebenso die Antenne und das Auge der der Verletzung entgegengesetzten Seite; nur die Antenne und das Auge der verletzten Seite fallen aus, wie wohl selbstverständlich.

Eine besondere Form in dieser Reihe bildet folgender Versuch: Reizt man die Oberfläche eines Krebses, so entstehen gelegentlich auch Schwimmbewegungen. Man macht den Versuch am besten so, dass man den Krebs in Rückenlage am Rumpfe in der linken Hand hält und das Schwanzende durch Zusammenpressen zwischen Daumen und Zeigefinger mechanisch reizt; es erfolgen unter günstigen Bedingungen dann eine Anzahl von periodischen Schwanzbeugungen (Schwimmbewegungen), während gleichzeitig sich die Extremitäten nach vorn legen.

Hat man die eine Hälfte des Ganglions, z. B. die rechte, abgetragen und reizt gesondert das rechte oder das linke Schwanzende, so war zu bestimmen, unter welchen Umständen die Schwimmbewegung nunmehr auftritt. Vielfache Versuche haben mit Bestimmtheit ergeben, dass man sowohl bei Reizung des rechten wie bei Reizung des linken Schwanzendes diese Schwimmbewegung bekommt. Dieses Resultat war durchaus nicht mit Sicherheit vorauszusagen und es wird seine eigentliche Bedeutung erst weiterhin zu Tage treten, wenn wir es dem gleichen Versuche gegenüberstellen werden, wo eine der Längscommissuren der Bauchkette einseitig durchschnitten worden ist.

Die günstigen Bedingungen, die dieser Versuch verlangt, sind vor Allem recht frische, lebhafte Thiere; wenig Verlust ihrer Energie durch die Operation; schliesslich Thiere aus gewissen Monaten, z. B. Juli und August; spätere Monate eignen sich weniger, über frühere habe ich keine Notizen; vielleicht sind es die Monate ohne *r*, in denen die Krebse auch für die Tafel am meisten geeignet sind.

Andere Formen von Zwangsbewegungen kommen bei meinen Krebsen nicht zur Beobachtung, obgleich einige Autoren auch Rollbewegungen gesehen zu haben angeben. Das ist indess ein Irrthum im Ausdruck und die Sache verhält sich folgendermaassen: In verschiedenen Fällen halbseitiger Abtragung des Dorsalganglions sieht man in der That ab und zu, dass die Kreisbewegung unterbrochen wird durch ein Umkippen des Krebses auf die verletzte Seite. Man stelle dem gegenüber die vehemente, deutlich active Rollbewegung der Wirbelthiere, z. B. des Fisches, des Frosches, der Eidechse u. a., so wird man sofort sehen, dass hier von Rollbewegungen nicht die Rede ist. Es handelt sich in diesen Fällen um eine mangelhafte Beweglichkeit, welche ihren Grund in einer ungenauen Entfernung (oder sonstigen Verletzung) der anderen Hälfte des Dorsalganglions hat. Wenn man die Entfernung sorgfältig ausführt, so werden diese Unterbrechungen in der regelmässigen Kreisbewegung auch selten und verschwinden vollkommen.

Der Versuch ist sehr viel reiner und beweist, was eben behauptet worden ist, wenn man statt des halben Dorsalganglions die Dorsoventralcommissur der einen Seite durchschneidet. Es ist hierbei mit Sicherheit vorauszusehen, dass die Durchtrennung der linken Commissur eine Kreisbewegung nach rechts und umgekehrt hervorrufen müsse, was der Versuch in der That ebenso bestätigt hat, wie die Regelmässigkeit der Kreisbewegung, welche bei dieser Methode am klarsten zu Tage tritt und welche deshalb für den Versuch, wie etwa für eine Vorlesungsdemonstration, am meisten zu empfehlen ist.

Hierbei möchte ich nicht unterlassen, zu bemerken, dass zur Demonstration der Kreisbewegung für die Vorlesung kein anderes Thier die wesentlichen Erscheinungen der Bewegungsstörung in so klarer und überzeugender Weise zeigt, wie der Krebs. Sehr instructiv ist der Versuch so, dass man zwei Krebse operirt, wovon dem einen die rechte, dem anderen die linke Commissur durchschnitten wird: es ist ein unvergessliches Bild, wie die beiden Krebse nunmehr ohne Unterlass und mit absoluter Regelmässigkeit, gleich zwei Uhrwerken, in zwei entgegengesetzten Kreisen sich an einander vorbei bewegen.

Ich will übrigens nicht in Abrede stellen, dass man durch partielle Abtragungen des Dorsalganglions, ähnlich wie beim Frosch, noch weitere Formen von Zwangsbewegungen erzeugen wird, aber ich finde, dass das Aufsuchen derselben ohne Interesse ist; dass man sich besser begnügt, die bekannte Kreisbewegung ausgiebig zu studiren.

Um gewissen Angaben gerecht zu werden, habe ich gleichzeitig Auge und Ohr (innere Antenne) bei Krebsen (und Krabben) entfernt und keinerlei Veränderung in ihren willkürlichen und geradlinigen Bewegungen, vor Allem niemals zwangsweise Kreisbewegung beobachtet.

Es war endlich von Interesse zu untersuchen, wie sich nach einseitiger Abtragung des Dorsalganglions resp. nach einseitiger Durchtrennung der Dorsoventralcommissur die spontane Nahrungsaufnahme gestaltet.

Nachdem die Dorsoventralcommissur der einen Seite durchschnitten, die entsprechende Kreisbewegung eingetreten und die nothwendige Erholung erfolgt war (am nächsten Tage), nahm ich einen ganz schmalen Streifen von rohem Schinken und legte ihn in das Gefäss auf den Boden, in dem sich der Krebs befand, unterhalb der Mundgegend. Sofort erfasste der Krebs den Schinkenstreifen mit den Mandibelfüssen, während das erste Gehfusspaar jenen nachhalf. So wurde die Nahrung allmälig in den Mund geschoben und sehr bald verspeist — dieser Schinkenstreifen und noch einige andere. Weiterhin wurde der Versuch so disponirt, dass ich den Schinkenstreifen in einiger Entfernung von dem Krebse auf den Boden legte, aber doch so, dass er sich in seinem Gesichtskreise befand. Kurz darauf setzte sich der Krebs in Bewegung und erreichte trotz seiner Bewegungsstörung auf sehr kunstvolle Weise den Schinkenstreifen, um ihn zu verzehren.

Man kann diesen Versuch auch ausserhalb des Wassers so machen, dass man den Krebs in Rückenlage in die linke Hand nimmt und ihm resp. der Mundöffnung den Schinkenstreifen hinreicht: es wiederholt sich, was wir auch im Wasser gesehen haben; er erfasst die Nahrung mit den Mandibelfüssen und schiebt sie allmälig in die Mundhöhle vor, um sie nach und nach zu verzehren. Man kann den Krebs, während der halbe Schinkenstreifen noch zum Munde heraushängt, wieder ins Wasser setzen, ohne dies Essgeschäft zu unterbrechen.

Die Untersuchung der Zwangsbewegungen der Krabben bietet ein mehrfaches Interesse, wie wir später ausführlich sehen werden.

Zunächst erzeugt die halbseitige Abtragung des Dorsalganglions oder der einen der von diesem Ganglion herabziehenden Commissuren Kreisbewegung nach der entgegengesetzten Seite mit allen den beim Krebse geschilderten Attributen, insbesondere dem Mangel jeder peripheren Lähmung. Aber in einem Punkte unterscheiden sich die Kreisbewegungen der Krabben von jenen aller übrigen Thiere, welche solche krummlinige Bewegungen zeigen. Während nämlich alle Thiere bei der Kreisbewegung sich so bewegen, dass die Axe ihres Körpers stets in der Peripherie dieses Kreises sich befindet resp. diesem Kreise als Tangente anliegt, steht die Axe des Körpers der Krabben in dem Radius dieses Kreises und ihre Queraxe liegt dem Kreise als Tangente an. Die Abweichung musste vorausgesehen werden und ist auch von mir vorausgesagt worden, auf Grund der eigenthümlichen, seitlich fortschreitenden Bewegung der Krabben.

Die Erscheinung zeigt von Neuem, wie wir schon bei den Pleuronectiden gesehen haben [1]), dass die in den Zwangsbewegungen beschrie-

---

[1]) Vergl. Fische, S. 78.

benen krummen Linien Curven darstellen, welche, mit dem Körper unverrückbar verbunden, allen seinen Lageveränderungen unbedingt folgen.

Die Mauerassel hatten wir nach Abtragung des Kopfes ihre Locomotion fortsetzen sehen.

Trägt man den halben Kopf ab, so laufen sie im Kreise herum: nach rechts, wenn die linke Seite, nach links, wenn die rechte Seite des Kopfes abgetragen worden ist.

Ihr Verhalten ist demnach völlig ähnlich jenem der übrigen Crustaceen und gleicht ihnen auch darin, dass jede periphere Störung fehlt.

Ich möchte schliesslich entgegen fast allen meinen Vorgängern nochmals eindringlich hervorheben, dass die einmal geschaffenen Zwangsbewegungen mit ihrer gegebenen Richtung unverändert bestehen bleiben und dass in keinem Falle periphere Störungen vorhanden sind.

Nur wenn Schwächezustände auftreten, wie sie etwa dem Tode des Thieres voranzugehen pflegen, hört die Zwangsbewegung überhaupt auf. Solche Beobachtungen sind natürlich unbrauchbar und für uns werthlos.

B. Analyse der Versuche.

Wir wollen hier nur diejenigen Folgerungen ableiten, welche sich auf den Besitz des allgemeinen Bewegungscentrums beziehen.

Aus der oben beschriebenen Thatsache, dass nach doppelseitiger Abtragung des Dorsalganglions die Locomotion aufgehoben war, hatten wir für den Krebs und die Krabben das Vorhandensein des allgemeinen Bewegungscentrums erschlossen. Soll dieser Schluss ganz bindend sein, so mussten nach den weiteren Kenntnissen, die wir bei den Wirbelthieren uns erworben haben, nunmehr einseitige Abtragungen des Dorsalganglions Kreisbewegungen (Zwangsbewegungen) erzeugen, deren Richtung nach der gesunden Seite hin gehen würde. Der Versuch hat in diesem Sinne entschieden und damit einen weiteren Beweis für die Existenz des allgemeinen Bewegungscentrums in dem Dorsalganglion jener Thiere geliefert.

Nicht so einfach lag die Sache für die Gruppe der Isopoden, wo die Abtragung des Kopfes nichts über das Vorhandensein eines allgemeinen Bewegungscentrums lehren konnte, da das geköpfte Thier ruhig seinen alten Marsch fortsetzt. Erst die Kreisbewegung nach halbseitiger Abtragung des Kopfes, resp. des Dorsalganglions belehrt uns darüber, dass in dieses Ganglion, wie bei den anderen Crustaceen, ebenfalls das allgemeine Bewegungscentrum verlegt werden muss.

Da das Centralnervensystem aller Crustaceen wesentlich gleich ist, so können wir allgemein folgern, dass bei sämmtlichen Crustaceen in dem Dorsalganglion das allgemeine Bewegungscentrum enthalten ist (ausgenommen hiervon könnten etwa die parasitischen Krebse sein, deren Organisation durch ihre parasitische Lebensweise weitgehende Veränderungen erfahren hat).

§. 2.

Die Insecten.

Die Versuche werden an denselben Insecten ausgeführt, die auch oben dem Experimente gedient hatten; insbesondere aber an der Küchenschabe *(Periplaneta orientalis)* und dem goldgrünen Laufkäfer *(Carabus auratus)*; daneben auch Stubenfliege und Kohlweissling, sowie andere gelegentlich gefundene Insecten. Endlich auch bei den Raupen.

A. Die Versuche.

Man führt die einseitige Abtragung des Dorsalganglions in derselben Weise aus, wie wir es oben bei der totalen Abtragung gemacht haben: entweder nach Blosslegung des Ganglions, oder ohne Vorbereitung, indem man gerade zwischen den Augen mit einem guten Scheerenschnitt den Kopf so halbirt, dass der Schnitt ein wenig schräg nach der Seite abweicht, welche man zerstören will. Ich ziehe diese Methode vor, weil sie rascher und ebenso sicher zum Ziele führt; daneben aber zu anderweitigen Verletzungen des sich naturgemäss heftig wehrenden Thieres keine Veranlassung bietet. Insbesondere weil man bei längerer Präparation die zarten Beine gefährdet, welche, wenn auch nur im untersten Gliede verletzt, die Beweglichkeit des Käfers wesentlich beeinträchtigen.

Wenn man auf die eine oder andere Art das halbe Dorsalganglion bei den genannten Käfern abgetragen hat, so sieht man sie in gut gelungenen Versuchen ausnahmslos von der geraden Linie abgelenkt im Kreise herumgehen, und zwar jedesmal in der Richtung nach der unverletzten Seite. Lähmungen sind nirgends vorhanden. Die neue Bewegungsform unterscheidet sich von der normalen Bewegung ausschliesslich durch die Aenderung der Richtung, und dadurch, dass diese Richtung nicht mehr gewechselt werden kann, sondern bedingt, dass das operirte Thier nur in der einmal vorgeschriebenen Kreislinie sich fortzubewegen vermag.

Eine andere Form der Zwangsbewegung, als die Kreisbewegung, habe ich unter den eingeführten Bedingungen bei den Käfern nicht gesehen. Von einzelnen Autoren beschriebene Rollbewegungen fallen in dieselbe Classe von Irrthümern, die wir bei den Crustaceen hervorgehoben haben: auch hier handelt es sich nur um ein Umkippen nach der verletzten Seite, aber eine echte Rollbewegung ist es nicht.

Wenn man der Stubenfliege die Hälfte des Kopfes abträgt, so beginnt sie, zierlich sich im Kreise herumzudrehen in der Richtung nach der unverwundeten Seite. Auch zu fliegen beginnt sie im Kreise herum, aber nicht continuirlich, sondern in Stössen und ohne sich ansehnlich hoch von ihrer Unterlage zu entfernen. Noch deutlicher tritt diese Art der Flugbewegung im Kreise herum und in einzelnen Stössen der Wespe hervor, ohne indess mehr zu lehren, als die Erscheinung bei der Fliege. Ebenso kann man auch den Schmetterling *(Pieris brassicae)* in die kreisförmige Flugbahn zwingen. Aber dieser Flug ist, wie schon bemerkt, niemals continuirlich; wenigstens ist es mir nicht gelungen, eine der normalen gleiche continuirliche Flugbewegung im Kreise herum zu erreichen. Indess ist das theoretisch nicht von Belang, da die Existenz der Kreisbewegung festgestellt ist.

Eines Tages hatte ich zwei reizende Larven von *Ephemera vulgaris* (Eintagsfliege) im Wasser gefangen. Es gelang mir, bei den beiden Exemplaren je die rechte und die linke Kopfseite abzutragen, worauf die graziösen Wesen in zwei entgegengesetzten Kreisen herumschwammen.

Bei Raupen denselben Versuch überzeugend auszuführen, war nicht möglich. Die behaarten Raupen sind sehr unhandlich und die nackten Raupen im Allgemeinen sehr wenig resistent. Das Dorsalganglion ist viel zu winzig, um es einseitig zu zerstören; es musste hier ein ganz anderer Weg eingeschlagen und die Durchschneidung der dorsoventralen Commissur angestrebt werden. Die Präparation des Kopfes ergab, dass man durch Einführen einer feinen Scheere in die Mundöffnung und einen von hier aus nach oben und hinten gelegten Schnitt die Commissur treffen musste.

Als Material wählte ich die Raupe des Kohlweisslings, welche ich in grossen Mengen haben konnte.

Auf diese Weise ist es gelungen, auch die Raupe in die Kreisbewegung zu zwingen, sowohl nach der rechten, wie nach der linken Seite.

B. Analyse der Versuche.

Nachdem die doppelseitige Abtragung des Dorsalganglions bei den untersuchten Insecten die Locomotion nicht aufgehoben hatte, konnte man das Vorhandensein eines allgemeinen Bewegungscentrums im Dorsalganglion weder bejahen noch verneinen.

Jetzt finden wir die einseitige Abtragung des Dorsalganglions von Zwangsbewegungen gefolgt, woraus sich ergiebt, dass in dem Dorsalganglion das allgemeine Bewegungscentrum enthalten ist.

Da wir diese Erfahrung an einer grösseren Anzahl von verschiedenen Gruppen aus den Insecten gemacht haben und das Nervensystem der übrigen Insecten principiell im Baue sich gleicht, so können wir den Satz verallgemeinern und schliessen, dass die Insecten ein im Dorsalganglion gelegenes allgemeines Bewegungscentrum besitzen.

Und noch weiter haben wir gesehen, dass auch die Vorstufen von Insecten (Raupen, Larve von *Ephemera vulg.)* nach einseitiger Abtragung des Dorsalganglions in Kreisbewegung gerathen, somit ebenfalls schon im Besitze des allgemeinen Bewegungscentrums sind, wie die Insecten selbst, zu denen sie sich erst entwickeln.

§. 3.

Die Myriopoden.

A. Die Versuche.

Diese Versuche werden ausschliesslich an *Julus terrestris* ausgeführt. Unter Verzicht auf die halbseitige Abtragung des Dorsalganglions wird, wie bei den Raupen, nach dem gleichen Verfahren die dorsoventrale Commissur durchtrennt. Die so operirten Individuen gehen rechts oder links im Kreise herum, je nachdem man die linke oder die rechte Commissur getroffen hat.

Aehnlich dürften sich Geophilus und Lithobius verhalten.

B. Analyse der Versuche.

Es folgt aus dieser Beobachtung, dass wir in das Dorsalganglion der Myriopoden ebenfalls das allgemeine Bewegungscentrum zu verlegen haben.

§. 4.

Die Anneliden.

A. Die Versuche.

Die ersten Versuche sind am Blutegel und dem Regenwurme gemacht worden, die indess bei Weitem nicht geeignet sind für eine überzeugende Beweisführung, welche nur an den Meeranneliden zu erreichen war. Von diesen waren besonders bevorzugt *Ophelia*, *Eunice*, *Diopatra neapolitana* und *Nephthys scolopendroides*.

Wenn man nach dem Vorbilde der doppelseitigen (s. S. 52) die halbseitige Abtragung des Dorsalganglions ausführt und den Blutegel danach frei lässt, so bemerkt man keine Veränderung in seinen Bewegungen, also keine Erscheinung, welche man als Zwangsbewegung zu deuten hätte. Von den Meeranneliden schien *Diopatra neapolitana* für den Versuch sehr geeignet, zumal, weil man sie im Golfe von Neapel in grossen Mengen findet und andererseits weil sie sehr lebhafte und charakteristische Bewegungsform hat. Vielfache Bemühungen, das Dorsalganglion einseitig abzutragen, blieben indess erfolglos, so dass dieser ganze Weg aufgegeben werden musste. Die neue Methode bestand darin, dass ich, unter Verzicht auf das Dorsalganglion, die abgehende Dorsoventralcommissur zu durchschneiden versuchte, was auch nicht gerade leicht, aber doch ausführbar schien. Oben habe ich bei den Raupen anticipando diese Methode schon angewendet, dieselbe aber in der That erst für die Anneliden ersonnen.

Bei den Raupen gestaltete sich die Sache insofern günstig, als dieselben nach der Durchschneidung in Zwangsbewegungen geriethen, womit hinreichend deutlich erwiesen war, dass die geplante Durchschneidung auch wirklich gelungen sei. Bei den Anneliden musste man damit rechnen, dass eventuell die Durchschneidung ohne Folgen für die Bewegungsform der Thiere bleiben könnte und dann musste eine Controle darüber geübt werden können, ob die Durchschneidung thatsächlich gelungen oder missglückt war. In welcher Weise diese Controle geübt wurde, wird weiterhin berichtet werden.

Für den ersten Versuch wählte ich einen kleinen, schönen Anneliden, die *Ophelia*, bei welcher man ohne Zweifel die Commissur musste treffen können, wenn man mit einer feinen Scheere in die Mundöffnung eingehend einen Schnitt nach hinten und oben legt. Der Versuch war leicht ausführbar; das Thier blieb in seinen Bewegungsverhältnissen unverändert und durch Präparation liess sich schon mit unbewaffnetem Auge, besser unter leichter Lupenvergrösserung, nachweisen, dass die Commissur in zweckentsprechender Weise durchtrennt worden war. Das Resultat ist vollkommen eindeutig, namentlich mit Bezug auf die Thatsache der Durchschneidung der Dorsoventralcommissur.

Trotzdem befriedigte der Versuch nicht vollständig, weil die Bewegungen dieses Anneliden im Ganzen etwas träge sind und man die Bewegungen nicht ausreichend übersieht. Ich wünschte den Versuch an einem recht lebhaften Anneliden zu wiederholen, bei welchem Aenderungen seiner Bewegungen sich viel eher und deutlicher herausheben.

Hierzu eignet sich *Nephthys scolopendroides:* in der oben geschilderten Weise wird die Durchschneidung der Commissur bei einer grösseren Anzahl von Exemplaren ausgeführt (ein Dutzend) und die

Controle darüber in der Weise geübt, dass der Kopf nach entsprechender Behandlung in eine Schnittserie zerlegt und die Schnitte unter dem Mikroskope bei schwacher Vergrösserung durchgesehen werden; die Durchschneidung war in den durchgesehenen Fällen stets eine vollkommene. Die Individuen dieser Serie hatten seiner Zeit keine Aenderung ihrer Bewegungen wahrnehmen lassen.

Um die Frage möglichst zu erschöpfen, wurde der gleiche Versuch auch an *Eunice* und *Diopatra neapolitana* ausgeführt: in keinem Falle war eine Aenderung der Bewegung aufgetreten.

Eine Controle der Durchschneidung, wie oben, verbietet sich hier wegen des Paares von festen Zähnen, mit welchen der Kiefer dieser Anneliden ausgerüstet ist.

Bei der Untersuchung dieser ganzen Gruppe tritt ein neuer Umstand auf, der in der besonderen Art und Weise gegeben ist, wie sich die Anneliden fortbewegen. Dieselbe ist bekanntlich eine sehr unregelmässige und deshalb schwer vorauszusagen, in welcher Weise sich eine etwaige Zwangsbewegung zeigen würde.

Ausgehend von den bisherigen zahlreichen Erfahrungen muss man voraussetzen, dass, wie unregelmässig die Bewegung des unversehrten Thieres auch sein möge, eine etwa auftretende Zwangsbewegung sich gerade darin zeigen würde, dass die Bewegung nunmehr in irgend einer bestimmten Richtung dauernd verbleiben müsste.

Es erscheint demnach nur logisch, die Angelegenheit so zu behandeln, dass, wenn nach der Operation eine Aenderung in dem normalen Bewegungstypus nicht auftritt, auch von einer Zwangsbewegung, also auch von einem directen Einflusse des Dorsalganglions auf die Locomotion keine Rede sein könne. Gerade diese Besonderheit liess es wünschenswerth erscheinen, dass ich über den Blutegel hinaus nach anderen Anneliden suchte, um zu vollkommen überzeugenden Resultaten zu kommen. Und das konnten wieder nur Meeranneliden sein, von denen der Golf von Neapel eine reiche Auswahl bietet.

B. Analyse der Versuche.

Die doppelseitige Abtragung des Dorsalganglions, obgleich sie keine Störung der Locomotion nach sich zog, konnte das Fehlen eines allgemeinen Bewegungscentrums nicht beweisen. Jetzt, wo wir sehen, dass die einseitige Abtragung dieses Ganglions die Locomotion ebenfalls unverändert lässt, können wir mit Sicherheit schliessen, dass das Dorsalganglion des Blutegels kein allgemeines Bewegungscentrum enthält. Und wie der Blutegel, so erweisen sich auch die untersuchten Meeranneliden nicht im Besitze eines allgemeinen Bewegungscentrums. Nichts steht mehr im Wege, den Schluss zu verallgemeinern und zu folgern, dass das Dorsalganglion der echten Anneliden ein allgemeines Bewegungscentrum nicht einschliesst.

§. 5.

Die unsegmentirten Würmer.

Ein Versuch, analog dem obigen, wo die einseitige Abtragung des Dorsalganglions resp. des vordersten Ganglions ausgeführt werden sollte, erschien mir bei den unsegmentirten Würmern nicht ausführbar. Doch lässt sich in den obigen Versuchen in Verbindung mit den Erfahrungen bei den Anneliden mit hinreichender Sicherheit voraussagen, dass bei den Nemertinen und Planarien die einseitige Abtragung des Dorsalganglions die Locomotion in keiner Weise alteriren werde.

Inzwischen hat aber Loeb einen solchen Versuch an *Thysanozoon* Brockii ausgeführt und berichtet, dass er in keinem Falle Kreisbewegungen danach auftreten sah, womit in dankenswerther Weise meine Veraussetzung bestätigt wird. Daraus aber folgt, dass auch das Dorsalganglion der Planarien und Nemertinen ein allgemeines Bewegungscentrum nicht enthält.

Könnte man das einzige Ganglion bei *Distoma hepaticum* einseitig zerstören, so würde darauf voraussichtlich eine Kreis- resp. Drehbewegung um die verletzte Seite folgen, welche aber zugleich völlig gelähmt wäre; eine Erscheinung, die ganz andere Verhältnisse darbietet.

§. 6.

Die Mollusken.

Die Versuche beziehen sich auf die schon oben genannten Gruppen, nämlich *Pterotrachaea mutica*, *Cymbulia Peronii*, *Octopus vulgaris*, *Aplysia depilans*, sowie *Pleurobranchea Meckelii*.

A. Die Versuche.

An den pelagischen Formen mit der wunderbaren Durchsichtigkeit ihres Leibes ist der Versuch leicht ausführbar. Ich nehme eine *Pterotrachaea* aus dem Wasser, halte sie ein wenig gegen das Licht, um das Dorsalganglion deutlich sehen zu können und zerstöre es einseitig durch einen Scheerenschnitt oder noch bequemer mittelst einer glühenden Nadel. Keine Aenderung in der Locomotion folgte diesem schweren Eingriffe, weder bei der einen noch bei der anderen Form der Bewegung. Gewisse Erwägungen, welche mit der Theorie der Zwangsbewegungen in Verbindung stehen, legten mir den Wunsch nahe, auch eine einseitige Zerstörung des Pedalganglions vorzunehmen und deren Folgen zu beobachten. Aber ich habe mich vergeblich bemüht, dieselbe bei Pterotrachaea mit Sicherheit auszuführen. Insbesondere ist die Bewegung der Flosse nicht derart, um eine sichere Controle über Gelingen oder Misslingen der beabsichtigten Operation zu ermöglichen.

Da wandte ich mich an die *Cymbulia*, deren Pedalganglion deutlich eine rechte und linke Abtheilung zeigt und die als *„Papillon de mer"*, wie die Franzosen sie nennen, ebenso deutlich mit Lähmung des einen oder anderen ihrer Flügel antworten würde. Dass eine Lähmung eintreten müsste, stand fest; auf welcher Seite dieselbe aber erscheinen würde, das konnte man mit Sicherheit nicht voraussagen.

Ich bringe eine *Cymbulia* auf meine linke Hand, beruhige ihren Flügelschlag durch leichten Druck mit den Fingern und zerstöre das Pedalganglion der rechten Seite mit einer sehr feinen Scheere oder einer glühenden Nadel. Ins Wasser zurückgebracht, steht der rechte Flügel still und der *„Papillon"* schwimmt rechts im Kreise herum, d. h. in der Richtung der verwundeten Seite. Eine Operation auf der linken Seite giebt das gleiche Resultat in entsprechendem Sinne.

Wir kommen zum *Octopus*. Die einseitige Abtragung seines Dorsalganglions bietet keine anderen Schwierigkeiten, als die doppelseitige Abtragung, welche wir oben geschildert haben (s. S. 64). Ist die Abtragung einseitig gelungen, die Wunde geschlossen und der *Octopus* wieder ins Wasser gebracht, so sucht man vergeblich nach einer Störung in seinen Bewegungen: Sowohl Kriechen als Schwimmen finden in gewohnter Weise statt (dafür beobachtet man [aber nicht absolut regelmässig] ein anderes wunderbares Phänomen: Wie mit dem Lineal gerade durchschnitten erscheint die Haut der Seite, wo das Ganglion abgetragen worden ist, vollkommen weiss, während die andere Seite in den prachtvollsten Farben schillert. Anderen Tages ist die ganze Farbenerscheinung verschwunden, beide Seiten des Thieres sind wieder gleich gefärbt).

Was die untere Schlundmasse anbetrifft, so ist schon oben bemerkt worden, dass ein zu *Pterotrachaea* analoger Versuch hier nicht ausführbar sei. Doch hoffte ich, mich durch einseitige Abtragung von der motorischen Natur dieser Massen überzeugen zu können.

Wurde die hintere Masse einseitig abgetragen, so war der Ausgang ein sehr unglücklicher, da das Thier sehr bald zu athmen aufhörte und todt war. Diese Beobachtung stimmt sehr gut zu den Angaben der Morphologie, welche die hintere Partie der Unterschlundmasse als Visceralganglion deutet, wohin wir entsprechend nun das Athmungscentrum zu verlegen haben. Wurden die vorderen Massen einseitig abgetragen, z. B. rechts, so bewegte sich der *Octopus* kriechend rechts im Kreise um die gelähmten Arme herum. Schwimmbewegungen habe ich nicht zu Stande kommen sehen, obgleich damit nicht gesagt sein soll, dass dieselben definitiv fehlen.

Hiermit sollte die Untersuchung noch nicht abgeschlossen sein, denn die eigentliche Pedalganglienmasse unterscheidet man in eine vordere Partie, welche als Brachialganglion aufzufassen ist und den hinteren Theil, welcher das eigentliche Pedalganglion vorstellt.

Die oben mitgetheilte Form des Versuches liess es noch unentschieden, ob die Innervation der Fangarme in dem Brachial- oder dem Pedalganglion wurzelt. Um dies zu entscheiden, wurde die eigentliche Pedalganglionmasse, als der mittlere Theil des suboesophagealen

Fig. 36.

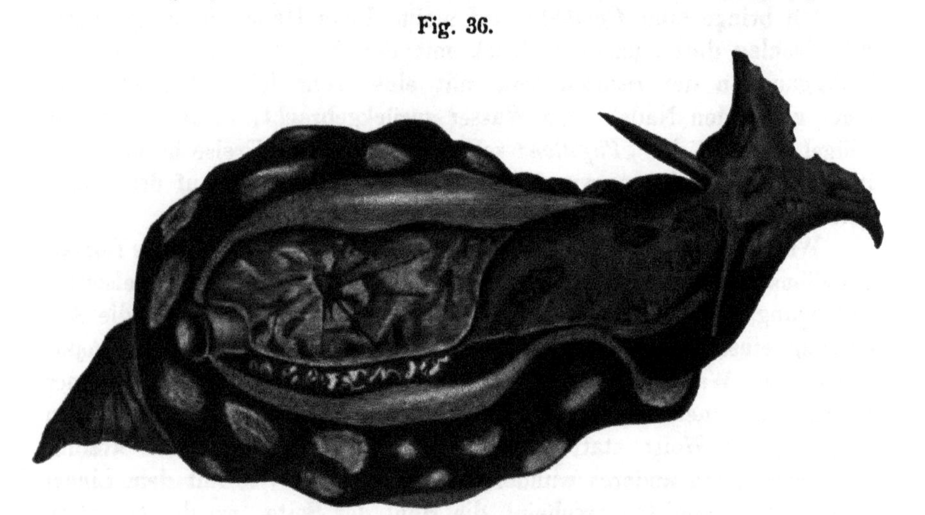

Aplysia depilans (Seeschnecke).

Ganglions, einseitig durchschnitten. Auch jetzt kreiste das Thier um die verletzte Seite, resp. um die gelähmten Fangarme.

Hiermit ist entschieden, dass die Fangarme in dem mittleren Ganglion ihre Wurzel haben und dass ihre Nerven durch das am meisten nach vorn gelegene Brachialganglion eben nur hindurchtreten.

Zu dem gleichen Resultate war auf histologischem Wege Jatta gekommen[1]).

Da ich den Wunsch hatte, den Versuch über die Bedeutung des Dorsalganglions auch bei einem Seemollusk auszuführen, welcher in seinem ganzen Aufbau unseren Landschnecken, insbesondere *Arion* und

[1]) Jatta, La innervazione delle braccie dei Cefalopodi. Bollettino della Società di Naturalisti in Napoli 1889, p. 129—136.

Limax, gleicht, so wagte ich den Versuch bei *Aplysia depilans* und *Pleurobranchea Meckelii*, welche sehr zahlreich, von hinreichender Grösse und hinreichender Bewegungsfähigkeit sind. In Fig. 36 ist eine *Aplysia depilans* und in Fig. 37 ihr Nervensystem dargestellt. Der Versuch ist trotz der allgemeinen Contraction beim Einschneiden doch ausführbar, aber man muss sehr rasch sein, weshalb es sich empfiehlt, statt des Ganglions auch hier die abgehende Commissur zu durchschneiden, welche, wie die Fig. 37 zeigt, in ihrer doppelten Form durchtrennt wurde. Dabei erfreute ich mich der sachkundigen Hülfe des Herrn Dr. Schimenz.

Das Resultat dieses Versuches war ebenfalls negativ; die Schnecke ging nicht im Kreise herum, bevorzugte auch nicht irgend eine Richtung, sondern hatte ihre normale Gangart beibehalten.

Fig. 37.

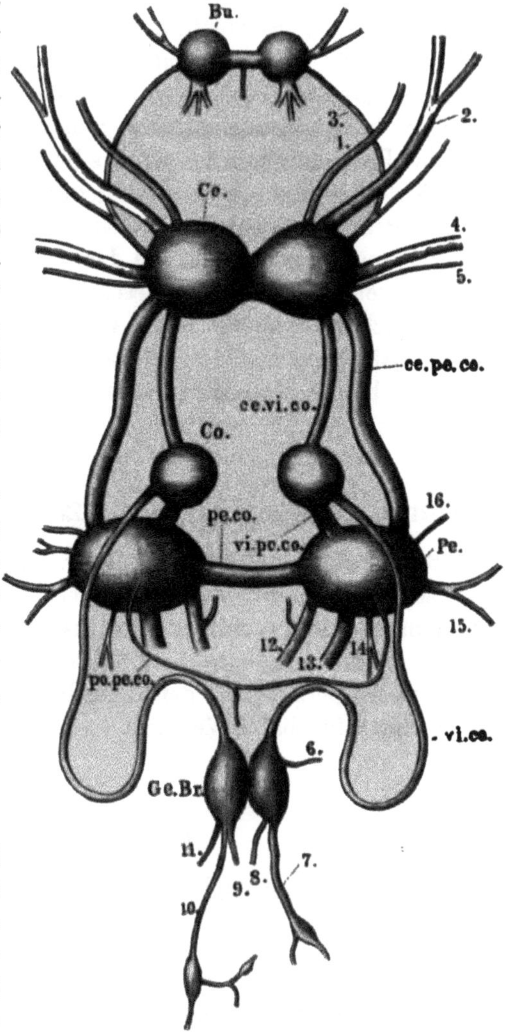

Nervensystem von *Aplysia*; *Ce.* Cerebralganglion, *Pe.* Pedalganglion, *ce. pe. co.* Dorsalventralcommissur.

B. Analyse der Versuche.

Den einfacheren Fall unter den Mollusken zeigt uns jedenfalls die *Pterotrachaea*. Hier sehen wir nach doppelseitiger sowohl wie nach einseitiger Abtragung des Dorsalganglions die Locomotion unverändert, folglich ist dort kein allgemeines Bewegungscentrum vorhanden. Vielmehr ist das Pedalganglion (da kein anderes Bewegungsganglion mehr in Betracht kommen kann) das einzige Bewegungsganglion des ganzen Körpers, so dass seine Zerstörung, wie wir auch gesehen haben, jede Bewegung vollkommen aufhebt. Zugleich haben wir an *Cymbulia* und an *Octopus* beobachtet, dass die Wirkungen der beiden Seiten ungekreuzt sind: es beziehen also die Motoren jeder Seite ihre Nerven aus der correspondirenden Seite des Bewegungsganglions und die Zerstörung der einen Seite des Ganglions lähmt das motorische Organ derselben Seite. Wie *Pterotrachaea* und *Cymbulia* verhalten sich *Aplysia depilans* und *Pleurobranchea Meckelii.* Auch das Dorsalganglion im Nervensystem des *Octopus* enthält aus denselben Gründen kein allgemeines Bewegungscentrum, vielmehr ist ebenfalls hier das Pedalganglion das einzige Bewegungscentrum des Körpers und seine Wirkung auf die beiden Seiten des Körpers ist ebenfalls ungekreuzt.

Nichtsdestoweniger besteht ein Unterschied zwischen dem Dorsalganglion von *Pterotrachaea* und dem des *Octopus:* in jenem wurzeln die Sinnesnerven (Auge, Ohr), in diesem fehlen die Wurzeln der Sinnesnerven.

Endlich sei bemerkt, dass voraussichtlich, wie der *Octopus*, sich alle Cephalopoden mit gleich gebautem Nervensystem, wie *Pterotrachaea*, sich die übrigen Mollusken verhalten werden.

§. 7.

Ascidien, Appendicularien, Echinodermen, Coelenteraten.

Bei den Thieren dieser Gruppen haben die zahlreich angestellten und schon oben mitgetheilten Versuche zu irgend welchen Zwangsbewegungen nicht geführt, was thatsächlich auch nicht überraschen kann. Allenfalls könnte man solche noch zu erwarten haben, wenn man das Körperganglion der Appendicularien einseitig zerstören würde — ein unausführbarer Versuch.

Elftes Capitel.

Das Bauchmark der Wirbellosen.

§. 1.

Symmetrische (doppelseitige) Durchschneidungen des Bauchmarkes.

Das Studium des Bauchmarkes erscheint als eine natürliche Ergänzung zu den Untersuchungen über das Dorsalganglion; um so mehr, als es nahe lag, zu prüfen, inwieweit das Bauchmark der Wirbellosen dem Rückenmarke der Wirbelthiere analog wäre und welche Unterschiede hierbei etwa zu Tage träten. Es kann sich hierbei nur um die allgemeinen Eigenschaften des Bauchmarkes handeln in Ergänzung zu dem, was wir über dasselbe schon erfahren haben bei dem Studium des Dorsalganglions. Es liegt nicht in der Absicht dieser Versuchsreihe, die centrale Innervationsstätte eines jeden Muskels aufzusuchen, obgleich sich das Eine und Andere hierüber von selbst ergeben wird.

Diese Versuche sind wesentlich an den Crustaceen ausgeführt worden; bei den Insecten schliesst sich noch der eine und andere Versuch an; bei den übrigen Wirbellosen konnte Weiteres, als was beim Studium des Dorsalganglions schon ermittelt war, nicht aufgedeckt werden.

Was die Technik dieser Versuche anbetrifft, so bietet dieselbe erheblichere Schwierigkeiten, als jene beim Dorsalganglion es waren, insbesondere, wenn die operirten Thiere längere Zeit am Leben erhalten werden sollen; es waren gewisse Schwierigkeiten überhaupt nicht zu überwinden.

Das Bauchmark liegt bei den macrouren Crustaceen (Krebse, Hummer u. s. w.) in einem festen, auf der Ventralseite gebildeten Canale, welcher von der übrigen Leibeshöhle durchaus getrennt ist. Man kann deshalb das Bauchmark nur von der ventralen Seite her erreichen, indem man die durch den Chitinpanzer gebildete Rinne ventral, am besten in dem Raume zwischen den letzten beiden Füssen mit einer kleinen Zange eröffnet und ein Stückchen des Panzers, möglichst *in toto*, heraushebt. Hierzu wähle man weibliche Krebse, um während der Operation von den obersten Schwanzanhängen nicht gestört zu werden, welche bei den männlichen Krebsen so lang sind, dass sie regelmässig sich in jenen Raum hineinlegen und denselben bedecken. Auch scheint mir der zwischen den dritten und vierten Füssen frei bleibende Raum eine etwas grössere Breite zu besitzen, als bei den männlichen Krebsen.

Hat man das Stück des Chitinpanzers herausgehoben und dringt vorsichtig in die Tiefe, so sieht man bei zweckmässiger Beleuchtung die weisslichgrauen Ganglien des Bauchmarkes hindurchschimmern. Hält man sich genau an die hintere Grenze des zweiten Fusspaares, so trifft man mit der Scheere in der Regel auf die Commissur, welche das vierte und fünfte Bauchganglienpaar mit einander verbindet. Ist die Durchschneidung vollzogen, so implantirt man wieder das Stückchen des Panzers und überzieht die Wunde mit warmer Gelatine.

Ein so operirter Krebs zeigt schon nach kurzer Erholungszeit (10 bis 15 Minuten) folgende Erscheinungen: Derselbe schreitet anscheinend ganz normal vorwärts, doch bemerkt man bald, dass es nur die beiden vorderen Fusspaare sind, welche die Fortbewegung bewerkstelligen, während die beiden hinteren Fusspaare passiv mitgezogen werden und gelähmt sind, d. h. dem Willensimpulse nicht gehorchen. Reizt man seine Oberfläche an Theilen, welche nach vorn vor der Schnittwunde liegen, so reagiren auch nur die nach vorn gelegenen Körpertheile, hier also vornehmlich die Antennen, die Augen, die Scheeren und die zwei vorderen Fusspaare; das Hintertheil aber bleibt unbewegt. Umgekehrt ist das Verhalten bei Reizung des Hintertheils.

Zu schwimmen vermag unser Krebs nicht, so viel man ihn auch dorsal oder ventral reizen möge. Applicirt man die Reizung aber ventral auf den Schwanz, so macht der letztere, entsprechend jedem Reize, eine einmalige, oft sehr kräftige Zuckung, wodurch er sich auf sein Maximum krümmt, ohne aber je dadurch eine Locomotion zu erzielen. Reizt man diesen Krebs mechanisch ventral zwischen den Scheeren, so legt er letztere wie zum Schwimmen nach vorn, aber der Schwanz bewegt sich nicht und demnach muss die Schwimmbewegung auch ausbleiben.

Der Sachverhalt ist demnach der, dass der Vordertheil des Thieres, der natürlich seine Locomotionsfähigkeit behält, vermöge seiner günstigen mechanischen Verhältnisse (zwei normale Fusspaare) sich fortbewegt und den gelähmten Hintertheil so mit sich schleift, dass man bei oberflächlicher Betrachtung die normale Locomotion des Krebses vor sich zu haben glaubt, während thatsächlich die beiden hinteren Fusspaare sammt dem Schwanz ausser Action gesetzt resp. dem Einflusse des Willens des Thieres und der coordinatorischen Innervation entzogen sind.

Es ist bemerkenswerth, dass die Schwimmfüsschen des Schwanzes, obgleich dem Willenscentrum entzogen, ihre rhythmische Bewegung scheinbar unverändert fortsetzen, was übrigens auch Vulpian schon beobachtet hat.

Bei weiterer Prüfung findet man, dass das dritte Fusspaar nicht allein nicht willkürlich, sondern überhaupt nur mangelhaft bewegt werden kann, während das letzte Fusspaar ausgiebige reflectorische Bewegungen macht. Den Grund für das verschiedene Verhalten der genannten Fusspaare werden wir weiter unten erläutern.

Von erheblichem Interesse ist die Durchschneidung der Bauchkette zwischen dem ersten (Unterschlundganglion) und dem zweiten Bauchganglion. Man führt dieselbe so aus, dass man oberhalb des Ursprunges der Scheeren den Chitinpanzer anschneidet, ein Stückchen heraushebt, die darauf sichtbare Längscommissur, welche hier viel weniger tief liegt, als weiter hinten, durchschneidet und das herausgehobene Stückchen Chitinpanzer, wie oben, wieder implantirt, eventuell indem man, mit einer festen Scheere direct durch den Panzer hindurchdringend, die Längscommissur durchschneidet. Die Wunde wird wieder durch Gelatine geschlossen.

Die erste Folge der Durchschneidung ist eine starke allgemeine Reizung, welche sich darin zeigt, dass die Scheeren sich fest schliessen und der Oeffnung energischen Widerstand entgegensetzen. Die Füsse sind in die wunderlichsten Stellungen gebracht und der Schwanz macht bei einzelnen Individuen rasch auf einander folgende Contractionen, wie es sonst beim Schwimmen zu geschehen pflegt. Zugleich nimmt der Krebs eine sehr merkwürdige Haltung ein, insofern als der Kopf nach vorn und unten gerichtet ist, während der Anfangstheil des Abdomens am höchsten steht. (Diese wunderliche Stellung ist übrigens auch schon von früheren Autoren beschrieben worden.) Allmälig lassen die Reizungserscheinungen nach, der Krebs nimmt die gewöhnliche Bauchlage ein und die Scheeren öffnen sich wieder. Der Kieferapparat ist vollkommen functionstüchtig. In jedem Falle ist die Locomotion aufgehoben, die ganze Vitalität des Thieres erscheint auffallend herabgedrückt und dasselbe geht trotz aller Sorgfalt am folgenden oder nach einigen Tagen zu Grunde, unter allmäliger Erlahmung aller Lebensäusserungen.

An diesem Resultate konnte ich trotz vieler Bemühungen nichts verbessern, lenkte aber allmälig meine Aufmerksamkeit auf die Ursache dieser fatalen Erscheinung.

Zunächst pflegt es, wie man auch die Durchschneidung macht, erheblich zu bluten, da man den vorderen Ast der Sternalarterie, welche an der unteren Fläche der Bauchkette von hinten nach vorn läuft, stets durchschneidet. Doch wird die Blutung bei meiner Methode des Wundverschlusses sehr bald gestillt. Indess steht ohne Zweifel die Athmung still, wenn auch die Kiemen der Kieferfüsse nach der Durchschneidung und am folgenden Tage noch in Bewegung waren, weiterhin aber ebenfalls ihre Bewegungen eingestellt hatten. Damit steht auch in Uebereinstimmung, dass Lémoine und Yung nach Zerstörung des Unterschlundganglions die Kiemenbewegungen aufhören sahen.

Es folgt daraus, dass das Unterschlundganglion, wie auch jene beiden Forscher schon geschlossen haben, das Athmungscentrum enthält, dass das Gros der Athemfasern im Bauchstrange zum zweiten Bauchganglion zieht, um durch dasselbe in die Kiemen der Kiemenkammer zu treten, während die Fäden für die Kiemen der Kieferfüsse direct aus dem ersten Ganglion an die Peripherie gelangen. Stellen diese Kiemen am Tage nach der Durchschneidung des Bauchstranges ihre Thätigkeit ebenfalls ein, so ist das die Folge des allgemeinen Darniederliegens der Lebensthätigkeit.

Unter diesen Umständen dürfte man über das, was hier erreicht worden ist, vorläufig nicht hinauskommen.

Nur folgende Erscheinung glaube ich mit Sicherheit aus dem Versuchsresultat hervorheben zu können. Wenn die Scheeren sich geöffnet haben, so kann man beobachten, dass dieselben zwar in allen ihren Theilen beweglich sind, dass aber der Schluss derselben ausserordentlich mangelhaft ist. Man kann ruhig seinen Finger zwischen die Arme dieser Scheere stecken, ohne dass man Gefahr läuft, Schaden zu nehmen; die Schlussfähigkeit ist erheblich herabgesetzt. Befinden sich die Wurzeln für die Nerven der Scheere, wie die Anatomie lehrt, in dem zweiten Bauchganglion, so ist nicht zu verstehen, weshalb die Scheere in ihrer Innervation leiden soll, wenn man die Längscommissuren oberhalb dieses Ganglions durchschnitten hat. Da dies nun doch der Fall ist, so muss man schliessen, dass die Innervation der Scheerenmuskeln nicht nur in dem zweiten Bauchganglion wurzelt, sondern dass dieselbe höher hinaufreicht in das erste Bauchganglion, das Unterschlundganglion; insbesondere scheinen es die Scheerenschliesser zu sein, welche dort ihre nervöse Wurzel haben.

Durchschneidet man die Bauchkette unterhalb der Scheeren resp. in dem Raume zwischen diesen und dem ersten Gehfusspaare, so erfolgt zunächst auch wieder eine Reizung mit der eigenthümlichen Stellung der Beine und des Körpers, welche sich aber sehr bald wieder ausgleicht, um einem Zustande Platz zu machen, in welchem der Krebs zwar nicht zu schwimmen vermag, aber er macht Ortsbewegung, soweit es mit den Scheerenfüssen möglich ist, die Scheeren schliessen vorzüglich und die Kiemenbewegungen sind in bester Verfassung, ebenso wie die gesammte Vitalität dieses Thieres.

Dieser Versuch, bei welchem die genannte Arterie ebenfalls durchschnitten wird, dürfte gleichfalls beweisen, dass es in dem vorausgehenden Versuche die Unterbrechung der Athmung ist, welche das Leben des Thieres beschränkt; dass wir daher mit gutem Recht das Athmungscentrum in das Unterschlundganglion zu verlegen haben. Ebenso wurzeln in diesem Ganglion die Nerven für den gesammten Kieferapparat, was dadurch bewiesen ist, dass derselbe niemals gelähmt ist, weder wenn man die Längscommissur oberhalb, noch wenn man sie unterhalb des ersten Bauchganglions durchschneidet.

Wir haben oben (S. 47) schon gesehen, dass Käfer (*Blatta orientalis*, *Carabus auratus* u. a.) regelmässige Ortsbewegungen machen nach Abtragung des dorsalen Schlundganglions und ebenso nach Abtragung des ganzen Kopfes, d. h. wenn das obere und untere Schlundganglion entfernt werden (das untere Schlundganglion liegt bei den Käfern stets noch im Kopfe). Es erschien von Interesse, zu sehen, wie sich die Beweglichkeit des Käfers gestaltet, wenn man auch das erste Brustganglion, d. h. nach der allgemeinen Nomenclatur das zweite Bauchganglion, mit entfernt.

Hierzu hat man nur nöthig, das nächste Körpersegment, den Prothorax, abzutragen. Auch auf seinen zwei Beinpaaren (das erste Beinpaar wurzelt im Prothorax) läuft unser Käfer, nur mit der natürlichen Einschränkung, welche ihm eben durch den Ausfall eines Beinpaares auferlegt war. Selbst nach Entfernung des Mesothorax machte der Rest des Körpers auf seinem einen Beinpaare Anstrengungen zur Ortsbewegung, welche in Folge der mechanischen Schwierigkeiten natürlich mangelhaft ausfallen. Aber die Fähigkeit zur Locomotion ist unverkennbar auch in diesem weit rückwärts gelegenen Körpersegmente vorhanden.

§. 2.

Asymmetrische (einseitige) Durchschneidungen des Bauchmarkes.

Die Technik dieser Versuche ist gleich jener, die oben schon beschrieben worden ist: mit Zange oder fester Scheere wird die Chitinschale dort eröffnet, wo man das Nervensystem anfassen will, die Durchschneidung gemacht, das herausgehobene Stück der Schale wieder eingesetzt und flüssige Gelatine darüber gegossen.

Ich hatte die Absicht, die Längscommissur zwischen dem fünften und sechsten Bauchganglion einseitig zu durchschneiden, als ein allgemeines Beispiel einer solchen Durchschneidung. Im Besonderen aber interessirte mich die Durchschneidung der Längscommissur zwischen dem ersten und zweiten Bauchganglion.

So einfach das Alles aussieht, so schwer ist die Ausführung, denn nach Abhebung der Chitinschale hat man eine graue Masse vor sich, in der man sich schwer zurechtfinden kann: grau ist der Muskel, grau ist der Nerv, grau ist das Blut! Will man den Bauchstrang finden, so gelingt es nur in der Weise, dass, nachdem man mit einem mit Kochsalzwasser getränkten Schwämmchen ein wenig in die Tiefe gedrungen ist, man die Bauchganglien aufsucht, welche weisslich aus dem grauen Chaos hervorleuchten. Bei aufmerksamer Betrachtung derselben kann man die abgehende Längscommissur dann sehen und eine Strecke verfolgen, aber dieselbe tadellos einseitig zu durchschneiden, ist mir nicht gelungen, obgleich ich in solchen Dingen ziemliche Uebung habe. (Die doppelseitige Durchscheidung der Längscommissuren ist dagegen ein einfaches Unternehmen!)

Ich habe diesen Plan aufgegeben und versuchte mein Ziel zu erreichen, indem ich ein Bauchganglion halb abtragen wollte. Dieser Versuch ist ausführbar, aber ich hatte in keinem Falle die Garantie, dass wirklich nur die Hälfte und nicht mehr oder weniger abgetragen war — sonst hatte dieser Versuch an dieser Stelle keinen Werth für mich. Schliesslich kam ich zu der Einsicht, dass es im ganzen Bauchstrang nur eine einzige Stelle giebt, wo man Aussicht hat, diesen Versuch befriedigend auszuführen: Wenn der Leser die Abbildung des Bauchstranges betrachtet, so wird er sehen, dass zwischen der das vierte und fünfte Bauchganglion verbindenden Commissur eine kleine Oeffnung sich zeigt (s. Fig. 4), wo die beiden Commissuren aus einander gehen und einen Spalt zwischen sich fassen, durch welchen die starke *Arteria sternalis*, direct vom Herzen kommend, durch das Nervensystem hindurch sich den Weg bahnt [1]).

Diese Oeffnung liegt, von aussen betrachtet, zwischen dem zweiten und dritten Gehfusse, näher jenem als diesem. Hier hat man also die Schale in genügender Ausdehnung abzuheben. Nach Abtupfen der sich mit vordrängenden Gewebe und Flüssigkeiten sieht man das vierte und fünfte Ganglion und zwischen beiden in der Tiefe einen weisslichen kleinen Ring — das ist die Oeffnung, welche sich in der Chitinlage befindet, die das Nervensystem vom Bauchinhalte abgrenzt und aus welcher die Arterie herauskommt, um durch das correspondirende Loch der Commissur zu treten. Hier kann man die Commissur einseitig durchschneiden! Leicht ist die Ausführung gerade nicht, aber sie scheint mir bequemer, wenn man den Krebs so hält, dass sein Leib nach der Bauchseite etwas convex gebogen ist.

Ein so operirter Krebs weicht in seinen Bewegungen gar nicht von einem normalen ab: er kriecht ganz normal und vermag ebenso regelrecht zu schwimmen; keinesfalls macht er Zwangsbewegungen. Wenn man seine Kriechbewegungen genau betrachtet, so sieht man, dass der letzte und vorletzte Fuss der Coordination entzogen sind.

Reizt man den Schwanz auf der Seite der Durchschneidung (am besten, indem man den Krebs mit nach oben gerichtetem Bauche in der linken Hand hält) durch Zusammenpressen desselben, so erfolgt eine einfache tonische Contraction des Schwanzes. Reizt man in gleicher Weise den Schwanz auf der unversehrten Seite, so treten eine

---

[1]) Auf den Gedanken, die einseitige Durchschneidung an dieser Stelle zu machen, war ich vollständig selbständig gekommen, fand indess bei späterer Durchsicht der Litteratur (s. oben), dass V. Lémoine diesen Versuch schon vor mir ausgeführt hat. Doch war dort von einer besonderen Verwerthung desselben keine Rede.

Reihe typischer Schwimmbewegungen auf, wie unter normalen Verhältnissen. Die Beobachtung konnte noch sechs Tage nach der Operation an dem sehr lebhaften Thiere wiederholt werden.

Dieser Versuch ist sehr bemerkenswerth, seine Wichtigkeit tritt uns recht deutlich indess erst dann vor Augen, wenn wir ihn gegenüberstellen jenem Versuche, wo die eine Dorsoventralcommissur durchschnitten war und die Schwimmbewegungen eintreten sowohl bei Reizung auf der Seite der Verletzung wie nach Reizung der unverletzten Seite.

Weitere Reizversuche werden weiterhin im Zusammenhange mit anderen Beobachtungen mitgetheilt werden.

Wenn ich oben bemerkt habe, dass man halbseitige Durchschneidungen in der Bauchkette nur an der angegebenen classischen Stelle machen kann, und wenn ich hinterher doch die halbseitige Zerstörung eines Ganglions auszuführen bemüht bin, so könnte der Leser darin einen flagranten Widerspruch erblicken. Das wäre indess doch ein Irrthum; es kommt eben Alles darauf an, welchen Zweck man anstrebt: Will man die Beziehungen der beiden Seiten des Körpers zu einander aufdecken, etwa ihre Leitungsbahnen, so kann man nur solche Durchschneidungen brauchen, wie sie ausschliesslich an jener einen Stelle ausführbar sind. Sollen aber einfache Beziehungen der Innervation eines Ganglions zu Muskeln derselben Seite erforscht werden, so kann man sich an jedes Ganglion wenden, obgleich der Versuch stets etwas unvollkommen bleibt, indess doch annähernd wenigstens das angestrebte Ziel zu erreichen gestattet.

Um zu sehen, ob, wie oben geschlossen worden ist, die Scheere mit ihrer Innervation zugleich in dem Unterschlundganglion wurzelt, habe ich nach Freilegung dieser Gegend die untere Abtheilung des genannten Ganglions rechterseits mit glühender Nadel zerstört und glaube, eine erhebliche Schwächung des rechten Scheerenschlusses gesehen zu haben. Doch ist, wie ebenfalls schon oben bemerkt, die Beurtheilung des Resultates hier ausserordentlich schwer. Der Kieferapparat derselben Seite ist gelähmt.

Eine weitere Complication liegt noch darin, dass das Unterschlundganglion des Krebses, wie die Fig. 4 zeigt, zweifellos sich aus mehreren Ganglien zusammensetzt.

Zwölftes Capitel.

Reizungsversuche innerhalb des Centralnervensystems.

§. 1.

Die Versuche.

Man pflegt seit langer Zeit elektrische Reizungen innerhalb des Centralnervensystemes der Wirbelthiere zu machen und man hat auf diesem Wege nicht allein brauchbare, sondern äusserst wichtige Resultate erhalten, wobei ich in erster Linie an die fundamentalen Reizungsversuche auf der Hirnrinde der höheren Wirbelthiere erinnere. Nichtsdestoweniger ist man dort ausser Stande, obgleich man es gern gewollt hat, eine wirklich isolirte Reizung bestimmter Elemente vorzunehmen.

Die Ausführbarkeit eines solchen Reizversuches kommt ausschliesslich den Wirbellosen zu, wo die Ganglien durch deutlich isolirte Verbindungen (Commissuren) mit einander in Verbindung stehen, welche wie eine periphere Nervenfaser isolirt gereizt werden können. So viel ich die Verhältnisse bisher übersehe, sind es wiederum die geschwänzten Crustaceen, insbesondere unser Flusskrebs, der sich in erster Linie für derlei Versuche eignet. Ein solcher Versuch ist nur an zwei Stellen tadellos ausführbar, nämlich einmal an der Dorsoventralcommissur und zweitens an der Commissur zwischen dem vierten und fünften Bauchganglion, die ich weiterhin kurzweg als die Längscommissur bezeichnen will, schon weil eine andere gar nicht in Betracht kommt. Bei der Wichtigkeit des Gegenstandes habe ich diese Versuche in ein besonderes Capitel herausgenommen und werde daran anschliessen Beobachtungen über den Effect peripherer Reizungen nach Durchschneidung jener Commissuren, deren Resultate theilweise schon oben mitgetheilt worden sind.

Im Allgemeinen möchte ich hierbei bemerken, dass es sich zunächst um die ersten orientirenden Versuche handelt und dass ich weiterhin diese Arbeit noch fortzusetzen gedenke.

Um die Dorsoventralcommissur elektrisch reizen zu können, pflege ich folgendermaassen zu verfahren: Zunächst wird der Rückenschild aufgebrochen und das Herz herausgeschnitten; hierauf wird, wie oben angegeben, das Dorsalganglion freigelegt und die Chitinschale nach unten hin in grösserer Ausdehnung entfernt. Man findet in dem von Flüssigkeit nunmehr freien Gesichtsfelde mit Leichtigkeit die beiden Commissuren, welche beide, aber selbstredend einzeln, an feinem Faden befestigt werden. Ihrer völlig isolirten Reizung steht nichts mehr im Wege: sie werden über feine Hakenelektroden gebrückt, welche zu einem kleinen Inductorium gehen, in dessen primärem Kreise sich eine 24gliedrige Noë'sche Thermosäule befindet.

Wenn man die eine Commissur auf diese Weise reizt, so erhält man neben Bewegung des Schwanzes ausnahmslos Bewegungen der Extremitäten auf beiden Seiten. Es ist weiterhin nicht gelungen, den Reiz so klein zu machen, dass man die Extremitäten nur der einen Seite zucken sah, sondern, wenn der Reiz einen Effect hervorrief, so war derselbe stets doppelseitig.

Dieses Resultat hatte ich vorausgesetzt und zwar auf Grund der Vorstellungen, die ich mir über das Zustandekommen der Zwangsbewegungen gebildet habe und auf die ich weiterhin zurückkommen werde. Doch wünschte ich hier schon die Aufmerksamkeit des Lesers auf diesen Punkt zu richten.

Die Isolirung der Längencommissur geschieht in ganz ähnlicher Weise: Nach Entfernung des Herzens wird die Gegend unterhalb des zweiten Gehfusspaares geöffnet und die Commissur aufgesucht, welche in dem jetzt fast trockenen Gesichtsfelde ohne Schwierigkeit aufzufinden ist. (Wenn man die Ausschaltung der Circulation unterlässt, so ist das Gesichtsfeld fortwährend von Flüssigkeit überschwemmt und eine isolirte Reizung der Commissuren ausserordentlich viel schwieriger, ohne dass ich sie deshalb für unausführbar halten will. Das hier eingeschlagene Verfahren erleichtert die Ausführung des Versuches erheblich.) Mit einem feinen Unterbindungshaken wird die Commissur der einen Seite möglichst nahe dem vierten Ganglion mit einem Faden versehen und unterhalb dieses Ganglions durchschnitten. Die Commissur der anderen Seite bleibt entweder unverletzt oder man durchschneidet sie ebenfalls.

Bei der Kürze der Längencommissur liegt die Schwierigkeit darin, wirklich isolirt zu reizen, weshalb man mit aller Umsicht dafür zu sorgen hat, dass der Strom nicht auf die Nachbargebilde übergeht. Am meisten hat man sich, wie stets in solcher Lage, vor zu starken Strömen zu hüten.

Mit Berücksichtigung aller dieser Gesichtspunkte war das Resultat der Reizung in allen Fällen, sei es, dass die Längscommissur der anderen Seite erhalten oder unterbrochen war, regelmässig folgendes: Es zuckt der Schwanz, ferner die beiden letzten Füsse derselben Seite und der letzte Fuss der gegenüberliegenden Seite[1]).

[1]) Diesen Versuch hatte auch Lémoine schon ausgeführt und kurz angegeben, dass man Bewegungen nur unterhalb der Durchschneidungsstelle zu sehen bekommt.

Den vorletzten Fuss der gegenüberliegenden Seite habe ich niemals in Bewegung gesehen. Ob es sich bei diesem immerhin auffallenden Ergebnisse um einen Mangel der Technik handelt oder um ein physiologisches Verhältniss, habe ich bisher nicht zu entscheiden vermocht.

Hierbei möchte ich noch hervorheben, dass auch der erste und zweite Gehfuss der gegenüberliegenden Seite niemals in Bewegung gerathen, in dem Falle, wo die Commissur dieser Seite unverletzt geblieben war.

Disponirt man den Versuch so, dass die Commissur oberhalb des fünften Bauchganglions auf den Faden genommen wird und reizt man diese Commissur nunmehr central, so gerathen sämmtliche Anhänge incl. Schwanz in Bewegung mit Ausnahme der beiden letzten Füsse derjenigen Seite, deren Commissur durchschnitten worden war.

Wenn man bei einem Krebse die Längscommissur z. B. rechts durchschneidet und ihn durch entsprechende Behandlung am Leben und in gutem Zustande erhält, so bemerkt man, wie oben schon erwähnt, in seiner allgemeinen Beweglichkeit keinen Defect, ebensowenig in seiner Schwimmfähigkeit. Betrachtet man seine Bewegungen indess genauer, so sieht man, dass die beiden letzten Beine der rechten Seite an den coordinatorischen Bewegungen der übrigen Extremitäten nicht theilnehmen; dass sie sich indess bewegen, doch unter sich auch verschieden und zwar so, dass der vierte Fuss nur sehr seltene Bewegungen macht, während der fünfte Fuss sich häufiger und ausgiebiger bewegt.

Diese Beobachtung steht vollkommen im Einklange mit jenen, die bei der doppelseitigen Durchschneidung dieser Commissur gemacht worden waren; die Bewegungen des vierten Fusses sind so geringfügig, dass ich längere Zeit an eine völlige Paralyse desselben geglaubt habe; doch habe ich mich durch fortgesetzte Untersuchungen überzeugt, dass der vierte Fuss sich ebenfalls bewegt, aber doch sehr viel weniger energisch, als der fünfte. Wenn man die linke Körperseite dieses Krebses mechanisch reizt, wozu ich aus naheliegenden Gründen den fünften Fuss wählte, der entweder mit zwei Fingern oder mittelst einer Pincette zusammengepresst wurde, so erfolgen zunächst Bewegungen sämmtlicher Anhänge der linken Seite, darauf auch Bewegungen der Anhänge der rechten Seite, soweit sie sich oberhalb der Schnittstelle befinden, dann rhythmische Schwanzbewegungen und schliesslich Bewegung des fünften Fusses rechterseits (von dem vierten Fusse wollen wir ganz absehen). Das mag das Schema eines solchen Reizversuches sein, worin indess in der Reihenfolge der Erscheinungen mancherlei Ausnahmen vorkommen, nur dürfte allgemein gelten, dass der Uebergang der Erregung von dem fünften Fusse der unverletzten Seite auf den fünften Fuss der verletzten Seite stets schwieriger erfolgt, als auf alle anderen Extremitäten.

Gefter fehlt bei dieser Reizung, namentlich wenn man nicht den fünften Fuss, sondern einen anderen Fuss oder den Schwanz wählt, der Uebergang der Erregung auf den fünften Fuss (um den allein es sich nur handeln kann) der rechten Seite.

Trotzdem erscheint es mir principiell wichtig, dass ein solcher Uebergang der Erregung überhaupt zu Stande kommt.

Reizt man das linke Schwanzende, wie oben beschrieben, so sieht man neben den Schwimmbewegungen des Schwanzes die Bewegungen sämmtlicher Extremitäten, mit Ausnahme der beiden letzten Füsse rechts, also unterhalb der Durchschneidung.

Reizt man das Schwanzende der rechten Seite in gleicher Weise, so habe ich niemals Schwimmbewegungen, sondern stets nur eine einmalige Contraction des Schwanzes gesehen, ohne dass die Extremitäten der einen oder anderen Seite theilnehmen.

Es besteht also vorläufig in der Einwirkung auf die Schwanzbewegung ein ganz bestimmter Unterschied, je nachdem bei unserem Krebse das linke oder das rechte Schwanzende gereizt worden ist.

Reizt man den ersten und zweiten Schwimmfuss rechts andauernd, so kommt es zu einer kurzen Rhythmik der Schwanzbewegung, zugleich aber zu Bewegungen der Extremitäten der ganzen linken Seite und der rechten Seite oberhalb des Schnittes. Im Allgemeinen möchte ich zu dieser Versuchsreihe bemerken, dass die Resultate nicht immer gleichmässig sind; dass das, was ich hier gegeben habe, eine Auslese aus den höchsten Leistungen der Reihe darstellt.

Durchschneidet man die Dorsoventralcommissur der rechten Seite und erhält den Krebs am Leben, so sieht man ihn sehr bald die Kreisbewegung nach der linken Seite antreten. Reizt man ihn irgendwo rechts oder links, so treten stets sämmtliche Anhänge beider Seiten in Thätigkeit, eventuell kommt es auch zu Schwimmbewegungen des Schwanzes.

Macht man den Versuch analog zu dem obigen so, dass man das Schwanzende links oder rechts reizt, so bekommt man von beiden Stellen aus und mit gleicher Leichtigkeit, so weit man sehen kann, Schwimmbewegungen des Schwanzes, d. h. hier besteht dieser Unterschied zwischen rechts und links, wie oben, in keiner Weise.

§. 2.

Theoretische Betrachtungen.

Unter den vielfachen Bewegungen treten die Schwimmbewegungen des Schwanzes durch ihre Rhythmik als besonders eigenartig und charakteristisch hervor. Dass dieselbe durch elektrische Reizung der Dorsoventralcommissur oder einer Längencommissur der Bauchkette zu Stande kommt, ist nicht auffallend, aber um so mehr, wenn sie unter scheinbar gleichen Bedingungen peripherer reflectorischer Erregung einmal ausfällt und das andere Mal erscheint, wie bei dem Krebse, dessen Bauchcommissur einseitig durchschnitten war. Wenn man die Beobachtung genauer zergliedert, so zeigt sich, dass der Reiz in dem negativen Falle das Dorsalganglion nicht erreicht, in dem positiven Falle aber daselbst landet. Dem entsprechend fällt der analoge Versuch bei dem Krebse mit einseitiger Durchschneidung der Dorsoventralcommissur stets positiv aus, welches Schwanzende man auch reizen möge, denn von beiden Seiten erreicht der Reiz das Dorsalganglion, was daraus hervorgeht, dass die Extremitäten beider Seiten leicht und unisono in Bewegung gerathen.

Damit stimmt aber auch überein, dass die Schwimmbewegung stets fortfällt, wenn das Dorsalganglion entfernt wird; dass sie vorhanden ist, selbst für den Fall, dass es mit der Bauchkette nur mit einer Commissur in Verbindung geblieben ist, wie früher schon gezeigt worden war. Die Schwimmbewegung mit ihrem ausserordentlich complicirten Mechanismus der gleichzeitig in bestimmter Weise angeordneten Extremitätenbewegung hat sonach ihr ausschliessliches Centrum im Dorsalganglion.

Man sieht aber weiter, dass der Uebergang der peripheren Erregung von einer Seite des Körpers auf die andere Seite sehr rasch erfolgt, wenn das Dorsalganglion vorhanden ist und den Verkehr beider Körperseiten mit einander vermittelt, während der directe, so zu sagen lineare Uebergang von einer Seite zur anderen, wenn das Dorsalganglion fehlt, sich ausserordentlich schwierig vollzieht, d. h. auf dem letzteren Wege hat der Reiz trotz des viel kürzeren Weges grössere Widerstände zu überwinden, was man auch so auffassen kann, dass das Dorsalganglion für den von der Peripherie kommenden Reiz eine höhere Erregbarkeit besitzt, als sie die Ganglien der Bauchkette zeigen. So kann es kommen, dass die kurzen Querwege in der Bauchkette, deren Vorhandensein wir durch die elektrische Reizung zweifellos dargethan haben, von den physiologischen Erregungen eventuell gar nicht betreten werden.

Aber noch eine andere Betrachtung drängt sich auf, wenn wir jene Resultate der Reizung der Längencommissur nochmals genauer durchmustern, bei der wir nur Bewegungen in den unterhalb der gereizten Commissur gelegenen Extremitäten beiderseits gesehen haben, während oberhalb der Reizstelle der anderen Seite alles in Ruhe blieb, obgleich doch die anatomischen Verbindungen nicht allein nach hinten, sondern auch nach vorn ziehen. Würden wir im Gegensatze dazu dasselbe fünfte Bauchganglion von der folgenden Commissur ansprechen, die oberhalb des sechsten Ganglions abgebunden worden wäre, so würde zweifellos auf der anderen Seite nicht nur die gegenüberliegende Extremität zucken, sondern sicherlich auch die anderen weiter nach vorn gelegenen Anhänge in Bewegung gerathen.

Für die periphere Nervenfaser wissen wir, dass ihre Leitung eine doppelsinnige ist; für die intercentrale Faser einen anderen Leitungsmodus vorauszusetzen, haben wir keine Veranlassung, hingegen können in den Beziehungen der Nervenfasern zu den Nervenzellen Vorrichtungen getroffen sein, welche die Leitung der Erregung nur in einer Richtung gestatten und zwar die Leitung des motorischen Impulses in centrifugaler Richtung, wie wir das in unserem Versuche gesehen haben. Es erscheint weiterhin nur ein natürlicher Schluss, anzunehmen, worauf auch schon Manches in den bisher mitgetheilten Versuchen hindeutet, dass die sensible Erregung sich nur in centripetaler Richtung fortzupflanzen vermag. Uebrigens hoffe ich bei Beschaffung ausreichenden Materials hierzu einen eindeutigen Versuch ausführen zu können.

Dass die Leitung der Erregung in dem dem Bauchmarke der Wirbellosen analogen Rückenmarke der Wirbelthiere nicht doppelsinnig, sondern einsinnig geschieht, hat jüngst J. Bernstein beobachtet[1]), da er fand, dass die negative Schwankung des Nervenstromes durch das Rückenmark des Frosches sich nur entwickelt auf dem Wege von der sensiblen zur motorischen Rückenmarkswurzel, nicht aber in umgekehrter Richtung.

[1]) Ueber reflectorische negative Schwankung des Nervenstromes und die Reizleitung im Reflexbogen. Archiv für Psychiatrie und Nervenkrankheiten, Bd. 30, S. 651, 1898.

Dreizehntes Capitel.

Zwangsbewegungen nach Abtragung des Gehirns.

In dem Buche über die Fische theilte ich folgenden Versuch mit, den ich, so viel ich mich erinnere, etwa im Jahre 1886 oder 1887 aufgefunden hatte: Wenn man einen Haifisch (*Scyllium catulus* oder *canicula*) durch Abtragung des Mittelhirns in die Kreisbewegung zwingt, ihn darin wenigstens zehn Stunden herumschwimmen lässt und dann köpft, so verbleibt der geköpfte Haifisch in derselben Kreisbewegung, welche der kopftragende Fisch vorgeschrieben hatte. Das Alles, obgleich man durch einseitige Verletzung des Rückenmarkes selbst, diese Kreisbewegung niemals zu erzeugen vermag.

Diesen Versuch habe ich selbständig und unabhängig von jeder äusseren Anregung aufgefunden ohne Kenntniss davon, dass ganz kurz vorher (etwa ein Jahr) R. Dubois den gleichen Versuch an Käfern gemacht und im Herbste 1885 veröffentlicht hatte.

Dubois berichtet darüber Folgendes[1]):

Dans le courant de cet été, j'ai été conduit par d'autres recherches à l'étudier l'influence des lésions des centres nerveux des insectes sur la motilité; les individus qui ont servi aux expériences étaient des coléoptères du genre pyrophore.

Parmi les remarques intéressantes que nous avons faites, il en est un certain nombre qui ont été déjà signalées par les expérimentateurs qui nous ont précédé dans cette voie.

Les faits que nous croyons nouveaux nous ont été révélés par l'emploi de la méthode graphique qui, à notre connaissance, n'a pas encore été appliquée à ce genre de recherches.

Nous plaçons sous les yeux de la société un certain nombre de tracés obtenus en faisant marcher, sur du papier recouvert d'une mince couche de noir de fumée, des pyrophores chez lesquels on avait provoqué diverses lésions des centres nerveux à l'aide des fines aiguilles, par dilacération ou par cautérisation ignée.

Nous résumons ici rapidement les conclusions que l'ont peut tirer de ces tracés.

Si l'on enfonce une aiguille rougie dans la région, où est situé le ganglion frontal, l'insecte donne aussitôt des signes manifestes d'in-

---

[1]) *R. Dubois, Application de la méthode graphique à l'étude des modifications imprimées à la marche par les lésions nerveuses expérimentales chez les insectes. Compt. rend. de la société de Biologie (8) T. II, 1885, p. 642.*

coordination motrice mis en évidence par l'enchevêtrement inextricable des petits traits produits par l'application et le glissement des pattes sur le papier enfumé. A l'incoordination motrice paraît s'ajouter une perte complète de la notion des objets extérieurs: si l'insecte rencontre un obstacle, au lieu de chercher à le tourner ou à le franchir, comme il fait à l'état normal, il se heurte contre cet obstacle et parfois même recule un peu pour se jeter encore, la tête la première sur l'object placé devant lui.

La section transversale pratiquée à l'aide d'un couteau linéaire à cataracte entre le ganglion frontal et les ganglions cérébroïdes donne lieu aux mêmes effets.

Si l'on pique avec l'aiguille rougie la partie qui correspond à la région antérieure de la commissure qui réunit les ganglions cérébroïdes, ou si l'on coupe cette commissure par une section médiane dirigée d'avant en arrière, on observe quand l'opération est bien faite un mouvement de recul qui peut persister très longtemps mais qui n'est pas constant, l'insecte retrouvant assez rapidement, soit d'une manière définitive, soit transitoirement, la faculté de marcher en avant. L'équilibre de l'insecte peut être légèrement modifié comma le montre de tracé; mais, en général, il est normal ainsi que la direction du mouvement de marche: bien que l'insecte marche en arrière, il peut tourner ou se diriger en ligne droite à volonté.

L'examen d'un tracé permet de reconnaître immédiatement qu'il s'agit, par l'exemple, d'une lésion du ganglion céréboïde du côté droit; on comprend facilement par l'étude des traits tracés par l'insecte que celui-ci est fortement penché du côté opposé à la lésion, les membres ont affaissés de ce côté et les mouvements qu'ils exécutent sont loin d'avoir l'amplitude de ceux qui ont effectués par les membres placés du côté de la lésion: en revanche les mouvements du côté opposé à la lésion sont plus rapides, le nombre de points tracés par les extrémités des pattes étant plus grand de ce côté du tracé. Malgré cette compensation de l'amplitude par le nombre des mouvements, l'insecte est irrésistiblement entraîné du côté opposé à la lésion, et décrit des courbes d'une grande régularité. Parfois cependant il pivote complètement sur lui-même et le tracé présente alors l'aspect de figures circulaires dont le centre correspond à l'extremité des élytres.

Une lésion du ganglion céréboïde gauche présente un aspect et des caractères diamétralement opposés, mais de même ordre.

Ces tracés pathologiques diffèrent absolument de ceux que l'on obtient en faisant décrire des courbes à un insecte normal; on obtient facilement ce résultat avec les pyrophores, en les faisant marcher dans l'obscurité, après avoir obturé avec une boulette de cire opaque une des lanternes du prothorax, l'insecte se dirige alors du côté éclairé, mais il donne dans ces conditions un tracé symmétrique tout en décrivant des courbes parfois très accentuées.

La marche normale de l'insecte s'effectue d'ordinaire en ligne droite et le tracé qu'il donne est tout à fait caractéristique de l'espèce d'insecte mis en expérience.

Mais il est un point important sur lequel il est nécessaire d'appeler dès à présent l'attention, je veux parler de ce que l'on observe quand, après avoir lésé un des ganglions cérébroïdes et imprimé ipso facto un mouvement de rotation à l'insecte, on vient à le décapiter. On est frappé de le voir conserver l'allure qui lui a été imprimée après l'ablation de la lésion qui a déterminé précisement cette allure particulière.

L'insecte privé du cerveau blessé qui a déterminé les troubles moteurs continue à obéir à l'impulsion caractéristique qu'il a reçus d'un centre nerveux qui n'existe plus.

Cette expérience met en défaut le célèbre adage: „causa ablata, tollitur effectus".

Elle détruit en même temps cette hypothèse plus d'une fois émise que c'est sous l'influence d'une acte psychique purement cérébral que l'insecte tourne en rond: on a dit souvent, en effet, que dans ces conditions „l'animal blessé fuyait sa lésion".

Pour nous, l'impression transmise par le ganglion cérébroïde lésé provoque immédiatement dans les parties placées sous la dépendance des modifications permanentes. L'ordre transmis est conservé et exécuté alors même que l'organe d'où il est parti n'existe plus.

Cette expérience à été répétée avec d'autres insectes, elle est facile à exécuter sur les coléoptires du genre Dysticus; non seulement la modification rotatoire se maintient pendant la marche après ablation du ganglion cérébroïde lésé et de la tête tout entière, mais elle persiste également au sein de l'eau pendant l'acte de la natation.

Nous avons noté, en outre, ce fait singulier: c'est qu'un de ces insectes, ainsi décapité, exécuta pendant quelques instants des mouvements incohérents, puis resta immobile pendant plusieurs minutes; au bout de dix minutes environ, les mouvements se reproduisirent et cette fois l'insecte effectua en nageant des mouvements en cercle parfaitement réguliers.

Ich habe die ganze Beschreibung dieser Versuche wiedergegeben, aus denen für uns neu ist die Erscheinung, dass der geköpfte Käfer, wenn er vorher in Kreisbewegung sich befand, diese Kreisbahn fortsetzt. Das ist derselbe Versuch, den ich unabhängig von Dubois bei dem Haifische aufgefunden hatte, nur mit dem einen Unterschiede, dass der geköpfte Käfer die Kreisbewegung sogleich nach der Köpfung wiederholt, was der Haifisch erst nach 10 Stunden thut.

Dubois hat seine Versuche am *Dytiscus marginalis* ausgeführt.

Mir standen zahlreiche Exemplare des Goldkäfers (*Carabus auratus*) zu Gebote, den ich für alle diese Versuche bevorzuge. Ich habe jenen Versuch wiederholt und bin in der Lage, ihn vollkommen bestätigen zu können: Durch halbseitige Abtragung des Dorsalganglions hatte ich den Goldkäfer in die Kreisbewegung gezwungen, liess ihn eine Anzahl Kreise laufen — etwa zwei Minuten lang —, darauf erfolgte die Köpfung und der geköpfte Käfer behielt die Kreisbewegung bei.

Beim Haifische habe ich erklärt, dass das Rückenmark die ihm vom Gehirn aufgedrungene Zwangsbewegung erlernt und nach zehnstündiger Uebung so festhält, dass sie in derselben verbleibt, selbst nach Entfernung ihrer Lehrmeisterin.

Für den Käfer habe ich keine Veranlassung, eine andere Erklärung zu suchen, nur müsste ich hinzufügen, dass sein Bauchmark impressionabler ist, daher schneller auffasst und behält als der Haifisch.

Man kann endlich ganz ebenso wie für die Fische voraussagen, dass dieser Versuch nur ausführbar ist bei denjenigen Arthropoden, deren Bauchmark die Locomobilität seiner Metameren noch erhalten hat. Unter den Crustaceen also nur bei der Mauerassel, aber nicht bei den Krebsen.

Dritte Abtheilung.

Theoretischer Theil.

Erstes Capitel.

Das Gehirn der Wirbellosen.

Da unsere Wissenschaft mit dem Studium der Wirbelthiere begonnen hat, so bringt es diese Entwickelung mit sich, dass wir unter Gehirn immer nur das Gehirn der Wirbelthiere verstehen, welches selbst physiologisch dadurch gegeben ist, dass es die Functionen des morphologisch bestimmten Centraltheiles enthält, welcher in der Schädelkapsel gelegen ist. Die Bestimmung des Gehirns der Wirbelthiere ist also eine rein anatomische und eine physiologische Definition desselben stand noch aus, bis eine solche von mir vor einigen Jahren gegeben worden ist[1]).

Wenn wir nunmehr dazu übergehen, diesen Ausdruck „Gehirn" auf die Wirbellosen zu übertragen, so muss dieses etwaige Gehirn der Wirbellosen auch die wesentlichen Eigenschaften des Wirbelthiergehirns besitzen, sonst hätte die gleiche Bezeichnung keine Berechtigung.

Die Morphologie benutzt zur Bestimmung des Gehirns der Evertebraten ein Merkmal, welches sie wiederum von dem Wirbelthiergehirn entlehnt hat: Gehirn ist im Allgemeinen dasjenige Ganglion, aus welchem die Nerven der höheren Sinnesorgane (Auge, Ohr) ihren Ursprung nehmen. Man sollte glauben, dass diese einfache Formel vollkommen ausreichen müsste, um im gegebenen Falle jedesmal ein Gehirn bestimmen zu können. Indess scheinen hierbei Schwierigkeiten zu bestehen, denn die Ansichten der Morphologen gehen über das, was bei den Wirbellosen Gehirn ist, vielfach aus einander.

Zum Beweise dafür wollen wir die Ansicht einiger der leitenden morphologischen Schriftsteller hier wiedergeben. Leydig sagt hier-

---

[1]) Die Fische etc. 1888, S. 106.

über Folgendes: „Meines Erachtens müssen wir uns aber eine bestimmte Ansicht darüber zu bilden suchen, ob wir die über dem Schlunde liegende Partie und den unter demselben befindlichen Knoten, sowie die vereinigenden Commissuren zusammen als Gehirn erklären oder das *Ganglion infraoesophageum* nicht mehr dazu zählen sollen. Weiteren Erörterungen vorgreifend, erlaube ich mir gleich auszusprechen, dass die morphologische und physiologische Betrachtungsweise uns berechtigen, beide genannte nervöse Massen zusammen als Gehirn und zwar als ein vom Schlund durchbohrtes Gehirn aufzufassen, wie wenn etwa bei einem Wirbelthiere das Gehirn zwischen den Hirnschenkeln *(Crura cerebri)* vom Schlund durchsetzt wäre." Dagegen schreibt Gegenbaur[1]): „Das Nervensystem der Arthropoden schliesst sich an jenes der Anneliden an, mit dem es in seinen Grundzügen vollständig im Einklang sich befindet. Eine über dem Schlunde lagernde Ganglienmasse erscheint als Kopfganglion oder Gehirn, von welchem zwei Commissuren den Schlund umgreifen, mit einem ventralen Ganglion sich zum Nervenschlundring verbindend." Eine besondere Stellung nimmt v. Siebold ein[2]): „Der Centraltheil des Nervensystems zerfällt bei den Insecten, wie bei den übrigen Arthropoden, in eine Gehirn- und Bauchmarkmasse. Das im Kopfsegmente verborgene Gehirn besteht aus einer über dem Oesophagus liegenden Ganglienmasse *(Ganglion supraoesophageum)*, welche durch zwei, die Speiseröhre umfassende Seitencommissuren, mit einer unter dem Schlunde versteckten kleinen Ganglienmasse *(Ganglion infraoesophageum)* verbunden ist. Das obere dieser beiden Schlundganglien entspricht dem grossen Gehirne der Wirbelthiere, während das untere Schlundganglion mit dem kleinen Gehirne oder dem verlängerten Rückenmarke verglichen werden kann."

Wie wir aus diesen Citaten ersehen, erweist sich die Morphologie nicht gerüstet genug, um das Gehirn bei den Wirbellosen zu bestimmen; wir wollen deshalb versuchen, mit physiologischen Beobachtungen helfend einzutreten.

Um diese Aufgabe zu lösen, haben wir im Anschluss an unsere obigen Bemerkungen nichts weiter zu thun, als unsere Definition des Wirbelthiergehirnes auf die Wirbellosen zu übertragen: Wo diese Definition befriedigt werden wird, dort haben wir ein Gehirn; wo sie ausfällt, dort fehlt auch ein Gehirn.

Jene Definition vom Gehirn der Wirbelthiere lautete folgendermaassen: „Das Gehirn ist definirt durch das allgemeine

[1]) Gegenbaur, Grundriss d. vgl. Anatomie. Zweite Auflage, Leipzig 1878, S. 166.

[2]) v. Siebold, Vgl. Anatomie. 1848, Bd. I, S. 567.

Bewegungscentrum in Verbindung mit den Leistungen wenigstens eines der höheren Sinnesnerven." Experimentell haben wir immer nur eine Bestimmung auszuführen, nämlich das allgemeine Bewegungscentrum aufzusuchen, indem das andere Element der Definition, die Sinnesfunction, jedesmal durch das Vorhandensein des Sinnesorganes gewährleistet ist — falls nicht das Gegentheil bewiesen werden kann.

Zur Aufsuchung des allgemeinen Bewegungscentrums führt, wie ich angegeben habe, ein sehr einfacher Weg: Wir durchschneiden die zu untersuchende Nervenabtheilung einseitig und beobachten, ob das Thier danach echte Zwangsbewegungen macht. Im gegebenen Falle der Wirbellosen handelt es sich nur um die Form der Zwangsbewegung, welche ich „Kreisbewegung" genannt habe. Treffen wir also nach der angegebenen Operation auf die Kreisbewegung, so enthält der einseitig durchschnittene Theil des Centralnervensystems das allgemeine Bewegungscentrum; fehlt die Kreisbewegung, so fehlt auch jenes.

Einen Fingerzeig, aber niemals einen Beweis, für das allgemeine Bewegungscentrum erhalten wir schon in dem Versuche, wo nach doppelseitiger Abtragung des Nerventheiles die Locomotion verschwindet. Doch ist dieser Schluss nicht absolut bindend, weil die Locomotion sich in späterer Zeit nach völliger Ueberwindung der durch die Verletzung gesetzten Störung wiederherstellen kann.

An der Hand dieser Regeln wollen wir nunmehr das Centralnervensystem der Wirbellosen auf die Existenz eines Gehirnes prüfen.

A. Die Crustaceen.

Wir beginnen die Untersuchung mit dem vordersten Ganglion der Ganglienkette, dem sogenannten dorsalen Schlundganglion oder supraoesophagealen Ganglion, welches unsere besondere Aufmerksamkeit schon dadurch in Anspruch nimmt, dass aus demselben die höheren Sinnesnerven entspringen. In demselben liegt also schon ein Theil unserer Definition des Gehirns. Prüfen wir, ob es auch das andere Element, das allgemeine Bewegungscentrum, besitzt. Nach Abtragung desselben hört, wie wir gesehen haben, die Locomotion auf; dasselbe geschieht nach doppelseitiger Durchschneidung der beiden Commissuren, welche das dorsale Schlundganglion mit dem Unterschlundganglion verbinden. Hieraus folgt schon mit Wahrscheinlichkeit, dass dieses Ganglion das allgemeine Bewegungscentrum enthält. Der eindeutige Beweis dafür liegt endlich in der Beobachtung, dass die einseitige Zerstörung desselben oder die einseitige Durchschneidung der schon genannten Commissur das Thier in die entsprechende Kreisbewegung zwingt. Hieraus aber folgt, dass das dorsale Schlundganglion des

Flusskrebses, an welchem diese Versuche zunächst gemacht worden sind, **das Gehirn** darstellt.

Wir müssen noch weiter zu beweisen versuchen, dass nur dieses und kein anderes Ganglion der Kette Gehirn sein kann. Dies folgt schon aus der anatomischen Beobachtung, dass kein anderes Ganglion die Ursprungsstätte höherer Sinnesnerven ist. Davon existirt indess, meines Wissens, eine einzige Ausnahme, das ist nämlich *Mysis*, eine kleine, sehr zierliche Krebsart, welche ihr Ohr nicht im Kopfe, sondern im Fächer des Schwanzes hat, wohin ein Nerv, als Gehörnerv, aus dem letzten Abdominalganglion dringt.

Das Abdominalganglion von *Mysis* könnte demnach Gehirnganglion werden, wenn wir nachweisen könnten, dass es ein allgemeines Bewegungscentrum besitzt. Wenn man jenes Ganglion zerstört, indem man die ganze Schwanzplatte abträgt, so treten Störungen in der Locomotion nicht auf. Hieraus folgt schon mit Wahrscheinlichkeit, dass jenes Ganglion nur locale Bedeutung hat. Den eindeutigen Beweis dafür durch einseitige Zerstörung des Abdominalganglions kann ich heute hier nicht führen, weil mir *Mysis* nicht zu Gebote steht, und als ich seiner Zeit mich mit *Mysis* beschäftigte, war mir dieser Gedankengang noch fremd. Der Versuch ist ausführbar unter einer Zeiss'schen Lupe.

Wenn ich diesen letzten Beweis auch vorläufig schuldig bleiben muss, so ist es doch aus vielen Gründen ganz unwahrscheinlich, dass diesem letzten Abdominalganglion eine allgemeine Bedeutung zukäme.

Demnach ist zu schliessen, dass das sogenannte dorsale Schlundganglion des Krebses **das Gehirn** darstellt und dass es diese Bedeutung mit keinem anderen Ganglion der Kette zu theilen hat.

Da wir voraussetzen können, dass, wie der Bau, so auch die Verrichtungen der Ganglienkette aller geschwänzten Crustaceen die gleichen sind, so kann jener Schluss auf die geschwänzten Crustaceen ausgedehnt werden.

Die Verallgemeinerung dieses Satzes kann indess noch weiter gehen und auch die ungeschwänzten Crustaceen oder Krabben einschliessen, deren Nervensystem sich morphologisch von jenem der geschwänzten nur dadurch unterscheidet, dass mit dem Schwanze die entsprechenden Ganglien untergingen, während sämmtliche Thoracalganglien zu einem einzigen Ganglion verschmolzen sind. Von diesem steigen die beiden Commissuren um den Oesophagus herum zu dem dorsalen Schlundganglion auf, welches allein als Gehirn aufzufassen ist, da seine bilaterale Abtragung die Locomotion auslöscht, während die unilaterale Zerstörung

Kreisbewegung nach der unverletzten Seite giebt. Das gleiche Resultat folgt der entsprechenden operativen Behandlung der beiden Commissuren.

In gleicher Weise ist auch für die Isopoden (Mauerassel) der Nachweis zu führen, dass das Dorsalganglion ein echtes Gehirn repräsentirt.

In merkwürdig interessanter Weise verhält sich dieses Gehirn insofern etwas abweichend gegenüber den bisher genannten Krebsen, als seine totale Abtragung die Locomotion des Thieres nicht aufhebt, welche nun auch von den Bauchganglien besorgt wird.

Wir können somit schliessen, dass sämmtliche Crustaceen, soweit sie nicht schon durch parasitische Lebensweise tiefgreifende Veränderungen ihres Nervensystems erlitten haben, ein echtes Gehirn besitzen, welches durch das dorsale Schlundganglion dargestellt wird. Dasselbe ist deshalb nunmehr allen Rechtes als **Gehirn-** oder **Cerebralganglion** zu bezeichnen.

B. Die tracheaten Arthropoden.

Wir fragen hier in derselben Weise und in demselben Sinne nach dem Gehirn und suchen den Theil des Nervensystems zu bestimmen, welcher Gehirn sein könnte.

Es ist ebenfalls das dorsale Schlundganglion, welches eigentlich nur in Betracht kommen kann, denn nur dieses allein ist der Träger der höheren Sinnesnerven.

Wir haben gesehen, dass die Abtragung des dorsalen Schlundganglions bei Hexapoden die Locomotion nicht aufhebt. Dagegen giebt die unilaterale Zerstörung desselben ausnahmslos Kreisbewegung nach der unverletzten Seite, d. h. also die gesuchte Zwangsbewegung, woraus unmittelbar folgt, dass das dorsale Schlundganglion das allgemeine Bewegungscentrum enthält. In Verbindung mit der Thatsache, dass es auch den höheren Sinnesnerven als Ursprungsstätte dient, haben wir zu schliessen, dass das dorsale Schlundganglion das Gehirn darstellt. Ein anderes Ganglion kommt aus dem oben angegebenen Grunde hierbei gar nicht mehr in Betracht.

Ein besonderes Interesse beanspruchen in dieser Beziehung die Larven der Insecten, aus denen durch Metamorphose das Insect hervorgeht. Geradezu wunderbar erscheint die Reihe der Entwickelungen von der Raupe zum Schmetterling, wobei eine [morphologische Veränderung vor sich geht, wie sie grösser gar nicht gedacht werden kann. Die Raupe, besonders die weichhäutige, erscheint der flüchtigen Betrachtung viel mehr als ein Annelid, während der Schmetterling eine ganz exquisite Form von Insecten vorstellt.

Betrachtet man morphologisch die Nervensysteme der Larve und des entwickelten Thieres, wie sie in den Fig. 38 und 39 für *Coccinella* (Marienwürmchen) dargestellt sind, so sieht man, dass das Nervensystem der Larve die lange Streckung und die reiche Zahl von Ganglien der Bauchkette hat, wie jenes der Anneliden, wo zu jedem Segment ein Ganglion gehört, während bei dem Käfer durch Zusammenfliessen mehrerer Ganglien jener primitive Zustand schon erheblich verwischt ist. Indem das Experiment aber zeigt, dass die einseitige Durchschneidung des Dorsalganglions bei der Raupe sowohl wie bei ihrem Schmetterlinge die typische und gleiche Zwangsbewegung giebt, charakterisirt es das Dorsalganglion beider so sehr different aussehender Thierformen als Gehirn und zeigt damit, dass das Centralnervensystem beider Thiere trotz ihrer morphologischen Ungleichheit seinem inneren Werthe nach dasselbe ist: gewiss ein sehr interessantes Resultat dieser ganzen Betrachtung, durch welche das so ausserordentlich Wunderbare der Metamorphose der Insecten unserem Verständnisse doch etwas näher gerückt wird, wenn wir wissen, dass Larve und fertiges Thier von dem gleichen Nervensysteme beherrscht werden.

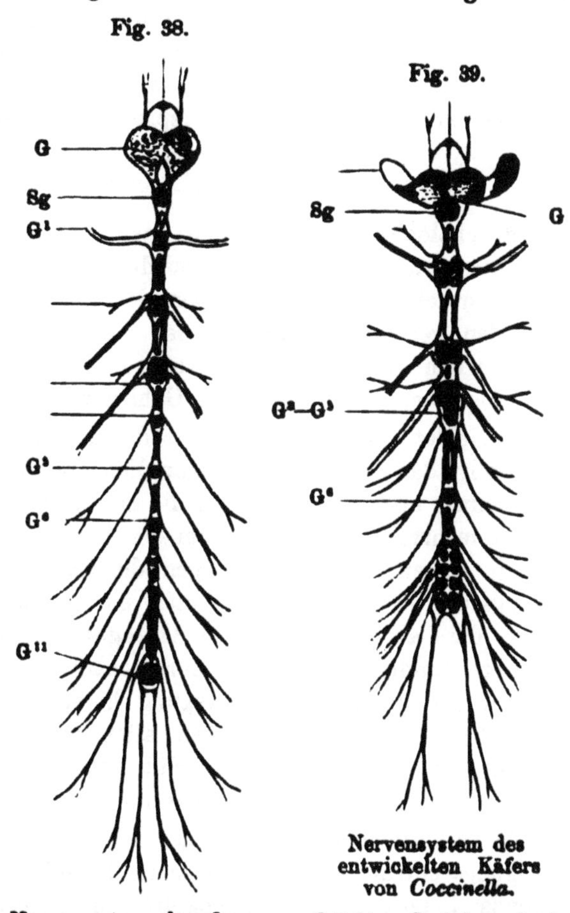

Fig. 38.

Nervensystem der Larve von *Coccinella*.

G Gehirn, *Sg* Suboesophagl., G^1 bis G^{11} Ganglien d. Bauchkette.

Fig. 39.

Nervensystem des entwickelten Käfers von *Coccinella*.

G Gehirn, *Sg* Suboesophagl., G^1 bis G^{11} Ganglien d. Bauchkette.

C. Die Myriopoden.

Die entwickelten Myriopoden *Lithobius forficatus*, *Scolopendra morsitans*, sowie *Julus terrestris* machten sämmtlich nach Abtragung der einen Kopfseite, d. h. des Dorsalganglions, oder nach Durchschneidung der Commissur der einen Seite Zwangsbewegungen, wodurch der Beweis erbracht ist, dass das Dorsalganglion, da es auch den höheren Sinnesnerven zum Ursprung dient, ein echtes Gehirn ist.

D. Die Anneliden.

Morphologisch schliesst sich das Centralnervensystem der Anneliden direct an jenes der Arthropoden an. Der Unterschied besteht im Wesentlichen darin, dass das dorsale Schlundganglion bei den Anneliden geringer ausgebildet ist. Da es aber nichtsdestoweniger ebenfalls den höheren Sinnesnerven zum Ursprunge dient, so können wir vermuthen, auch in ihm das Gehirn zu finden.

Schneidet man das Vorderende des Thieres einfach ab oder rottet man isolirt das dorsale Schlundganglion aus, so macht das restirende Thier immer noch Locomotionen, die man zunächst gar nicht von jenen des unversehrten Thieres unterscheiden kann. Dieses Verhalten spricht, wie wir wissen, noch nicht gegen die Existenz des allgemeinen Bewegungscentrums, aber wir müssen ein solches ablehnen, wenn wir finden, dass auch die einseitige Abtragung dieses Ganglions oder die einseitige Durchschneidung der dorsoventralen Commissur keine Aenderung in der geradlinigen Bewegung hervorruft. Diese Beobachtung ist in der That ausnahmslos bei allen den untersuchten Anneliden gemacht worden. Daraus aber folgt nothwendig, dass das dorsale Schlundganglion der Anneliden **kein Gehirn** ist.

Zu vermuthen, dass etwa eines der Bauchganglien das allgemeine Bewegungscentrum enthält, hat keine Berechtigung. Zwar haben wir nirgends innerhalb der Bauchkette eine einseitige Zerstörung der Ganglien ausführen können, aber die bisher gewonnenen Erfahrungen über das allgemeine Bewegungscentrum, das wir stets im Kopftheile angetroffen haben, gestatten den Schluss, dass ein allgemeines Bewegungscentrum in der Bauchkette nicht vorhanden ist.

Wie sehr auch das dorsale Ganglion der Anneliden demselben Gebilde der Arthropoden homolog sein mag, analog ist es jenem nicht, denn bei den Arthropoden ist es ein wahres und echtes Gehirn, analog dem der Wirbelthiere; bei den Anneliden ist es eben kein Gehirn, sondern ein Gebilde *sui generis*, welchem wir durch einen besonderen Namen den eigenartigen Charakter aufdrücken wollen.

Ist das fragliche Gebilde kein Gehirn, so enthält es doch zweifellos von den beiden Charakteren, welche das Gehirn definiren, das eine Element, die Ursprungsstätte der höheren Sinnesnerven. Es ist also ein dem Gehirn verwandtes Gebilde und nennt man das Gehirn, Cerebrum, so würde sich empfehlen, das dorsale Schlundganglion der Anneliden ein Cerebroid zu nennen und demnach das Centralnervensystem der Anneliden sich zusammensetzen zu lassen aus dem Cerebroidganglion und dem Bauchmark, während das Centralnervensystem der Arthropoden aus dem Cerebralganglion und dem Bauchmark besteht. Das Cerebroid könnte man wohl passend mit **Sinneshirn** verdeutschen.

E. Die unsegmentirten Würmer.

Das Centralnervensystem der unsegmentirten Würmer besteht nach der älteren anatomischen Lehre aus einem einzigen Ganglion, welches die Lage des dorsalen Schlundganglions hat. Von diesem Ganglion entspringen neben einigen kleinen Nervenfädchen, welche nach vorn ziehen, zwei grössere Nervenstämme, welche längs der Seitenränder des Körpers fast deren hinteres Ende erreichen.

Nach der allgemeinen physiologischen Erfahrung, dass jede automatische Bewegung durch Ganglienzellen und niemals durch Nervenfasern eingeleitet wird, können wir bei diesen Thieren ohne Versuch voraussagen, was eintreten wird, wenn wir das einzige Ganglion abtragen: Diese Thiere werden durchaus bewegungslos werden.

Versuche, welche wir an Planarien und Nemertinen angestellt haben, lehrten indess, dass trotz der Abtragung ihres Vorderendes, wobei ohne Zweifel jenes Ganglion mit entfernt war, die Locomotion nicht aufgehört hatte. Wir müssen durchaus schliessen, dass bei diesen Thieren neben jenem Schlundganglion noch andere Ganglien vorhanden sein müssen, von denen jene Bewegung ausgeht, nachdem das Kopfende des Thieres abgetragen worden ist. In der That hat die Morphologie schon gefunden, dass man auf jenen beiden Seitennerven regelmässig verstreut kleinere Ganglien vorfindet, welche, wie unser Versuch zeigt, schon so weit gekräftigt sind, um ihrerseits der Bewegung vorstehen zu können. Da auch die einseitige Zerstörung des vordersten Ganglions nach Loeb zu Kreisbewegungen nicht führt, so kann von einem Gehirne nicht die Rede sein. Thatsächlich nur ein Ganglion besitzen die Würmer vom Charakter der Distomeen, unter denen uns *Distomum hepaticum* den Typus vertreten möge. Hier lehrt der Versuch, dass nach Decapitirung die Locomotion aufhört und ohne Versuch kann man sagen, dass die einseitige Zerstörung dieses Ganglions die geradlinige Bewegung in eine drehende verwandeln wird, unter gleichzeitiger Lähmung der Seite, auf welcher die einseitige Zerstörung stattgefunden hat.

Welche Stellung kommt diesen Nervensystemen zu?

Was das Nervensystem der Nemertinen und Planarien anbetrifft, so hat es, functionell betrachtet, im Ganzen und Grossen durchaus den gleichen Werth wie jenes der Anneliden, also auch neben dem Bauchmark ein Sinneshirn innerhalb eines Dorsalganglions. Selbst der Unterschied besteht nicht, dass nämlich der nervöse Verkehr zwischen den beiden Körperhälften nur durch das Dorsalganglion vermittelt werden kann, während bei den segmentirten Würmern ein solcher Verkehr in jedem Segmente stattfindet, seitdem man bei den unsegmentirten Würmern eine Anzahl von Queranastomosen zwischen den Seitennerven kennt. Indess erscheint dies nicht von maassgebender Bedeutung. Das Wesentliche ist, dass auch bei diesen unsegmentirten Würmern in ihren Segmenten eine Locomobilität vorhanden ist, welche der unmittelbaren Leitung des Dorsalganglions nicht unterliegt.

Ganz anders liegt die Sache für die Distomeen, bei denen das Dorsalganglion das einzige Ganglion des ganzen Körpers ist, in welchem alle centripetalen Erregungen landen, um sich in die centrifugalen Entladungen, die Bewegung, umzusetzen. Wir dürfen hier weder vom Gehirn noch vom Bauchmark reden, hier haben wir beide vereinigt in ihrer primären Formation vor uns. Das Nervensystem von *Distomum hepaticum* zeigt uns in Wahrheit den Typus des elementarsten Nervensystems, wie wir es in Zukunft auch als elementares oder primitives Nervensystem bezeichnen werden.

Um die elementaren Eigenschaften des Centralnervensystems kennen zu lernen, müsste man sich folgerichtig an dieses Nervensystem wenden — falls die technischen Schwierigkeiten hier ein Eindringen gestatten, was wir vorläufig noch verneinen können.

F. Die Mollusken.

Wir werden die Frage nach dem Gehirnganglion zunächst an den einfacheren Mollusken zu lösen versuchen. Als solche kommen in Betracht die Gastropoden und unter diesen besonders die Pulmonaten, die Heteropoden und Pteropoden.

Am bequemsten experimentirt man an den pelagischen Heteropoden. Das dorsale Schlundganglion von *Pterotrachaea mutica* ist sehr entwickelt, zugleich die Ursprungsstätte für die Nerven hoch entwickelter Augen und Ohrbläschen; kein Zweifel, dass wir hier das Gehirn zu suchen haben, wenn ein solches überhaupt vorhanden ist. Wir tragen dasselbe ab, ohne dass die Locomotion aufhört; sie erfährt auch in dem Falle unilateraler Zerstörung keine merkbare Veränderung. Daraus aber folgt, dass das dorsale Schlundganglion der Pteropoden niemals Gehirn sein kann.

Sehen wir uns nach der Bauchkette um, so besteht dieselbe bekanntlich aus einem einzigen Ganglion, welches das Pedalganglion heisst, nach dessen Zerstörung alle Locomotion aufhört. Das Pedalganglion ist also zweifellos das allgemeine Bewegungscentrum und man könnte Kopf- und Pedalganglion vereinigen und meinen, dass die Mollusken als Centralnervensystem eben nur ein wohl charakterisirtes Gehirn besitzen. Dass die beiden Ganglien bei den Pteropoden um die halbe Länge des Thieres aus einander liegen, kann dagegen nicht geltend gemacht werden; denn es giebt Mollusken (Heteropoden, Cephalopoden), bei denen die verbindenden Commissuren auf ein Minimum reducirt sind.

Was das allgemeine Bewegungscentrum anbetrifft, so läge hier eine gewisse Identität mit dem Verhalten bei den Krebsen vor, wo nach Abtragung des allgemeinen Bewegungscentrums die Locomotion aufhört, während die Extremitäten selbst noch Bewegungen ausführen können. Bei unserem Weichthiere ist indess der Sachverhalt insofern ein ganz anderer, als mit der Locomotion überhaupt jede andere Bewegung vernichtet ist.

Dieser Unterschied gegen das allgemeine Bewegungscentrum der Arthropoden kennzeichnet sich noch deutlich durch ein Weiteres.

Es ist ein fundamentaler Charakter des allgemeinen Bewegungscentrums, dass seine einseitige Zerstörung Zwangsbewegungen giebt.

Um dieses Verhältniss für die Mollusken zu entscheiden, wählen wir einen Heteropoden, nämlich *Cymbulia Peronei*, wo die unilaterale Zerstörung relativ leicht auszuführen und mit Sicherheit zu controliren ist. Das Resultat dieses Versuches ist, dass das Thier in der That seine geradlinige Bewegung aufgiebt und sich im Kreise herumdreht. Trotzdem ist das nicht die Zwangsbewegung, welche wir von den Wirbelthieren und den Arthropoden her kennen, denn die Zwangsbewegung von *Cymbulia* geht einher mit einer Lähmung derjenigen Seite, auf welcher das Ganglion halbseitig zerstört worden war. Es ist aber eine charakteristische Eigenschaft der echten Zwangsbewegungen, dass bei ihnen eine periphere Störung fehlt.

Aus alle dem folgt, dass die obige Unterstellung nicht zulässig ist; wir können das Dorsal- und Pedalganglion nicht zu einer Einheit verbinden, sondern wir müssen beide getrennt lassen, wie sie auch die Morphologie trennt.

Weiter aber ergiebt sich, dass das dorsale Ganglion der genannten Mollusken **kein Gehirn** ist, sondern, wie das Dorsalganglion der Anneliden, ebenfalls nur ein Cerebroidganglion darstellt, ein Sinneshirn, und als solches der Sitz der Centren für Sinnesnerven ist. Das Pedalganglion repräsentirt die Bauchkette. Da der Leib der Mollusken nicht segmentirt ist, so braucht dieses Ganglion nicht auf die Vereinigung mehrerer Ganglien zurückgeführt zu werden; es scheint vielmehr diese Unität eine primäre Bildung zu sein.

Wie die einfacher zu übersehenden Formen Pterotrachaea und Cymbulia verhalten sich ohne Zweifel die Gastropoden von dem Typus der hier untersuchten Formen *Aplysia depilans* und *Pleurobranchea Meckelii*. Voraussichtlich auch die übrigen Mollusken, insoweit ihr Nervensystem den gleichen Bau aufweist, was hier näher zu untersuchen nicht unsere Aufgabe ist.

Einer besonderen Betrachtung ist der *Octopus* zu unterziehen. Sein dorsales Schlundganglion ist nicht Gehirn, weil die einseitige Zerstörung desselben keine Zwangsbewegung erzeugt. Zu diesem Resultate hätte eigentlich auch schon die Morphologie kommen sollen, da aus diesem Hirntheil die höheren Sinnesnerven nicht austreten; indess konnte sie supponiren, dass, wenn diese höheren Sinnesnerven auch nicht sichtbar aus dem Ganglion austreten, sie doch in dessen Substanz ihre Wurzel haben und dass sie in der Substanz der Ganglienmasse selbst weiterlaufend makroskopisch unsichtbar in die betreffenden nervösen Centralgebilde für diese Sinnesorgane eintreten, was bei diesem so dicht zusammenliegenden Nervensysteme des Octopus sehr wohl der Fall sein konnte.

Indess lehrt der oben ausgeführte Versuch, dass diese Voraussetzung zunächst für den Sehnerven nicht zutreffend ist; denn der Octopus befindet sich nachweisbar im Besitze seines Sehvermögens, auch noch nach Abtragung des Dorsalganglions. Für den Gehörnerven stellt sich das Gleiche heraus: Wie wir weiterhin noch sehen werden, führt die Zerstörung einer oder beider Gehörblasen zu specifischen Störungen des Gleichgewichtes. Dieselben müssten in gleicher Weise auftreten, wenn wir die Wurzeln der Nerven der Gehörblasen zerstören, was, wie wir gesehen haben, nicht der Fall ist. Daraus aber folgt, dass auch die Gehörnerven nicht in dem Dorsalganglion wurzeln.

Mit diesem Nachweis hat aber auch die morphologische Berechtigung aufgehört, das Ganglion als Gehirn zu bezeichnen, so dass die Resultate der Morphologie und Physiologie in voller Uebereinstimmung denselben Punkt treffen.

Wenn wir nunmehr fragen, welche Bedeutung dem Dorsalganglion des Octopus zukommt, so kommen hierfür in Betracht die Thatsachen, dass nach Entfernung jenes Ganglions der Octopus die Fähigkeit verloren hat, 1. seine Nahrung selbständig zu nehmen; dass er 2. im Allgemeinen die willkürliche Bewegung eingebüsst hat, und dass 3. seine ganze Intelligenz so zu sagen auf die Stufe des Idioten herabgedrückt worden ist.

Diese Functionen gehören, wie wir von den Wirbelthieren wissen, im Allgemeinen dem Grosshirn an, so dass wir an der Hand jener Erfahrungen dem Dorsalganglion des Octopus den Werth eines „Grosshirnes“ zuerkennen müssen. Wir versetzen uns damit in die merkwürdige, bisher wohl noch nicht dagewesene Lage, ein Grosshirn zu haben in einem Nervensystem, das kein Gehirn hat, während nach den älteren landläufigen Anschauungen, namentlich auf Grund der Morphologie, ein Grosshirn ohne Gehirn nicht gut zu denken ist, da sich jenes aus diesem entwickelt.

Trotzdem ist es nicht schwer, den Sachverhalt zu erkennen, doch soll die Auseinandersetzung hierüber weiterhin erst gegeben werden.

Wie der Octopus verhalten sich auch die Sepien (Tintenfische).

Die Unterschlundganglionmasse ist im Wesentlichen Pedalganglion (wie bei den anderen Mollusken); dass sich hier vorn das Brachialganglion und hinten das Visceralganglion anschliessen, ist für unsere Betrachtung ohne Bedeutung.

G. Die Appendicularien, Echinodermen und Coelenteraten.

Keiner der obigen Versuche hat uns bei diesen Thieren zu der Einsicht geführt, dass dieselben ein Gehirn haben könnten. Aber sie können so viel Sinneshirne besitzen, als höhere Sinnesorgane vorhanden sind; so die Seesterne, welche so viel einzelne Sinneshirne aufweisen, als ihnen Radien eigenthümlich sind, da an dem peripheren Ende eines jeden Radius ein Auge sitzt, welches in einem Sehganglion wurzeln muss. (Von den augenartigen Bildungen der Seeigel wollen wir absehen.) Weiter haben vielfache Sinneshirne unter den Coelenteraten die Medusen in den oben geschilderten Augen- und Ohrbläschen. Wir können hierbei einen Unterschied zwischen völlig entwickelten oder noch in Entwickelung begriffenen Sinnescentren nicht machen, sondern müssen Weiteres in dieser Richtung der Zukunft überlassen.

Eine ganz andere Frage ist endlich, welche Stellung das Nervensystem jener Thiere unter den übrigen Evertebraten einnimmt, worauf wir noch später zurückkommen werden.

Zweites Capitel.

Das Bauchmark.

Wenn man das Centralnervensystem, z. B. des Flusskrebses, in seinen Functionen vergleicht mit dem eines beliebigen Fisches, wenn man dabei absieht von dem Wirbelskelett bei dem letzteren, so kommt man sehr bald zu der Ansicht, dass Rückenmark und Bauchmark im Grunde genommen dasselbe Organ sind, d. h. dass sie im Wesentlichen hier und dort die gleichen Functionen verrichten, also analoge Bildungen sind, wobei es ohne Belang ist, dass im Falle des Rückenmarkes es sich um eine continuirliche Gestaltung handelt, bei welcher in jedem Querschnitt Nervenzellen und Nervenfasern liegen, während im Falle des Bauchmarkes die Ganglienzellen als Ganglienknoten in gewissen Abständen auftreten, in welchen wieder nur Nervenfasern vorhanden sind.

Was die Gleichheit ausmacht, ist die Thatsache, dass aus den Ganglienzellen in beiden Fällen Nerven austreten, welche zu willkürlichen Muskeln gelangen, dass diese Muskeln gelähmt sind, wenn ihre Ursprungsganglien zerstört werden. Ferner sehen wir, dass von der Peripherie her Nervenfasern in das Ganglion eintreten, dass die Reizung dieser Nerven nicht allein Bewegungen der nächst gelegenen Muskeln erzeugt, sondern auch von ferner gelegenen Muskeln, z. B. der Gliedmaassen auf der gegenüberliegenden Seite u. s. w., ein Vorgang, welchen wir als eine reflectorische Bewegung bezeichnen.

Diese Charaktere genügen vollkommen, um dem Bauchmark des Krebses den Werth des Rückenmarkes eines Fisches zu vindiciren, d. h. sie analog zu setzen.

Hierzu kommt noch eine weitere Eigenthümlichkeit des Rückenmarkes, welche darin besteht, dass die einzelnen Organe regelmässig aus mehreren Spinalnerven versorgt werden, d. h. dass die Spinalnerven nicht innerhalb ihrer Metameren bleiben, sondern in die Nachbarmetameren hinübergreifen. Für das Bauchmark des Krebses dürfte dasselbe gelten: Das Scheerenglied sollte seiner Lage nach nur in dem zweiten Bauchganglion wurzeln; thatsächlich haben wir seine Wurzel in das darüber gelegene erste Bauchganglion (Unterschlundganglion) verfolgen können. Ebenso müsste der dritte Gehfuss in dem fünften Bauchganglion wurzeln, doch wurzelt er zweifellos auch in dem vierten Ganglion, denn nach der Durchschneidung der Längscommissur zwischen dem vierten und fünften Ganglion ist er nicht allein dem Einflusse des Willens entzogen, sondern auch seine reflectorische Thätigkeit ist sehr viel geringer, als jene des vierten Gehfusses.

Was wir für die zwei Extremitäten bewiesen haben, dürfte wohl auch auf die anderen Anhänge anzuwenden sein. Dagegen scheint bei den Evertebraten die Sonderung der austretenden Wurzeln in die beiden Functionen der Empfindung und Bewegung zu fehlen, wenigstens waren die darauf gerichteten Bestrebungen, einen solchen Fund zu machen, bisher resultatlos geblieben. Ich selbst habe darüber keine Erfahrungen. Ob jenes negative Resultat ein definitives bleiben soll, das wird die Zukunft noch zu lehren haben.

Keinesfalls kann uns dieser Ausfall in der ausgesprochenen Auffassung irre machen, dass das Bauchmark der Crustaceen dem Rückenmarke der Wirbelthiere analog ist. Und was von dem Bauchmarke der Crustaceen gilt, muss auch gelten von den übrigen Arthropoden und den Anneliden.

Doch besteht zwischen dem Bauchmarke der Crustaceen und jenem der anderen eben genannten Evertebraten noch ein Unterschied, indem nämlich die Bauchganglien der Crustaceen im Wesentlichen nur die eine Function verrichten, dass in ihnen Bewegungen einzelner Muskeln oder einzelner Gliedmaassen zu Stande kommen, ohne dass damit eine Ortsbewegung erzielt werden kann: eine locomobile Fähigkeit besitzen sie nicht (abgesehen von den Asseln). Die locomobile Fähigkeit ist aber geradezu ein Charakter der Bauchkette der übrigen Arthropoden und der Anneliden: wir müssen uns vorstellen, dass jedes Ganglion in sich die Bedingungen vereinigt, um eine Ortsbewegung seiner Metamere zu erzeugen, selbst wenn wir eine solche aus mechanischen Gründen etwa nicht sollten zu Stande kommen sehen.

In diesem Punkte scheint die Bauchganglienkette der tracheaten Arthropoden und der Anneliden ganz gleichartig zu sein. Trotzdem könnte auch hier noch ein Unterschied bestehen: es könnte nämlich die Locomobilität der Ganglien bei den Anneliden eine kräftigere sein, als bei den Insecten, weil bei den letzteren ein Theil ihrer locomobilen Fähigkeit nach vorn zur Bildung des allgemeinen Centrums abgegeben worden ist, von den Anneliden nicht. Eine solche Kraftverminderung in den Bauchganglien der Insecten ist wohl vorstellbar; ob sie aber in der That vorliegt, das können wir nicht wissen, da jede Methode fehlt, um diese Kraftleistungen messend zu vergleichen.

Bei den unsegmentirten Würmern ist es keine Bauchkette mehr, sondern es sind zwei in gewissen Abständen mit Ganglienzellen belegte seitliche Nervenstränge, zwischen denen auch Commissuren vorhanden sind. Da dieses Nervensystem auch ohne das Dorsalganglion locomobile Fähigkeit besitzt, so steht es functionell durchaus auf einer

Stufe mit dem Bauchmarke der Anneliden — so weit sich das zur Zeit übersehen lässt.

Die Würmer vom Charakter der Distomeen kommen gar nicht in Betracht, da sie weder einen Bauchstrang noch ein ihm ähnliches Gebilde besitzen.

Bei den Mollusken liegt auf der Bauchseite nur ein Ganglion, das Pedalganglion, welches zugleich das einzige Bewegungs-, also auch Locomotionscentrum des Körpers ist, denn nach seiner Zerstörung hört jede animale Bewegung auf. Da der Leib nicht segmentirt erscheint, so geht daraus hervor, dass das Pedalganglion eine primitive Bildung ist und sich nicht aus dem Zusammenfliessen mehrerer Ganglien ableiten lässt.

Wie dem auch sei, functionell erscheint das Pedalganglion als eine dem Bauchstrang der Arthropoden und Anneliden gleichartige Formation, als eine analoge Bildung.

Drittes Capitel.

Das Centralnervensystem als Einheit.

---

§. 1.

Allgemeine Betrachtungen.

Wir haben festgestellt, dass ein Theil der Wirbellosen ein echtes Gehirn, ein Cerebrum, hat; das waren sämmtliche Gliederthiere bis hinab zu den Anneliden. Anderen Gruppen fehlt ein echtes Gehirn; sie haben ein unechtes Gehirn oder ein Sinnesgehirn, Cerebroid, so bezeichnet, weil das jenen homologe Dorsalganglion nur die Wurzeln der höheren Sinnesnerven enthält; so beschaffen sind die Anneliden und die Mollusken. Nicht minder aber auch unter den Echinodermen die Seesterne und unter den Coelenteraten die Medusen, wo jedes Thier nicht nur ein Sinneshirn, sondern deren mehrere besitzt, wie oben (S. 123) ausgeführt worden ist.

Welcher Unterschied darin liegt, ob ein Thier ein Gehirn besitzt oder ob ein solches fehlt, sieht man am sinnfälligsten, wenn man zwei Thiere neben einander stellt, deren Centralnervensystem principiell gleich gebaut ist, von denen wir aber bei dem einen ein Gehirn constatirt, bei dem anderen es vermisst haben. Das ist z. B. *Maja verrucosa* (Fig. 40 a. S. 128) aus der Gruppe der Crustaceen und *Aplysia depilans* (Fig. 41 a. S. 129) unter den Mollusken. Bei beiden besteht das Centralnervensystem, einfach betrachtet, eigentlich nur aus dem Schlundringe, wobei es natürlich ohne Belang ist, ob die dorsoventralen Commissuren etwas länger oder etwas kürzer sind, da diese Commissuren auch sonst sehr verschiedene Länge besitzen.

Wenn man die dorsoventrale Commissur der einen Seite z. B. rechts durchschneidet, so geräth *Maja* in eine nach links gerichtete Kreisbewegung, die sie stets beibehält, *Aplysia* wandelt aber ohne Aenderung ihre alte willkürliche Bahn.

Nichts vermag augenfälliger diesen Unterschied zwischen den scheinbar gleichen Nervensystemen zu verdeutlichen, als dieser Versuch!

Dieselbe Betrachtung lässt sich anstellen für den *Julus terrestris* aus den Myriopoden und etwa *Diopatra neapolitana* unter den Anneliden: bei beiden neben einem Dorsalganglion eine langgestreckte Bauchganglienkette, so dass die Systeme beider Thiere, die auch äusserlich bei oberflächlicher Betrachtung viel Aehnlichkeit haben, genau gleich aussehen. Aber bei *Julus* giebt die Durchschneidung der Dorsoventralcommissur Zwangsbewegung, bei *Diopatra neapolitana* bleibt die Richtung der Bewegung unverändert.

Der tiefere Sinn dieser Erscheinung liegt darin, dass im Falle des Gehirnes die specifischen Locomotionsorgane, die Muskeln, eine bis zum Dorsalganglion hinaufreichende Beziehung haben, welche den nicht hirnbegabten Thieren fehlt. Da die Muskeln aber ein erstes Innervationscentrum schon im Bauchmark besitzen, so ist diese weiter zum Dorsialganglion reichende Beziehung nichts Anderes als ein secundäres Innervationscentrum für die willkürliche Musculatur. Nachdem wir oben das allgemeine Bewegungscentrum als das Centrum charakterisirt haben, in dem die willkürlichen Muskeln eine nochmalige Innervation erfahren, so sind secundäres Muskelcentrum und allgemeines Bewegungscentrum principiell dieselbe Formation. Und es geht daraus weiter hervor, dass ein Gehirn stets zu seiner Basis ein Bauchmark (resp. Rückenmark) haben muss, weil nur unter dieser Voraussetzung eine secundäre Innervation der willkürlichen Muskeln eintreten kann.

Nach allen unseren Voraussetzungen, die wir bisher haben machen dürfen, ist gewiss, dass das eben Gesagte genau in der gleichen Weise auch für die hirntragenden Wirbelthiere gelten muss, wo wir in der That schon gleiche Betrachtungen angestellt haben, indess treten die Verhältnisse hier, wo die einzelnen Centren durch distincte anatomische Commissuren sich gegen einander absetzen, mit viel mehr Klarheit und Schärfe in die Erscheinung, so dass man den Sachverhalt ganz direct aus den Versuchen ablesen kann.

Das Verhältniss, wie es in dem secundären Centrum des Gehirns gegeben ist, lässt sich auch so ausdrücken, wie ich es früher schon gethan habe, nämlich es anatomisch-physiologisch als die „führende Metamere“ zu bezeichnen, deren Herrschaft die Thätigkeit aller übrigen

Fig. 40.

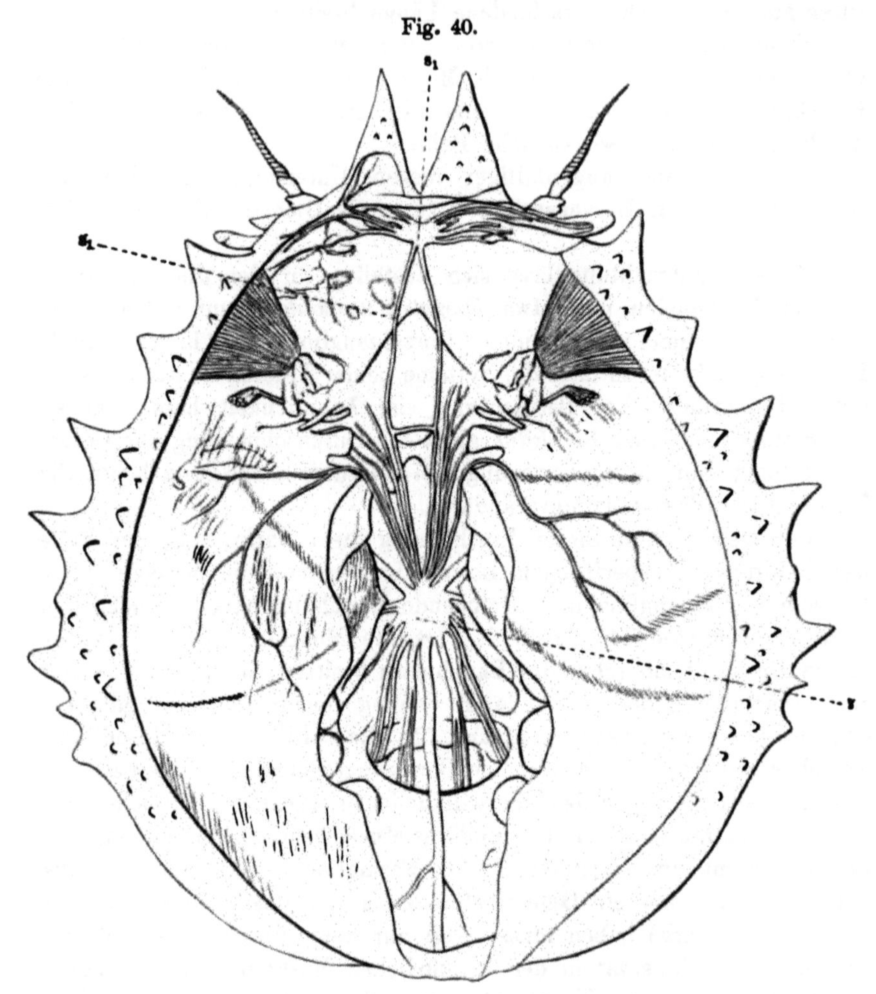

Nervensystem des Taschenkrebses (*Maja verrucosa*).
sp Cerebralganglion, *s* Brustganglion, s_1 Dorsoventralcommissur.

Metameren unterliegt. Die Anregung zu den Bewegungen erhält dieses Centrum durch die Reize, welche sämmtlichen Sinnesorganen von der Aussenwelt zuströmen und welche durch die Sinnesnerven auf das Bewegungscentrum übertragen werden. Von hier aus erfolgen dann die weiteren Anregungen zur Intriebstellung der Bewegungsorgane durch

Uebertragung auf die primären Centren, die Ganglien des Bauchstranges. Nothwendig erscheint nun auch für den ungestörten Ablauf dieses Mechanismus, dass das secundäre Centrum eine höhere Erregbarkeit hat, als sie die primären Centren der Bauchkette besitzen, was ich ebenfalls schon früher ausgeführt und durch Versuche zu beweisen mich bemüht habe [1]). Zu diesen Beweisen haben wir auf S. 104 einen neuen hinzutreten sehen: nach Durchschneidung der Längscommissur zwischen dem vierten und fünften Bauchganglion beim Krebse, z. B. rechterseits, gerathen auf Reizung der linksseitigen Extremitäten die Extremitäten beider Seiten in Bewegung, gar nicht oder nur schwierig die beiden Füsse, welche unterhalb der Durchschneidungsstelle liegen. Das begreift man dann, wenn man schliesst, dass die directe und kürzere Reflexbahn vom Reize nur dann betreten wird, wenn der längere Weg über das Gehirnganglion verlegt ist. Das führt direct zu der eben ausgesprochenen Annahme, dass das allgemeine Bewegungscentrum eine höhere Erregbarkeit besitzt, als die spinalen resp. ventralen Centren.

Fig. 41.

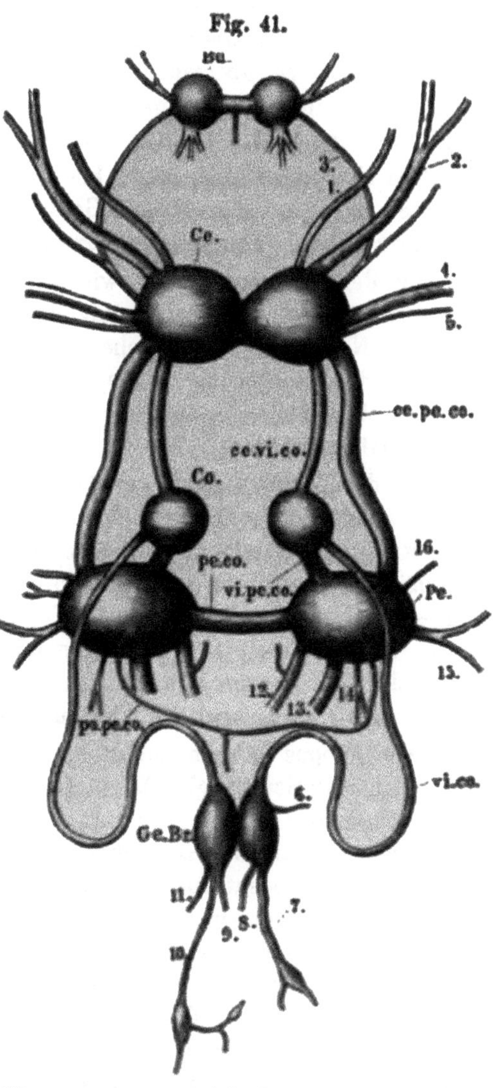

Nervensystem von *Aplysia*; *Ce* Cerebralganglion. *Pe* Pedalganglion, *ce. pe. co.* Dorsalventralcommissur.

Da, wo nur ein Sinneshirn vorhanden ist, wie bei Mollusken und Anneliden, muss der Vorgang der Innervation nothwendig etwas anders

[1]) Das Froschhirn 1885. S. 68 u. f.

sein; es muss die Uebertragung der von den Sinnesapparaten kommenden Erregungen auf eine Kette von Ganglien stattfinden, wie bei den Anneliden, oder auf ein primäres Ganglion, wie bei den Mollusken. Welcher Unterschied in der Innervationseinrichtung bei den Mollusken mit Sinneshirn gegenüber den hirnbegabten Arthropoden obwaltet, ist zunächst nicht zu übersehen. Aber für die Anneliden erscheint es gewiss, dass die Einrichtung dieser Uebertragung inferior sein muss gegenüber jenen beiden hirntragenden Organisationen.

Wie sich diese Innervation bei den nicht segmentirten Würmern gestaltet, geht aus dem bisher Gesagten zur Genüge hervor, so dass von einer näheren Darstellung abgesehen werden kann.

Bei dem Octopus waren wir auf das merkwürdige Verhältniss gestossen, dass wir das Dorsalganglion als Grosshirn erkannt hatten in einem Nervensysteme, welches ein echtes Gehirn nicht besitzt. Es wurde dort hervorgehoben, dass dieser Fall bisher in unserer Wissenschaft noch nicht beobachtet worden ist, und wir hatten zugesagt, diesen Sachverhalt aufzuklären.

Bei den Wirbelthieren war bewiesen worden, dass das Grosshirn sich aus dem Riechcentrum, d. h. aus einem Sinnescentrum, entwickelt; eine Entwickelung, welche zunächst von dem übrigen Gehirn unabhängig ist. Dies lehrt, dass ein Grosshirn zu seiner Entwickelung nur eines Sinnescentrums bedarf. Solche sind bei den Mollusken, *in specie* bei dem Octopus, in genügender Ausbildung vorhanden. Es kann sich nur darum handeln, zu ermitteln, welches Sinnescentrum dem Grosshirn zu seiner Entwickelung als Unterlage gedient hat.

Der Octopus hat ein auffallend grosses Auge und ein ebensolches Sehcentrum (Opticusganglion). Folgen wir den Haifischen, wo jenes Gesetz gefunden worden ist, an der Hand eines sehr grossen Riechcentrums, so erscheint es am wahrscheinlichsten, dass das Grosshirn des Octopus sich aus dem Sehcentrum entwickelt hat. Der Vorgang mag folgender gewesen sein: In einem früheren ontogenetischen Stadium enthielt bei dem Octopus das Dorsalganglion das Sehcentrum, wie wir es in erwachsenem Zustande bei den anderen Mollusken sehen. Darauf kam es zu einer Abspaltung des Grosshirns aus diesem Sehcentrum, welches letztere nunmehr, da es auf dem Oesophagus keinen Platz mehr hatte, entlang der dorsalen Commissur seitwärts nach unten glitt.

Solche Verschiebungen der Ganglien entlang den Commissuren sind bei den Wirbellosen nichts Neues: an der Bauchkette sehen wir sie da, wo die zahlreichen Ganglien zu zwei oder einem Ganglion verschmelzen. Aber auch innerhalb des Dorsalganglions sehen wir bei Cymbulia wie nach Degeneration des Augenapparates der Rest des

Dorsalganglions entlang der Dorsoventralcommissur zu dem Pedalganglion herabgleitet, dem aufliegend wir es vorfinden.

Ob diese Betrachtung für den Octopus resp. die Mollusken richtig ist, muss das Studium ihrer Ontogenie lehren.

Es ist übrigens möglich, dass in dem Dorsalganglion der anderen Mollusken neben dem Opticuscentrum auch schon ein Grosshirn vorhanden ist, aber wir sind aus naheliegenden Gründen nicht im Stande, diese beiden Bildungen dort functionell von einander zu sondern. Ebenso kann es sein, dass in dem Dorsalganglion eines echten Anneliden auch ein Grosshirn aufgefunden wird, da Sinnesnerven vorhanden sind, aus denen es sich entwickeln könnte. Hierzu würde ganz gut stimmen, dass Loeb (s. S. 27) seinen segmentirten und unsegmentirten Würmern (auf welche dieselbe Betrachtung anzuwenden ist) Grosshirnfunctionen zuspricht und diese Qualitäten in das dorsale Schlundganglion verlegt. Kurz, wir haben es als ein allgemeines Gesetz anzusehen, dass überall da, wo isolirte höhere Sinnescentren vorhanden sind, die Basis zur Entwickelung eines Grosshirns gegeben ist.

Ich komme nochmals zum Octopus und jenem Versuche zurück, in welchem gezeigt wurde, wie das Thier ohne Dorsalganglion dem drohenden Stabe ausweicht, dagegen die Urne nicht mehr zu sich heranzieht, auch seine Nahrung nicht mehr zu finden weiss. Es ist wohl der Schluss gestattet, dass der Octopus, wie er den Stab sieht und ihm ausweicht, so auch Urne und Nahrung sehen mag. Wenn ihn diese Objecte nicht mehr adäquat erregen, so genügt zur Erklärung die Annahme, dass er ihre Bedeutung vergessen hat. Betrachten wir diese Schlüsse im Lichte der Anschauungen, welche in den letzten Jahren im Gebiete der Grosshirnfunctionen der höheren Wirbelthiere und des Menschen durch H. Munk und Andere entwickelt worden sind, so erscheint unser Octopus seelenblind, indem er nachweisbar sehend ist, ohne aber die gesehenen Objecte in ihrer Bedeutung zu erkennen, die seinem Gedächtnisse entschwunden ist.

Wenn er dem Stabe ausweicht, so handelt es sich um einen retinalen Reflex, den ich in ähnlicher Weise schon für den Frosch beschrieben habe (s. Froschhirn, S. 66).

§. 2.

Die Leitungsbahnen im Centralnervensystem.

Um die Leitungsbahnen des Centralnervensystems festzulegen, wählen wir wieder den Krebs, der unter den Evertebraten sich am meisten zu diesem Unternehmen eignet.

Entsprechend der Anatomie haben wir eine Anzahl von Bauchganglien, welchen sich nach vorn das Dorsalganglion anschliesst, das nach unseren Feststellungen als Gehirn eine Führerrolle ausübt.

Von hier aus gehen centrifugale Erregungen, welche auf jene Ganglien der Bauchkette auf dem Wege der Längscommissuren übertragen werden. Wie dieser Vorgang sich im Einzelnen abspielt, wie es zu den verschiedensten Bewegungen hierbei kommt, das zu untersuchen, ist hier nicht unsere Aufgabe.

Andererseits werden Reize von der Peripherie zu dem nächsten Ganglion als Centrum getragen, wo eine Aufwärtsleitung wiederum durch die Längscommissuren nach dem vordersten Ganglion stattfindet, oder eine Uebertragung auf die andere Seite durch die Quercommissuren eintritt.

Die Innervation verliefe demnach, wie in dem nebenstehenden Schema, Fig. 42, wonach von dem Hirnganglion, dem vordersten, alle Locomotion ausgeht, während die Bauchganglien nicht locomobil sind und nur von jenem in Bewegung gesetzt werden oder von der Peripherie her, wenn eine einfache Reflexbewegung in ihnen ausgelöst werden soll.

Fig. 42.

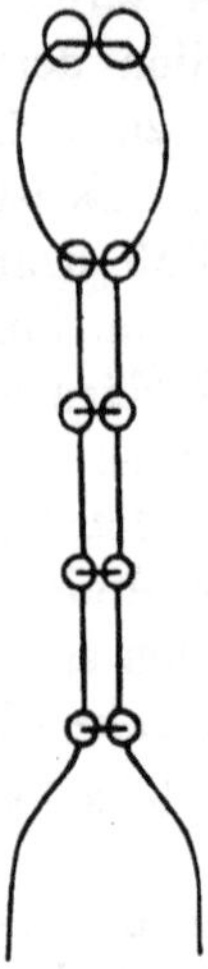

Schema.

Dieser Vorstellung entsprechen die Beobachtungen, dass der Krebs seine Locomotion einstellt, wenn das Dorsalganglion abgetrennt wird und dass die Locomotion bestehen bleibt nach doppelseitiger Durchschneidung der Längscommissur zwischen dem vierten und fünften oder auch zwischen dem dritten und vierten Bauchganglion, weil die vorderen Beine ausreichen, um den Körper noch zu tragen, obgleich die hinteren Beine gelähmt sind und nur nachgeschleift werden. Hingegen fallen die Schwimmbewegungen aus, weil der Schwanz das eigentliche Schwimmorgan ist, welches mit jenen Durchschneidungen jedesmal dem Einflusse des allgemeinen Bewegungs- resp. Locomotionscentrums entzogen ist. Es ist auch weiter verständlich, dass nach einseitiger Trennung der Längscommissur vom ersten zum zweiten Bauchganglion in Folge der Lähmung der correspondirenden, z. B. der rechten Seite, der Krebs um diese gelähmte Seite herum sich drehen würde; ein Versuch, dessen Ausführung geplant, aber aus den angegebenen Gründen bisher nicht gelungen ist. Doch dient uns als Bestätigung dieser Voraussetzung der analoge Versuch, den wir bei Cymbulia ausgeführt haben (s. S. 91). Durchschneidet man weiter die oberhalb des ersten Bauchganglions stehende rechte Dorsoventralcommissur, so würde auf Grund meines Schlusses eine Kreisbewegung entstehen, welche, da die ganze rechte Seite der Innervation entzogen ist, um diese gelähmte Seite herum geht, d. h. in der Richtung der Verletzung. Der Versuch am Krebs ergiebt indess mit absoluter Regelmässigkeit unter den angegebenen Verhältnissen eine Kreisbewegung nach der unverletzten Seite, d. h. eine gekreuzte Wirkung.

Eine solche kann aber nur auftreten, wenn wir die Bewegungsimpulse sich kreuzen lassen, und zwar zunächst im Cerebralganglion selbst, wie in dem nebenstehenden Schema (Fig. 43) ausgeführt ist. Bei genauerem Zusehen ist indess sofort klar, dass dieses Schema an der bisherigen Lage der Dinge nichts ändert, da die Durchschneidung der Dorsoventralcommissur rechterseits nach wie vor die rechte Seite lähmt, so dass die Bewegung wiederum um die verletzte Seite erfolgen würde — entgegen meinen Erfahrungen. Noch viel ungünstiger fällt der Versuch an diesem Schema aus, wenn wir die einseitige Abtragung des Dorsalganglions ausführen: Man übersieht, dass in diesem Falle die Leitungen aus beiden Seiten unterbrochen werden und die einseitige Abtragung denselben Effect haben würde, wie die Abtragung des ganzen Gehirns.

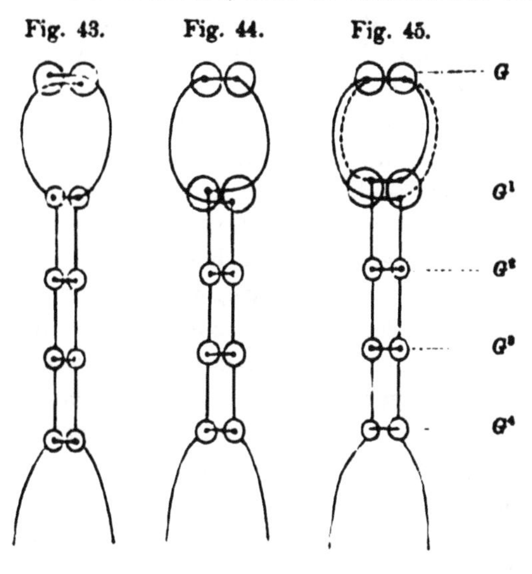

Die Kreuzung kann demnach nur in dem ersten Bauchganglion, dem Unterschlundganglion, vor sich gehen, und würde sich vollziehen, wie in dem beifolgenden Schema (Fig. 44) ausgeführt ist: Durchschneidet man jetzt z. B. die rechte Dorsoventralcommissur, so wird die linke Seite gelähmt und der Krebs dreht um die linke Seite, d. h. nach der der Verletzung entgegengesetzten Seite, entsprechend unserem Versuche. Indess ist die Uebereinstimmung mit dem Versuche noch keine genügende, denn nach dem Schema würde die Durchschneidung der rechten Hirnseite die linke Seite lähmen und ferner könnte es aus leicht ersichtlichen mechanischen Bedingungen nur zu einer Drehbewegung kommen, niemals aber zu einer translatorischen Bewegung. In dem Experimente aber handelt es sich stets um Kreisbewegung, d. h. eine translatorische Bewegung im Gegensatze zu einer Drehbewegung, die ohne Translation geschieht, wie wir sie bei den Wirbelthieren in der

Uhrzeigerbewegung kennen. Endlich aber fehlt, worauf ich stets von Neuem hingewiesen habe, jede Lähmung an der Peripherie. Diese Bedingungen können in der Weise erfüllt werden, dass wir die Kreuzung nicht total, sondern nur partiell geschehen lassen, mit der Einrichtung, dass die Majorität der Fasern (etwa zwei Drittel, um den einfachsten Fall zu wählen) die Mittellinie überschreitet, während die Minorität der Fasern (ein Drittel) auf der ursprünglichen Seite bleibt.

Auf diese Weise kommt es niemals zu einer peripheren Lähmung, und die Kreisbewegung muss entstehen in Folge der Differenz der Innervation, welche auf beiden Seiten zur Geltung kommt, deren absolute Grösse wir indess nicht bestimmen können.

Der Faserverlauf ist nunmehr zu construiren, wie in dem Schema (Fig. 45, a. v. S., mit fortlaufender Bezeichnung der Ganglien von G bis G^4), aus dem man zugleich ersieht, welcher cardinale Unterschied besteht, je nachdem man die Commissur zwischen dem ersten und zweiten Ganglion der ganzen Reihe oder zwischen dem zweiten und dritten Ganglion durchschneidet: Unterbrechen wir die Leitung z. B. rechts zwischen G und G^1, so haben wir die linke Seite um zwei Drittel ihrer Innervation beraubt, während die rechte ein Drittel ihrer Innervation eingebüsst hat; keine der beiden Seiten bleibt ohne Innervation. Findet die Unterbrechung aber zwischen G^1 und G^2 statt, so ist die rechte Seite ihrer Innervation vollständig beraubt.

Wenn wir diese grosse Kreuzung in das Unterschlundganglion verlegen, so möge dabei nicht vergessen werden, dass daneben in diesem Ganglion nach den Lehren der Anatomie auch noch die einfache Quercommissur vorhanden sein muss, um den kürzesten Weg zur Vermittelung der einen Seite mit der anderen zu haben, wie jeder einfache Reflexversuch lehrt und wie auch der Reizversuch auf S. 103 gezeigt hat.

Zur Feststellung der sensiblen Leitungsbahnen dient zunächst jener Versuch, in welchem nach Durchschneidung der einen Dorsoventralcommissur Schwimmbewegungen eintreten bei Reizung der beiden Schwanzseiten. Daraus geht hervor, dass auch die sensiblen Bahnen sich partiell kreuzen und wahrscheinlich ebenfalls im Unterschlundganglion. Aber der zweite Versuch mit Durchschneidung der Längencommissur lehrt, dass der Uebergang von centripetalen Erregungen auch innerhalb der Bauchkette stattfindet. Ob man diese Bahnen als sensible bezeichnen darf, könnte fraglich erscheinen, jedenfalls aber gehen diese Erregungen auf sensible Bahnen über.

Was die übrigen Arthropoden betrifft, so ist wohl anzunehmen, dass die motorische Leitung die gleiche ist, wie bei dem Krebse, da wir dort jene Versuche haben gelingen sehen, welche uns für den

Krebs das Material zur Construction dieser Leitungsbahnen gegeben haben. Ueber die sensible Leitung vermögen wir aber nichts auszusagen, da uns gleiche Versuche, wie beim Krebse, nicht zu Gebote stehen, doch ist bis auf Weiteres anzunehmen, dass sie sich wie beim Krebse verhalten.

Gehen wir mit diesen Untersuchungen zu denjenigen Evertebraten, welche nur ein Sinneshirn haben, wie die Anneliden und Mollusken, so wäre die Frage zu beantworten, welchen Weg die Bahn läuft, die den umgesetzten Gesichtseindruck auf die Bauchganglien überträgt. Hierüber können wir nichts aussagen; es fehlt alles Material.

Was die Wege betrifft, welche die motorischen Bahnen in dem Pedalganglion der Mollusken ziehen, so wissen wir aus den Versuchen an *Cymbulia* und *Octopus*, dass diese Bahnen ungekreuzt verlaufen; ebenso ungekreuzt dürften die centripetalen Bahnen sein. Das Gleiche gilt wohl auf Grund von Analogien mit dem Bauchmarke des Krebses auch für die Anneliden.

Wie die Leitungen bei den unsegmentirten Würmern sich verhalten, folgt direct aus den obigen Versuchen und bedarf keiner besonderen Betrachtung.

§. 3.

Theorie der Zwangsbewegungen.

Obgleich wir eine Theorie der Zwangsbewegungen schon bei den Wirbelthieren entwickelt haben, so wiederholen wir die Lösung dieser Aufgabe an dieser Stelle, weil sie viel deutlicher und klarer erfolgen kann; somit auch in Zukunft der gleichen Betrachtung bei den Wirbelthieren zur Basis dienen wird.

Was wir bei den Wirbelthieren abgeleitet haben, dass, wenn die einseitige Abtragung eines gewissen Centraltheiles Zwangsbewegung giebt, dieselbe Störung auch nach Vernichtung der von jenem Centraltheile abgetrennten Leitungsbahnen eintreten müsse, das können wir hier im Versuche direct darstellen, da wir diese Leitungsbahnen isolirt unterbrochen haben. Dieses Resultat verdeutlicht die Entstehung der Zwangsbewegung in hohem Maasse.

Wir setzen voraus, dass bei der bilateral symmetrischen Anordnung der Bewegungsorgane des Krebses die geradlinige Bewegung durch eine bilateral gleich starke Innervation der Bewegungsorgane, der Muskeln, zu Stande kommen wird. Würden wir unseren Krebs der Innervation der einen Seite vollständig berauben, wie das in dem analogen Versuche bei *Cymbulia* geschehen ist, so entsteht, da es sich um eine schwere Masse handelt, eine rotirende Bewegung, und zwar um die verletzte

Seite herum, genau so wie ein Kahn auf stehendem Gewässer sich im Kreise herum drehen wird, wenn von den zwei Rudern, welche durch gleichsinnige Bewegung ihn bisher vorwärts bewegt haben, das eine seine Thätigkeit einstellt. Sind die Bahnen, welche den Innervationsimpuls vom Gehirn nach der Bauchkette tragen, auf derselben Seite geblieben, so würde nach einseitiger Abtragung des Gehirns die Drehbewegung die gleiche bleiben; kreuzen sich jene Bahnen, so müsste die Drehbewegung nach der entgegengesetzten Seite stattfinden. Erst wenn diese Bahnen sich partiell kreuzen, kann die drehende Bewegung in eine Translation übergehen resp. eine Kreisbewegung entstehen, welche in der der Verletzung entgegengesetzten Richtung vor sich geht.

Wenn wir weiter fragen, welche Innervationseinflüsse es sind, deren einseitige Eliminirung nothwendig die Kreisbewegung erzeugt, so können wir zunächst feststellen, dass die Erregungen, welche durch Auge und Ohr auf die Bewegungssphäre einwirken, einseitig ohne Schaden fortfallen können, wie wir auch oben gezeigt haben, dass die Abtragung des Auges oder des Ohres der einen Seite niemals zur Kreisbewegung führt. Es ist aber auch bei den Fischen, Amphibien und Reptilien von mir nachgewiesen worden, dass in dieser Richtung ungestraft nicht nur das Auge resp. der Sehnerv, sondern auch der centrale Theil des Gehirns, die Decke des *Lobus opticus*, einseitig abgetragen werden kann, ohne dass darauf Zwangs- resp. Kreisbewegungen folgen.

Reden wir weiter vom Krebs, so haben wir in dem Gehirn desselben neben jenen Sinnescentren noch das allgemeine Bewegungscentrum, von dem wir früher schon ausgeführt haben, dass es die Centralstation darstellt, in welcher die in den Bauchganglien segmentär angeordneten Innervationen der willkürlichen Muskeln in einem Punkte zusammengefasst werden, in welchem alle centripetalen Erregungen zusammenlaufen, um auf die centrifugalen Bahnen übertragen zu werden. Dass die halbseitige Abtragung des Krebsgehirnes thatsächlich, soweit es sich um Erzeugung der Kreisbewegung handelt, nichts Anderes leistet, als dass damit das allgemeine Bewegungscentrum halbseitig entfernt wird, geht am klarsten aus der Thatsache hervor, dass die einseitige Durchschneidung der Dorsoventralcommissur genau dasselbe leistet; jener Commissur, welche nichts Anderes enthalten kann, als die Gesammtheit der centripetalen und centrifugalen Bahnen, die mit dem Gehirn verkehren, abgesehen von den nächsten Bahnen, die dem Kopfe selbst angehören, deren Zahl im Vergleich zu dem übrigen Körper nur sehr gering ist.

So erscheint es vollkommen klar, dass, wenn mit der halbseitigen Abtragung des Gehirns aus dieser Hälfte die Majorität der sensiblen und motorischen Elemente (nach unserer Annahme etwa zwei Drittel) entfernt worden sind, unter deren ausschliesslicher Botmässigkeit die Locomotion des Thieres vor sich geht, unser Krebs von der geraden Linie abweichend im Kreise herumgehen muss.

Hier könnten die Auseinandersetzungen über den Krebs abgeschlossen werden, indess sollen dieselben, namentlich mit Rücksicht auf die Wirbelthiere, noch weiter geführt werden.

Es ist ohne Weiteres verständlich, dass die gleiche Bewegungsanomalie (Kreisbewegung) auch dann zu Stande kommen muss, wenn nur die motorischen Elemente partiell in der oben geschilderten Weise zerstört werden. Dasselbe trifft aber auch zu für den Fall der partiellen sensiblen Lähmung und ist ganz selbstverständlich für den Fall, dass die Anregungen zur Locomotion von der Peripherie kommen. Es wird in solchem Falle das Hirncentrum von der einen Seite des Körpers nur eine Minorität von Anregungen erhalten, während von der anderen Seite vergleichsweise mächtige Anregungen zur Locomotion erfolgen: Das Resultat muss eine Störung der geradlinigen Bewegung erzeugen, wie wir sie in der kreisförmigen Zwangsbewegung sehen.

Wie aber ist es für den Fall, dass die Anregung zur Bewegung nicht ausgeht von der Peripherie, sondern von einem anderen der uns bekannten Erregungspunkte, z. B. von dem Auge, dem Ohre oder dem Grosshirne, als dem Sitze des Willens? Das Resultat wird dasselbe bleiben, denn eine normale Locomotion setzt die Integrität der peripheren Haut-, Muskeln- und Gelenkempfindungen voraus. Wenn sie fehlen, geht auch in den eben angeregten Fällen die geradlinige Bewegung in die kreisförmige über.

Um Missverständnisse zu vermeiden, bemerke ich, dass der Ausfall isolirter motorischer oder sensibler Elemente immer nur central gedacht sein kann.

Fassen wir jetzt nochmals die Bedingungen für die Entstehung von Zwangsbewegungen zusammen, so sind es die folgenden:

1. Ein Hirncentrum, in welchem die gesammte willkürliche Musculatur ihr secundäres Innervationscentrum findet.

2. Die ungleiche Innervation der beiden bilateral symmetrischen Körperhälften und zwar so, dass, wenn wir die gesammte Innervation der einen Seite $= 1$ setzen, die Differenz der Innervation liegt zwischen x und $1 - x$, wobei x den kleinsten Innervationswerth einer Seite bedeutet, deren Werth immer erheblich kleiner als 1 und grösser als 0 ist, so dass $1 - x$ niemals $= 0$ sein kann — im Gegensatze zu einer Innervationsdifferenz von 1 bis 0.

3. Die Innervationsdifferenz zwischen den Grenzen x und $1 - x$ finden wir verwirklicht oberhalb der grossen partiellen Kreuzung, wie

wir sie für den Krebs im ersten Bauchganglion bestimmt haben und wie sie für die Wirbelthiere in der bekannten Pyramidenkreuzung vorhanden ist.

4. Die Innervationsdifferenz von 0 bis 1 liegt unterhalb der Kreuzung und giebt niemals Veranlassung zu einer Zwangsbewegung, sondern zu einer Bewegung mit Paralyse der einen Seite, welche um so weniger auftreten wird, je geringer die Differenz zwischen 0 und 1 wird, d. h. je weiter wir uns von der Kreuzung in distaler Richtung entfernen, wie es im Bauchmark des Krebses und im Rückenmark der Wirbelthiere der Fall ist.

Zum Schluss noch einige Worte über die merkwürdige, von R. Dubois entdeckte Erscheinung, dass geköpfte Insecten die Zwangsbewegungen fortsetzen, welche das kopftragende Thier vorgeschrieben hat. Es ist dieselbe Thatsache, die ich, unabhängig von Dubois, beim Haifische aufgefunden habe. Nur der eine Unterschied besteht, dass das geköpfte Insect die vorgeschriebene Zwangsbewegung sofort wiederholt; der Haifisch hingegen erst zehn Stunden nach der Köpfung.

Für den Haifisch habe ich seiner Zeit interpretirt, dass es sich bei dieser Erscheinung um die Fähigkeit des Rückenmarkes handelt, den Innervationsimpuls, welchen es vom Gehirn erhält, wenn er hinreichend lange eingewirkt hat, zu reproduciren. Das Insectenbauchmark wäre dem Haifisch darin überlegen, insofern diese Reproductionsfähigkeit eine viel intensivere ist, da sie sich nach einer äusserst kurzen Uebungszeit geltend macht.

§. 4.

Der Schlundring.

Wenn man dem Schlundringe besondere Aufmerksamkeit entgegenbringt, so ist das begreiflich für jene Forscher, welche in ihm das Gehirn (im Vergleich mit den Wirbelthieren) sehen. Consequenter Weise müsste man dann weiter den Schlundring der Bauchkette gegenüberstellen und als erstes Bauchganglion erst das Ganglion bezeichnen, welches auf das untere Schlundringganglion, das Unterschlundganglion, folgt, was nicht regelmässig geschieht.

Daher scheinen jene Autoren richtiger zu verfahren, welche dem Schlundringe jene Bedeutung absprechen und als erstes Bauchganglion das Unterschlundganglion zählen. Aber auch diese Forscher reden vielfach von der besonderen Bedeutung des Schlundringes, ohne dass man erfährt, worin dieselbe eigentlich besteht; denn dass das Oberschlundganglion für sie das Gehirn ist, verleiht dem mit demselben verbundenen Unterschlundganglion noch keinen eximirten Werth. Auch nicht der

Umstand, dass das Unterschlundganglion das Centrum für den Kieferapparat ist, während die übrigen Bauchganglien Extremitäten zum Centrum dienen, was functionell wohl einen wesentlichen Unterschied macht, aber keinen solchen bedingt für die Morphologie, welche die Segmente zählt.

Es würde also der Schlundring eine besondere Bedeutung gewinnen, wenn man dem Unterschlundganglion eine besondere Stellung gegenüber den anderen Bauchganglien anweisen könnte. (Das Oberschlundganglion hat schon morphologisch und physiologisch als „Gehirn“ eine besondere Bedeutung.)

Auch unter den Experimentatoren (Faivre, Vulpian, Lémoine, Yung) kehrt wiederholt die Ansicht wieder, dass dem Unterschlundganglion ein besonderer Werth zuerkannt werden müsste, aber keiner ihrer Versuche zeigt uns diese besondere Stellung.

Diese besondere Stellung bekommt das Unterschlundganglion nunmehr mit dem hier gelieferten Nachweise, dass in ihm eine Kreuzung der centrifugalen Bahnen für den ganzen Körper stattfindet, womit dieses Ganglion sowohl morphologisch wie physiologisch in einen ganz bestimmten Gegensatz einerseits zu dem Hirnganglion, andererseits zu allen Ganglien der Bauchkette tritt.

Wenden wir uns wieder zurück zu den Wirbelthieren, wo in der grossen Pyramidenkreuzung des Nackenmarkes die motorischen Bahnen sich kreuzen, so ist dieselbe offenbar ein Analogon zu der Kreuzung im Unterschlundganglion, so dass wir Nackenmark und Unterschlundganglion analog setzen können.

In dieser Auffassung werden wir weiter noch unterstützt durch die Thatsache, dass hier wie dort die Kauwerkzeuge in diesem Punkte ihr Centrum haben und endlich noch dadurch, dass auch das Athemcentrum beim Krebse wie bei den Wirbelthieren an dieser Stelle seinen Sitz hat. Für die Insecten ist dieser Punkt noch streitig, da Baudelot jenes Centrum in das erste Bauchganglion verlegt, während es Faivre in dem metathoracischen Ganglion sucht (s. S. 13). Mir fehlen darüber Erfahrungen, aber ich möchte daran erinnern, dass wir bei den Wirbelthieren neben dem Hauptathemcentrum im Nackenmarke spinale Athemcentren von geringerer Kraft kennen. Sollte nicht für die Insecten eine gleiche Einrichtung bestehen, so dass mehrere Athemcentren von vielleicht verschiedenem Werthe über die ganze Kette verstreut sind?

Wollen wir für das Unterschlundganglion eine entsprechende Bezeichnung einführen, so würde sich dafür, da mir Nackenmark wegen der dort gegebenen bestimmten Beziehung zum Nacken hier nicht zu passen scheint, der allein bei den Wirbelthieren vorhandene und indifferente Ausdruck „Nachhirn“ empfehlen. **Nunmehr kommt dem Schlundringe die gesuchte Bedeutung zu, insofern als er wenigstens bei den Arthropoden in seinem Oberschlundganglion das Gehirn, in seinem Unterschlundganglion das Nachhirn repräsentirt, während die Commissuren echte intercentrale Nervenfasern darstellen.**

Folgerichtig müssen wir nunmehr den Schlundring von der Bauchkette absondern und die Zählung der Ganglien der Bauchkette erst bei dem hinter dem Schlundringe, resp. hinter dem Unterschlundganglion liegenden Ganglion beginnen, wie das in Zukunft auch von hier aus geschehen soll und wie in der beistehenden Figur ausgeführt ist, wo der Schlundring als Ganzes mit *Sr* bezeichnet ist, während sein vorderes Ganglion das Gehirn *G* ist, sein hinteres Ganglion, das Nachhirn, die Bezeichnung *N* erhält. Jetzt erst folgen die Bauchganglien mit Bg_1, Bg_2 .... Bg_n. Und was wir im Nervensystem der Wirbelthiere niemals ausführen können, nämlich die gesonderte Zerstörung oder Reizung der die centralen Elemente verbindenden Bahnen, ist hier ausführbar, sowohl zwischen Gehirn und Nachhirn, wie zwischen Nachhirn und Bauchkette oder deren einzelnen Ganglien.

Fig. 46.

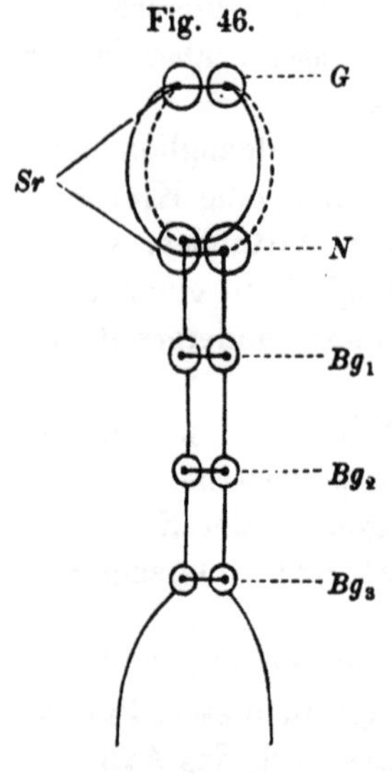

Freilich ergeben sich unter Umständen dabei insofern Schwierigkeiten, als wie z. B. beim Krebs das Unterschlundganglion makroskopisch deutlich aus zwei Theilen besteht. Da ich nachgewiesen habe, dass der hintere Theil desselben Muskeln der Scheere zum Centrum dient, so bin ich der Ansicht, dass nur der vordere Theil dem Schlundringe angehört, während der hintere Theil das eigentliche erste Bauchganglion darstellt.

Was für den Schlundring des Krebses gilt, dürfte auf Grund der gleichen Leitungsbahnen auch für den Schlundring der übrigen Arthropoden gelten, mit dem einen Unterschiede, dass bei den letzteren die Bauchmetameren ihre Locomobilität erhalten haben, also auch Locomotion machen nach Entfernung des Schlundringes. Ob die beiden, zunächst völlig gleichen Formen der Bewegung wirklich in allen Verhältnissen gleich sind, weiss ich nicht; ich kann mir aber vorstellen, dass Unterschiede da sind.

Der homologe Schlundring der Anneliden verhält sich in functioneller Beziehung ganz anders, insofern als sein Oberschlundganglion nur ein Sinneshirn darstellt und sein Unterschlundganglion die grosse

Kreuzung nicht besitzt. Aehnliches gilt für den Schlundring der Mollusken, der ihr ganzes Centralnervensystem repräsentirt.

§. 5.

Phylogenetische Betrachtungen.

Wir gehen von den Ringelwürmern aus, welche anatomisch ihren primitiven Zustand dadurch kundthun, dass ihr Leib noch die vollkommene Segmentirung zeigt. Physiologisch bekundet sich dieser primitive Zustand darin, dass jedes Segment seine volle Selbständigkeit besitzt und locomobil ist, d. h. selbständig Ortsbewegungen auszuführen vermag. Die coordinatorische Thätigkeit dieses ausgedehnten Systemes von Segmenten erzeugt die Locomotion des ganzen Thieres.

Dieser Abtheilung zunächst, sowohl ihrer äusseren Form wie der Beschaffenheit des lang gezogenen Nervensystems nach, stehen die Larven der Hexapoden, welche indess bekanntlich fertige Individuen darstellen und unter denen ich die Larven der Schmetterlinge hervorheben will. Ebenso die Myriopoden. Was die beiden Gruppen von den Anneliden äusserlich trennt, sind die Gliedmaassen, aber wenn man das Nervensystem beider morphologisch vergleicht, so wird man vergeblich nach einem Unterschied zwischen den beiden Nervensystemen suchen, wie in der That die Morphologen einen Unterschied zwischen denselben nicht kennen.

Diesen Unterschied vermochte erst das Experiment aufzudecken in jenem Resultate, das die halbseitige Abtragung des dorsalen Schlundganglions oder der davon abgehenden Dorsoventralcommissur zu Tage förderte: bei den Raupen folgte die zwangförmige Kreisbewegung, bei den Anneliden blieb die normale Locomotion unverändert. An der Hand unserer früheren Erörterungen folgte daraus, dass das Insect ein echtes Gehirn besitzt, dass dem Annelid ein solches fehlt. Der tiefere Sinn dieser Veränderung ist der, dass bei dem Insect das Hirnganglion die Ganglien der Bauchkette beherrscht oder führt, dass also eine Scheidung der Functionen eingetreten ist, während bei dem Annelid alle Ganglien gleichwerthig der gleichen Function dienen.

Der Vorgang, welcher zu dieser Herrschaft des Dorsalganglions geführt hat, mag sich so gestaltet haben, dass unter einem Einflusse, den wir heute nicht bestimmen können, die Bauchganglien ihre Locomobilität an das vorderste Ganglion der Reihe (Dorsalganglion) abgegeben und auf diese Weise jenes um einen beträchtlichen Theil in seiner Kraft verstärkt haben. Soweit man die Dinge übersehen kann, ist die Kraft keine andere, als die der Locomobilität, durch welche das vorderste Ganglion der Reihe allen übrigen nunmehr überlegen ist, da diese jenem hierin folgen müssen. Indess haben die Bauchganglien diese ihre Kraft an das Dorsalganglion durchaus nicht vollkommen abgegeben, denn nach Abtragung des Dorsalganglions vermag das Thier noch Ortsbewegungen zu machen. Es unterliegt wohl keinem Zweifel, dass zwischen der Ortsbewegung des unversehrten und hirntragenden, sowie des hirnlosen Thieres (abgesehen von dem Einflusse der vorhandenen oder fehlenden höheren Sinnesorgane, Auge, Ohr) Unterschiede bestehen werden, indess haben wir uns mit der Aufsuchung resp. Feststellung desselben bisher nicht beschäftigt, um so weniger, als es uns, wie oben bemerkt, an einer Methode hierzu mangelt. Gehen wir von den Larven, den Raupen, zu dem ausgebildeten Insecte, so wissen wir, dass das Nervensystem desselben genau den gleichen Werth besitzt, gleichviel, ob die Bauchkette um einige Ganglien reducirt worden oder ob sie die gleiche geblieben ist.

Durch diese Thatsache sind die ihrem äusseren Aussehen nach sehr nahestehenden Nervensysteme der Anneliden und Insectenclassen, *in specie* Raupen, principiell geschieden und sehr deutlich von einander abgerückt, während die äusserlich so verschiedenen Larven und die daraus entstandenen entwickelten Individuen, welche ihrer äusseren Form nach (z. B. Raupe und Schmetterling) himmelhoch von einander getrennt scheinen, doch in Wahrheit einander genähert und erheblich zusammengerückt sind.

Ganz ebenso wie die Larven der Insecten verhalten sich zu den Anneliden die Myriopoden: während durch den lang gezogenen Leib und dem entsprechendes Nervensystem eine äusserliche gewisse Aehnlichkeit, eigentlich Gleichheit, mit den Anneliden besteht, haben auch sie ihr Dorsalganglion zum Herrscher eingesetzt und auf diese Weise sich deutlich gegen die Anneliden gesondert. Wir sehen, dass von den Anneliden zu den Arthropoden eine fortwährende Abgabe an locomobiler Kraft von Seiten des Bauchganglions an das Gehirnganglion stattfindet. Schliesslich müssen die Bauchganglien nach einem allgemeinen Naturgesetz, wonach ungenutzte Functionen allmälig zu Grunde gehen, ihre Locomobilität ganz verlieren. Dieses Ereigniss sehen wir in der That bei den Crustaceen eintreten, bei denen der Verlust des Dorsalganglions die locomotorische Fähigkeit des Thieres vollkommen aufhebt. Indess findet dieser Uebergang nicht ganz schroff statt, denn wir haben gesehen, dass eine Gruppe von Krebsen, die Landasseln *(Oniscus murarius)* sich bezüglich jener Function des Bauchmarkes genau so verhalten, wie die Insecten.

So können wir eine ununterbrochene Entwicklungsreihe verfolgen, welche von den Anneliden beginnt und sich über Hexapoden und Myriopoden zu den Crustaceen hin fortsetzt, die darauf hinausläuft, dass eine wesentliche Function des Bauchmarkes eines primitiven Individuums, eines Ringelwurmes, bei der aufsteigenden Thierreihe nach vorn zu wandern beginnt, um schliesslich das Bauchmark ganz zu verlassen und allein dem Dorsalganglion zu verbleiben. Genau den gleichen Vorgang haben wir schon bei der Stammesentwicklung der Wirbelthiere verfolgen können[1]), so dass zwischen diesen beiden Reihen von Thieren die grösste Analogie besteht, wobei es zunächst vom Standpunkte der Function von ganz untergeordneter Bedeutung ist, ob der Haupttheil des Nervensystems in Gestalt des Rückenmarkes über dem Darmcanal liegt oder in Gestalt des Bauchmarkes unter demselben.

Bei den Wirbellosen tritt diese Entwicklung viel deutlicher und allmäliger auf; auch haben wir die Gleichheit aller Metameren bei dem primitiven Thiere, dem Ringelwurme, viel exacter nachweisen können, als es dort bei dem Amphioxus möglich gewesen ist.

Hierzu tritt bei den Wirbellosen noch der weitere Vortheil, dass wir die Entwicklung jener Reihe auch noch weiter nach unten verfolgen können.

Der offenbare Vorgänger des Ringelwurmes ist der unsegmentirte Wurm (Typus: *Cerebratulus marginatus*), der functionell dem Ringelwurme gleich kommt, so weit unsere Methoden den Vergleich gestatten.

Eine Stufe tiefer steht der Wurm vom Typus des *Distoma hepaticum*, wo die Innervation des ganzen Individuums von dem einen Ganglion abhängt. Hier befinden wir uns aber auch auf der primitivsten Stufe, welche unsere Reihe erreichen kann.

Endlich schiebt sich hier ganz von selbst eine andere interessante Betrachtung ein: Vergleichen wir die ganz analoge Reihe der Wirbelthiere mit der Annelidenreihe, wie wir es oben gethan haben, und erinnern uns, dass der wesentliche Unterschied der beiden Reihen darin bestand, dass das Nervensystem dort über, hier unter dem Darmrohr liegt, so erscheint als nothwendige Folgerung, dass die Wurzel der Wirbelthiere an der gleichen Stelle liegt, wie die der Anneliden, nämlich bei den unsegmentirten Würmern, wo der Uebergang zu dem Wirbelthiertypus im Nervensystem am einfachsten zu Stande kommen kann, und zwar dann, wenn die Vereinigung der beiden Seitennerven, deren Lage zum Darmcanal noch eine ganz neutrale ist (sie liegen seitlich zum Darmrohr), nicht unterhalb des Darmrohres, wie bei den Evertebraten, sondern **oberhalb** desselben vor sich geht.

Diese Betrachtungen ergeben sich an der Hand unserer Versuche und Schlüsse so ungezwungen, dass ich ihnen nicht aus dem Wege gehen mochte. Und es ist gewiss ein ganz erfreuliches Zeichen, dass

[1]) Vgl. Fische, S. 110.

ich auf einem ganz anderen und eigenartigen Wege zu dem gleichen Schlusse gelange, wie ihn die Morphologie schon lange vorher gemacht hat.

Die Mollusken stellen einen eigenartigen Typus dar, welcher zunächst eine Anlehnung an den Annelidentypus nicht darbietet. Könnte man nachweisen, dass der Leib der Mollusken aus mehrmetamerigen Thieren hervorgegangen ist, und könnte man ihr Pedalganglion aus einer grösseren Anzahl von Bauchganglien zusammenfliessen lassen (was an sich keine Schwierigkeiten hätte), so wäre der Molluskentypus auf den des Annelids zurückgeführt. Denn in dieser Beleuchtung wären die beiden Nervensysteme functionell von gleichem Werthe.

In der That lesen wir bei Gegenbaur, dass für einzelne Gruppen von Mollusken (Placophoren, gymnosome Pteropoden) wurmartige Larvenformen gefunden worden sind, welche auf eine frühere Metamerie hindeuten. Ein Anschluss nach dieser Richtung hin ist demnach nicht ausgeschlossen, doch mag die Verfolgung dieses Gedankens der Zukunft überlassen bleiben.

Was die Echinodermen anbetrifft, so scheinen sie zunächst nirgends einen Anschluss an die bisherigen Typen zu finden. Wenn wir aber ihre Ontogenie einsehen, so erfahren wir, dass ihre Larvenform vollständig mit den Larven von Würmern (Anneliden, Gephyreen) übereinstimmt [1]). Nach diesem Fingerzeige ist es für unsere Kenntniss nur natürlich, den Arm eines echten Seesternes einem Ringelwurme gleichzusetzen, mit dem er in seinem Nervensysteme alle Qualitäten theilt. Dann ginge ein Seestern aus einer gemeinschaftlichen Vereinigung einer Anzahl von wurmartigen Individuen hervor, die gleichberechtigt neben einander bestehen, deren Zusammenhang und Bestand dadurch gesichert ist, dass von Fall zu Fall das eine oder das andere Mitglied die Führung dieser Genossenschaft übernimmt und die Leitung so lange behält, bis die intendirte Leistung abgelaufen ist. Auf diese Weise entsteht die Coordination der an sich unabhängigen Componenten.

Welcher der Genossen im gegebenen Falle die Leitung übernimmt, ist so ohne Weiteres nicht zu sagen, doch erscheint mir die Annahme am meisten zulässig, die Führung demjenigen anzuvertrauen, welcher dem jedesmaligen Orte der Reizeinwirkung am nächsten liegt.

Diese Auffassung des Seesternes deckt sich wiederum mit der Morphologie, wo Häckel die Echinodermen aus Stöcken wurmartiger Organismen hervorgehen lässt.

Nur auf eine Schwierigkeit dieser Auffassung möchte ich noch aufmerksam machen: Wenn wir die Anneliden mit dem Seesterne zu-

---

[1]) Gegenbaur, Grundriss der vergleichenden Anatomie. Leipzig 1878. S. 205.

sammenfassen, so werden wir sie offenbar mit ihren Vorderenden zusammenwachsen lassen, entsprechend der Beobachtung (Preyer), dass der mit der Centralscheibe isolirte Seesternarm zielbewusst fortschreitet. Am Vorderende befinden sich aber in der Regel die höheren Sinne — beim Seesterne würden sie sich nach dieser Auffassung am Hinterende befinden, da ja seine Augen an der Spitze des Radius, an dem freien Ende desselben stehen.

Wenn wir die Echinodermen auf Grund ihrer functionellen Beziehungen so nahe an die Anneliden heranrücken, so hat diese Betrachtung nur die eine Schattenseite, dass die neuere Morphologie jene Ansicht wieder verlassen hat.

Zum Schluss kommen wir zu den Coelenteraten, welche, entsprechend ihrem ganzen Bau, so auch ihrem Nervensystem nach, in anatomischer wie physiologischer Hinsicht eine Sonderstellung einnehmen, so dass wir sie direct keinem anderen Thiertypus anschliessen können.

Vierte Abtheilung.

Ueber das Gleichgewicht der Evertebraten.

In früheren Arbeiten (s. Froschhirn, Abthl. I dieser Sammlung, S. 23 bis 25, u. Fische, Abthl. II, S. 8 bis 9) habe ich darauf aufmerksam gemacht, dass man bei allen Betrachtungen über das Gleichgewicht der lebenden Wesen zu unterscheiden hat das Gleichgewicht des Schwerpunktes und das Gleichgewicht der Lage, insofern neben der ausreichenden Unterstützung des Schwerpunktes eine bestimmte Lage des Körpers verlangt wird, damit das Thier sich im Gleichgewicht befinde.

Zur Erläuterung des Gesagten erinnere ich daran, dass z. B. Frosch und Seestern — um zwei sehr differente Thiere zu nennen — die Bauchlage als ihre natürliche Gleichgewichtslage fordern; dass sie stets in dieselbe zurückkehren, wenn man sie auf den Rücken gelegt hat, obgleich der Schwerpunkt des Körpers da wie dort ausreichend unterstützt ist. Dass es nicht die Reizung der Rückennerven ist, welche jene Thiere aus der Rücken- in die Bauchlage zurückführt, geht aus der Thatsache hervor, dass jene Erscheinung auch eintritt, nachdem man die Rückenhaut entfernt hat.

Das Gleichgewicht des Schwerpunktes ist befriedigt, wenn der Schwerpunkt ausreichend unterstützt ist; ob das der Fall ist, darüber wird das Thier unterrichtet durch die Aenderung der Druckempfindungen in Haut und Muskeln. Das Gleichgewicht der Lage ist gegeben, wenn das Thier seine natürliche Lage einhält. Um zu bestimmen, welches die Kräfte sind, die das Thier immer wieder in seine natürliche Lage zurückführen, hat man sich zu erinnern, dass jedes lebende Wesen aus mehreren beweglichen Theilen zusammengesetzt ist oder daraus zusammengesetzt gedacht werden kann, die gegen einander verschiebbar sind und im Zustande des Gleichgewichts der Lage dem Thiere eine Summe von Gefühlsempfindungen (Tast-, Temperatur-, Druck-, Gelenk- und Muskelempfindungen) erzeugen, deren Grösse das

Thier ein- für allemal kennt. Jede Verschiebung der Theile gegen einander, wie sie bei einer anderen Lage des Körpers eintritt, führt zu abweichenden Gefühlsempfindungen, welche das Gleichgewicht regulirende Bewegungen hervorrufen.

Man übersieht, dass die Empfindungen, welche das Gleichgewicht des Schwerpunktes schützen, in letzter Instanz die gleichen sind, wie jene, die über das Gleichgewicht der Lage wachen.

Wir wollen diesen Gefühlssinn, der sich zweifellos aus mehreren Qualitäten zusammensetzt, nach einer bekannten Analogie den Körperfühlssinn nennen, und können nunmehr aufstellen, dass das Gleichgewicht der lebenden Wesen vom Körperfühlssinne abhängt.

Wir haben bisher nur vom Ruhezustande der Thiere gesprochen. Da während der Bewegung eine gesetzmässig fortschreitende Verschiebung des Körperschwerpunktes stattfindet, so gilt dasselbe Gesetz auch für die Bewegung.

Hiernach erhellt, dass das statische und dynamische Gleichgewicht aller Thiere eine Function ihres Körperfühlssinnes ist.

Endlich sei bemerkt, dass bei allen Metazoën die Umsetzung der Empfindung in die regulirende Bewegung in einem nervösen Centralorgane geschieht.

Im Jahre 1886 und 1887 veröffentlichte Y. Delage in Paris Versuche, durch welche er zu beweisen suchte[1]), dass es noch andere Empfindungen gebe, von denen das Gleichgewicht, zunächst einer Reihe von Wirbellosen, abhängig gemacht werden müsse.

Da ich diese Versuche in den Jahren 1886 und 1887 in Neapel wiederholt und einen Bericht darüber an die Pariser Akademie eingesandt habe, so will ich dieselben hier darstellen und diejenigen Folgerungen ableiten, die sich ohne jede Voreingenommenheit daraus ergeben.

Herr Delage geht von der Voraussetzung aus, dass die den Bogengängen der Vertebraten homologen Otocysten der Evertebraten auch die gleiche Function haben müssten, wie jene, welche er als Organe für das Orientirungsvermögen kurzweg bezeichnet.

Unter den Otocysten versteht man die primitiven Gehörorgane vieler Evertebraten, welche aus einer geschlossenen Blase bestehen, die mit Flüssigkeit (Endolymphe) und einem oder zahlreichen kalkigen Concrementen (Otolithen) erfüllt ist. An der Wandung derselben enden

---

[1]) Y. Delage, Sur une fonction nouvelle des otocystes comme organes d'orientation locomotrice. Archiv. de Zoolog. exp. et gén., 2. Série, T. V, 1887, p. 1—26.

die Fibrillen des Nerven mit Stäbchen- oder Haarzellen. Solche Otocysten trafen wir schon bei den Medusen, wo sie auf S. 76 und 77 in den Figuren 30 und 32 dargestellt worden sind.

Nicht alle Evertebraten befinden sich im Besitze dieser Otocysten, worauf wir später noch eingehen werden.

Während Delage seine Versuche und deren Darstellung bei den Mollusken begann, erscheint es mir zweckmässiger, bei den Crustaceen zu beginnen, bei denen die Otocysten in der Basis der inneren Antenne liegen.

Wir wählen mit Delage den *Palaemon* (Garneele), ein Thier, welches drei Bewegungsformen zeigt, nämlich 1. einfaches Kriechen auf fester Unterlage, wie unser Flusskrebs, 2. stossweise Schwimmbewegungen im Wasser durch periodische heftige Contractionen des Schwanzes, ebenfalls wie unser Krebs, und 3. continuirliches Schwimmen auf der Oberfläche des Wassers mit Hülfe der kleinen Schwanzfüsschen, was unser Krebs nicht kann, wie es aber in ähnlicher Weise die Schwimmkäfer thun. Bei *Palaemon* ist diese dritte Bewegungsform eine sehr rapide.

Wenn man bei *Palaemon* beiderseits durch Herausziehen der inneren Antennen die Otocysten entfernt, so wird keine der drei Bewegungsformen in ihrem Ablaufe gestört. Ebensowenig tritt eine Störung ein nach alleiniger beiderseitiger Entfernung der Augen. Wenn man aber Ohren und Augen zugleich entfernt, bleibt die erste Bewegung zwar ungestört, die zweite Bewegung leidet ein wenig durch seitliches Schwanken des Körpers; am meisten gestört ist die dritte Bewegungsform, insofern das Thier häufig um seine Längsaxe rotirt. Es ist hierbei gleichgültig, ob man zuerst die Augen und dann die Otocysten entfernt oder ob man die Reihenfolge der Zerstörung umkehrt. Wesentlich dasselbe gilt für *Mysis*, eine sehr kleine Krebsart, welche kaum kriecht, sondern durch die Masse des Wassers hindurch rapide Bewegungen macht, welche völlig gestört werden nach doppelseitiger Abtragung von Ohren und Augen. Principiell gleich verhält sich *Squilla mantis*, welche gut auf dem Boden kriecht, sowie mit zahlreichen Schwimmfüssen im Wasser vorzüglich und rapide wie *Palaemon* schwimmt. Die Störungen im Schwimmen sind nach der Entfernung beider Ohren und Augen eclatant, wie bei jenem Krebse, während die Kriechbewegungen ungestört bleiben. Diese Versuche sind so einfach anzustellen, dass für Versuchsdifferenzen zwischen zwei Beobachtern gar kein Raum bleibt.

Das Resultat dieser Versuche lautet demnach folgendermaassen: Wenn man bei *Palaemon*, *Mysis* oder *Squilla* nach einander Augen und Ohren in beliebiger Reihenfolge entfernt, so werden gewisse complicirtere oder feinere Bewegungen (Schwimmbewegungen) in ihrem Ablaufe insofern gestört, als diese Thiere ausser Stande sind, ihr Gleichgewicht innezuhalten und öfter um ihre Längsaxe rollen. Hingegen werden die mechanisch leichter ausführbaren Bewegungen, wie das Kriechen auf fester Unterlage, ganz correct ausgeführt.

Anders als die bisher genannten Crustaceen soll sich *Gebia littoralis* verhalten.

Bevor wir diese Frage näher prüfen, muss ich vorausschicken, dass ich in meiner Mittheilung an die Pariser Akademie (1887) den Grundversuch für *Gebia* bestritten habe. Bei einem längeren Studienaufenthalte in Paris während des Sommers 1888 besprach ich mit Herrn Delage unsere Differenz, welcher darauf von der See eine Anzahl von Gebiaexemplaren kommen liess, an denen er mir die Richtigkeit seines Versuches zeigte: Nachdem die Otocysten entfernt waren, wurde das Krebschen gezwungen, auf der Oberfläche eines hinreichend tiefen Wassers mit Hülfe seiner Schwimmfüsschen, wie *Palaemon*, zu schwimmen, während ich die *Gebia*, entsprechend ihrer Lebensweise, im littoralen Sande nur in ihren Kriechbewegungen geprüft hatte, wo ich Störungen nicht fand und auch nicht finden konnte, denn die mir zu jener Zeit vorliegende vorläufige Mittheilung machte auf diese Bedingungen des Versuches nicht aufmerksam. Ich anerkenne daher dankend die mir durch Herrn Delage gewordene freundliche Belehrung und schliesse mich seiner Angabe an, dass die der inneren Antennen beraubte *Gebia*, wenn sie auf der Oberfläche des Wassers zu schwimmen gezwungen wird, gleichgewichtslos um ihre Axe rollt. Aber diese *Gebia* verhält sich ohne Zweifel anders, als die vorher geprüften Crustaceen, denn Delage beschreibt seinen Versuch folgendermaassen: „*Si on enlève les deux antennes internes, aussitôt des troubles graves apparaissent. L'animal verse le plus souvent à droite ou à gauche, au point de se trouver la face ventrale en haut.*“ Wenn er weiter schildert: „*Si on enlève à la fois les yeux et les antennes internes, la désorientation est complète*“, so bleibt immerhin bei *Gebia* ein anderes Verhalten zu constatiren, da die alleinige Entfernung der inneren Antennen genügt, um jene Desorientirung zu erzeugen, wie das auch in dem gemeinschaftlich angestellten Versuche der Fall war, während dieselbe Operation, bei den anderen Crustaceen ausgeführt, keinerlei Gleichgewichtsstörungen herbeiführt.

Indess ist das abweichende Verhalten von *Gebia* nur scheinbar: Delage muss offenbar übersehen haben, dass *Gebia* verkümmerte Augen hat (wohl in Folge ihrer Lebensweise im Sande). Daraus aber folgt, dass sich *Gebia* so verhält, wie die anderen Crustaceen.

Unter den ungeschwänzten Krebsen hat Delage *Carcinus maenas* (gemeine Krabbe) und ich ausserdem noch *Maja verrucosa* untersucht. Da beide Krebsformen nur kriechen, und gar nicht schwimmen, so sieht man nach Entfernung von Ohr und Auge so gut wie gar keine Störung, was wir beide übereinstimmend angeben. Erst wenn sie gereizt sehr rasch und hastig zu laufen beginnen, wie es besonders *Carcinus maenas* sehr wohl vermag, treten leichte Störungen ein, welche darin bestehen, dass diese Thiere öfter nach vorn überfallen, sich aber bald wieder aufrichten, um ihren Lauf fortzusetzen u. s. w.

Es giebt indess unter den ungeschwänzten Krebsen auch Schwimmer, und Delage hat von diesen den *Polybius* näher untersucht, der mir bisher nicht zu Gebote stand. Bei diesem Krebse fand Delage, dass die Abtragung der Augen allein keine Störung hervorruft, dass hingegen die Entfernung der Otocysten allein genügte, um wesentliche Störungen im Schwimmacte zu bewirken, die ebenfalls in Rollbewegungen um seine Längsaxe bestehen; der *Polybius* verhält sich demnach so wie *Gebia*. Wie es mit seinen Augen steht, darüber habe ich nichts erfahren können.

Indem wir *Gebia* (und vielleicht auch *Polybius*) wegen der Reduction ihrer Sehorgane aus der weiteren Betrachtung ausschalten, steht fest, dass bei einer Reihe von Crustaceen die Sehorgane oder die Gehörorgane allein entfernt werden können, ohne ihre selbst complicirten Schwimmbewegungen zu stören; dass aber die gemeinsame Entfernung von Augen und Ohren, in welcher Reihenfolge man auch immer die Operation vornehmen mag, ausnahmslos schwere Gleichgewichtsstörungen des schwimmenden Thieres erzeugt. Man könnte einwenden, dass es sich in diesen Versuchen um Mitverletzung des Hirnganglions handelt, aus dem Seh- und Hörnerv entspringen, indess sind die Augen der Crustaceen gestielt, also eine solche Nebenverletzung ausgeschlossen, und was die inneren Antennen betrifft, so genügt wohl der Hinweis, dass bei *Mysis* das Ohr im Schwanzfächer liegt. Ich halte demnach das Resultat dieser Versuchsreihe für völlig einwandsfrei.

Zwei Punkte von Wichtigkeit sind noch hinzuzufügen: Einmal nämlich handelt es sich in diesen Versuchen um wirkliche Ausfall- und nicht um Reizungserscheinungen, denn *Palaemon* zeigte die Störungen noch 42 Tage nach der Operation, wie Delage bemerkt. Zweitens ruft die einseitige Entfernung von Auge und Ohr keine Gleichgewichtsstörungen hervor, was zugleich beweist, dass es sich nicht um Reizungserscheinungen handelt, da sonst die einseitige Abtragung so wirken müsste, wie die beider Seiten.

Unter den Mollusken eignen sich für den Versuch nur die Octopoden, aus denen *Octopus vulgaris* wegen seiner grossen Widerstandsfähigkeit gewählt worden ist. In der Gehörblase, welche im Kopfknorpel liegt, sieht man einen einzigen, deutlich schimmernden Otolithen von der Grösse eines Kopfes unserer gewöhnlichen Stecknadeln. Die Entfernung desselben ist eine sehr delicate Arbeit, aber Delage hat diese Schwierigkeit überwunden und auch mir ist die Ausführung des Versuches geglückt.

Delage beschreibt uns die Folgen der Operation in sehr anschaulicher Weise: Ein so operirter Octopus unterscheidet sich zunächst, so lange er ruhig dasitzt, durch nichts von einem gesunden Thiere. Die dargebotenen Krabben oder Mollusken verzehrt er in correcter Weise und macht ebenso correct seine kriechenden Bewegungen, wenn man ihn durch Reizung dazu anregt. Wird die Anregung aber stärker und geht er zu Schwimmbewegnngen über, so erweist sich sein Gleichgewicht gestört, um so mehr, je rapider seine Bewegungen ausfallen. Die Störung besteht auch hier wesentlich im Rollen um seine Längsaxe. Werden die Augen allein entfernt, so bleiben sämmtliche Bewegungen ungestört. Fügt man zur Entfernung der Otolithen die Zerstörung der Augen, so ist die Störung des Gleichgewichtes noch grösser, als nach alleiniger Extraction der Otolithen. Delage sagt hierüber (p. 7) Folgendes: „*Les individus privés de leurs geux et de leurs otocystes sont, au contraire, absolument désorientés. Non seulement ils tournent en nageant, mais ils ne savent plus retrouver rapidement leur situation normale.*“ Ich habe dieser Beschreibung nur hinzuzufügen, dass ich beim Octopus genau dasselbe beobachtet habe.

Was die Folgen der einseitigen Zerstörung des Octopusohres betrifft, so heisst es darüber bei Delage: „*Je n'ai que peu étudié les effets de la destruction d'un seule otocyste. Les phénomènes décrits m'ont paru se produire au début, mais se dissiper au bout de peu de temps.*“ Ich selbst habe den Octopus, dem der Otolith der einen Seite entfernt war, nach Stunden und am nächsten Tage ganz rapide Bewegungen ohne jede Störung machen sehen, was im Grunde genommen mit der Beschreibung von Delage übereinstimmt.

Die Folgerung, die sich aus dieser Beobachtung am Octopus, im Anschluss an jene bei den Crustaceen, ergiebt, ist für mich die, dass auch beim Octopus Auge und Ohr für die Erhaltung des Gleichgewichtes von Wichtigkeit sind, wenn das Thier in rasche Bewegung geräth; dass aber das Ohr des Octopus dem Auge in dieser Function überlegen ist.

Das ist im Wesentlichen das Material, das neu vorliegt. Wenn daraufhin Delage allgemein schreibt: „*Je me crois donc autorisé à admettre que les phénomènes de désorientation locomotrice sont dus à l'ablation des fonctions otocystiques*“, so geht er mit dieser Aufstellung ganz gewiss über den Rahmen dessen hinaus, was aus seinen so interessanten Versuchen erschlossen werden kann.

Zur bequemeren Beurtheilung stelle ich das experimentelle Material in Kürze für den Leser nochmals zusammen, nämlich:

1. So lange die oben genannten Thiere sich unthätig verhalten oder sich auf fester Unterlage bewegen (kriechen), bleibt ihr Gleichgewicht ungestört trotz Entfernung beider Seh- und Hörorgane.
2. Wenn man bei *Palaemon*, *Mysis*, *Squilla* die Sehorgane allein oder die Gehörorgane (Otocysten) allein entfernt, bleibt das Gleichgewicht ebenfalls ohne Störung für Kriech- wie für Schwimmbewegung, d. h. für jede beliebige Bewegung.
3. Wenn man bei den eben genannten Crustaceen Augen und Ohren in beliebiger Reihenfolge zerstört, treten schwere Gleichgewichtsstörungen in den Schwimmbewegungen auf.
4. Wenn man unter den Crustaceen bei *Polybius* und unter den Mollusken bei *Octopus* die Otocysten allein entfernt, so treten Gleichgewichtsstörungen für die Schwimmbewegungen auf, welche durch Entfernung der Augen noch vermehrt werden.
5. Die alleinige Entfernung der Augen macht bei diesen Thieren keine Gleichgewichtsstörungen.
6. Einseitige Entfernung der Augen oder Ohren oder beider zugleich macht in keinem Falle Bewegungsstörungen.

Hieraus folgt:

1. Die Ruhelage, sowie die Kriechbewegungen aller genannten Thiere sind in ihren Gleichgewichtsverhältnissen durchweg unabhängig von Auge und Ohr.
2. Die Schwimmbewegungen der oben genannten Crustaceen (mit Ausnahme von *Polybius*) sind in ihren Gleichgewichtsbedingungen abhängig, ganz gleichwerthig, von Auge oder Ohr.
3. Bei *Polybius* (Crustaceen) und bei *Octopus* (Mollusken) sind die Schwimmbewegungen in ihren Gleichgewichtsbedingungen vornehmlich abhängig von den Otocysten, welche dem Auge in dieser Function weit überlegen sind, obgleich das letztere nicht ganz ohne Bedeutung ist.

Wie man sieht, kommt den Otocysten eine Bedeutung zu nur für die Erhaltung des Gleichgewichtes des in rascher Bewegung (Schwimmen) begriffenen Thieres, und auch hierbei ist ihre Bedeutung keine absolute, wenn man erfährt, dass die grosse Gruppe der Insecten mit Einschluss der sehr rapiden Flieger gar keine Otocysten besitzt.

An der Hand der bisherigen Erfahrungen wird man leicht zu der Anschauung geführt, dass bei den Insecten die Augen allein diese ganze Function übernommen haben mögen. Einige Versuche, die ich an freilich nicht sehr geeignetem Materiale gemacht habe, scheinen diese Voraussetzung zu bestätigen, indess möchte ich mich heute noch reserviren und die Frage in weiterer Ausdehnung an geeigneterem Materiale prüfen.

Uebrigens stellt auch Delage dieselben Betrachtungen an, in der gleichen Hoffnung, darüber eingehendere Versuche anstellen zu können. Das Eine hat dieser Autor für die Insecten (Heuschrecken) festgestellt, dass die Entfernung des ersten Fusses, an welchem der eigenartige Gehörapparat liegt, von Gleichgewichtsstörungen nicht gefolgt ist.

Otocysten findet man sonst noch unter den Anneliden bei *Arenicola piscatorum*, doch eignen sich diese Individuen wegen ihrer ungünstigen Beweglichkeit nicht zu derlei Versuchen. Zum ersten Male in der Thierwelt erscheinen die Otocysten bei den Medusen (s. oben S. 77), bei denen die Prüfung der vorliegenden Frage sehr lohnend wäre, nur hätte man dabei Rücksicht zu nehmen auf die grosse Zahl von Otocysten, welche daselbst vorkommen können, sowie auf die etwa gleichzeitig auftretenden Ocellen. In gleichem Sinne hat sich über Medusen und Ctenophoren vor Jahren Engelmann ausgesprochen [1]).

Wir sehen somit, dass das Gleichgewicht während der rapiden Bewegung abhängig ist von Auge und Ohr, und zwar in der Weise, dass bei einer Reihe von Crustaceen Auge und Ohr den gleichen Werth haben; dass ferner bei einigen anderen Thieren (*Polybius*, *Octopus*) das Ohr eine weit grössere Bedeutung hat, als das Auge, und dass endlich bei einer anderen Gruppe (Insecten) die Otocysten ganz fehlen, während das Auge eventuell diese ganze Function übernommen hat.

Somit bleibt für den Körperfühlssinn nunmehr übrig die Beherrschung des Gleichgewichtes während Ruhe und langsamer Bewegung. Andererseits folgt, dass das Gleichgewicht der Evertebraten für jeden beliebigen Zustand der Bewegungssphäre durch drei Sinne bestimmt wird, nämlich den Körperfühlssinn, den Sehsinn und den Gehörsinn.

Von diesen drei Sinnen erscheint der Körperfühlssinn der älteste und der wichtigste, denn er functionirt schon zu einer Zeit des neugebildeten Individuums, wo die beiden anderen Sinne noch unentwickelt sind, und seine Function erscheint nothwendig für den Eintritt der Wirksamkeit der beiden anderen Sinne, denn ohne ihn dürfte eine

---

[1]) Th. W. Engelmann, Ueber die Function der Otolithen. Zoolog. Anzeiger 1887, S. 439.

irgendwie geartete regelmässige Ortsbewegung gar nicht zu Stande kommen. Ein Versuch hierüber ist vorläufig nicht ausführbar.

Delage, welcher ebenfalls schon die drei Sinne für die Erhaltung des Gleichgewichtes verantwortlich macht, verlangt aber für den Hörsinn den ersten Rang, *„car, privé de la vue et des organes spéciaux du tact, un animal reste toujours capable de nager correctement“*, aber den Körperfühlssinn hat er nicht ausgeschaltet; nur die sechs langen Anhänge, welche an ihren Antennen sich befinden.

Während demnach der Körperfühlssinn die nothwendige Vorbedingung für das Gleichgewicht aller Thiere bildet, sind der Seh- und Hörsinn in diesem ihrem Werthe für jede Gruppe besonders durch das Experiment zu bestimmen.

Zum Schluss bliebe noch die Frage zu beantworten, ob die Erhaltung des Gleichgewichtes zugleich eine Function der specifischen Energie der Sinnesfunction ist, oder ob sich in dem Sinnesapparate besondere Elemente entwickelt haben, welche nur dem Gleichgewichte dienen. Diese Frage werden wir versuchen, an einer anderen Stelle zu beantworten.

Lightning Source UK Ltd.
Milton Keynes UK
UKHW020224091218
333599UK00007B/488/P